Pflanzenphysiologie

Pflanzenphysiologie.

Von

Dr. W. Palladin,

Professor an der Universität St. Petersburg.

Mit 180 Textfiguren.

Bearbeitet auf Grund der 6. russischen Auflage.

Berlin.

Verlag von Julius Springer.

1911.

ISBN-13: 978-3-642-98338-2 e-ISBN-13: 978-3-642-99150-9
DOI: 10.1007/978-3-642-99150-9

Softcover reprint of the hardcover 1st edition 1911

Vorwort.

Das vorliegende Lehrbuch der Pflanzenphysiologie bildet eine verbesserte und vervollständigte Übersetzung der sechsten Auflage meiner in russischer Sprache erschienenen Physiologie. Obgleich mehrere ausgezeichnete in deutscher Sprache verfaßte Leitfäden zur Pflanzenphysiologie vorhanden sind, glaube ich dennoch annehmen zu können, daß das vorliegende Lehrbuch nicht ohne Nutzen sein wird, und zwar sowohl wegen der dem Chemismus in den physiologischen Prozessen gewidmeten Beachtung, als auch wegen einiger spezieller Züge in der Darlegung des gebotenen Stoffes.

Es ist mir eine angenehme Pflicht, Herrn Professor E. Abderhalden meinen besten Dank auszusprechen, auf dessen freundliche Vermittlung hin der Verlag die Herausgabe meiner Pflanzenphysiologie übernommen hat; ferner den Herren Nicolai von Adelung, S. Kostytschew, Georg Ritter und O. Walther, welche die Übersetzung meines Buches übernommen haben; den letzteren drei Herren auch für verschiedene sachliche Ratschläge.

St. Petersburg, im September 1911.

W. Palladin.

Inhaltsverzeichnis.

4. Kapitel.

Die Aufnahme der Aschenelemente.

5. Kapitel.

Die Stoffaufnahme der Pflanzen.

6. Kapitel.

Die Bewegung der Stoffe in den Pflanzen

7. Kapitel.

Die Stoffumwandlungen in den Pflanzen.

8. Kapitel.

Gärung und Atmung.

Zweiter Teil.

Physiologie des Wachstums und der Gestaltung der Pflanzen.

1. Kapitel.

Allgemeine Begriffe über das Wachstum.

2. Kapitel.

Wachstumserscheinungen, welche von der inneren Organisation der Pflanzen abhängig sind.

3. Kapitel.

Einfluß der Außenwelt auf Wachstum und Gestaltung der Pflanzen

4. Kapitel.

Rankenkletterer und Schlingpflanzen.

5. Kapitel.

Variationsbewegungen.

6. Kapitel.

Gestaltung und Vermehrung der Pflanzen.

Einleitung.

> La physiologie est une des sciences les plus dignes de l'attention des esprits élevés par l'importance des questions, qu'elle traite, et de toute la sympathie des hommes de progrès par l'influence, qu'elle est destinée à exercer sur le bien-être de l'humanité.
>
> Claude Bernard.

Die Pflanzenphysiologie hat die Aufgabe, einmal alle in den Pflanzen vor sich gehenden Erscheinungen vollständig und allseitig zu erfassen, ferner die komplizierten Lebenserscheinungen in einfachere zu zerlegen und sie schließlich auf Gesetze der Chemie und der Physik zurückzuführen. Aus dem Gesagten ist die Abhängigkeit der Physiologie von der Physik und der Chemie ersichtlich. Der Fortschritt auf dem Gebiete der Physiologie hängt in bedeutendem Maße von dem Fortschritte dieser Wissensgebiete ab. Erst seit dem Ende des achtzehnten Jahrhunderts, nachdem durch Lavoisier das Gesetz der Konstanz der Materie erkannt und die Chemie zur exakten Wissenschaft geworden war, konnte auch die Physiologie diesen Charakter erhalten. Nun erst konnten Untersuchungen ausgeführt werden, die mit Hilfe der Wage alle Stoffe, die in die Pflanze eintreten oder von ihr ausgeschieden werden, genau verfolgten. Als Beispiel eines ersten nicht ganz geglückten Versuches, die Wage zur Lösung der Frage nach der Herkunft der die Pflanze zusammensetzenden Stoffe zu benutzen, kann das bekannte Experiment van Helmonts (1577—1644) dienen, das noch lange vor Lavoisier angestellt wurde. In 200 Pfund trockener Erde wurde ein Weidenzweig von 5 Pfund gepflanzt und mit Regenwasser begossen. Nach Verlauf von 5 Jahren wurde das Gewicht des Weidenzweiges auf 164 Pfund bestimmt, während die getrocknete Erde bloß einen Gewichtsverlust von 2 Unzen aufwies. Daraus zog van Helmont den Schluß, daß die Pflanzensubstanz aus Wasser gebildet werde. Diese Folgerung ist falsch, da sie die umgebende Luft nicht berücksichtigt. Van Helmont wäre vielmehr berechtigt gewesen zu folgern, daß die Pflanzensubstanz zum Hauptteil nicht aus der Erde hervorgeht, und damit hätte er recht gehabt.

Außer den Untersuchungen Lavoisiers muß aus der Geschichte der Chemie noch einer wichtigen Entdeckung gedacht werden, der von Wöhler im Jahre 1828 ausgeführten Synthese des Harnstoffs. Bis dahin konnten organische Verbindungen nur aus Organismen gewonnen werden, und es herrschte die Meinung, daß ihre synthetische Gewinnung aus anorganischen Stoffen unmöglich sei, daß ihre Bildung vielmehr die Beteiligung einer besonderen Lebenskraft voraussetze. Die Entdeckung Wöhlers und die nachfolgenden Synthesen verschiedenartiger organischer Verbindungen haben gezeigt, daß zu ihrer Bildung keine Lebenskraft nötig ist. Gegenwärtig werden die organischen und die anorganischen Kohlenstoffverbindungen oft in einer Gruppe vereinigt, doch besteht zwischen ihnen ein für den Physiologen wesentlicher Unterschied: alle organischen Verbindungen enthalten einen Vorrat an Energie, da sie unter Wärmeproduktion verbrannt werden können; die anorganischen Kohlenstoffverbindungen können dagegen nicht verbrannt werden. Für den Energievorrat der organischen Verbindungen kann ihre Verbrennungswärme als Maß dienen, die in Kalorien gemessen wird. Unter einer großen Kalorie K versteht man die zum Erwärmen von 1000 g Wasser von 0° auf 1° nötige Wärmemenge; unter einer kleinen Kalorie k die dem Erwärmen von 1 g Wasser von 0° auf 1° entsprechende Wärmemenge.

Die folgende Tabelle zeigt die auf 1 g Substanz bezogenen und in großen Kalorien ausgedrückten Verbrennungswärmen verschiedener Stoffe.

Wasserstoff	34,6
Kohlenstoff	8,0
Leinöl	9,3
Äthylalkohol (C_2H_6O)	7,1
Klebemehl	5,9
Ammoniak (NH_3)	5,3
Stärkemehl ($C_5H_{10}O_5$)	4,1
Glukose ($C_6H_{12}O_6$)	3,7
Asparagin ($C_4H_8N_2O_3$)	3,3

Wir sehen also, daß der Wasserstoff bei der Verbrennung viel mehr Wärme entwickelt als der Kohlenstoff. Je mehr Sauerstoff das Molekül eines Stoffes enthält, desto geringer ist die Verbrennungswärme des letzteren; deshalb entwickelt der Äthylalkohol mehr Wärme als die Stärke. Die Einführung von Wasserstoff ins Molekül hat dagegen eine starke Steigerung der Verbrennungswärme zur Folge; so entwickelt das Öl mehr Wärme als reiner Kohlenstoff; das gar keinen Kohlenstoff enthaltende Ammoniak entwickelt dank dem Gehalt an Wasserstoff eine weit größere Wärmemenge als die Stärke oder Glukose.

Wöhlers Entdeckung bezeichnete einen großen Schritt vorwärts auf dem Wege physikalisch-chemischer Erforschung physiologischer Prozesse. Doch es waren noch andere Hindernisse zu beseitigen. In Tieren und Pflanzen verlaufen viele chemische Prozesse bei der Temperatur des tierischen Körpers bzw. bei einer mittleren Zimmertemperatur, während dieselben Prozesse außerhalb der Organismen nur bei einer wesentlichen Temperaturerhöhung oder unter dem Einfluß starker Säuren möglich sind. Es ist z. B. die Atmung der Pflanzen und Tiere, wie wir weiter unten sehen werden, eine Oxydation oder mit anderen Worten eine Verbrennung. Sie verläuft bei einer mittleren Temperatur, während die gewöhnliche Verbrennung eine sehr hohe Temperatur verlangt und kein einziger Tier- oder Pflanzenstoff einer unmittelbaren raschen Oxydation durch den Sauerstoff der Luft bei mittlerer Temperatur unterliegt. Der scheinbar bestehende Widerspruch wird durch die von Berzelius im Jahre 1836 gegebene Lehre von der Katalyse beseitigt. Die katalytische Wirkung äußert sich nach Berzelius darin, daß gewisse Körper durch ihre Anwesenheit allein, unabhängig von der chemischen Affinität befähigt sind, Reaktionen in Gemischen anderer Körper hervorzurufen; solche Körper nennt man Katalysatoren. Gegenwärtig bezeichnet man einen jeden Stoff, der, ohne im Endprodukt einer Reaktion zu erscheinen, deren Geschwindigkeit ändert, als Katalysator. Läßt man z. B. zwecks Gewinnung von Wasserstoff auf metallisches Zink eine wässerige Schwefelsäurelösung einwirken, so wird, falls beide Reagenzien sehr rein sind, die Ausscheidung des Wasserstoffs sehr langsam verlaufen; es genügt jedoch der Zusatz weniger Tropfen einer wässerigen Platintetrachloridlösung, um eine stürmische Ausscheidung von Wasserstoff zu bewirken. Sowohl mit als ohne Platin verläuft die Reaktion nach der Gleichung:

$$Zn + SO_4H_2 = Zn\,SO_4 + H_2.$$

Das Platintetrachlorid tritt also in die Gleichung nicht ein und wirkt bloß als Katalysator.

In Tieren und Pflanzen lassen sich nun verschiedenartige Katalysatoren nachweisen, die man als Fermente oder Enzyme bezeichnet. In den Enzymen haben wir es nach Ostwald mit Katalysatoren zu tun, die im Organismus während des Lebens der Zellen gebildet werden, und mit deren Hilfe das Lebewesen den größeren Teil seiner chemischen Aufgaben bewältigt. Nicht blos die Verdauung und die Assimilation werden durchaus von Enzymen geregelt, auch die Produktion chemischer Energie durch Verbrennung auf Kosten des Sauerstoffs der Luft, die die Grundlage der Lebenstätigkeit der meisten Organismen bildet, verläuft unter entscheidender Mitwirkung von Enzymen und wäre ohne dieselben unmöglich. Bei der Temperatur der Organismen ist der Sauerstoff bekanntlich ein recht träger Stoff, und ohne eine Beschleunigung seiner Reaktionsgeschwindigkeit wäre die Erhaltung des Lebensprozesses unmöglich.

In der Tat findet man in den Pflanzen besondere Enzyme — Oxydasen, die die Oxydation verschiedener Stoffe innerhalb und außer der Pflanze bei Zimmertemperatur ermöglichen.

Die Aufmerksamkeit der Forscher wurde besonders durch Enzyme in Anspruch genommen, die in den niedersten Pflanzen, den Bakterien und den Hefearten, vorkommen; diese Pflanzen selbst wurden als „organisierte Fermente“ bezeichnet. Die bedeutendsten Entdeckungen auf dem Gebiete der Physiologie der Bakterien und Hefearten gehören Pasteur; er wies das Fehlen einer Urzeugung für die niederen Organismen nach, gab eine klare Vorstellung der verschiedenen Gärungen und schuf

Methoden zur Bekämpfung der Infektionskrankheiten. Der Arbeiter in der Werkstatt, wie der Ackerbauer auf dem Felde, der Arzt am Krankenlager, der Veterinär bei der Behandlung des Haustieres, der Bierbrauer bei der Verarbeitung der Würze — alle lassen sich gegenwärtig von den Ideen Pasteurs leiten.

Aus der Geschichte der Physik muß eine für den Physiologen sehr wichtige Entdeckung vermerkt werden — die Entdeckung des Gesetzes von der Erhaltung der Energie durch Robert Mayer in den 40er Jahren des vergangenen Jahrhunderts. Mayer bewies, daß bei den verschiedenen chemischen Prozessen keine Energie verloren geht, daß sie vielmehr aus dem Zustande kinetischer Energie in den potentiellen übergeht oder umgekehrt. Bei der Verbrennung der Kohle wird z. B. Wärme frei, bei der umgekehrten Reaktion, der Zerlegung der Kohlensäure, wird Wärme gebunden. Da es für alle organischen Stoffe charakteristisch ist, daß sie brennen können, so muß also ihre Bildung aus Kohlensäure von Wärmeaufnahme und Speicherung potentieller Energie, die bei der Verbrennung frei wird, begleitet sein. Bei allen Untersuchungen, die die Umwandlung von Stoffen in den Pflanzen betreffen, muß klargelegt werden, ob dabei Energie gebunden oder frei wird; nur dann wird der Sinn und die Bedeutung des gegebenen Prozesses für den Organismus klar.

Bei einigen Erscheinungen könnte man auf den ersten Blick meinen, daß eine Ausnahme vom Gesetze der Erhaltung der Energie vorliegt, und daß zwischen Ursache und Wirkung keine Gleichung besteht. Ein kleiner Funke kann z. B. eine enorme Menge Schießpulver zur Explosion bringen und eine furchtbare Zerstörung verursachen. Es hat den Anschein, daß eine geringe Ursache eine große Wirkung nach sich zieht. In der Tat wurde aber bei der Explosion diejenige Energiemenge frei, die im Schießpulver in potentieller Form vorhanden war; zwischen der Menge des Schießpulvers und der Stärke der Explosion besteht vollkommene Proportionalität. Der Funke diente nur zur Auslösung des Überganges der Energie aus dem einen Zustand in den anderen. Eine geringe Lufterschütterung genügt oft, um aus großer Höhe einen ganzen Felsen zum Sturze zu bringen. Die Arbeit, die von ihm dabei geleistet wird, ist derjenigen gleich, die nötig ist, um ihn auf den früheren Platz zu bringen; die Lufterschütterung wirkte hier als Auslösung. In Anbetracht der großen Bedeutung, die den Enzymen für die in den Pflanzen verlaufenden chemischen Vorgänge zukommt, muß man sich vergegenwärtigen, daß ihre Beteiligung an den Reaktionen nicht auf Auslösung beruht. Bredig hat vollkommen recht, wenn er sagt: „In den Lehrbüchern findet man noch vielfach Unklarheit darüber, ob wir es bei der Wirkung einer Kontaktsubstanz, wie es z. B. Säuren oder Enzyme für Hydrolysen der Ester, Kohlehydrate, Glykoside usw. sind, mit einer Auslösung einer von selbst überhaupt nicht verlaufenden Reaktion oder nur mit der Beschleunigung einer allein nur sehr langsam und daher fast unmerklich verlaufenden, aber doch schon im Gang befindlichen Reaktion zu tun haben. Es handelt sich also, wenn wir ein mechanisches Bild gebrauchen wollen, um die Frage, ob die Zufügung des Enzyms den Gang einer durch einen Sperrhaken arretierten, also ruhenden Maschine auslöst, oder ob das Enzym nur als „Schmiermittel" den wegen großer Reibungswiderstände sehr langsamen und daher fast unmerklichen Gang der Maschine (der chemischen Reaktion) beschleunigt"[1]). Die Enzyme beschleunigen langsam verlaufende Reaktionen (Ostwald), sie sind also nur dem „Schmiermittel", vergleichbar. Dagegen kann die Berührung, durch die eine Bewegung der Blätter von Mimosa pudica veranlaßt wird, als typisches Beispiel einer Auslösung dienen.

Es muß auch zwischen den Ursachen, die gewisse Erscheinungen hervorrufen, und den Bedingungen, die die Erscheinungen erst ermöglichen, unterschieden werden. Mischt man z. B. festes Kaliumsulfat mit festem Baryumchlorid, so reagieren sie nicht miteinander; gibt man aber Wasser zu, so erhält man Baryumsulfat und Kaliumchlorid. Diese Reaktion wird durch die chemische Affinität der Elemente verursacht, das Wasser bildet dabei nur eine notwendige Bedingung. Man muß also Auslösungen wie Bedingungen von den eigentlichen Ursachen unterscheiden.

Die Pflanzen haben eine innere Organisation; sie sind aus Zellen von verschiedener Form und Größe aufgebaut. Das Leben eines Organismus ist die Lebenssumme der ihn zusammensetzenden einzelnen Zellen. Das Studium der Pflanzenphysiologie setzt die Bekanntschaft mit der inneren Organisation, mit der Anatomie der Pflanzen voraus. Auch ist es notwendig, mit dem Mikroskop Bescheid zu wissen, denn viele wichtige physiologische Fragen konnten mit dessen Hilfe gelöst werden.

Zum Studium vieler physiologischer Erscheinungen, z. B. derjenigen des Wachstums und des Formwechsels, genügt die Kenntnis der Struktur der gegebenen Pflanze und der sie umgebenden äußeren Bedingungen nicht; man muß im Auge behalten, daß die Pflanze eine lange Reihe von Ahnen hat, deren Gestalt und Lebensbedingungen nicht ohne Einfluß auf die Nachkommenschaft blieben. Man muß also in diesen Fällen mit der Erblichkeit rechnen.

---

[1]) G. Bredig, Die Elemente der chemischen Kinetik, mit besonderer Berücksichtigung der Katalyse und der Fermentwirkung (Asher und Spiro, Ergebnisse der Physiologie, 1. Jahrg., 1. Abt. 1902, S. 136).

Erster Teil.

Die Physiologie der Ernährung.

Erstes Kapitel.

Assimilation des Kohlenstoffs und der Energie der Sonnenstrahlen durch die grünen Pflanzen.

§ 1. Die Bedeutung des Prozesses der Assimilation des Kohlenstoffs durch die grünen Pflanzen. Alle Pflanzen lassen sich nach ihrer Färbung in die zwei großen Gruppen der grünen und der nichtgrünen Pflanzen sondern. Die grüne Färbung bildet ein für die Pflanze so charakteristisches Merkmal, daß man oft von den Pflanzen als vom „Grün" spricht. Schon die Verbreitung der grünen Färbung der Pflanzen läßt also vermuten, daß mit ihr eine wichtige Fähigkeit verbunden ist. Und in der Tat: mit ihr ist die kosmische Funktion der Pflanzen verbunden, aus anorganischen Stoffen organische zu bereiten. Ein einfacher Versuch kann das zeigen. Man setze ein Samenkorn in feuchten Quarzsand und begieße es von Zeit zu Zeit mit einer Lösung von Mineralsalzen. Aus dem Samenkorn sieht man eine Pflanze sich entwickeln, blühen und Früchte tragen. Vergleicht man die Menge der organischen Stoffe im Samenkorn mit derjenigen in der erwachsenen Pflanze, so sieht man, daß sie in letzterer um ein Vielfaches größer ist. Daraus folgt, daß die grünen Pflanzen befähigt sind, organische Stoffe aus unorganischen zu bereiten. Eine solche Fähigkeit geht den Tieren und den nichtgrünen Pflanzen ab, sie beziehen die fertigen organischen Stoffe von der grünen Pflanze. Die Frage nach der Art und Weise der Bereitung der organischen Stoffe durch die grüne Pflanze erscheint also nicht bloß vom Standpunkte der Pflanzenphysiologie wichtig; sie gewinnt ein viel weiteres Interesse: das ganze Tierreich und also auch der Mensch stehen in dieser Beziehung in Abhängigkeit von der grünen Pflanze. Die grüne Pflanze bildet das verbindende Glied zwischen dem Mineral- und dem Tierreich.

Alle organischen Stoffe sind bekanntlich durch ihren Kohlenstoffgehalt und ihre Brennbarkeit charakterisiert; letztere deutet darauf hin, daß bei ihrer Bildung Wärme gebunden wurde. Man muß also das

Studium der Pflanzenphysiologie damit beginnen, daß man fragt, von wo die Pflanze den zur Bereitung der organischen Stoffe notwendigen Kohlenstoff und die Wärme bezieht. Die Antwort liefert die Lehre von der Assimilation des Kohlenstoffs. Dieser Prozeß besteht wesentlich darin, daß die Pflanzen im Sonnenlichte mit ihren grünen Teilen Kohlensäure aufnehmen und Sauerstoff ausscheiden. Da die Volumina beider Gase gleich sind, so wird also nach Avogadros Hypothese auf jedes aufgenommene Molekül Kohlensäure ein Molekül Sauerstoff ausgeschieden: $CO_2 = O_2 + C$. Der Kohlenstoff verbleibt in der Pflanze, und es resultiert eine Gewichtszunahme der Pflanze — ihre Ernährung.

Da die Bildung der Kohlensäure bei der Verbrennung der Kohle mit Wärmeproduktion verbunden ist, so muß beim umgekehrten Prozeß der Zerlegung der Kohlensäure Wärme aufgenommen werden. Daraus erklärt es sich, daß die Kohlensäurezerlegung nur im Sonnenlichte stattfindet: die Wärme des von der Pflanze absorbierten Lichtes wird zur Zerlegung der Kohlensäure verwendet. Der grüne Farbstoff, das Chlorophyll, dient als Lichtschirm, der die Sonnenstrahlen auffängt.

§ 2. Der Gasaustausch. Die ersten Angaben über die Ausscheidung von Sauerstoff durch die Pflanzen rühren von Pristley (1772). Da die Tiere „dephlogistizierte Luft“ (so nannte Pristley den von ihm entdeckten Sauerstoff) binden und die Luft zur Unterhaltung der Verbrennung und Atmung untauglich machen, so suchte Pristley nach dem umgekehrten, die Luft verbessernden Prozeß und fand ihn bei den Pflanzen verwirklicht. Setzte er Pflanzen unter eine Glocke, die mit durch tierische Atmung verdorbener und zur Unterhaltung von Verbrennung und Atmung schon untauglich gewordener Luft angefüllt war, so fand er nach einiger Zeit die Luft wieder zur Unterhaltung der genannten Vorgänge tauglich werden. Doch gab leider die spätere Wiederholung dieses Experimentes nicht immer positive Resultate: manchmal verbesserten die Pflanzen die Luft, manchmal auch nicht; die Ursache dieser Schwankungen blieb Pristley unbekannt. Es blieb Ingenhouss[1]) vorbehalten, zu zeigen, daß die Verbesserung der Luft nur durch die grünen Pflanzenteile und nur im Sonnenlichte bewirkt wird. Doch blieb die Bedeutung dieses Prozesses für die Pflanze selbst noch unaufgeklärt: sie wurde mehr als Luftverbesserungsapparat betrachtet. Ingenhouss hatte noch keine klare Vorstellung darüber, welches Gas dabei von der Pflanze aufgenommen wird, und behauptete sogar, daß von ihr Luft verbessert werden könne, die von Metallen unter der Einwirkung von Säuren ausgeschieden werde[2]). Später konnte Senebier[3]) zeigen, daß bloß Kohlensäure aufgenommen wird, und daß ein Ernährungsprozeß vorliegt. Saussure[4]) fand dann, daß

---

[1]) Ingenhouss, Versuche mit Pflanzen. 1779.

[2]) Ingenoguss, l. c., S. 51.

[3]) Senebier, Mémoires physico-chimiques sur l'influence de la lumière solaire etc. 1772. Auch Physiologie végétale. 1800.

[4]) Saussure, Recherches chimiques sur la végétation. 1804.

die Volumina des Sauerstoffs und der Kohlensäure gleich seien, daß die Zersetzung der Kohlensäure am besten verläuft, wenn ein Teil davon auf 11 Teile Luft kommt, und daß schließlich als Resultat der Kohlensäurezersetzung sich eine Gewichtszunahme der Pflanze konstatieren läßt. Alle diese Fragen wurden schließlich von Boussingault[1]) in einer Reihe exakter Experimente einer erneuten Untersuchung unterzogen. Die Gleichheit der Volumina beim Gasaustausch wurde bestätigt. Durch Versuche über die Kohlensäurezersetzung in einem Gemisch von Kohlensäure und Wasserstoff oder Stickstoff konnte Boussingault zeigen, daß die Kohlensäurezersetzung sogleich nach der Belichtung des Versuchsapparates beginnt und sogleich nach dessen Verdunkelung aufhört. Die Ausscheidung des Sauerstoffs wurde dabei mittels eines Phosphorstäbchens verfolgt; gleichzeitig mit der Belichtung des Apparates zeigte die beginnende Rauchentwicklung den Beginn der Sauerstoffausscheidung an; bei der Verdunkelung des Apparates leuchtete der Phosphor nicht, es wurde also die Sauerstoffausscheidung sofort sistiert.

Da die Versuche mit der Kohlensäurezersetzung durch die Pflanzen in einem geschlossenen Raume mit hohem Kohlensäuregehalt ausgeführt wurden, so könnten Zweifel daran entstehen, ob wir berechtigt sind, aus diesen Versuchen zu schließen, daß auch unter natürlichen Bedingungen die Pflanze sich den geringen Kohlensäuregehalt der Luft (0,03—0,04 %) zunutze machen kann. Um den Sachverhalt aufzuklären, setzte Boussingault eine Pflanze in eine Kugel, durch die ein Luftstrom durchgeleitet wurde. Die Bestimmung der eingetretenen Luftmenge und der Kohlensäuremenge in der austretenden Luft ergab, daß die Pflanze bei günstigen Beleuchtungsbedingungen fast die gesamte durch die Kugel streichende Kohlensäure zu binden vermochte. „In welchem Grade die Genauigkeit dieses Versuches (wie der meisten Untersuchungen Boussingaults) das Staunen der Zeitgenossen erregte, kann am besten eine Anekdote zeigen, die ich (Timiriazeff) von Boussingault selbst gehört habe. Die Untersuchung, erzählte er, unternahmen wir gemeinsam mit Dumas, aber so, daß jeder die Wägungen und die Protokollierung der Versuche getrennt vornahm, um die Resultate besser kontrollieren zu können. Zuerst verlief alles gut; wie zu erwarten, zerlegte die Pflanze Kohlensäure. Doch plötzlich trat eine Änderung ein. Am sonnenhellen Tage fing die Pflanze an, Kohlensäure zu zerlegen, statt sie zu produzieren. Mit Staunen zogen wir des Abends das Fazit und maßen uns mit stummen fragenden Blicken. Unwillkürlich erinnerten wir uns des Mißgeschicks, das Pristley widerfahren war, als er seinen berühmten Versuch wiederholen wollte. Es vergingen einige Tage. Da brachten unsere langen Gesichter eines schönen Morgens den berühmten Physiker Regnault, der unsere Arbeit aufmerksam verfolgte, zum Lachen: er erwies sich als die Ursache unseres Mißgeschickes; in der Frühstückspause hatte er sich täglich an unseren Apparat ge-

[1]) Boussingault, Agronomie, chimie agricole et physiologie.

schlichen und hineingeatmet, „um", wie er erklärte, „sich zu überzeugen, daß Ihr kein X für ein U macht und in der Tat so geringe Kohlensäuremengen verfolgen könnt"[1]).

Saussure und Boussingault zeigten, daß das Verhältnis $\frac{CO_2}{O_2}$ im allgemeinen gleich 1 ist. Doch muß man bedenken, daß die grünen Pflanzenteile gleichzeitig mit dem Prozeß der Kohlenstoffassimilation auch noch atmen, d. h. auch umgekehrt Kohlensäure ausscheiden und Sauerstoff binden. Obschon der Atmungsprozeß viel schwächer ist als der Prozeß der Kohlensäurezersetzung, muß man doch beide auseinanderhalten und untersuchen, wie sich das Verhältnis $\frac{CO_2}{O_2}$ unabhängig von der Atmung gestaltet. Bonnier und Mangin[2]) haben das unternommen und das Verhältnis $\frac{CO_2}{O_2}$ etwas kleiner als 1 gefunden. Also wird von den Pflanzen nicht bloß der gesamte Sauerstoff der aufgenommenen Kohlensäure, sondern auch ein geringer Teil des Sauerstoffs des bei demselben Prozesse assimilierten Wassers ausgeschieden[3]).

Was die Untersuchungsmethoden anbelangt, so kann man die Kohlensäurezersetzung folgendermaßen verfolgen. Ein abgeschnittenes Blatt wird in einem kalibrierten Rohr fixiert (Fig. 1) und dann mittels eines Gummischlauches ein Teil der Luft entfernt, wodurch das Quecksilberniveau im Meßrohr gehoben wird. Die Menge der eingeschlossenen Luft wird nun abgelesen, dann Kohlensäure aus dem Gasometer eingeleitet und wieder das Volumen bestimmt. Nun wird der Apparat ans Licht gebracht und nach dessen Einwirkung wieder das Volumen abgelesen. Dann wird durch Einführung einer konzentrierten Ätzkalilösung die restierende Kohlensäure gebunden, das verminderte Volumen abgelesen, ferner Pyrogallussäure eingeführt und schließlich, nach Bindung des Sauerstoffs durch das entstandene Kaliumpyrogallat, die Menge des restierenden Stickstoffs bestimmt. Die gewonnenen Zahlen ermöglichen eine Bestimmung der aufgenommenen Kohlensäure und des ausgeschiedenen Sauerstoffs[4]).

Bei minder genauen Versuchen begnügt man sich mit der Methode der Zählung der Gasblasen, die im Lichte von in kohlensäuregesättigtem

---

[1]) Timiriazeff, Vorlesungen und Reden. Moskau 1886. S. 245.

[2]) Bonnier et Mangin, Annales des sciences natur., VII sér., t. III, s. 5. 1886.

[3]) Wir werden sehen, daß im Prozesse der „Kohlenstoffassimilation" eigentlich außer dem Kohlenstoff auch Wasserstoff und Sauerstoff assimiliert werden, die das aus dem Boden aufgenommene Wasser liefert.

[4]) Genaueres über Gasanalyse cf. Bunsen, Gasometrische Methoden, 2. Aufl. 1877. Winkler, Lehrb. d. techn. Gasanalyse. Für physiologische Versuche insbesondere: Doyer, Etudes sur la respiration. Annales de chimie et de physique, III sér., 28 t., p. 5. Blackman, Philos. Magazine 1894, p. 485. Palladin und Kostytschew in Alderhalden, Handbuch der biochem. Arbeitsmethoden III, S. 479. 1910.

Wasser befindlichen Wasserpflanzen ausgeschieden werden (Fig. 2); sie bestehen aus ziemlich reinem Sauerstoff[1]). Nimmt man eine größere Menge grüner Wasserpflanzen, bedeckt sie mit einem Trichter und stülpt darüber ein wassergefülltes Reagenzglas (Fig. 3), so füllt sich letzteres im Sonnenlichte rasch mit Sauerstoff.

Zum Nachweis des von den Wasserpflanzen ausgeschiedenen Sauerstoffs dient auch das Reaktiv Schützenbergers (eine durch hydro-

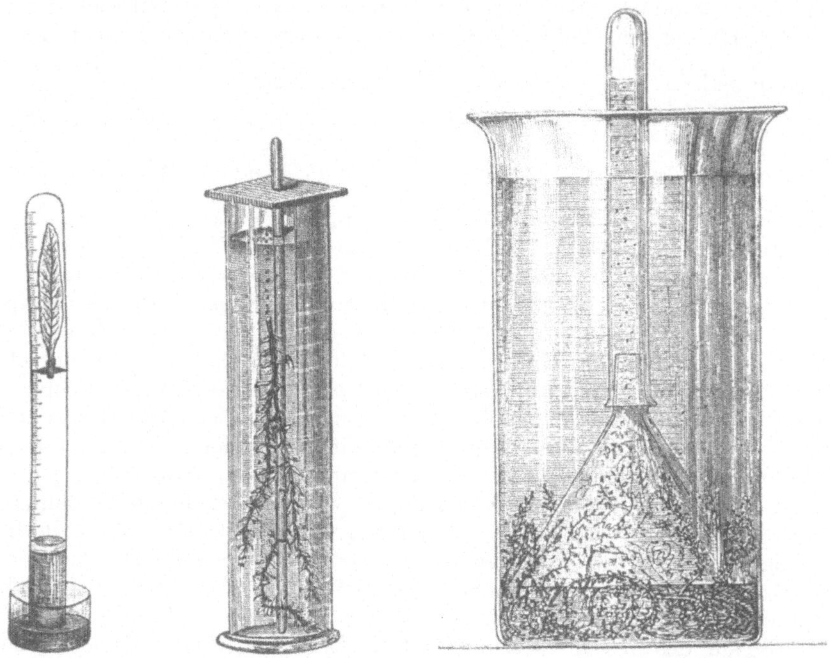

Fig. 1. Meßrohr mit Blatt.

Fig. 2. Sauerstoffausscheidung durch Elodea im Lichte.

Fig. 3. Sauerstoffausscheidung durch Wasserpflanzen im Lichte.

schwefligsaures Natrium entfärbte Indigokarmin- oder Nigrosinlösung); es ist eine gelbliche, in Gegenwart von Sauerstoff sich bläuende Flüssigkeit. Bringt man in eine schwache Lösung des Reaktivs einen Elodeasproß oder eine andere Pflanze und läßt Sonnenlicht einwirken, so färbt sich die die Pflanzen umgebende Flüssigkeit in einigen Minuten blau[2]).

§ 3. Das Chlorophyll. Da die Zerlegung der Kohlensäure von den grünen Pflanzenteilen bewirkt wird, so sind die Eigenschaften des grünen Pigmentes zu untersuchen, das von Pelletier und Cavantoux

[1]) Die Methode wurde durch Kohl vervollkommnet: Kohl, Berichte d. bot. Ges. 1897. S. 111.

[2]) Kny, Ber. d. bot. Ges. 1897, S. 388.

(1818) den Namen Chlorophyll erhielt. Es läßt sich aus Blättern mit Alkohol extrahieren, doch enthält der Alkoholextrakt mehrere Pigmente, zu deren Trennung mehrere Methoden angegeben wurden[1]). Nach Fremy wird der alkoholische Auszug mit Barytwasser gefällt, der grüne Niederschlag auf dem Filter gesammelt und mit Alkohol behandelt, bis die gelben Pigmente, das Xanthophyll und das Karotin, vollkommen entfernt sind. Der grüne Niederschlag wird dann nach Timiriazeff[2]) durch Kaliumhydroxyd zerlegt; die erhaltene grüne Lösung wird mit Äther überschichtet und zur Neutralisation des Kalis tropfenweise unter Umschütteln verdünnte Essigsäure zugesetzt. Solange die Reaktion alkalisch ist, bleibt der Äther farblos; sobald das Kali aber neutralisiert ist, wird die untere Schicht farblos und das ganze Pigment geht in den Äther über. Die Färbung ist smaragdgrün und intensiver als im alkoholischen Auszug; die Lösung fluoresziert kirschrot, während die gelben Pigmente keine Fluoreszenz zeigen. Timiriazeff gelang als erstem die Ausscheidung von reinem Chlorophyll, ohne die gelben Pigmente, aus dem Chlorophyllauszug. Doch ist dieses Chlorophyll dank der Einwirkung des Alkalis nicht mehr ganz das normale Pigment, es ist modifiziert.

Das Verfahren von Kraus[3]) gründet sich auf die verschiedene Löslichkeit der Pigmente in Alkohol und in Benzin. Gibt man Benzin zum grünen Alkoholauszug, so bleibt die Flüssigkeit gleichmäßig grün. Doch bilden bei tropfenweisem, von Umschütteln begleiteten Zusatz von Wasser das Benzin und der Alkohol schließlich zwei scharf getrennte Schichten: eine obere grüne Benzinschicht und eine untere goldgelbe Alkoholschicht. Durch erneutes Umschütteln der ersteren mit weiteren Alkoholmengen kann das Chlorophyll von den gelben Farbstoffen befreit werden.

Das reine Chlorophyll ist ein amorpher, nicht kristallisierender Stoff; es ist in Alkohol, Äther und Petroläther leicht löslich; in Lösung fluoresziert es intensiv kirschrot. Die Struktur des Chlorophylls ist dank den Untersuchungen von Willstätter und dessen Mitarbeitern klargelegt. Es hat die Zusammensetzung $C_{55}H_{72}O_6N_4Mg$. An Aschenbestandteilen weist das Chlorophyll bei Veraschung bloß Magnium auf; der Magnesiumgehalt der Asche beläuft sich auf 5,64 %. Dagegen beteiligt sich das zur Bildung des Chlorophylls notwendige Eisen an seinem Aufbau nicht. Im Hämoglobin, das dem Chlorophyll verwandt ist, ist dagegen Eisen enthalten, was in der diametral entgegengesetzten Funktion beider Stoffe seine Erklärung findet: zu den analytischen Reaktionen des Hämoglobins wird Eisen benötigt, dagegen nimmt das Magnium an synthetischen Reaktionen teil und ist deshalb im Chloro-

---

[1]) R. Willstätter in Abderhalden, Handb. d. bioch. Arbeitsmethoden II, 1910, S. 671. R. Willstätter und S. Hay. Liebigs Annalen d. Chemie, Bd. 380, 1911, S. 177.

[2]) Timiriazeff, Die Spektralanalyse des Chlorophylls. St. Petersburg 1871 (russisch).

[3]) Kraus, Zur Kenntnis der Chlorophyllfarbstoffe. 1872.

phyll enthalten[1]). Fast ein Drittel des Chlorophyllmoleküls wird vom Phytol gebildet[2]), einem Alkohol, der die Zusammensetzung $C_{20}H_{40}O$ und folgende Struktur hat:

$$\begin{array}{cccccccccc} CH_3\text{—} & CH\text{—} & CH\text{—} & CH\text{—} & CH\text{—} & CH\text{—} & CH\text{—} & C = & C\text{—} & CH\text{—}CH_2OH \\ & | & | & | & | & | & | & | & | & | \\ & CH_3 & CH_3 & CH_3 & CH_3 & CH_3 & CH_3 & CH_3 & CH_3 & CH_3 \end{array}$$

Nach Willstätter wird Phytol aus dem Isopren erhalten:

$$4\,C_5H_8 + H_2O + 3\,H_2 = C_{20}H_{40}O$$

aus dem wahrscheinlich auch das Karotin entsteht. An der Luft wird das Phytol leicht oxydiert.

Behandelt man Blätter mit Alkohol, so wird im Chlorophyll vieler Pflanzen das Phytol durch Äthylalkohol ersetzt. Dieser Umsatz wird von einem Chlorophyllase genannten Enzym bewirkt[3]). Die Reaktion verläuft wie folgt:

$$(C_{31}H_{29}N_4Mg)\,(CO_2H)\,(CO_2CH_3)\,(CO_2C_{20}H_{39}) + C_2H_5OH =$$
$$= C_{20}H_{39}OH + (C_{31}H_{29}N_4Mg)\,(CO_2H)\,(CO_2CH_3)\,(CO_2C_2H_5)$$

Das Chlorophyll enthält also drei Karboxyle. Eines ist wahrscheinlich frei, ein zweites mit Methylalkohol, das dritte mit Phytol verestert. Auch Methylalkohol kann an Stelle des Phytols treten. Die freie Trikarbonsäure $(C_{31}H_{29}N_4Mg)(CO_2H)_3$ die dem Chlorophyll zugrunde liegt, hat Willstätter als Chlorophyllin bezeichnet. Für den Monomethylester, der durch Hydrolyse des Chlorophylls entsteht, schlägt er den Namen „Chlorophyllid" vor. Es ist also danach das Chlorophyll als Phytylchlorophyllid zu bezeichnen. Beim Zusatz des Phytols durch Äthyl- oder Methylalkohol entstehen dann das Äthyl- resp. das Methylchlorophyllid.

Fig. 4. Äthylchlorophyllidkristalle. (Nach Willstätter).

Das Äthylchlorophyllid kristallisiert in schönen Kristallen, die früher für reines Chlorophyll galten. Seine Darstellung geschieht nach Monteverde[4]) durch Behandlung zerkleinerter Blätter mit 95 proz. Alkohol; nach einer Stunde wird der Auszug abfiltriert und zwecks Ver-

[1]) Willstätter, Annalen d. Chemie 350, 1906, S. 48. Willstätter und Benz, l. c., 358, 1907, S. 267.

[2]) Willstätter und Hocheder, l. c., 354, 1907, S. 205. Willstätter, Erwin Mayer und Hüni, l. c., 378, 1910, S. 73.

[3]) Willstätter u. Stall, l. c., 378, 1910, S. 18.

[4]) Monteverde, Acta Horti Petropolitani XIII, Nr. 9, 1893.

dunstung des Alkohols an der Luft gelassen oder in Wasserstoff verdampft. Die gebildeten Kristalle werden durch destilliertes Wasser und Benzin von Beimengungen und den gelben Farbstoffen befreit. Gereinigt bilden sie ein dunkelgrünes, fast schwarzes Pulver von bläulich-metallischem Glanze. Ihre alkoholische Lösung ist grün und hat eine schöne rote Fluoreszenz; während die Lösung im Lichte unbeständig ist, können die Kristalle eine langdauernde intensive Beleuchtung unverändert vertragen. Zur Gewinnung des Äthylchlorophyllids in Kristallen eignen sich besonders: Dianthus barbatus, Lathyrus odoratus, Galeopsis

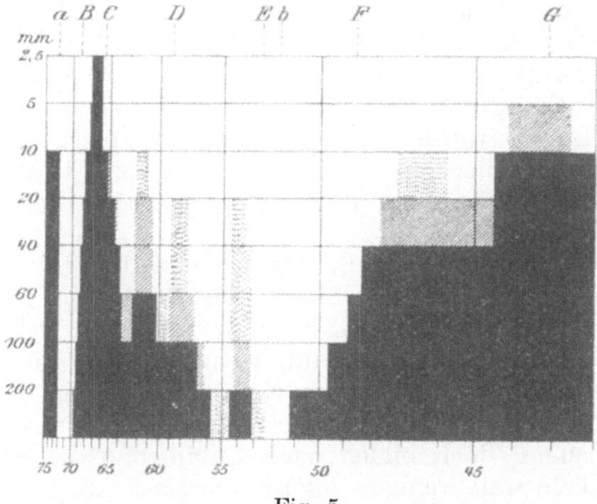

Fig. 5.
Absorptionsspektrum des Äthylchlorophyllids.
0,1 g in 5 L. Alkohol. (Nach Willstätter.)

versicolor, G. tetrahit, Acacia lophanta, Dahlia variabilis. Aus vielen anderen Pflanzen wird das amorphe Chlorophyll erhalten. Vor Monteverde hatte bereits Borodin[1]) Chlorophyllkristalle beobachtet. Nach Willstätter[2]) erhält man auf 1 kg trockener Blätter über 2 g Äthylchlorophyllid. Die von ihm erhaltenen Kristalle sind in Fig. 4 abgebildet. Sie haben die Zusammensetzung $C_{37}H_{38}O_6N_4Mg$.

Von den Eigenschaften des Chlorophylls verdient sein Absorptionsspektrum besondere Aufmerksamkeit. Das Absorptionsspektrum jeder farbigen Flüssigkeit ändert sich mit deren Konzentration. Deshalb muß man das Spektrum der Chlorophyll-Lösung entweder bei verschiedenen Konzentrationen oder bei verschiedener Schichtdicke untersuchen. Im Spektrum des Chlorophylls findet man 6 Absorptionsbänder; ihrer Intensität nach geordnet bilden sie die Reihe: I, VI, V, II, III, IV. Am bezeichnendsten ist der erste zwischen den Fraunhoferschen

[1]) Borodin, Bot. Ztg. 1882, S. 608.
[2]) Willstätter u. Benz, Annalen d. Chemie 358, 1907, S. 267.

Linien B und C liegende Streifen; er erscheint früher als die übrigen (s. Fig. 5).

Mit zunehmender Konzentration werden die Absorptionsbänder breiter und fließen ineinander, so daß durch eine konzentrierte Chlorophyll-Lösung schon bloß die roten Strahlen zwischen A und B und ein Teil der grünen hindurchgehen; schließlich werden auch die grünen Strahlen absorbiert, und es passieren nur die roten zwischen A und B. Durch eine solche Lösung gesehen erscheinen alle Gegenstände rot.

Das Spektrum lebender Blätter weist dieselben Absorptionsbänder auf wie das Spektrum der alkoholischen Lösung des Chlorophylls oder des Äthylchlorophyllids; die Bänder zeigen sich bloß etwas nach dem infraroten Teile hin verschoben.

Die Bildung des Chlorophylls in den Pflanzen scheint nach vielen Untersuchungen ein sehr komplizierter Prozeß zu sein. Bis zur Publikation Liros[1]) wurden von den meisten Forschern die Prozesse der Bildung des Chlorophylls und seiner im Ergrünen der Pflanzen zutage tretenden Anhäufung nicht auseinandergehalten; und das ist durchaus erforderlich.

Wir wollen uns zuerst den Bedingungen des Ergrünens zuwenden. Die erste Bedingung bildet das Licht. Die Blätter der im Dunkeln erwachsenen angiospermen Pflanzen sind stets gelb gefärbt. Solche „etiolierten" Pflanzen ergrünen bald, wenn sie dem Lichte ausgesetzt werden. Die Keimpflanzen einiger Koniferen[2]), junge Farnwedel und einige einzellige Algen[3]) bilden insofern eine Ausnahme, als sie auch im Dunkeln ergrünen; doch bilden nach Lubimenko die Koniferenkeimlinge im Dunkeln weit weniger Chlorophyll als im Lichte. Für das Ergrünen ist Licht von mittlerer Intensität am günstigsten. Faminzin[4]) exponierte einen Teil der etiolierten Versuchspflanzen dem direkten Sonnenlichte; beim anderen Teil war das Licht durch vorgehängte Papierblätter gedämpft; es ergrünten stets die Pflanzen im gedämpften Lichte zuerst. Nach Wiesner erklärt sich die Erscheinung dadurch, daß mit dem Ergrünen der umgekehrte Prozeß der Chlorophyllzerstörung einhergeht. Im Lichte von geringer oder mittlerer Intensität findet fast keine Zerstörung von Chlorophyll statt, in grellem Sonnenlichte dagegen geht neben intensiver Chlorophyllbildung auch seine Zerstörung intensiv vor sich, und es resultiert ein schwächeres Ergrünen als im zerstreuten Lichte. Schon sehr schwaches Licht genügt zum Ergrünen. Die verschiedenen Spektralbezirke üben auf die Chlorophyllbildung einen verschiedenen Einfluß aus, was von Wiesner[5]) genauer untersucht wurde. Zur Isolierung der einzelnen Teile des Spektrums ver-

---

[1]) Ivar Liro, Über die photochemische Chlorophyllbildung bei den Phanerogamen. Annales Acad. Sc. Fennicae, Ser. A, T. I, Nr. 1. Helsinki 1908.

[2]) Lubimenko, Revue générale de botanique XXII, 1910.

[3]) Artari, Bull des Natur. de Moscou 1899, Nr. 1; Ber. d. bot. Ges. 1901, XIX.

[4]) Faminzin, Mélanges biol. de l'Acad d. St. Pétersbourg, T. 6, S 94, 1886.

[5]) Wiesner, Sitzungsber. d. Wien. Akad., Bd. 69, Abt. I, S. 327, 1874. Entstehung des Chlorphylls. Wien 1877.

wendete er Lichtschirme in Gestalt von doppelwandigen mit farbigen Flüssigkeiten angefüllten Glasglocken (Fig. 6). Am häufigsten werden Lösungen von doppeltchromsaurem Kali und ammoniakalischem Kupferoxyd benutzt; erstere läßt bei mittlerer Konzentration die Strahlen der weniger brechbaren Hälfte des Spektrums passieren, d. i. die roten, orange, gelben und einen Teil der grünen Strahlen; durch die zweite gehen dagegen die Strahlen der anderen Spektralhälfte, d. i. die übrigen grünen, blauen und violetten Strahlen. Durch die genannten Flüssigkeiten wird also das Spektrum in zwei Hälften zerlegt.

In schwachem Lichte ergrünen die Pflanzen früher unter der gelben, dagegen in grellem Sonnenlichte unter der blauen Glocke, was dadurch erklärt werden kann, daß im schwachen Lichte fast ausschließlich die von den minder brechbaren Strahlen begünstigte Chlorophyllbildung statt hat, während in grellem Lichte neben der Bildung des Chlorophylls, wie gesagt, auch eine starke Zerstörung einhergeht. Nun haben Versuche über die Zerstörung alkoholischer Chlorophyll-Lösungen unter farbigen Glocken gezeigt, daß dieser Prozeß in der ersten Hälfte des Spektrums besonders intensiv ist; das Ergrünen in dieser Spektralhälfte ist also deshalb in grellem Lichte schwächer, weil eine sehr intensive Zerstörung die Bildung des Chlorophylls begleitet. Doch wäre auch eine andere Erklärung möglich. Intensives Licht könnte vielleicht nicht auf das schon gebildete Chlorophyll, sondern auf irgend einen vorbereitenden Prozeß schädigend einwirken; daraus würde sich die geringere Ansammlung des Chlorophylls in grellem Lichte erklären.

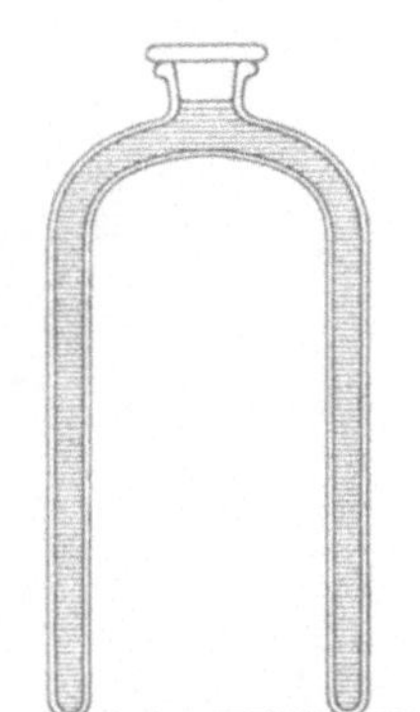

Fig. 6. Doppelwandige Glasglocke mit farbiger Lösung.

In den dunkeln Wärmestrahlen findet kein Ergrünen statt. Um sie zu isolieren, benutzt man die Tyndallsche Flüssigkeit, eine Lösung von Jod in Schwefelkohlenstoff; in geringerer Konzentration läßt sie auch die Strahlen zwischen A und B passieren, die auch kein Ergrünen bewirken können.

In den ultravioletten Strahlen ist das Ergrünen sehr schwach.

Das Ergrünen ist ferner von der Temperatur abhängig. Am günstigsten ist eine gewisse mittlere Temperatur; bei sehr niedriger oder sehr hoher Temperatur erfolgt kein Ergrünen. So ergaben Wiesners Versuche an etiolierten Gerstenkeimlingen:

bei	2— 4° C	. . . .	kein Ergrünen		
,,	4— 5° C	Ergrünen nach	7	Stunden	15 Min.
,,	10° C	,, ,,	3	,,	30 ,,
,,	18—19° C	,, ,,	1	,,	40 ,,
,,	30° C	,, ,,	1	,,	35 ,,
,,	37—38° C	,, ,,	4	,,	—
,,	40° C	. . . .	kein Ergrünen.		

Die herbstliche Laubfärbung ist vom Lichte und von der Lufttemperatur abhängig: im Herbste findet Zerstörung des Chlorophylls durch die Sonnenstrahlen statt, während seine Neubildung durch die niedere Temperatur verhindert wird. Von Koniferen eignet sich nach Batalin[1]) besonders Chamaecyparis obtusa zu Beobachtungen. Die von der Sonne beleuchteten Zweige haben eine goldgelbe Farbe, während die beschatteten grün bleiben; auf der Grenze des beschatteten und des beleuchteten Teils eines Zweiges läßt sich manchmal in benachbarten Zellen eine verschiedene Färbung beobachten.

Die Produkte des Chlorophyllzerfalles bleiben nicht im Blatte, sondern fließen ab[2]). Das wird durch folgenden Versuch illustriert: Macht man im Herbste am noch grünen Blatte einen Einschnitt, durch den der Abfluß der Zerfallsprodukte gehindert wird, so bleibt der über dem Einschnitt befindliche Teil des Blattes grün, während die übrigen Teile vergilben (Fig. 7).

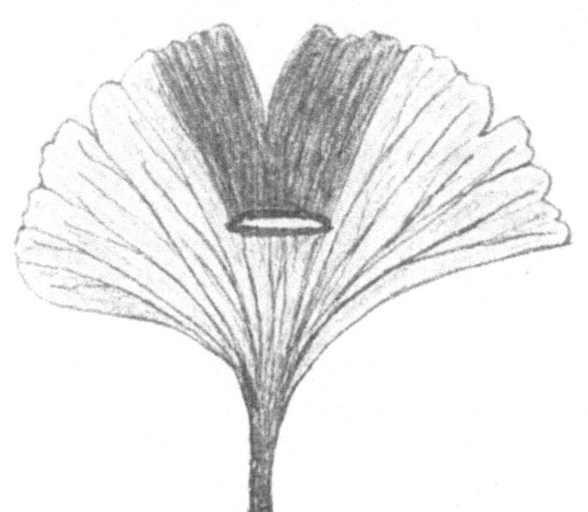

Fig. 7. Die herbstliche Vergilbung ist im oberen Teile des Blattes durch einen Einschnitt aufgehalten. (Nach Stahl.)

Eine dritte Bedingung für das Ergrünen bildet die Gegenwart von Eisen[3]). Ohne Eisen bleiben die Pflanzen hellgelb, sie leiden unter „Chlorosis".

Eine fernere Bedingung bildet der Sauerstoff. Etiolierte Blätter bleiben im sauerstofffreien Raume auch im Lichte gelb; dasselbe ist bei geringen Sauerstoffmengen der Fall. Das Ergrünen setzt einen Überfluß an Sauerstoff voraus.

Wille[4]) konnte nachweisen, daß das Fehlen von notwendigen Aschenbestandteilen im Boden eine Verminderung der Chlorophyll- und Karotinmenge in den Blättern zur Folge hat. Aus einer beigegebenen farbigen Tafel ist auch die Abnahme dieser Farbstoffe bei ungenügender Stickstoffzufuhr ersichtlich. Von Lesage und Schimper[5]) wurde dann gezeigt, daß auch ein Überfluß an Mineralstoffen den Chlorophyllgehalt herabsetzt, was nicht bloß bei Halophyten, die in der Natur auf salzreichen Böden wachsen, sondern auch bei anderen Pflanzen bei Begießen mit Salzlösungen beobachtet wird.

---

[1]) Batalin, Bot. Ztg. 1874, S 433.

[2]) E. Stahl, Zur Biologie des Chlorophylls. Laubfarbe und Himmelslicht, Vergilbung und Etiolement. Jena 1909.

[3]) E. Gris, Comptes rendus XIX, 1844, S 1110. Molisch, Die Pflanzen in ihren Beziehungen zum Eisen. Jena 1892.

[4]) Wille, Comptes rendus CIX, 1891, S 397.

[5]) Schimper, Indo-Malaiische Strandflora. Java 1891. S 9.

Schließlich wies Palladin[1]) darauf hin, daß zum Ergrünen Kohlehydrate notwendig sind. Wie wir noch weiter unten sehen werden, zerfallen die etiolierten Blätter verschiedener Pflanzen nach ihrem Gehalt an Kohlehydraten in zwei Gruppen: bei der einen (z. B. beim Weizen) enthalten die Blätter viel lösliche Kohlehydrate, während letztere in den Blättern der zweiten Gruppe (z. B. Bohnen, Lupinen) fast vollständig fehlen. Läßt man die abgeschnittenen etiolierten Blätter auf Wasser schwimmen oder exponiert man sie dem Lichte, so ergrünen die Gerstenblätter, während die Blätter der Bohnen fast alle, die Lupinenblätter insgesamt gelb bleiben; werden aber letztere nicht auf Wasser, sondern auf eine Saccharose- oder Glukoselösung gelegt, so ergrünen auch sie alle. Das Ergrünen ganzer etiolierter Bohnenpflanzen im Lichte erklärt sich dadurch, daß den Blättern Kohlehydrate aus den Sprossen zugeführt werden. Außer der Saccharose und Glukose können noch Raffinose, Fruktose, Maltose, Glyzerin und einige andere Stoffe das Ergrünen bewirken[2]). Dabei kommt ihre Konzentration sehr in Betracht[3]); so findet das Ergrünen auf Saccharoselösungen schwacher oder mittlerer Konzentration rasch statt; wird die Konzentration aber vorher im Dunkeln bis auf 35% gesteigert, so bleiben die Blätter auch im Lichte während mehrerer Tage gelb und ergrünen nicht; werden sie aber in eine 5—10 proz. Lösung gebracht, so ergrünen sie.

Zum Studium der Frage nach der Bedeutung verschiedener Stoffe für das Ergrünen eignen sich besonders einzellige Algen. Ihre Reinkulturen zeigen im Lichte recht verschiedene Färbungen (vom Gelbgrün bis zum intensiven Dunkelgrün) in Abhängigkeit von der Zusammensetzung der Nährstoffe[4]).

Das Ergrünen oder die Ansammlung des Chlorophylls ist also ein physiologischer Prozeß, der nur in lebenden Zellen und bei günstigen Lebensbedingungen verläuft. Woraus entsteht nun das Chlorophyll? Seine Muttersubstanz ist noch nicht isoliert worden, doch wird aus verschiedenen Gründen auf ihr Vorhandensein geschlossen. Nach Monteverde und Lubimenko[5]) entsteht in den Chromatophoren aller grünen Pflanzen unabhängig vom Lichte aus einem nicht näher bekannten farblosen Chromogen, dem Leukophyll[6]), ein Farbstoff, den sie Chlorophyllogen nennen; es ist ein sehr unbeständiger Körper, dessen Absorptionsspektrum in den roten Strahlen eine große Ähnlichkeit mit dem Spektrum des Chlorophylls aufweist; versucht man ihn zu isolieren, so erhält man ein künstliches Umwandlungsprodukt, das Protochloro-

---

[1]) Palladin, Ber. d. bot. Ges. 1891, S 229.
[2]) Palladin, Revue génér. de bot. 1897, S 385.
[3]) Palladin, Ber. d. bot. Ges. 1902, S. 224.
[4]) Artari, Ber. d. bot. Ges. 1902, S. 201. Matruchot et Molliard, Revue génér. de bot. 1902, S. 113.
[5]) Monteverde und Lubimenko, Bulletin de l'Acad. Imp. des Sc. de St. Pétersbg. 1911, S. 73 (russisch).
[6]) Sachs, Lotos 1859, S. 6. Chem. Zentralbl. 1859, S. 145.

phyll Monteverdes[1]). Wie das Chlorophyll, ist das Protochlorophyll ein intensiv grüner Farbstoff, der rot fluoresziert. Sein Absorptionsspektrum besteht aus 4 Streifen (s. Fig. 8).

Die Absorptionsspektra alkoholischer Lösungen des Protochlorophylls einer- und des amorphen Chlorophylls andererseits unterscheiden sich darin, daß im ersteren der Absorptionsstreifen zwischen B und C fehlt und derjenige zwischen C und D etwas nach links verschoben erscheint; die übrigen Absorptionsstreifen stimmen überein. Obschon das Protochlorophyll ein Umwandlungsprodukt ist, so ist es insofern von Interesse, als man aus seinem Vorhandensein auf die Gegenwart der Muttersubstanz des Chlorophylls schließen kann; das Protochloro-

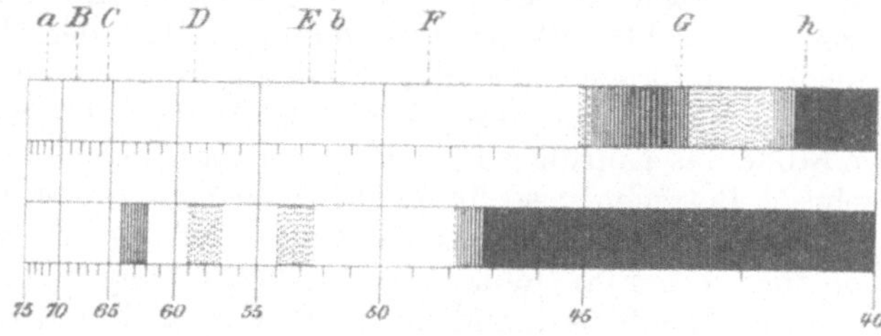

Fig. 8.
Absorptionsspektrum einer alkoholischen Protochlorophyll-Lösung von schwacher (oben) und mittlerer (unten) Konzentration. (Nach Monteverde).

phyll selbst kann dagegen nicht in Chlorophyll übergehen. Aus dem Chlorophyllogen entsteht es unabhängig vom Lichte. Was sein Vorkommen in lebenden Pflanzenzellen anbelangt, so wird es normal in größerer Quantität in der inneren Samenhülle von Cucurbitazeen, besonders von Luffa, gebildet.

Unter dem Einfluß des Lichtes findet in der lebenden Pflanzenzelle eine rasche Umwandlung des Chlorophyllogens ins Chlorophyll statt. Dieser Vorgang kann auch in abgetöteten Pflanzen beobachtet werden. Wenn man etiolierte Blätter so vorsichtig abtötet, daß ihr Chlorophyllogen wenigstens zum Teil erhalten bleibt, und sie dann dem Lichte exponiert, so kann man, wie Liro gezeigt hat, eine freilich geringe Chlorophyllbildung in abgetöteten Blättern beobachten. Zur Umwandlung des Chlorophyllogens in Chlorophyll sind nach Liro und Issatschenko[2]) weder Sauerstoff noch günstige Temperaturbedingungen noch auch Kohlehydrate notwendig; da diese Bedingungen aber erst das Ergrünen ermöglichen, so sind sie offenbar zur Bildung des Chlorophyllogens (oder dessen Chromogens) notwendig. Auch unabhängig

---

[1]) Monteverde, Acta Horti Petropol. XIII, 1894. Schriften der St. Petersburger Naturf.-Ges. 1896, XXVII, S. 131. Nachrichten aus dem Bot. Garten zu St. Petersburg. 1902, S. 179; 1907, S. 37.

[2]) Issatschenko, Nachrichten des Bot. Gartens zu St. Petersburg II 1906; VII 1907; IX 1909.

vom Lichte kann Chlorophyll aus Chlorophyllogen entstehen: das zeigen Pflanzen, die im Dunkeln ergrünen; bei ihnen müssen chemische Agenzien die Rolle des Lichtes übernehmen[1]).

Zur Aufklärung des chemischen Charakters des Chlorophylls haben die Untersuchungen von Schunck und Marchlewski viel beigetragen[2]). Durch Einwirkung von Salzsäure auf Chlorophyll in alkoholischer Lösung geht es zuerst in Chlorophyllan, dann in Phylloxanthin und schließlich in Phyllocyanin über. Durch Behandlung mit starken Alkalien erhält man aus dem Phyllocyanin das interessante Phylloporphyrin[3]) von der Zusammensetzung

$$C_{16}H_{18}N_2O \text{ oder } C_{32}H_{36}N_4O_2 \; ^{4)}$$

Es kristallisiert in schönen dunkelrot violetten Kristallen, ist in Alkohol und Äther schwer, in Chloroform leichter löslich. Das Absorptions-

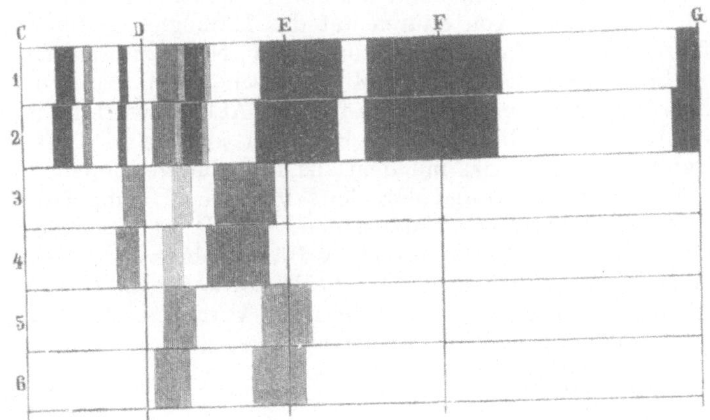

Fig. 9.
Absorptionsspektra des Phylloporphyrins (1, 3,5) und des Hämatoporphyrins (2, 4, 6). — 1, 2 in Äther; 3, 4 in Salzsäure; 5, 6 Zinksalze.
(Nach Schunck und Marchlewski.)

spektrum der ätherischen Lösung (s. Fig. 9) weist sieben Bänder auf; das erste schon liegt außerhalb des roten Spektralbezirks zwischen C und D und ist scharf ausgeprägt.

Das Phylloporphyrin ist insofern von großem Interesse, als es dem von Nencki und Sieber aus dem Hämoglobin des Blutes dargestellten Hämatoporphyrin sehr nahe steht. Da das letztere die Zusammensetzung $C_{16}H_{18}N_2O_3$ hat, so beschränkt sich der Unterschied zwischen dieser und derjenigen des Phylloporphyrins auf den höheren Sauerstoff-

[1]) Monteverde und Lubimenko, l. c.
[2]) Schunck und Marschlewski, Liebigs Annalen d. Chem. 278, 1894, S. 329.
[3]) Schunck und Marchlewski, l. c., 284, 1895, S. 81.
[4]) Willstätter und Fritzsche, Annalen d. Chem. 371, 1910, S. 96.

gehalt[1]). Auch ist die Darstellung des Hämatoporphyrins derjenigen des Phylloporphyrins analog. Die Spektra der beiden Körper in verschiedenen Lösungsmitteln[2]) sind fast identisch, bloß erscheinen die Bänder der Hämatoporphyrinspektra jeweils etwas nach links verschoben (s. Fig. 9).

Beim Erhitzen im Reagenzrohr entwickelt sowohl das Hämatoporphyrin als das Phylloporphyrin Dämpfe, durch die mit Salzsäure getränkte Kiefernsägespäne rot gefärbt werden, und die nach Pyrrol (C_4H_5N) riechen[3]). Es ist als das synthesierend wirkende Chlorophyll dem analytisch wirkenden Hämoglobin nahe verwandt, denn beiden ist der Pyrrolkern gemeinsam. Von großem Interesse ist es auch, daß das Gallenpigment Bilirubin dieselbe Zusammensetzung ($C_{16}H_{18}N_2O_3$) hat wie das Hämatoporphyrin. Der genetische Zusammenhang des Chlorophylls und des Hämoglobins wurde durch fernere Untersuchungen bestätigt. Es gelang Nencki und Zaleski[4]), aus dem Hämin, einem Stoff, der bei Einwirkung von Säuren auf das Hämoglobin entsteht, Mesoporphyrin von der Zusammensetzung $C_{16}H_{18}N_2O_2$ zu erhalten, das also seinem Sauerstoffgehalt nach die Mitte zwischen dem Hämato- und dem Phylloporphyrin einnimmt. Durch ferneren Abbau des Hämins erhielten sie das flüchtige Öl Hämopyrrol $C_8H_{13}N$, das sich an der Luft rötet und in Urobilin übergeht, das mit dem aus Bilirubin gewonnenen identisch ist. Als es dann Nencki und Marchlewski[5]) gelang, Hämopyrrol und Urobilin aus Phylloporphyrin darzustellen, war damit der genetische Zusammenhang des Chlorophylls und des Hämoglobins endgültig erwiesen. Der gemeinsame Kern ist also für beide sowie für die Gallenfarbstoffe im Hämopyrrol gegeben. Das genetische Verhältnis der drei Gruppen läßt sich folgendermaßen schematisch darstellen:

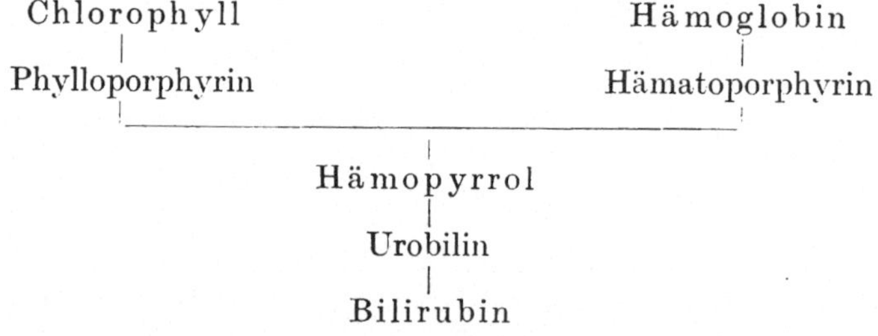

Ergebnisse dieser Art haben für die Biochemie die größte Bedeutung, da sie die entferntesten Momente der Entwicklungsgeschichte der Organismen beleuchten und auf einen gemeinsamen Ursprung der Tier- und Pflanzenwelt hindeuten. Die Lehre Darwins von der Ent-

[1]) Über die Verschiedenheiten in der Struktur der beiden Körper s. Willstätter und Asahina, Annalen d. Chem. 373, 1910, S. 227.

[2]) Schunck und Marchlewski, Annalen d. Chem. 290, 1896, S. 306.

[3]) Schunck und Marchlewski, Annalen d. Chem. 288, 1895, S. 209.

[4]) Nencki und Zaleski, Berichte d. chem. Ges. 1901, I, S. 997.

[5]) Nencki und Marchlewski, Berichte d. chem. Ges. 1901, II, S. 1687.

stehung der Arten gründet sich auf die Veränderlichkeit der Formen im Kampfe ums Dasein unter dem Einfluß verschiedener Lebensbedingungen. Die Mannigfaltigkeit der Organismen kommt jedoch nicht nur in der Form und dem Bau der Organe, sondern auch im chemischen Charakter der die lebenden Zellen zusammensetzenden Verbindungen zum Ausdruck. Von der Natur der letzteren ist der Charakter der Stoffwechselprozesse abhängig, die ihrerseits die Gestalt der Zellen und ihre Differenzierung in Organe bestimmen. Mit anderen Worten, die Gestalt der die einzelnen Organe zusammensetzenden Zellenkomplexe wird durch den Stoffwechsel bestimmt, wie ihn die einzelnen Organe im Kampfe ums Dasein diesen oder jenen äußeren Bedingungen entsprechend ausgebildet haben. Bei einer Veränderung der Daseinsbedingungen wird nicht nur die Form, sondern auch gleichzeitig die chemische Zusammensetzung der Zellen und deren Stoffwechsel modifiziert. Um also für die Entwicklungsgeschichte der organischen Welt ein tieferes Verständnis zu gewinnen, muß man nicht allein die Formen, sondern auch die chemische Zusammensetzung der Zellen und ihren Stoffwechsel zum Vergleiche heranziehen. Von diesem Standpunkte aus beansprucht die Arbeit von Schunck und Marchlewski, durch die die Farbstoffe der Blätter und des Blutes, so verschieden sie ihrer Funktion nach sind, chemisch nahegebracht werden, hohes wissenschaftliches Interesse[1]).

Nach Nencki entstehen das Chlorophyll und das Hämoglobin als Zerfallsprodukte von Eiweißstoffen aus deren chromogener Gruppe[2]). Bekanntlich entsteht beim Abbau von Eiweißstoffen durch Pankreassaft ein sich mit Brom rot färbender Stoff Tryptophan, der nach seiner prozentualen Zusammensetzung dem Hämatoporphyrin und den Melaninen nahesteht.

Die Abbauprodukte des Chlorophylls kann man nach Willstätter[3]) in zwei Gruppen sondern. Werden sie durch Einwirkung von Säuren erhalten, so enthalten sie kein Magnium; bei Einwirkung von Alkalien erhält man dagegen magniumhaltige Derivate: Glaukophyllin, Rhodophyllin, Pyrrophyllin, Phyllophyllin. Läßt man auf letztere Säuren einwirken, so kommt man zu neuen Verbindungen, die kein Magnium enthalten und an Hämatoporphyrin erinnern; aus dem Phyllophyllin wird so Phylloporphyrin erhalten. Aus dem Chlorophyll selbst erhält man durch Säurewirkung das Phäophytin, in dem man das Phytol durch Äthylalkohol ersetzen kann und so zum Äthylphäophorbid gelangt (als Phäophorbid bezeichnet man das durch Säurewirkung modifizierte Chlorophyllin). Das Phäophytin ist also als Phytylphäophorbid zu bezeichnen.

---

[1]) Nencki, Archiv f. biolog. Wissensch. des Inst. f. exp. Med. V, 1896/97, S. 305 (russisch).

[2]) Nencki, Ber. d. chem. Ges. 1896, III, S. 2877.

[3]) Willstätter und Pfannenstiel, Annalen d. Chem. 358, 1908, S. 217. Willstätter und Fritzsche, l. c., 371, S. 33. Willstätter und Hocheder, l. c., 354, 1907, S. 205. Willstätter und Stoll, l. c., 380, 1911, S. 148. Willstätter und Isler, l. c., S. 154.

Von den übrigen Umwandlungsprodukten des Chlorophylls verdient ein Körper Beachtung, der von Timiriazeff[1]) durch Einwirkung von Wasserstoff in statu nascendi erhalten wurde: das Protophyllin. In Lösung ist es je nach der Konzentration gelb oder rot. Es wird sehr leicht oxydiert und geht in Chlorophyll über; deshalb muß es in zugeschmolzenen Glasröhren in Kohlensäure oder Wasserstoff aufbewahrt werden. In Wasserstoff ist es sowohl im Dunkeln als im Lichte beständig, in Kohlensäure ist es im Dunkeln ebenfalls beständig, im Lichte dagegen wird es grün und geht in Chlorophyll über; man muß annehmen, daß dabei Kohlensäure zerlegt wird und den Sauerstoff liefert, auf dessen Kosten das Ergrünen des Protophyllins erfolgt. Im Absorptionsspektrum des Protophyllins sind die Bänder im Orange und Grün charakteristisch, die den Bändern II und IV des Chlorophylls entsprechen.

Das sind die Hauptergebnisse der Untersuchungen über das Chlorophyll. Über seine Rolle in den chemischen Prozessen der Kohlensäurezerlegung und der Bildung der ersten Assimilationsprodukte ist fast nichts bekannt. Schryner[2]) behauptet, daß das bei der Kohlensäurezerlegung entstehende Formaldehyd mit dem Chlorophyll in Verbindung tritt. Dagegen ist die physikalische Funktion des Chlorophylls verständlich; es fungiert als Sensibilisator[3]) und überträgt die Wirkung des absorbierten Lichtes auf den Prozeß der Kohlensäurezerlegung Analog kann man eine schnelle Zerlegung von Silbersalzen durch rote Strahlen zwischen B und C dadurch erreichen, daß man ihnen Chlorophyll zusetzt; während sie sonst durch blaue und violette Strahlen zerlegt werden.

§ 4. Die das Chlorophyll begleitenden Farbstoffe. Von den das Chlorophyll begleitenden Farbstoffen verdient das Karotin besondere Beachtung[4]). Schon Borodin[5]) konnte zeigen, daß das Karotin (er nannte es Erythrophyll) beständig in alkoholischen Blätterauszügen vorkam, die er unter dem Mikroskop kristallisieren ließ. Doch der chemische Charakter des Karotins und auch einige Bedingungen seiner Bildung in den Blättern wurden erst durch die Untersuchungen Arnauds[6]) und Willstätters[7]) aufgeklärt.

Das Karotin kristallisiert in flachen rhombischen Kristallen, die im durchgehenden Lichte orangerot, im auffallenden blaugrün sind. Es ist in Chloroform und Schwefelkohlenstoff leicht, in Benzin weniger, in Äther wenig und in Alkohol fast gar nicht löslich. Seine Lösung in

---

[1]) Timiriazeff, Comptes rendus 102, 1886, S. 686; 109, 1889, S. 414; 120, 1895, S. 469.

[2]) Schryner, Chemical News 101, 1910, S. 64.

[3]) Vgl. Tappeiner, Die photodynamische Erscheinung (Sensibilisierung durch fluoreszierende Stoffe). Ergebn. d. Physiol. v. Asher und Spiro, VIII, 1909, S. 698.

[4]) Escher, Zur Kenntnis des Karotins und des Lykopins. Zürich 1909.

[5]) Borodin, Bulletin de l'Acad. de St. Pétersbourg 28, 1883, S. 328.

[6]) Arnaud, Comptes rendus 100, 1885, S. 751; 102, 1886, S. 1119, 1319; 109, 1889, S. 911.

[7]) Willstätter und Mieg, Annalen d. Chem. 355, 1907, S. 1.

Schwefelkohlenstoff ist blutrot, in konzentrierter Schwefelsäure violettblau. Es hat die Zusammensetzung $C_{40}H_{56}$, wird leicht oxydiert und geht in Cholesterin über. Der Karotingehalt der Blätter ist von der Jahreszeit abhängig. Den Sommer über angestellte Untersuchungen an Blättern der Brennessel und der Roßkastanie haben ergeben daß bei beiden Pflanzen der Karotingehalt während der Blütezeit am größten ist. Auch steht die Bildung des Karotins in Abhängigkeit vom Lichte; sein Gehalt war

in grünen Blättern der Wicke . . . . . . 178,8 mg
,, etiolierten ,, ,, ... 34,0 ,,

Durch Untersuchungen Kohls[1]) wurde die weite Verbreitung des Karotins erwiesen. Sein Vorkommen beschränkt sich nicht auf die grünen Pflanzenteile, sondern erstreckt sich auch auf Blüten, Früchte,

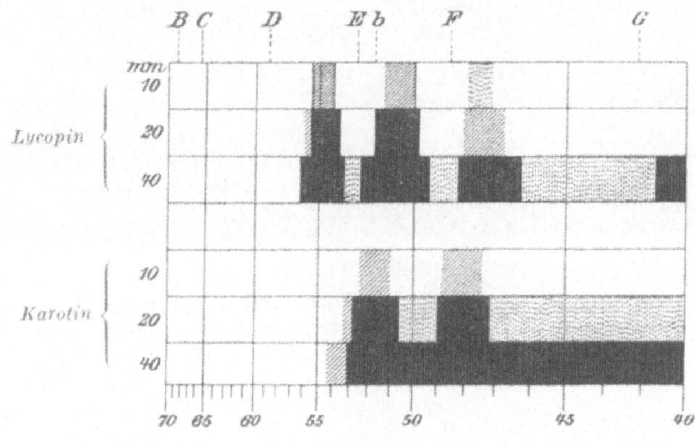

Fig. 10.
Absorptionsspektra des Karotins und des Lykopins. (Nach Escher.)

Samen, unterirdische Organe; auch in Pilzen kommt es vor. Um es in größeren Quantitäten darzustellen, benutzt man Mohrrüben.

Die Funktion des Karotins ist noch nicht aufgeklärt. Doch ist vor allem sein Bestreben zur Bindung von Sauerstoff zu beachten, was jedenfalls eine wichtige Bedeutung im Prozeß der Assimilation der Kohlensäure haben dürfte, bei dem ja eine Reduktion oxydierter Verbindungen stattfindet. Das Absorptionsspektrum des Karotins weist zwei Bänder in der rechten Hälfte des Spektrums auf (Fig. 10).

Ein zweiter das Chlorophyll begleitender gelber Farbstoff ist das Xanthophyll. Es ist ein Oxydationsprodukt des Karotins von der Zusammensetzung $C_{40}H_{56}O_2$.

---

[1]) Kohl, Untersuchungen über das Karotin und seine physiologische Bedeutung. Leipzig 1902.

Dem Karotin sehr nahe steht das Lykopin[1]); es hat auch die gleiche Zusammensetzung, $C_{40}H_{56}$; es kommt in Tomaten (Solanum lycopersicum) vor. Sein Absorptionsspektrum besteht aus drei Bändern in der rechten Spektralhälfte (Fig. 10).

Die Rotalgen enthalten Phykoerythrin; es ist ein in Wasser leicht, in Alkohol, Äther und Schwefelkohlenstoff aber nicht löslicher Eiweißkörper. Seine dunkle bläulichrote Lösung fluoresziert orangegelb. Aus Salzlösungen kristallisiert es in hexagonalen Kristalloiden von roter Farbe.

Das Phykozyan[2]), der Farbstoff der Zyanophyzeen, ist ebenfalls ein Eiweißkörper; es ist in Wasser und Glyzerin löslich, in Alkohol und Äther unlöslich; es kristallisiert in Gestalt indigblauer Kristalloide.

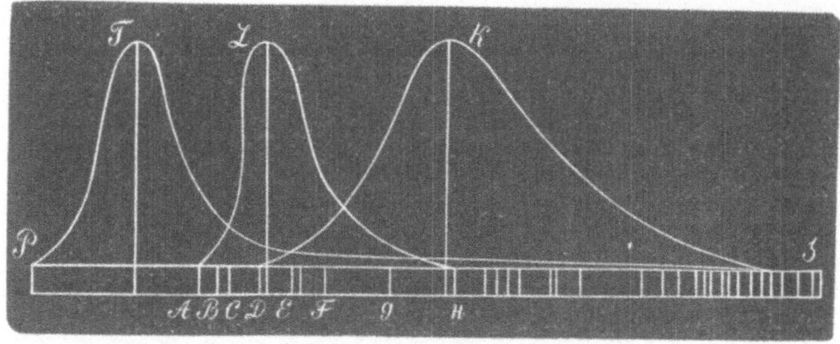

Fig. 11.

Prismatisches Sonnenspektrum. PA infrarote, AH sichtbare, HS ultraviolette Strahlen; PTS Wärmekurve, ALH Lichtintensitätskurve, DKS Kurve der Einwirkung auf Silbersalze.

Die Braunalgen enthalten das in Wasser leicht lösliche Phykophäin[3]); in konzentrierter Lösung ist es intensiv rotbraun.

Von Engelmann[4]) wurden die Absorptionsspektra der bunten Laubblätter einer Reihe von Pflanzen untersucht; Stahl[5]) untersuchte die biologische Bedeutung ihrer Färbung.

§ 5. Der Einfluß des Lichtes auf die Zerlegung der Kohlensäure durch die Pflanzen. Zum Verständnis der dieser Frage gewidmeten Untersuchungen muß die Bekanntschaft mit den Eigenschaften der einzelnen Strahlenarten des Sonnenspektrums vorausgesetzt werden (Fig. 11). Nur der mittlere zwischen A und H liegende Teil des Spektrums ist mit dem Auge sichtbar; zu beiden Seiten von ihm liegen unsichtbare Strahlen: links die infraroten, rechts die ultravioletten. Von den sichtbaren Strahlen sind die gelben am hellsten: die Lichtintensitätskurve

---

[1]) Montanari, Stazion. sperim. agrarie italiane 37, 1909.

[2]) Molisch, Bot. Ztg. 1895, S. 131.

[3]) Schütt, Ber. d. bot. Ges. 1887, S. 259.

[4]) Engelmann, Bot. Ztg., 1887, S. 393.

[5]) Stahl, Annales du jardin bot. de Buitenzorg 13, 1896, S. 137.

der verschiedenen Teile des Spektrums erreicht ihr Maximum bei D und senkt sich nach A und H hin; doch kommen in ihr eigentlich nicht die Eigenschaften der Strahlen zum Ausdruck, sondern die Eigenschaften des menschlichen Auges. Das Wärmemaximum fällt im prismatischen Spektrum ins Gebiet der infraroten Strahlen. Neueren Untersuchungen über die Verteilung der Wärme im normalen (Diffraktions-) Spektrum haben dagegen gezeigt, daß das Maximum zwischen B und C zu liegen kommt[1]), doch ist seine Lage nach den neuesten Untersuchungen nicht konstant, sondern es wird je nach der Tagesstunde von den roten Strahlen bis in die gelbgrünen verschoben. Schließlich unterscheidet man noch „chemisch wirkende“ Strahlen mit einem Maximum im violetten Teile. Doch charakterisieren sie eigentlich bloß die Zerlegung von Silbersalzen in den verschiedenen Teilen des Sonnenspektrums, die in der Tat in den blauen und violetten Strahlen am energischsten verläuft. Eine ganze Reihe anderer Verbindungen wird aber vorzugsweise durch andere Strahlen zerlegt, und zwar durch die jeweils absorbierten. Das Chlorophyll z. B. wird am schnellsten durch die Strahlen zwischen B und C zerlegt, weil es gerade diese Strahlen vorzugsweise absorbiert. Es beschränkt sich also die Bedeutung der Kurve der „chemischen“ Strahlen auf die Zerlegung von Silbersalzen; spezifisch „chemische“ Strahlen gibt es nicht.

Die Untersuchungen über den Einfluß des Lichtes auf die Zerlegung der Kohlensäure durch die Pflanzen zerfallen in zwei Gruppen: In die eine fallen Untersuchungen über die qualitative Seite der Frage: welche Strahlen haben bei dem Prozeß vorzugsweise Bedeutung? Die andere Gruppe ist der quantitativen Erforschung der Frage gewidmet: wieviel Licht wird von den Pflanzen zur Zerlegung der Kohlensäure benötigt? Die ersten Arbeiten in qualitativer Richtung gehören Daubeny (1836) und Draper (1844), wobei ersterer seine Versuche hinter Lichtschirmen, letzterer im Spektrum anstellte; beide kamen zum Schlusse, daß die Kohlensäure durch die Pflanzen am besten in den gelben Strahlen zerlegt werde. Sachs[2]) teilte das Spektrum in zwei Hälften durch Kaliumbichromat- und ammoniakalische Kupferoxydlösung und fand, daß die Kohlensäurezerlegung in der gelben Hälfte des Spektrums fast ebenso energisch verläuft wie im direkten Sonnenlichte, wogegen sie in den blauen und violetten Strahlen gering ist. Zu diesem Prozesse werden also nicht die sogenannten „chemischen“ Strahlen benötigt, sondern vor allem die minder brechbaren Strahlen der ersten Hälfte des Spektrums. Die Menge des ausgeschiedenen Sauerstoffs wurde von Sachs nach der Methode der Gasblasenzählung bestimmt (Fig. 2).

Es war nun die fernere Frage zu entscheiden, in welchen Strahlen der ersten Spektralhälfte die Kohlensäurezerlegung am energischsten verläuft. Die genauesten Untersuchungen hierüber wurden von Timi-

---

[1]) Langley, Comptes rendus 95, 1882, S. 482. Phil. Mag. Januar 1889.

[2]) Sachs, Bot. Ztg. 1864.

riazeff[1]) angestellt, der seine Versuche direkt im Spektrum verlaufen ließ. Mit Hilfe eines Heliostaten wurde das Sonnenlicht in die Dunkelkammer reflektiert und durch ein Prisma mit Schwefelkohlenstoff zerlegt. Im so erhaltenen Spektrum wurden Glasröhrchen mit Ausschnitten aus Bambusblättern in 5 % Kohlensäure enthaltender Luft aufgestellt. In den roten Strahlen zwischen A und B, im Absorptionsband des Chlorophylls zwischen B und C, im orange, im gelben und im grünen Teile des Spektrums wurde je ein Röhrchen aufgestellt. Die Gasanalyse am Schluß des Versuches wurde mittels eines sehr genauen Apparates ausgeführt, der sehr geringe Gasmengen abzulesen gestattete. Die Versuchsergebnisse Timiriazeffs sind in Fig. 12 graphisch dargestellt. Die Enden der Ordinaten, die an den fünf Stellen des Spektrums errichtet wurden, an denen sich die Röhrchen während der Versuchs befanden, sind durch die Kurve a b c d e verbunden; letztere stellt also die Kohlensäurezerlegung im Sonnenspektrum dar. Das Maximum fällt in die roten Strahlen zwischen B und C, d. h. in die vom Chlorophyll besonders energisch absorbierten Strahlen. Zwischen A und B findet keine Kohlensäurezerlegung statt (der Teil der Kurve unter der Linie m bringt die während des Versuchs ausgeschiedene Kohlensäuremenge zum Ausdruck). Die Ergebnisse Timiriazeffs wurden durch Engelmann[2]) und Reinke (1884) bestätigt.

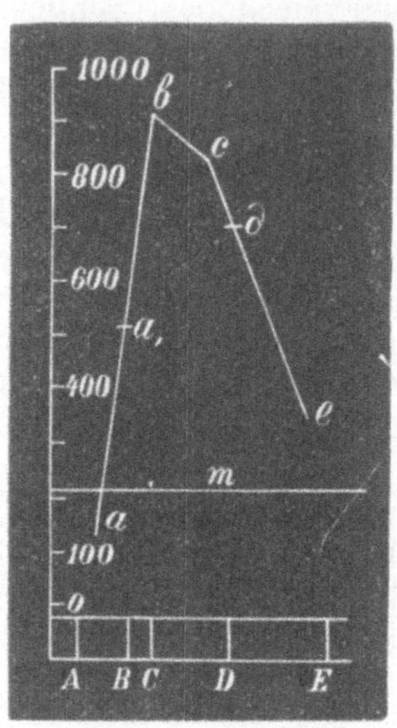

Fig. 12. Die Kohlensäurezerlegung in den verschiedenen Strahlen des Spektrums. (Nach Timiriazeff.)

Engelmann gehört die originelle Bakterienmethode. Bekanntlich bewegen sich viele Bakterien bloß in Gegenwart von Sauerstoff; ihre Bewegungen hören auf, sobald kein Sauerstoff vorhanden ist. Bringt man eine Fadenalge in einem Tropfen aus einer solchen Bakterienkultur auf den Objektträger und verdunkelt das mit einem Deckglas bedeckte Präparat, so erlischt binnen einiger Zeit die Bewegung der Bakterien wegen mangelnden Sauerstoffzutritts. Projiziert man nun auf die Alge unter dem Mikroskop ein Sonnenspektrum, so wird die Bakterienbewegung in der Nähe der beiden Absorptionsbänder des Chlorophylls erneuert (Fig. 13), und zwar besonders energisch in den roten Strahlen, bedeutend schwächer in den blauen. Eine Sauerstoffausscheidung, die von den Bakterien ausgenutzt werden konnte, fand also nur in den bezeichneten Strahlen statt.

---

1) Timiriazeff, Über die Assimilation des Lichtes durch die Pflanze. 1875 (russisch). Annales de chim. et de physique. 1877.

2) Engelmann, Bot. Ztg. 1882.

Von Timiriazeff[1]) wurde festgestellt, in welchem Grade die Wirkung der blauen Strahlen schwächer ist als die der roten. Zu diesem Zwecke teilte er das Spektrum mittels einer zylindrischen Linse und eines Prismas mit sehr geringem Brechungswinkel in zwei gleiche Hälften. In den grellen Lichtstreifen (blau und gelb) wurden flache Röhrchen mit Blätterausschnitten von gleicher Fläche aufgestellt und nach 3/4 oder 1 Stunde eine Gasanalyse ausgeführt. Die Wirkungen der beiden Strahlenbündel verhielten sich wie 100 (minder brechbare Strahlen) zu 54 (stärker brechbare Strahlen). Es ist also die Wirkung der zweiten Hälfte des die Breite der Absorptionsstreifen, d. h. der tatsächlich wirkenden Strahlenbündel in Spektrums zweimal so schwach wie die der ersten. Es ist aber noch zu beachten, daß den beiden Hälften des Spektrums nicht

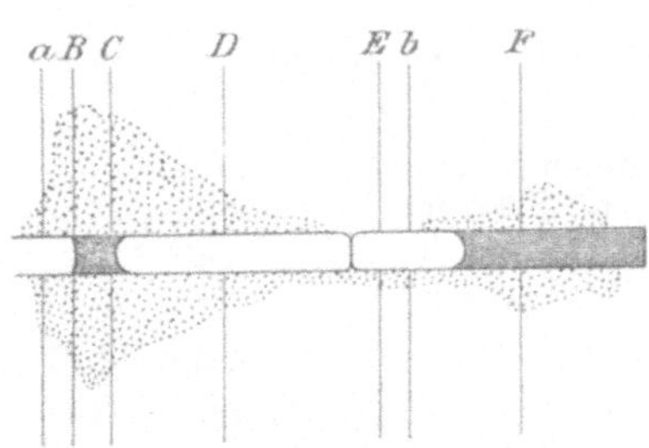

Fig. 13.
Bakterienbewegung neben den Absorptionsbändern des Chlorophylls.
(Nach Engelmann.)

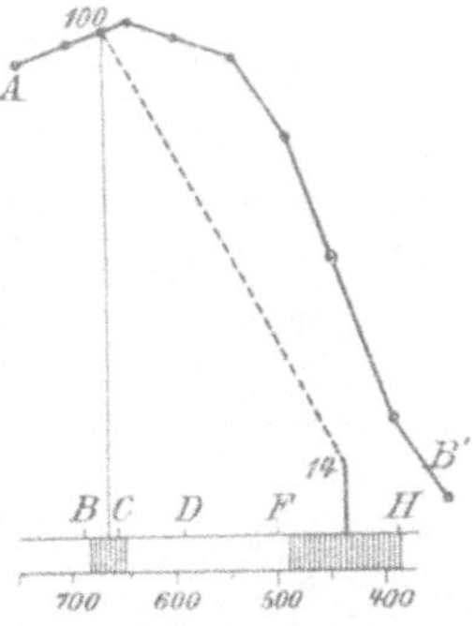

Fig. 14. AB die Verteilung der Wärmeenergie im Sonnenspektrum. 100—14 Kohlensäurezerlegung in den roten und den blauen Strahlen.

gleich ist. In Fig. 14 ist das Chlorophyllspektrum des untersuchten Blattes abgebildet. Das Absorptionsband im blauvioletten Teile des (normalen) Spektrums ist mehr als dreimal so breit wie das Band zwischen B und C. Teilt man nun die angeführten Verhältniszahlen durch die Ausdehnung der wirksamen Strahlenbündel, so erhält man für einen mittleren Strahl im roten Teil 100, für einen mittleren Strahl im blauvioletten Teile dagegen 14, was in Fig. 14 graphisch zum Ausdruck gebracht ist. Die Wirkung der roten Strahlen ist also viel energischer als die der blauvioletten. Wodurch erklärt sich nun diese verschiedene Wirkung? Offenbar durch die verschiedene Energie der Strahlen, die in ihrer Wärmewirkung zum Ausdruck kommt und in der gleichen Richtung zunimmt, was sich aus der Vergleichung mit der Langleyschen Kurve ersehen läßt, die die Verteilung der Wärmeenergie im normalen Sonnenspektrum darstellt (Fig. 14). Die blauen und violetten Strahlen bewirken also, obschon die vom Chlorophyll absorbiert

[1]) Timiriazeff, Photochemische Wirkung der am Rande des sichtbaren Spektrums liegenden Strahlen. 1893 (russisch).

werden, deshalb bloß eine schwache Kohlensäurezerlegung, weil sie über eine geringe Wärmeenergie verfügen.

Die Abhängigkeit des Prozesses der Kohlensäurezerlegung von der Energie der Strahlen wurde noch detaillierter durch die Untersuchungen A. Richters[1]) nachgewiesen: nur absorbierte Strahlen können Kohlensäure zerlegen, und von den absorbierten ist die Arbeit derjenigen am größten, die die größte Wärmeenergie haben. Als Lichtfilter benutzte Richter Lösungen von Kaliumbichromat, ammoniakalischem Kupfersulfat und Kaliumpermanganat. Hinter den verschiedenen Lichtfiltern absorbierte das Blatt folgende Lichtmengen:

Wasser	Kalium-bichromat	Ammoniakalische Kupferlösung	Kalium-permanganat
1000	491	177	233
oder:	100	36	47,5

Die Kohlensäurezerlegung hinter denselben Lichtfiltern gestaltete sich im Mittel wie folgt:

Wasser	Kallum-bichromat	Ammoniakalische Kupferlösung	Kalium-permanganat
1000	494	168	249
oder:	100	34,4	48

Die Zahlen der beiden Reihen sind einander so nahe, daß man behaupten kann: Die von einem Lichtstrahl im Blatte geleistete Arbeit ist seiner vom Blatte absorbierten Energie proportional und unabhängig von der Wellenlänge des Stahles und seiner Lage im Spektrum[2]).

Von den grünen Pflanzen wird also die Kohlensäure am energischsten durch die Strahlen zwischen B und C zerlegt. Treten aber neben dem Chlorophyll noch andere Farbstoffe auf, so kann nach Engelmann[3]) das Maximum der Kohlensäurezerlegung in einen anderen Teil des Spektrums fallen. Bei den Zyanophyzeen fällt das Maximum auf D; die Braunalgen haben ein Maximum zwischen D und E, doch ist die Kohlensäurezerlegung zwischen B und C ihm nahe; die Rotalgen endlich haben auch ein Maximum zwischen D und E, doch ist die Zerlegung zwischen B und C dabei schon sehr schwach. Diese Tatsachen stehen mit der verschiedenen Tiefenverteilung der Algen im Zusammenhang. Während die oberflächlichen Wasserschichten vorwiegend von Grünalgen bewohnt sind, dringen die Rotalgen in sehr große Tiefen. Spektroskopische Untersuchungen des Wassers haben gelehrt, daß die für die Grünalgen unentbehrlichen roten Strahlen vom Wasser rasch absorbiert werden und in größeren Tiefen überhaupt fehlen; dagegen dringen die von den Rotalgen absorbierten grünen und die blauen Strahlen bis in große Tiefen.

[1]) A. Richter, Revue générale de bot. 1902, S. 151. S. auch Kohl, Ber. d. bot. Ges. 1897, S. 122.

[2]) Vgl. auch Kniep und Minder, Zeitschr. f. Bot. 1911.

[3]) Engelmann, Bot. Ztg. 1893, S. 1.

Nach Engelmann[1]) können auch Pflanzen, die kein Chlorophyll, sondern nur einen anderne Farbstoff enthalten, Kohlensäure zerlegen; so z. B. die Purpurbakterien.

Engelmanns Theorie über die Bedeutung der komplementären Farbstoffe fand in den interessanten Untersuchungen Gaidukows[2]) über den Einfluß farbigen Lichts auf die Färbung von Oszillarien eine Bestätigung. In farbigem Lichte wird die Färbung der Oszillarien verändert, und zwar so, daß sie je länger, je mehr zur Farbe des einwirkenden Lichtes komplementär wird. So wurde durch

rotes	Licht	grünliche	Färbung
braungelbes	,,	blaugrüne	,,
grünes	,,	rötliche	,,
blaues	,,	braungelbe	,,

hervorgerufen. Diese Erscheinung wurde von Gaidukow als Gesetz der komplementären chromatischen Adaptation bezeichnet.

Die Menge des Lichtes[3]), die zur Zerlegung der Kohlensäure benötigt wird, steht in enger Abhängigkeit von individuellen Eigentümlichkeiten der Pflanzen; die einen brauchen mehr, die anderen weniger Licht. So werden z. B. die Holzgewächse in der Forstwissenschaft schon längst in ombrophile und ombrophobe eingeteilt; zu den ersteren zählt man z. B. Abies, Taxus, Fagus, Tilia; zu den letzteren: Pinus, Larix, Robinia, Betula.

Als Beispiel einer Pflanze, die äußerst schwaches Licht auszunutzen vermag, kann das Moos Schistostega osmundacea dienen, das dunkle Grotten bewohnt. Sein Vorkeim hat einen äußerst eigenartigen Bau (Fig. 15); es leuchtet im Halbdunkel smaragdgrün. Die einzelnen Fäden des Vorkeims bilden in die Höhe wachsend eine zu den einfallenden Lichtstrahlen rechtwinklig orientierte Platte. Jede Zelle dieser Platte hat die Gestalt einer Linse, in der verlängerten Basis der Zellen liegen die Chlorophyllkörner. Wie bikonvexe Linsen sammeln diese Zellen das Licht der halbdunkeln Grotten, um den Chlorophyllkörnern die Kohlensäurezerlegung zu ermöglichen; dabei wird ein Teil des Lichtes reflektiert, was ein Leuchten der Vorkeime zur Folge hat.

Im allgemeinen sind die Pflanzen dem möglichen Minimum des auffallenden Lichtes angepaßt (Wiesner, Lubimenko). Bei den ombrophoben Pflanzen nimmt die Energie der Kohlensäurezerlegung mit der Zunahme der Lichtintensität ununterbrochen zu; dagegen besteht für die ombrophilen Pflanzen eine optimale Lichtintensität, bei deren Überschreitung die Menge der zerlegten Kohlensäure kleiner wird. Der Unterschied findet im verschiedenen Chlorophyllgehalt seine Erklärung.

---

[1]) Engelmann, Bot. Ztg. 1888, S. 661.

[2]) Gaidukow, Anh. d. Abhandl. d. Preuß. Akademie d. Wissensch. 1902.

[3]) Kreusler, Landw. Jahrb. 14, 1885, S. 913. Timiriazeff, Comptes rendus 109, 1889, S. 381. Pantanelli, Jahrb. f. wiss. Bot. 39, 1903, S. 167. Lubimenko, Revue génér. de bot. 17, 1905, S. 1; 20, 1909. Annales des sc. nat., Bot. IX sér, 7, 1909, S. 321.

Lubimenko konnte zeigen, daß die ombrophilen Pflanzen chlorophyllreicher sind als die ombrophoben. Je größer die Menge des auffallenden Lichtes und je höher die Temperatur, desto weniger Chlorophyll wird von der Pflanze gebildet.

§ 6. **Die Produkte der Kohlensäureassimilation**[1].) Das einfachste Schema, das dem Gasaustausch bei der Kohlensäureassimilation genügt, wäre folgendes:

$$CO_2 = C + O_2$$

Der Kohlenstoff wird also in der Pflanze gespeichert, und zwar natürlich in Verbindung mit anderen Elementen in Form organischer Stoffe.

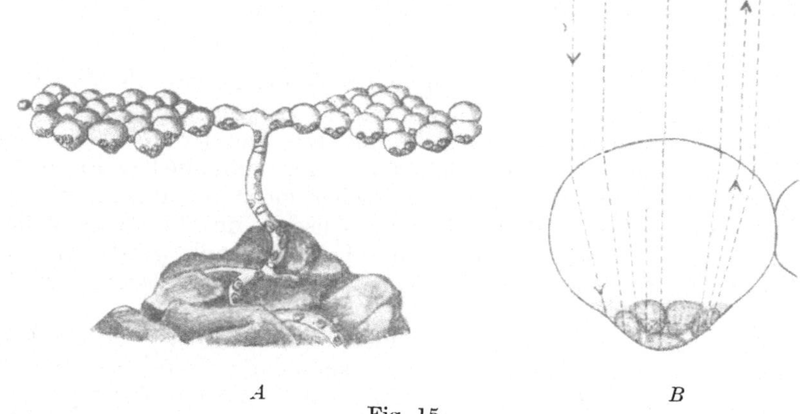

Fig. 15.
Schistostega Osmundacea, A Vorkeim, B Schema des Strahlenganges in einer Zelle des Vorkeims

Es fragt sich nun, welche Stoffe als die ersten (sichtbaren) Produkte der Kohlensäureassimilation anzusehen sind? Sachs'[2]) Untersuchungen haben gezeigt, daß es die Stärke ist. Werden Blätter einige Tage im Dunkeln gehalten, so verschwindet die Stärke aus den Chlorophyllkörnern vollkommen; werden sie danach wieder ans Licht gebracht, so läßt sich schon sehr bald in den Chlorophyllkörnern wieder Stärke nachweisen. Um Spuren von Stärke nachweisen zu können, verfährt man nach Böhm, indem man die Blätter erst in Alkohol entfärbt und dann mit Kalilauge und Jod behandelt; die vom Kali stark gequollenen Stärkekörner werden durch das Jod gefärbt und sichtbar. Bedeckt man einen Teil des Blattes, bevor man es ans Licht bringt, mit Stanniol und läßt, nach Entfärbung des Blattes durch Alkohol, Jod einwirken, so färbt sich der beschattet gewesene Teil gelbbraun, die übrigen Teile blau oder schwarz, je nach der Stärkemenge (Fig. 16). Besonders demonstrativ gestaltet sich der Versuch, wenn man das ganze Versuchs-

[1]) Brown and Morris, Journal chem. Society, 1893, S. 604.
[2]) Sachs, Bot. Ztg. 1862, Nr. 44; 1864, Nr. 38.

Blatt mit einem Blatte Stanniol bzw. Pappe bedeckt, in dem das Wort „Stärke" ausgeschnitten ist: dieses Wort erscheint dann nach obiger Behandlung des Blattes allein blaugefärbt auf braunem Grunde.

Mit Algen läßt sich nach Famintzin (1866) sehr genau experimentieren: schon nach halbstündiger Beleuchtung durch eine starke Petroleumlampe läßt sich Stärke nachweisen. Nach Kraus bilden die Algen im Sonnenlichte schon nach fünf Minuten Stärke. Wie Godlewski[1]) gezeigt hat, kann Stärke im Lichte nur in Anwesenheit von Kohlensäure gebildet werden. In einem abgeschlossenen kohlensäurefreien Raume war

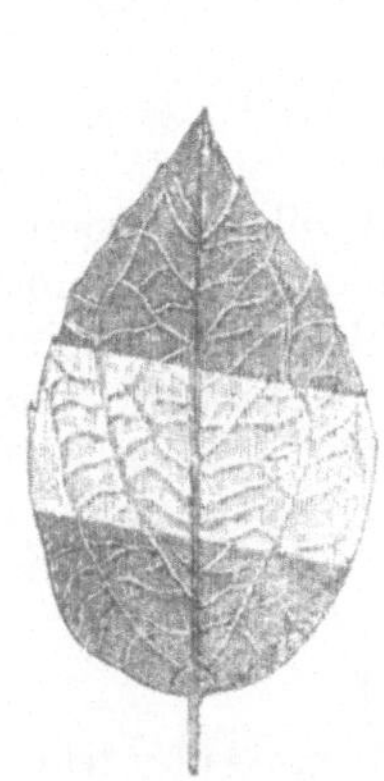

Fig. 16.
Stärkebildung an beleuchteten Stellen des Blattes.

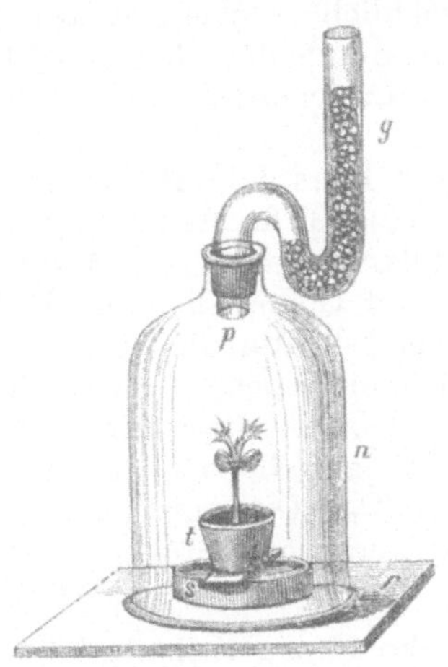

Fig. 17.
Im kohlensäurefreien Raume findet keine Stärkebildung statt. (Nach Pfeffer.)

im Lichte nicht nur keine Bildung, sondern sogar ein Verlust an anfänglich vorhandener Stärke zu konstatieren (Fig. 17). Die Chlorophyllkörner einiger Pflanzen bilden keine Stärke, so in Blättern von Allium cepa, A. fistulosum, Asphodelus luteus, Orchis militaris, Lactuca sativa; in allen diesen Fällen läßt sich aber statt der Stärke Glukose finden.

Je nachdem ob man Stärke oder Glukose für das erste Produkt der Kohlensäureassimilation hält, gestaltet sich die schematische Gleichung für diesen Prozeß nach 1 oder 2:

$$1.\quad 6\,CO_2 + 5\,H_2O = C_6H_{10}O_5 + 6\,O_2$$
$$2.\quad 6\,CO_2 + 6\,H_2O = C_6H_{12}O_6 + 6\,O_2$$

Timiriazeff[2]) konnte durch direkte Versuche zeigen, daß die Stärkebildung im Lichte von denselben Strahlen des Spektrums abhängt.

[1]) Godlewski, Flora 1873, S. 378.
[2]) Timiriazeff, Comptes rendus 110, 1890, S. 1346.

die die Kohlensäurezerlegung bewirken. Auf ein zuvor im Dunkeln stärkefrei gemachtes Blatt wurde mit Hilfe eines Heliostaten ein Spektrum entworfen und Papierstreifen am Blatte befestigt, auf denen die Fraunhoferschen Linien des entworfenen Spektrums verzeichnet wurden. Als das Blatt nach Beendigung des Versuches mit Alkohol entfärbt und mit Jod gefärbt wurde, konnte Stärkebildung gerade an den Stellen konstatiert werden, die den Absorptionsstreifen des Chlorophylls entsprachen. Das Band zwischen B und C ist besonders scharf; im orange und gelben Teile ist ein Halbschatten zu vermerken, der allmählich verblassend bald hinter D erlischt. Die Stärkebildung wird also durch dieselben Strahlen wie die Kohlensäurezerlegung verursacht; am energischsten wirken auch hier die Strahlen zwischen B und C.

Briosi konnte in Blättern von Musa und Strelitzia keine Stärke, dagegen bloß Öl finden und sprach die Vermutung aus, daß letzteres in diesen Pflanzen das erste Assimilationsprodukt bilde. Doch konnten Holle[1]) und Godlewski[2]) die Unhaltbarkeit dieser Vermutung zeigen.

Bayer[3]) stellte die Hypothese auf, daß als erstes Assimilationsprodukt Formaldehyd entstehe, aus dessen Molekülen durch allmähliche Kondensation Kohlehydrate entständen. Er gründete seine Vermutung auf die von Butlerow entdeckte Umwandlung von Oxymethylen ($C_3H_6O_3$) unter Einwirkung von Kalk- und Barytwasser in einen zuckerartigen Stoff:

$$CO_2 + H_2O = CH_2O + O_2.$$

Reinke ist der Ansicht, daß am Lichte nicht das Anhydrid, sondern das Hydrat der Kohlensäure zerlegt werde:

$$CO_3H_2 = CH_2O + O_2.$$

Es gelang Reinke[4]) ferner, zu zeigen, daß sich in grünen Pflanzen beständig Stoffe mit Aldehydcharakter vorfinden. Es gelang[5]), einen derartigen Stoff auszuscheiden und chemisch zu charakterisieren. Aus Hainbuchenblättern wurde von Curtius und Franzen α, β-Hexylenaldehyd dargestellt, das denselben Bau des Kohlenstoffskeletts aufweist wie Glukose, was aus dem Vergleich ihrer Strukturformeln erhellt:

$$CH_3—CH_2—CH_2—CH = CH—C\begin{matrix} /O \\ \backslash H \end{matrix} \quad (\alpha, \beta\text{-Hexylenaldehyd})$$

$$\begin{matrix} CH_2 & — & CH & — & CH & — & CH & — & CH & — & C\begin{matrix} /O \\ \backslash H \end{matrix} \\ | & & | & & | & & | & & | & & \\ OH & & OH & & OH & & OH & & OH & & \end{matrix} \quad \text{d-Glukose}$$

---

[1]) Holle, Flora 1877, S. 113.

[2]) Godlewski, Flora 1877, S. 215.

[3]) Bayer, Ber. d. chem. Ges. 1870, III, S. 13.

[4]) Reinke, Untersuch. aus d. bot. Laborat. in Göttingen, Heft II, 1881 Heft III, 1883.

[5]) Reinke und Curtius. Ber. d. bot. Ges. 1897, S. 201; Curtius und Franzen, Sitzungsber. d. Heidelberg. Akad. d. Wissensch., Math.-naturw. Klasse 1910.

Polacci[1]) fand auch, daß grüne Pflanzenteile mit dem Schiffschen Reagens nur dann eine positive Aldehydreaktion geben, wenn sie zuvor im Genusse von Licht und Kohlensäure waren; befanden sie sich dagegen zuvor im Dunkeln in einem kohlensäurefreien Raume, so geben sie, wie auch Pilze, kein positives Resultat.

Der Formaldehyd kann von den grünen Pflanzen zum Aufbau der Kohlenhydrate verwendet werden. Im Dunkeln aber wird von grünen Pflanzen kein Formaldehyd aufgenommen[2]).

Walther Loebs'[3]) interessante Untersuchungen haben den experimentellen Beweis für die Theorie Bayers geliefert. Als Energiequelle benutzte Loeb statt des Sonnenlichts die stille Entladung. Dabei ließen sich zwischen Kohlensäure und Wasser folgende Hauptreaktionen feststellen:

$$\text{I. } 2\,CO_2 = 2\,CO + O_2$$
$$\text{II. } CO + H_2O = CO_2 + H_2$$
$$\text{III } H_2 + CO = H_2CO.$$

Daneben noch folgende:

$$\text{IV. } CO + H_2O = HCOOH$$
$$\text{V. } 3\,O_2 = 2\,O_3.$$
$$\text{VI. } 2\,H_2 + 2\,O_3 = 2\,H_2O_2 + O_2.$$

Durch diese Nebenreaktionen wird die Bildung von Formaldehyd eingeschränkt: der Wasserstoff verbindet sich leichter unter Bildung von Wasserstoffsuperoxyd mit Sauerstoff als mit Kohlenoxyd. Um das Formaldehyd in größerer Menge zu erhalten, führte Loeb in den Rezipienten einen sauerstoffbindenden Stoff ein (Salizylaldehyd, Pyrogallussäure oder Chlorophyll). Bei Einwirkung der stillen Entladung auf Kohlenoxyd, Wasser und Wasserstoff enstand außer Ameisensäure und Formaldehyd noch Glykolaldehyd:

$$2\,(H_2 + CO) = CH_2OH\,.\,CHO,$$

welches den einfachst gebauten Zucker vorstellt und beim Eindampfen oder Trocknen im Vakuum leicht in eine Tetrose oder Hexose übergeht[4]).

Stoklasa und Zdobnicky[5]) fanden, daß durch die Einwirkung der ultravioletten Strahlen auf Wasserdampf und Kohlendioxyd bei Gegenwart von Kaliumhydroxyd Formaldehyd gebildet werde, aber kein

---

[1]) Pollacci, Atti Inst. Bot. di Pavia VII, Ottobr. 1899. Vgl. Emil Fischer über die Synthese der Kohlehydrate im Chlorophyllkorn: Ber. d. chem. Ges. 27, 1894, S. 3230.

[2]) V. Grafe, Ber. d. bot. Ges. 1911, S. 19. Biochemische Zeitschr. XXXII, 1911, S. 114.

[3]) W. Loeb, Landw. Jahrb. 35, 1906, S. 541.

[4]) Theoretische Erwägungen über die Kohlensäureassimilation finden sich in A. Bach, Sur l'évolution biochimique du carbone. Archives des sciences phys. et naturelles V, Mai et Juin 1898.

[5]) Stoklasa und Zdobnicky, Biochem. Zeitschr. 30, 1911, S. 433.

Kohlehydrat. Durch Einwirkung der ultravioletten Strahlen auf Kohlendioxyd und Wasserstoff, welch letzterer sich in statu nascendi befand, bildete sich bei Gegenwart von Kaliumhydroxyd Zucker.

Bei der Einwirkung von Licht auf ein Gemisch von Formol und Oxalsäure bildet sich Sorbose[1]).

Wie schon erwähnt (s. S. 9), haben Bonnier und Mangin gezeigt, daß, wenn man den mit dem Prozeß der Kohlensäureassimilation verbundenen Gasaustausch unabhängig von der Atmung verfolgt, der Quotient $CO_2 : O_2$ sich als etwas kleiner als 1 erweist. Auf Grund dieser Feststellung muß man annehmen, daß in den Blättern am Lichte außer Kohlehydraten noch andere minder oxydierte Stoffe gebildet werden. Von vielen Seiten bereits wurde die Meinung ausgesprochen, daß im Prozeß der Kohlensäureassimilation auch Eiweißstoffe entständen. Diese Meinung erhält in den quantitativen Untersuchungen Saposchnikoffs[2]) eine Stütze, der im Lichte eine der Ansammlung von Kohlehydraten parallelgehende Vermehrung der Eiweißstoffe feststellen konnte.

Posternak[3]) ist der Meinung, daß am Lichte in den Blättern auch Bildung von Oxymethylphosphorsäure statthat.

Zwischen der Menge zerlegter Kohlensäure und dem Gewinn an Trockensubstanz besteht nach Krascheninnikoff[4]) eine gewisse Abhängigkeit, wie aus folgenden Mittelwerten zu ersehen ist:

	Menge der zerlegten Kohlensäure		Gewinn an Trockensubstanz
Pro 1 m^2 Blattoberfläche . .	2286 ccm	4,49 g	2,94

Das Verhältnis der Trockensubstanzzunahme zur Menge der zerlegten Kohlensäure, welches die in Gramm ausgedrückte Zunahme an organischen Stoffen auf je 1 g zerlegter Kohlensäure bezeichnet, hat folgende Werte für

Bambus	0,60
Kirschlorbeer	0,60
Zuckerrohr	0,67
Linde	0,74
Tabak	0,68,

d. h. es ist ziemlich konstant. Die Bildung eines Kohlehydrats von der Zusammensetzung $C_{12}H_{22}O_{11}$ setzt dies Verhältnis gleich 0,64 voraus.

Sowohl die Untersuchung der ersten Produkte der Kohlensäureassimilation als die Analyse der Pflanzen lehrt, daß gleichzeitig mit der Assimilation der Kohlensäure auch eine solche des Wassers stattfindet.

---

[1]) Inghilleri, Zeitschr. f. physiol. Chem. 71, 1911, S. 105.

[2]) Saposchnikoff, Ber. d. bot. Ges. 1893, S. 391. Bot. Zentralbl. 63, 1895, S. 246.

[3]) Posternak, Revue génér. de bot. 1900, S. 5.

[4]) Krascheninnikoff, Ansammlung der Sonnenenergie in den Pflanzen. Moskau 1901 (russisch).

Zur Bildung organischen Stoffs geht am Sonnenlichte in jeder grünen Pflanze eine Assimilation des Kohlenstoffs, Wasserstoffs und Sauerstoffs vor sich. Aus diesen drei Elementen wird die Hauptmasse der pflanzlichen Trockensubstanz gebildet; sie besteht aus ca. 45 % Kohlenstoff, 42 % Sauerstoff, 6,5 % Wasserstoff, 1,5 % Stickstoff und 5 % Aschebestandteilen. Mehr als 90 % ihrer Trockensubstanz beziehen also die Pflanzen aus der Kohlensäure der Luft und aus dem Wasser des Bodens.

§ 7. Die Assimilation der Energie der Sonnenstrahlen durch die grüne Pflanze. Wir sahen bereits, daß die grüne Pflanze aus nicht brennbaren Mineralstoffen unter Absorption von Sonnenlicht brennbare organische Stoffe aufzubauen vermag. Das Chlorophyllkorn stellt das einzige zuverlässig bekannte Laboratorium dieses Prozesses vor. Alle tierische Wärme und Bewegung, die Wärme der Brennmaterialien, die Arbeit der Dampfmaschinen — all das ist nur die durch das Chlorophyllkorn gebundene und jetzt wieder frei werdende Energie der Sonnenstrahlen.

Robert Mayer urteilte klar über die Rolle der grünen Pflanze. Er sagt: „Die Natur hat sich die Aufgabe gestellt, das der Erde zuströmende Licht im Fluge zu haschen und die beweglichste aller Kräfte, in starre Form umgewandelt, aufzuspeichern. Zur Erreichung dieses Zweckes hat sie die Erdkruste mit Organismen überzogen, welche lebend das Sonnenlicht in sich aufnehmen und unter Verwendung dieser Kraft eine fortlaufende Summe chemischer Differenz erzeugen."

„Diese Organismen sind die Pflanzen. Die Pflanzenwelt bildet ein Reservoir, in welchem die flüchtigen Sonnenstrahlen fixiert und zur Nutznießung geschickt niedergelegt werden"[1]).

Der Biographie Stephensons läßt sich folgende interessante Anekdote entnehmen, aus welcher erhellt, daß auch er sich schon über die Rolle der Pflanzen klar war. „Eines Sonntags, als man eben aus der Kirche zurückgekommen war, stand die ganze Gesellschaft und unter ihr Stephenson und Buckland auf der Terrasse neben dem Schlosse Drayton und schaute einem Bahnzug nach, der in der Ferne blitzschnell vorüberflog und einen langen Streifen weißen Dampfes hinter sich ließ. „Nun, Buckland," wandte Stephenson sich zu dem berühmten Geologen, „nun sollen Sie mir eine Frage beantworten, die vielleicht nicht ganz leicht ist. Können Sie mir sagen, welcher Art die Kraft ist, die jenen Zug dort fortbewegt?" „Nun," erwiderte der Geologe, „ich sollte meinen, die bewegende Kraft ist eine Ihrer großen Maschinen." „Ja, aber was treibt die Maschine?" „Oh, höchstwahrscheinlich einer Eurer Newcastler Lokomotivführer." „Nein, das Sonnenlicht!" — „Wie kann das sein?" fragte der Doktor. „Ich sage Ihnen, es ist nichts anderes", entgegnete der Ingenieur, „es ist das Licht, das seit vielen Tausenden von Jahren in der Erde aufbewahrt liegt; Licht, das von Pflanzen absorbiert wird, ist zur Verdichtung des Kohlenstoffs während ihres Wachstums nötig, und nachdem dieses Licht so lange Jahre in Kohlenfeldern be-

[1]) J. R. Mayer, Die Mechanik der Wärme, S. 53.

graben gewesen, wird es wieder zutage gefördert und muß, frei gemacht wie bei dieser Lokomotive, großen menschlichen Zwecken dienen"[1]).

Durch die Ansammlung von Stärke wird von den Pflanzen zugleich eine Ansammlung von potentieller Energie bewirkt; den Zusammenhang zwischen beiden konnte Krascheninnikoff[2]) durch direkte Versuche beweisen. Es wurden Blatthälften genommen, ihre Oberfläche bestimmt, dann nach vorhergehendem Trocknen die Verbrennungswärme der Trockensubstanz ermittelt. Die korrespondierenden Blatthälften wurden der Einwirkung des Lichtes ausgesetzt und die Menge der durch sie zerlegten Kohlensäure bestimmt; danach wurden auch sie getrocknet und ihre Verbrennungswärme ermittelt. Im folgenden sind die Mittelwerte aus allen Bestimmungen angegeben, umgerechnet auf 1 m^2 Oberfläche der dem Licht exponierten Blätter:

Zunahme an Trockensubstanz	3,51 g
,, ,, Kohlehydraten	2,46 g
,, ,, Kohlenstoff.	1,58 g
,, ,, Verbrennungswärme . . .	15 350 kl. Kalor.
Menge der zerlegten Kohlensäure. . . .	5,626 g

Auf Grund der Versuche Krascheninnikoffs berechnet sich eine Zunahme von 2,2—3,6 k auf je ein Gramm zerlegter Kohlensäure.

Es fragt sich ferner, welch ein Teil der zum Blatt gelangenden Sonnenenergie von der Pflanze assimiliert wird? Die erste hierher gehörige Berechnung wurde von Becquerel[3]) aufgestellt, der folgendes angibt:

	Kilogramm Kohlenstoff
1 ha Wald assimiliert im mittleren Europa jährlich .	1800
1 ha gut gedüngter Wiese assimiliert jährlich . . .	3500
1 ha Helianthus tuberosus assimiliert jährlich	6000

Durch eine Reihe von Berechnungen gelangt Becquerel zum Schlusse, daß die Pflanzen in Frankreich weniger als 1 % der Energie der Sonnenstrahlen assimilieren. Timiriazeff gelangte zu dem gleichen Resultat. Browns[4]) neuere Bestimmungen ergeben eine noch geringere Größe. Eine Helianthusblatt erhielt an einem sonnigen Tage pro 1 m^2 Oberfläche und Stunde 600 000 k. In derselben Zeit produzierte die gleiche Oberfläche 0,8 g Kohlehydrate, zu deren Bildung 3200 k nötig waren. Zur Kohlensäureassimilation utilisierte also das Blatt bloß 0,5 % der auffallenden Energie, es ist also: als Maschine zur Produktion organischen Stoffs betrachtet, von der Vollkommenheit weit entfernt.

Ein Überfluß an Licht hat auf die Ansammlung der Trockensubstanz eine deprimierende Wirkung. Es scheint, daß die verschiedenen Strahlen

---

[1]) A. Mayer, Lehrbuch der Agrikulturchemie, 5. Aufl., 1901, S. 35.

[2]) Krascheninnikoff, l. c.

[3]) Recquel, La lumière, ses causes et ses effets. 1868.

[4]) Brown, Annales agronomiques 1901, S. 428.

des Spektrums sich an verschiedenen Stadien des Prozesses der Kohlensäureassimilation beteiligen[1]).

Die Bedeutung des Lichtes für die Pflanzen beschränkt sich nicht auf den Prozeß der Kohlensäureassimilation. Es ist für sehr verschiedenartige in den Pflanzen verlaufende chemische Reaktionen notwendig Dafür sprechen schon einige an Pflanzen angestellte Untersuchungen, z. B. über den Einfluß des Lichtes auf die Bildung von Eiweißstoffen. Noch mehr sprechen dafür die mannigfachen Reaktionen, die bei rein chemischen Vorgängen vom Lichte hervorgerufen werden. Ciamician [2]) und Silber konnten feststellen, daß durch das Licht die mannigfachsten Oxydationen, Reduktionen, Hydrolysen, Polymerisationen und Kondensationen bewirkt werden; solche Vorgänge verlaufen bei Beteiligung einer anorganischen Substanz[3]) sehr rasch.

§ 8. **Der Einfluß äußerer und innerer Faktoren auf den Prozeß der Kohlensäureassimilation.** Eine der wichtigsten äußeren Bedingungen, von der die verschiedenen physiologischen Prozesse abhängen, bildet die Temperatur der Umgebung. Oben konnten wir bereits ihren Einfluß auf die Schnelligkeit des Ergrünens feststellen. Der Prozeß der Kohlensäurezerlegung hängt dagegen nur wenig von ihr ab. Nach Untersuchungen Kreuslers[4]) ist die Zerlegung der Kohlensäure durch die Blätter fast angefangen vom Gefrierpunkt möglich und bis zu 50°.

Temperatur	Menge zerlegter CO_2	Temperatur	Menge zerlegter CO_2
2,3° C	1,0	29,3° C	2,4
7,5° ,,	1,7	33,0° ,,	2,4
11,3° ,,	2,4	37,3° ,,	2,3
15,8° ,,	2,8	41,7° ,,	2,0
20,6° ,,	2,6	46,6° ,,	1,3
25,0° ,,	2,9		

Setzt man die Menge der bei 2,3° C zerlegten Kohlensäure gleich 1, so ist sie bei 25° noch nicht 3, während die Atmung dabei um ein Vielfaches gesteigert wird.

Starke Schwankungen des atmosphärischen Druckes sind von großem Einfluß auf den Prozeß der Kohlensäurezerlegung[5]).

Der Prozeß der Kohlensäurezerlegung steht in Abhängigkeit von der Menge des Chlorophylls[6]). Auch der anatomische Bau ist von Einfluß, besonders kommt den Spaltöffnungen eine wichtige Rolle zu Mangin[7]) konnte zeigen, daß ihre künstliche Verstopfung den Gasaustausch herabsetzt. Ein Ligustrum-Blatt, dessen obere Seite mit Vaselin bestrichen war, zerlegte 6,26 g Kohlensäure. Dagegen wurde von einem

---

[1]) Lubimenko, Travaux des naturalistes de St. Pétersbourg XLI, 1910.

[2]) Ciamician, Bulletin de la société chimique (4), 3—4, Nr. 15.

[3]) C. Neuberg, Biochem. Zeitschr. 13, 1908, S. 305; s. auch die folgenden Bände.

[4]) Kreusler, Landwirtsch. Jahrb. 16, 1887, S. 711.

[5]) Friedel, Revue génér. de bot. 1902, S. 337.

[6]) Lubimenko, l. c.

[7]) Mangin, Comptes rendus 105, 1887, S. 879.

gleichen Blatte mit bestrichener Unterseite, dessen Spaltöffnungen also verstopft waren, nur 1,92 g Kohlensäure zerlegt. Zu gleichen Resultaten gelangte auch Stahl[1]), der stärkefrei gemachte Blätter, bei denen ein Teil der Unterseite mit einem Gemisch von 1 Teil Wachs und 3 Teilen Kakaobutter bestrichen war, dem Lichte exponierte; nach Behandlung mit Jod färbte sich der bestrichene Teil braun, das übrige Blatt schwarzblau[2]) (Fig. 18).

Auch die Größe der Spaltöffnungen ist von Einfluß[3]).

Zum normalen Verlauf des Prozesses der Kohlensäureassimilation ist ein genügender Wassergehalt der Blätter notwendig; nach Sachs und Nagamats[4]) bilden welkende Blätter keine Stärke, was nach Stahl auf den durch das Welken verursachten Verschluß der Spaltöffnungen zurückzuführen ist; Blätter, die auch im welken Zustande die Spaltöffnungen offen behalten (Rumex aquaticus, Caltha palustris, Hydrangea hortensis, Calla palustris), fahren auch nach dem Welken fort, Stärke anzusammeln.

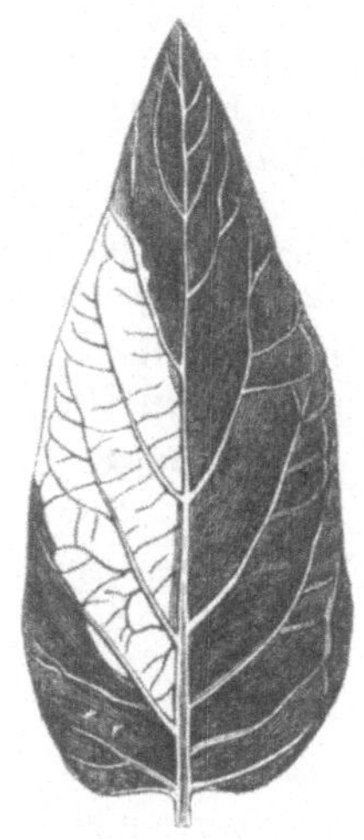

Fig. 18.
Die mit Kakaobutter bestrichene Blattpartie hat keine Stärke gebildet.

Schließlich ist auch ein Überschuß an Salzen im Boden von Einfluß auf die Menge zerlegter Kohlensäure. Schimper fand, daß Begießen mit Kochsalzlösung die Entwicklung von gewöhnlichen Pflanzen (der Nichthalophyten) durch Hemmung der Kohlensäureassimilation zum Stillstand bringt. Nach Stahl ist auch in diesem Falle der durch den Überfluß an Salzen herbeigeführte Verschluß der Spaltöffnungen die Ursache; wenn man die Blätter leicht verwundet, um der Kohlensäure das Eindringen ins Blattgewebe zu erleichtern, so wird am Wundrande Stärke angesammelt. Die echten Halophyten wachsen, wenn auch langsam, auf salzreichen Böden, weil ihre Spaltöffnungen überhaupt nicht mehr geschlossen werden können.

§ 9. Die Ernährung grüner Pflanzen durch organische Verbindungen. Auch fertige organische Verbindungen können den grünen Pflanzen als Nahrung dienen[5]); diese Art der Ernährung kann mit der Assimilation der Kohlensäure der Luft parallel verlaufen, was besonders scharf für die insektenfressenden Pflanzen[6]) zutrifft. Letztere sind grün

---

[1]) Stahl, Bot. Ztg., 1. Abt., 1894, S. 117.

[2]) Vgl. auch Blackman, Philos. Transactions 186, 1895, S. 503, Kap. IV.

[3]) Kolkunoff, Journal für experim. Landwirtschaft 1907, S. 369.

[4]) Nagamats, Arbeiten botan. Instituts in Würzburg. III. 1887.

[5]) Kohlenoxyd kann nicht assimiliert werden: Krascheninnikoff, Revue génér. de bot. 21, 1909, S. 177.

[6]) Darwin, Insektenfressende Pflanzen.

und können Kohlensäure assimilieren, gleichzeitig sind sie aber mit charakteristischen Vorrichtungen zum Einfangen und Verdauen von Insekten versehen (Fig. 19). Hierher gehört z. B. der weitverbreitete Sonnentau (Drosera rotundifolia), der auf nassem Torfboden wächst; seine Blätter sind mit stecknadelförmigen Tentakeln besetzt, d. s.

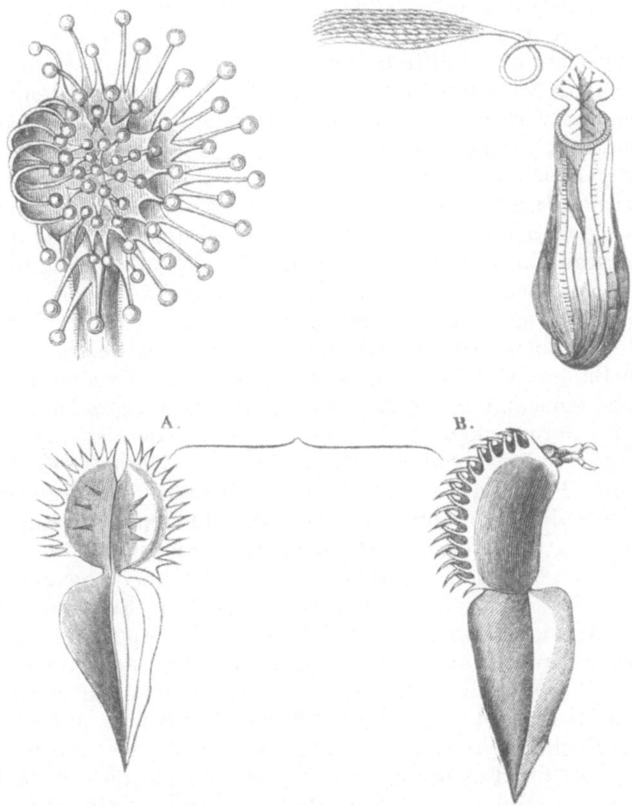

Fig. 19.
Oben ein Blatt von Drosera rotundifolia, dessen Tentakel sich links nach Reizung eingekrümmt haben, und Nepenthes gracilis. Unten ein Blatt von Dionaea muscipula, A geöffnet, B geschlossen, mit einem gefangenen Ohrwurm. (Nach Pfeffer.)

Drüsen, die Tröpfchen schleimigen Sekrets absondern. Hat sich ein Insekt auf dem Blatte niedergelassen, so krümmen sich die Tentakel nach ihm zu, es beginnt reichliche Ausscheidung einer sauer reagierenden Flüssigkeit und eines pepsinähnlichen Enzyms, und das Insekt wird verdaut; auch mit Fleisch oder Hühnereiweiß kann man den

Sonnentau füttern. Bei Nepenthes ist ein Teil des Blattstieles in ein kannenförmiges Gebilde[1]) verwandelt, dem die Blattspreite als Deckel dient. Die Blattkannen enthalten eine schwachsaure Flüssigkeit, in der das gefangene Insekt verdaut wird. Bei Dionaea muscipula besteht jedes Blatt aus einem abgeflachten Stiel und einer rundlichen Spreite, die durch den Mittelnerv in zwei miteinander wie die Hälften einer Muschel einen Winkel von 60—90° bildende Hälften geteilt ist. Die Ränder der Blatthälften gehen in je 10—20 scharfe Zähne aus; in der Mitte jeder Blatthälfte findet man je drei sehr elastische Borsten. Setzt sich ein Insekt aufs Blatt, so klappen die Blatthälften rasch zusammen, und es wird eine das Insekt verdauende Flüssigkeit sezerniert.

Wenn die Fähigkeit, sich unabhängig von der Kohlensäureassimilation gegebenenfalls von fertigen organischen Verbindungen zu ernähren, bei den Insektivoren besonders scharf ausgeprägt ist, so können doch auch die übrigen sich normal von Kohlensäure der Luft nährenden Pflanzen organische Stoffe assimilieren. In dem an organischen Verbindungen sehr reichen Wasser der Häfen, in der Nähe von Kanal- und Abflußrohrmündungen findet man gerade grüne Wasserpflanzen ausgezeichnet gedeihen; so die Algen: Ulva lactuca, einige Arten der Gattungen Bangia, Ceramium, Cystoseira barbata. Es sind auch gegenwärtig einige einzellige grüne Algen bekannt, die ausgezeichnet in Reinkulturen auf organischen Stoffen im Dunkeln gedeihen und dabei ihre grüne Farbe behalten. Schließlich wurde von Böhm (1883) und einer Reihe anderer Forscher[2]) nachgewiesen, daß selbst stärkefrei gemachte Blätter grüner Pflanzen, auf Lösungen verschiedener organischer Verbindungen gelegt, letztere im Dunkeln zu assimilieren und zu Stärke zu verarbeiten vermögen. Dabei kann Stärke aus folgenden Verbindungen gebildet werden: Saccharose, Glukose, Fruktose, Laktose, Glyzerin, Dextrin, Mannit, Melampyrit, Adonit[3]). Saposchnikoff[4]) konnte diese Tatsache auch quantitativ verfolgen. Die entstärkten Blätter von Astrapaea Wallichii bildeten auf einer 20 proz. Saccharoselösung im Dunkeln im Laufe von 7 Tagen 4,6 bis 5,3 g Stärke auf 1 m² Blattoberfläche. Doch beschränkt sich die Assimilation nicht auf die Bildung von Stärke: bei der Fütterung der Blätter mit Saccharose im Dunkeln nimmt auch die Menge der Eiweißstoffe zu; die Atmungsenergie wird gesteigert. Wenn schon von Blättern organische Nahrung aufgenommen werden kann, so gilt das noch mehr für die Wurzeln. Gegenwärtig sind viele grüne Pflanzen bekannt, die eine Mycorrhiza (vgl. Kap. IV) besitzen und auf humusreichen Böden leben; wahrscheinlich assimilieren auch sie organische Stoffe. — Das Licht hat einen gewissen Einfluß auf die Assimilation organischer Stoffe[5]).

---

[1]) Clautriau, Recueil de l'Inst. bot. de Bruxelles V, 1902, S. 89. Vines, Annales of Bot. 1901, S. 563.

[2]) Nadson, Travaux des naturalistes de St. Pétersbourg XX, Botanique, 1889.

[3]) Treboux, Ber. d. bot. Ges. 27, 1909, S. 428.

[4]) Saposchnikoff, Ber. d. bot. Ges. 1890, S. 238; 1891, S. 298; 1893, S. 391.

[5]) Lubimenko, Bulletin de l'Acad. de St. Pétersbourg 1907, S. 395.

Nach Versuchen von Reinhardt und Suschkoff[1]) hängt die Ansammlung von Stärke aus den Blättern zugeführter Saccharose von einer Reihe von Bedingungen ab. Nur bei einer mittleren Temperatur geht sie gut von statten, dagegen verschwindet bei niederer wie bei hoher Temperatur trotz der Saccharosefütterung selbst die Stärke, die sich früher in den Blättern vorfand. Von Giften begünstigen die einen (Chinin) das erste Auftreten von Stärke und wirken dabei ihrer Ansammlung entgegen, die anderen (0,5 % Kaffein) begünstigen die Ansammlung der Stärke.

Versuche, bei denen Pflanzen mit organischen stickstoffhaltigen Stoffen im kohlesäurefreien Raume gefüttert wurden, ergaben ein negatives Resultat[2]).

---

[1]) Reinhardt und Suschkoff, Beihefte z. bot. Zentrabl. 18, Abt. 1, 1904, S. 133.

[2]) V. Grafe, Sitzungsber. d. Wiener Akad. Math.-Naturwissensch. Klasse 118, Abt. 1, 1909.

Zweites Kapitel.

Assimilation des Kohlenstoffs und der Energie durch chlorophyllose Pflanzen.

§ 1. Allgemeiner Begriff. Pflanzen, welche kein Chlorophyll enthalten und demnach unfähig sind, Sonnenlicht zu assimilieren, besitzen nicht die Fähigkeit, unverbrennbare mineralische Substanzen in organische Substanzen umzuwandeln. Grüne Pflanzen nehmen für die Bildung organischer Substanz außer der atmosphärischen Kohlensäure und dem Bodenwasser, wie wir weiter unten sehen werden, auch noch Salpetersäure, Kali, Kalzium, Magnesium, Eisen, Schwefel und Phosphor in Gestalt verschiedener Salze aus dem Boden auf. Keine einzige chlorophyllose Pflanze ist natürlich imstande, aus derartigen unverbrennbaren Substanzen brennbare organische Substanz hervorzubringen. Aus diesem Grunde verwenden die meisten chlorophyllosen Pflanzen fertige organische Substanzen und stehen daher in ihrer Ernährungsweise den Tieren näher, als den grünen Pflanzen. Aber nicht nur die organischen Verbindungen allein können verbrennen. Diese Eigenschaft besitzen auch verschiedene mineralische Substanzen. Diese mineralischen Substanzen (Ammoniak, Schwefelwasserstoff, Wasserstoff) enthalten demnach ebenfalls einen Vorrat von Energie. So haben wir z. B. auf Seite 2 gesehen, daß die Verbrennungswärme des Ammoniaks größer ist als die Verbrennungswärme der Stärke. Durch die Untersuchungen der letzten Jahre ist nachgewiesen worden, daß derartige Substanzen ebenfalls eine Ernährungsquelle für gewisse chlorophyllose Pflanzen darstellen können. Aus diesem Grunde können alle chlorophyllosen Pflanzen in bezug auf ihre Ernährungsweise in zwei Gruppen eingeteilt werden:

1. Pflanzen, welche Energie aus organischen Verbindungen assimilieren, und
2. Pflanzen, welche Energie aus mineralischen Substanzen assimilieren.

§ 2. Assimilation der Energie durch chlorophyllose Pflanzen aus organischen Verbindungen. Von fertigen organischen Verbindungen ernähren sich die meisten Bakterien, die Hefe, die Pilze und die chlorophyllosen Samenpflanzen. Früher nahm man an, daß für alle nichtgrünen Pflanzen (wobei nur die 'einfachsten' berücksichtigt wurden) ein und dieselbe Nährmischung genüge, und zwar auf Grund nachstehender Betrachtungen: Bei den höheren Pflanzen ist die Spezialisierung, d. h. die Anpassung an die umgebenden Bedingungen, von einer zweckmäßigen Veränderung ihrer äußeren Gestalt wie auch ihres anatomischen Baues begleitet. Die niederen Pflanzen dagegen, wie die Bakterien- und Hefezellen, fallen durch ihre Gleichförmigkeit und ihren einfachen Bau auf. Man sollte daher annehmen, daß diese Gleichförmigkeit des Baues auch von einer Gleichförmigkeit der ihnen eigentümlichen Lebensvorgänge begleitet sein sollte, was wiederum die Annahme hervorrief, daß die Ernährungsprozesse einen mehr oder weniger einförmigen Verlauf aufweisen müssen. Allein die neuesten Untersuchungen haben gezeigt, daß die Mikroorganismen ungeachtet ihres einfachen Baues (oder richtiger gesagt, gerade dank der Einfachheit ihres Baues) in den meisten Fällen eine weitgehende Spezialisierung aufweisen. Ein jeder derselben vollbringt seine bestimmte kleine Arbeit, allein ein jeder von ihnen bildet ein notwendiges Glied in dem allgemeinen Haushalt der Natur. So ist z. B. für die Oxydierung des im Boden enthaltenen Ammoniaks in Salpetersäure die Anwesenheit von zwei Bakterien erforderlich. Die eine derselben, Nitrosomonas, oxydiert das Ammoniak bis zur salpetrigen Säure, die andere, Nitrobacter, oxydiert die salpetrige Säure bis zur Salpetersäure. Für die erstere Bakterie bildet das Ammoniak die notwendige Nährsubstanz, die salpetrige Säure dagegen ist ein Abfallsprodukt. Für die zweite ist dieses Abfallsprodukt eine notwendige Nährsubstanz. Ist es denn möglich, in diesem Falle an irgend eine ernähende Mischung zu denken, welche für die spezielle Ernährung beider einzelnen Bakterien geeignet wäre? Wir werden im Gegenteil Nährmedien zubereiten müssen, welche nach Möglichkeit nur für den zu untersuchenden Mikroorganismus geeignet und seinen individuellen Eigenschaften angepaßt sind. Das ist von besonderer Wichtigkeit, wenn man den zu untersuchenden Mikroorganismus in Reinkultur erhalten will. Diese Methode ist von Winogradsky als die Methode der elektiven Kultur bezeichnet worden. Eine Kultur wird elektiv sein, wenn sie die Offenbarung nur einer bestimmten Funktion begünstigt oder, genauer ausgedrückt, die Offenbarung einer möglichst eng begrenzten Funktion. Je enger begrenzt, ja selbst ausschließlich die Bedingungen sein werden, um so günstiger werden die Bedingungen für eine bestimmte, über diese Eigenschaft verfügende Art sich im Vergleich zu anderen Arten erweisen, welche diese Eigenschaft nicht besitzen; das Wachstum dieser letzteren in einem ihnen so fremden Medium wird ganz unmöglich oder doch sehr schwierig werden. Indem wir die zu suchende Mikrobe auf diese Weise in ihrer vitalen Konkurrenz mit anderen unterstützen, werden wir ein bedeutendes Prävalieren derselben in unseren Kulturen erreichen, wodurch ihre Auffindung bedeutend erleichtert wird; ist aber eine spezifische Mikrobe einmal aufgefunden, so gelingt es meist, auch die notwendigen Methoden ausfindig zu machen, um dieselbe in reiner Gestalt abzusondern. Aus diesem Grunde werden gegenwärtig sehr viele verschiedenartige Nährsubstrate sowohl in flüssiger wie auch in fester Gestalt angewendet. Der erste Versuch, ein künstliches Nährmedium zuzubereiten, wurde von

Pasteur[1]) angestellt. Seine Nährlösung für die Kultur von Hefe besitzt folgende Zusammensetzung:

Wasser	100	Gramm
Weinsaures Ammoniak	1	,,
Saccharose	10	,,
Hefenasche	0,075	,,

Für die Kultur von Bakterien (Fig. 20) wird vor allem sehr häufig Fleischbouillon verwendet. Zur Erzielung eines festen Substrates werden zu der Pepton-Bouillon außerdem noch 10 %, im Sommer 15 % Gelatine bester Qualität hinzugefügt. Statt Gelatine verwendet man auch Agar-Agar. Außer Fleischbouillon und deren verschiedenen Abarten wird zur Kultur von Bakterien auch noch Milch, Blutserum, Hefenwasser, Bierwürze u. dgl. m. verwendet. Als festes Substrat gelangen unter anderen Kartoffeln zur Verwendung.

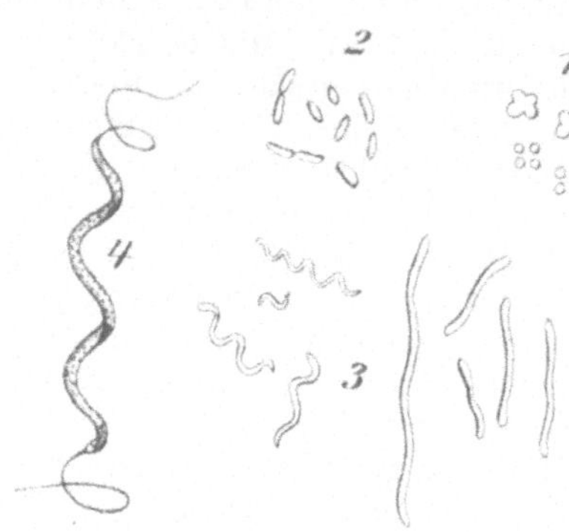

Fig. 20.
Verschiedene Bakterien.

Für die Kultur von Hefe[2]) ist Bierwürze das beste Nährmedium. Es gelangen jedoch auch noch andere Flüssigkeiten zur Verwendung: die oben angeführte Pasteursche Mischung, Traubensaft, der Saft verschiedener Obst- und Beerensorten, verschiedene zuckerhaltige Substanzen. Sehr eingehende Studien über die Hefen sind von Hansen

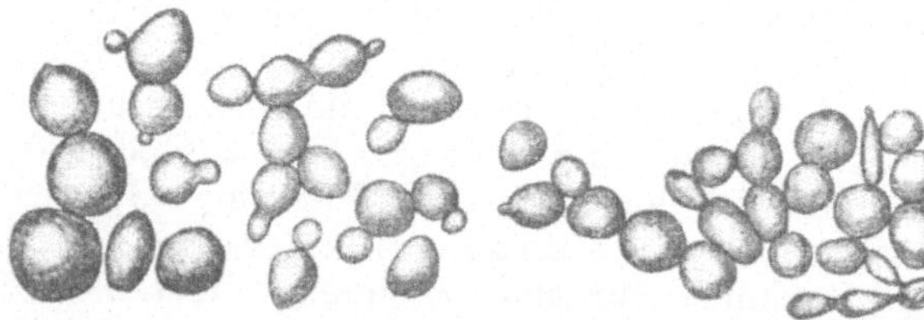

Fig. 21. Saccharomyces cerevisiae I. Junge Zellen aus dem Bodensatz.

Fig. 22. Saccharomyces cerevisiae I. Haut bei 15—16° C. (Nach E. Hansen.)

angestellt worden. Von diesem Forscher sind nachfolgende wichtigste Arten aufgestellt worden:

---

[1]) Pasteur, Annales de chimie et de physique, 3 série, t. 58, S. 381, 1860.

[2]) Jörgensen, Mikroorganismen der Gärungsindustrie, 4. Aufl., 1898. Lindner, Mikroskopische Betriebskontrolle in den Gärungsgewerben, 2. Aufl., 1898. Das Carlsbergsche Laboratorium in Kopenhagen beschäftigt sich speziell mit dem Studium der Gärungsorganismen. Dasselbe gibt eine Zeitschrift unter dem Titel „Meddelelser fra Carlsberg Laboratoriet" heraus.

Saccharomyces cerevisiae I. Hansen. Englische Obergärungshefe[1]) gibt in Bierwürze bei Zimmertemperatur 4—6 % Alkohol. Im Ruhezustande sind dies einzelne Zellen. In der Bierwürze beginnen sie sich durch Sprossung zu vermehren. Die junge Generation (Fig. 21) besteht aus großen runden oder ovalen Zellen. Nach Beendigung der Hauptgärung zeigt sich an der Oberfläche der gärenden Flüssigkeit ein

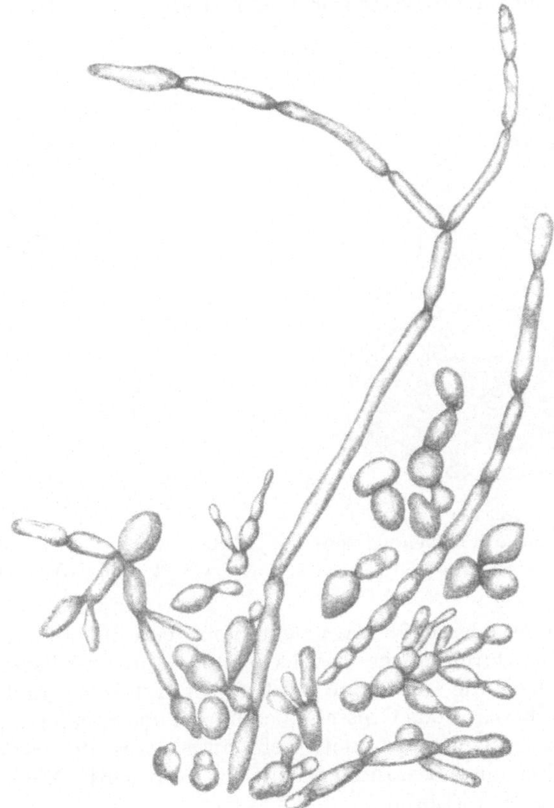

Fig. 23.
Saccharomyces cerevisiae I. Haut von einer alten Kultur. (Nach E. Hansen.)

Anflug, worauf sich eine ununterbrochene Haut bildet, welche aus Hefezellen besteht. Das allgemeine Aussehen dieser Zellen unterscheidet sich von demjenigen der vom Boden genommenen Zellen: es treten stark in die Länge ausgezogene Zellen auf (Fig. 22). In alten Kulturen treten in den Häuten an der Oberfläche der Flüssigkeiten sehr langgestreckte

[1]) Näheres über die Ober- und Untergärung in dem Kapitel über alkoholische Gärung.

Zellen auf, welche ihrem Aussehen nach nichts mit den jungen Zellen des Satzes gemein haben, aus denen sie hervorgegangen sind (Fig. 23). Derartige Häute bieten demnach ein anschauliches Beispiel für die starke Veränderlichkeit der Gestalt der Hefezellen.

Um Askosporen zu erhalten, muß man junge Kulturen verwenden. Ebenso notwendig ist es, für freien Zutritt von Luft zu den Zellen zu sorgen. Zu diesem Zwecke bereitet man Gipsscheibchen (Fig. 24c) mit Hilfe spezieller metallischer Förmchen (Fig. 24 a). Diese Scheibchen

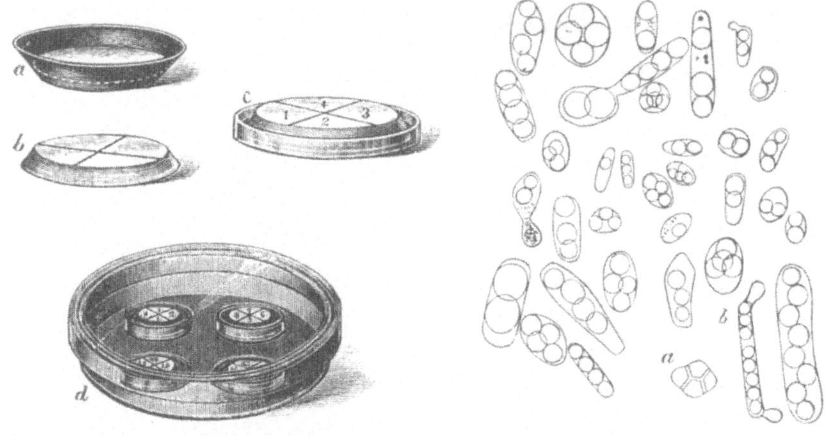

Fig. 24.
Gipsscheibchen zur Erzielung von Askosporen.

Fig. 25.
Saccharomyces Pastorianus I. Askosporen. (Nach E. Hansen.)

werden in kleine Glasschälchen gelegt, von oben mit anderen Schälchen von größerem Durchmesser bedeckt und dann sterilisiert. Hierauf nimmt man eine junge eintägige Kultur von Hefezellen und gießt einige Tropfen derselben auf das Gipsscheibchen. In das Schälchen, in welchem sich das Gipsscheibchen befindet, gießt man etwas sterilisiertes Wasser, damit das Scheibchen beständig feucht erhalten wird. Nach einiger Zeit bilden sich die Askosporen.

Einen großen Einfluß auf die Bildung der Askosporen übt die Temperatur aus. Da die Askosporen der verschiedenen Hefearten sich bei ein und derselben Temperatur mit verschiedener Geschwindigkeit entwickeln, so benützt man diese Tatsache, um die verschiedenen Arten von Hefenzellen zu erkennen, namentlich bei der technischen Analyse zur Unterscheidung der wilden Hefe von der Kulturhefe.

Saccharomyces Pastorianus I. Hansen (Fig. 25). Die Hefe der Untergärung besteht hauptsächlich aus langgestreckten Zellen, doch kommen hier auch ovale und runde Zellen vor. Diese Art wird häufig in der Luft in Bierbrauereien angetroffen. Gibt dem Bier einen unangenehmen bitteren Geschmack und schlechten Geruch.

Saccharomyces Pastorianus II. Hansen. Die Zellen stimmen ihrer Gestalt nach mit der vorhergehenden Art überein.

Saccharomyces Pastorianus III. Hansen. Die Hefe der Obergärung ruft eine Trübung des Bieres hervor (Fig. 26).

Saccharomyces anomalus Hansen. Diese Hefeart ist durch ihre eigenartigen Askosporen bemerkenswert. Die Sporen haben die Gestalt einer Halbkugel mit vorspringendem Rand an ihrer Basis (Fig. 27).

Die hier angeführten Arten von Hefezellen gehören zu den von Hansen eingehend untersuchten Hefearten. Außer den hier beschriebenen Arten kennt man noch eine große Anzahl verschiedenartiger Hefen,

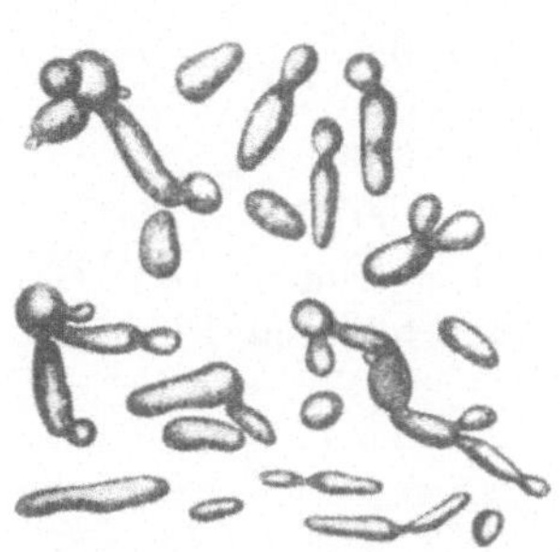

Fig. 26. Saccharomyces Pastorianus III. Junge Zellen aus dem Bodensatz. (Nach E. Hansen.)

Fig. 27. Saccharomyces anomalus. Askosporen.

sowohl wilder wie auch Kulturhefen. Die einen Varietäten der Kulturhefen finden Verwendung in dem Bierbrauereibetrieb, andere in der Branntweinbrennerei, wiederum andere werden bei der Anfertigung von Beeren- oder Obstweinen verwendet, ein letzter Teil endlich dient zur Zubereitung von Preßhefe.

Die Schimmelpilze (Fig. 28) sind sehr anspruchslos in bezug auf Nährstoffe. Sie vermögen auf den verschiedensten Substanzen zu

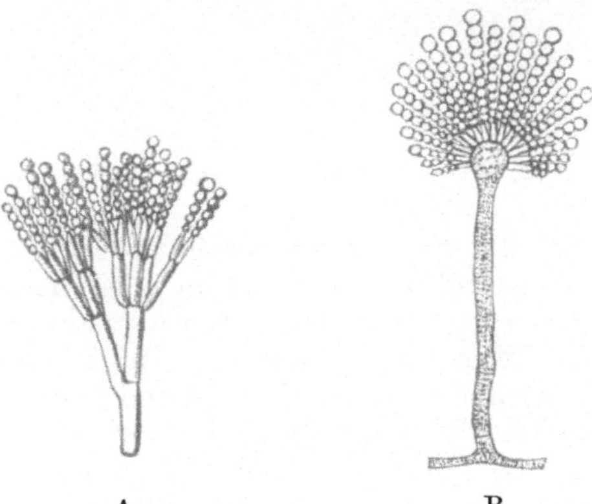

Fig. 28.
A Penicillium glaucum. B Aspergillus glaucus.

wachsen. Von künstlichen Nährflüssigkeiten ist die Raulinsche Flüssigkeit[1]) die bekannteste. Sie besteht aus:

Wasser	1500	Gramm
Saccharose	70	,,
Weinsäure	4	,,
Salpetersaures Ammoniak	4	,,
Phosphorsaures Ammoniak	0,6	,,
Schwefelsaures Ammoniak	0,25	,,
Kieselsaures Kalium	0,07	,,
Kohlensaures Kalium	0,6	,,
Kohlensaures Magnesium	0,4	,,
Schwefelsaures Zink	0,07	,,
Schwefelsaures Eisen	0,07	,,

Oft ist die Ernährung der niedersten Organismen von Gärungserscheinungen begleitet. Die Ernährung der höheren Pilze ist noch sehr wenig bekannt.

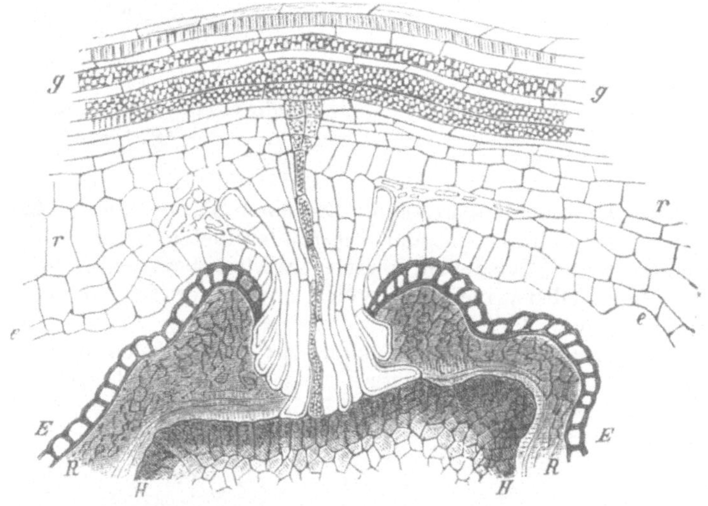

Fig. 29.
Cuscuta europaea, welche sich an dem Stengel einer Nessel festgesaugt hat.

In bezug auf die Ernährung der chlorophyllosen Samenpflanzen ist fast nur der Umstand bekannt, daß die einen derselben Saprophyten sind, andere dagegen Parasiten. Die ersteren ernähren sich von tierischen und pflanzlichen Zersetzungsprodukten; die zweiten parasitieren an lebenden Pflanzen, indem sie sich an diesen festsaugen.

Zu den Parasiten gehörten z. B. die bei uns sehr verbreitete gemeine Flachsseide (Cuscuta europaea). Dieselbe parasitiert an Nesseln und Hopfen, wie auch an einigen anderen Pflanzen (Fig. 29).

---

[1]) Raulin, Annales de sc. nat., 5 série, II tome, 1869, S. 93.

Bei einigen chlorophyllosen Blütenpflanzen hat der Parasitismus einen so hohen Grad erreicht, daß dieselben weder eine Wurzel noch einen Stengel noch Blätter besitzen. Der ganze Körper erinnert in seinem Bau an den Körper der Pilze und besteht aus verzweigten Fäden, welche aus einer Reihe von Zellen zusammengesetzt sind und sehr an die Hyphen der Pilze erinnern. So sind die Pflanzen der Balanophoreae, Hydnoreae und Rafflesiaceae beschaffen. Der hyphenartige Körper dieser Pflanzen lebt im Innern ver-

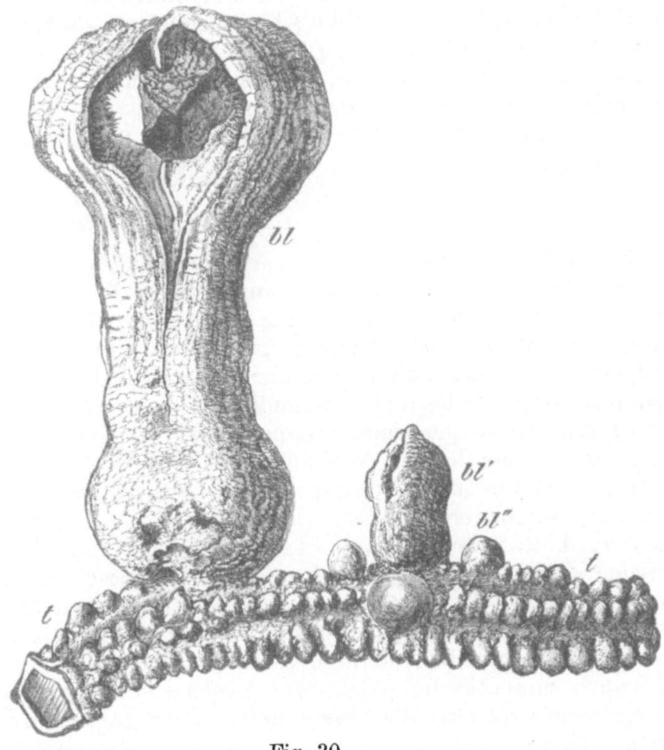

Fig. 30.
Hydnora africana. — t Teil eines unterirdischen Triebes der Wirtspflanze, aus dem eine fertige Blüte bl und Blütenknospen bl', bl'' der in ihr parasitierenden Hydnora hervortreten. (⅔ natürlicher Größe.) (Nach Sachs.)

schiedener Baumarten und nährt sich von diesen letzteren in der Art vieler Pilze. Nur während der Blütezeit zeigen sich auf der Oberfläche der Zweige der Wirtspflanze die Blütenknospen und Blüten des chlorophyllosen Parasiten. Auf den ersten Blick scheint es dann, als bilde die von dem Parasiten befallene Pflanze Blüten von zweierlei Art. In Wirklichkeit aber sind die einen Blüten die eigenen Blüten der Wirtspflanze, während die anderen dem in deren Innern lebenden Parasiten angehören. Die Fig. 30 zeigt den Teil eines unterirdischen Triebes der Nährpflanze, welcher mit Blütenknospen und einer bereits ausgebildeten Blüte der in derselben parasitierenden Hydnora africana.

§ 3. Assimilation der Energie durch chlorophyllose Pflanzen aus mineralischen Substanzen. Einige Bakterien haben sich dazu angepaßt, sich von den in großer Menge auf der Erde befindlichen verbrennbaren mineralischen Substanzen zu ernähren. Von diesen Bakterien verdienen die nitrifizierenden Bakterien die größte Beachtung, d. h. Bakterien, welche Ammoniak bis zur Salpetersäure oxydieren. Für deren erfolgreiches Gedeihen ist die Abwesenheit organischer Substanzen erforderlich. Winogradsky gelang es erst dann, eine Reinkultur nitrifizierender Bakterien zu erlangen, als er eine Nährflüssigkeit zubereitete, welche keinerlei organische Substanzen enthielt.

Die Zusammensetzung dieses Nährmediums ist folgende[1]):

Schwefelsaures Ammoniak	1	Gramm
Phosphorsaures Kali	1	,,
Wasser	1000	,,

Auf je 100 ccm dieser Lösung wurden außerdem noch 0,5—1,0 g basischen kohlensauren Magnesiums hinzugefügt. In dieser Flüssigkeit konnten die nitrifizierenden Bakterien sich ausgezeichnet entwickeln; sie oxydierten Ammoniak bis zur Salpetersäure und bildeten eine beträchtliche Menge organischer Substanz, indem sie die atmosphärische Kohlensäure ohne Hilfe des Sonnenlichtes assimilierten. Dagegen konnten Bakterien, welche einer organischen Substanz bedürfen, sich in einem so rein mineralischen Medium nicht entwickeln.

Auf den ersten Blick könnte es scheinen, als widerspreche die Möglichkeit, nitrifizierende Bakterien in einem rein mineralischen Medium zu kultivieren, allem, was früher über die Notwendigkeit organischer Substanz für die Kultur chlorophylloser Pflanzen gesagt worden ist. In der Tat kann man aus unverbrennbaren mineralischen Substanzen, wie sie den grünen Pflanzen zur Nahrung dienen, ohne Aufnahme von Sonnenlicht keine organische Substanz bereiten. Allein es gibt auch mineralische Substanzen, welche sozusagen organischen Ursprungs sind und eine der Eigenschaften der organischen Substanzen besitzen. Hierher gehören unter anderen das Ammoniak und der Schwefelwasserstoff. Diese beiden Substanzen treten in der Natur als Zerfallsprodukte zusammengesetzter organischer Verbindungen auf. Beide sind daher organischen Ursprungs. Obgleich weder die eine noch die andere Kohlenstoff als eines der Merkmale organischer Substanz enthält, so weisen doch beide ein zweites Merkmal der organischen Substanzen auf, indem sie die Fähigkeit besitzen zu brennen, d. h. freie Wärme abzuscheiden. Derartige halborganische Substanzen nun können einigen Bakterien die wahren organischen Substanzen ersetzen. So ernähren sich die nitrifizierenden Bakterien von Ammoniak, die Schwefelbakterien dagegen von Schwefelwasserstoff.

---

[1]) Winogradsky, Annales de l'Institut Pasteur IV, 1890.

Um ein festes Substrat in den Fällen zu erhalten, wo organische Substanzen vermieden werden müssen, verwendet man statt Gelatine oder Agar-Agar Kieselsäure[1]).

Winogradsky[2]) wies ferner nach, daß die in Schwefelquellen lebenden Bakterien, wie Beggiatoa und einige andere, dem Schwefelwasserstoff als Material zur Gewinnung von Energie benützen.

Anfangs wird der Schwefelwasserstoff nur zu Schwefel und Wasser oxydiert:

$$H_2S + O = H_2O + S$$

Der so erhaltene Schwefel wird im Innern der Bakterien aufgespeichert. Dieser Schwefel oxydiert sich bei Gegenwart von kohlensauren Salzen, z. B. von Kalzium, weiter bis zu Schwefelsäure, welche zusammen mit dem kohlensauren Kalzium Gips und Kohlensäure ergibt.

Den Schwefelbakterien kommt eine sehr wichtige Rolle im Haushalte der Natur zu. Ohne dieselben würde der Kreislauf des Schwefels in der Natur nicht möglich sein.

Um Schwefelbakterien zu erhalten, legt man frische zerschnittene Wurzeln von Butomus umbellatus samt dem an ihnen haftenden Schlamm in ein tiefes Gefäß mit 3—5 Liter Wasser, fügt etwas Gips hinzu und läßt das Gefäß unbedeckt bei Zimmertemperatur stehen. Nach einigen Tagen bemerkt man die Bildung von Schwefelwasserstoff infolge der Zersetzung des Gipses durch verschiedene im Schlamm enthaltene Bakterien. Einige Zeit nach dem Auftreten des Schwefelwasserstoffs beginnt die Entwicklung der sich von ihm ernährenden Schwefelbakterien.

Die Schwefelbakterien sammeln sich gewöhnlich in einiger Entfernung von der freien Oberfläche der Flüssigkeit an und nehmen, indem sie sich abwärts und aufwärts bewegen, bald Schwefelwasserstoff, bald Sauerstoff auf.

Bei ihrer Kultur auf dem Objektträger in einer Flüssigkeit, welche Schwefelwasserstoff enthält, lagern sich die Schwefelbakterien in Gestalt eines Ringes in der Entfernung von etwa einem Millimeter von dem Rande des Deckgläschens; in offenen Tropfen entwickeln sie sich dagegen gar nicht. Für diese Bakterien besteht demnach ein bestimmtes Optimum des Sauerstoffzutritts. Nach den Untersuchungen von Jegunow[3]) tritt diese Erscheinung bei der Kultur von Schwefelbakterien in hohen Gefäßen besonders deutlich zutage. In einer gewissen Entfernung von der Oberfläche bildet sich eine Bakterienhaut. Von dieser Haut aus gehen nach unten quastenförmige Fortsätze (Fig. 31). Ein Teil der Bakterienhaut mit ihren Anhängen ist in vergrößertem Maßstabe in

---

[1]) Omeliansky, Archives des sciences biologiques, St. Petersbourg VII, livr. 4. 1899.

[2]) Winogradsky, Bot. Ztg. 1877, S. 439. Nathansohn, Mitt. d. zoolog. Station Neapel 15, 1902, S. 655. Beijerinck, Zentralbl. f. Bakt. II, 11, 1903, S. 593. Omeliansky, Zentralbl. f. Bakt. II, 14, S. 769.

[3]) Jegunow, Archives des sciences biologiques, St. Petersbourg, III, 1895, S. 381. Zentralbl. f. Bakteriol. II, 4, 1898, S. 97.

der Fig. 32 abgebildet. Beobachtet man diese Fortsätze mit dem horizontal gestellten Mikroskope so sieht man, daß dieselben aus Bakterien bestehen, welche sich wie das Wasser in einem Springbrunnen bewegen. Schwefelwasserstoff findet sich nicht nur in Sümpfen und Schwefelquellen, sondern auch in den Meeren. So werden die Gewässer des Schwarzen Meeres, von einer Tiefe von zirka 200 Metern angefangen,

Fig. 31.
Haut von Schwefelbakterien. (Nach Jegunow.)

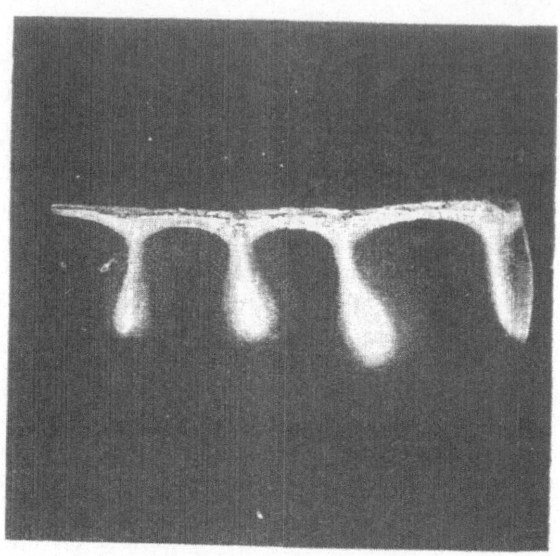

Fig. 32.
Teil einer Haut von Schwefelbakterien. Vergrößerung 11. (Nach Jegunow.)

immer reicher und reicher an Schwefelwasserstoff. 100 Liter Wasser enthalten folgende Quantitäten von Schwefelwasserstoff:

In einer Tiefe		von	215	Metern	33	Kubikzentimeter
,,	,, ,,	,,	432	,,	222	,,
,,	,, ,,	,,	2040	,,	555	,,
,,	,, ,,	,,	2525	,,	655	,,

In dem den Meeresboden bedeckenden Schlamme gehen demnach verschiedenartige Gärungen vor sich, welche von einer Abscheidung von Schwefelwasserstoff begleitet sind. Nur wegen der Anwesenheit der Schwefelbakterien gelangt dieser Schwefelwasserstoff nicht bis in die oberen Wasserschichten.

Die Bedeutung der nitrifizierenden Bakterien und der Schwefelbakterien für unsere Erde besteht darin, daß diese Bakterien, indem sie sich von Ammoniak und Schwefelwasserstoff ernähren — Substanzen welche für die übrigen Organismen schädlich sind — deren Anhäufung an der Erdoberfläche verhindern und, indem sie sie bis zur Salpeter-

und Schwefelsäure oxydieren, dieselben von neuem in den allgemeinen Kreislauf der Stoffe in der Natur einführen. Allein außer Ammoniak und Schwefelwasserstoff tritt unter den Produkten der Zersetzung der zusammengesetzten organischen Verbindungen auch noch Wasserstoff in großen Mengen auf, welcher indessen in der Atmosphäre nur in minimalen Quantitäten vorhanden ist. Auf Grund verschiedener Bestimmungen schwankt die in der Luft enthaltene Quantität Wasserstoff zwischen 0,003 und 0,01 %. Es müssen demnach auf der Erde Prozesse stattfinden, welche den Wasserstoff binden und denselben aufs neue in den allgemeinen Kreislauf der Stoffe einführen.

Die Untersuchungen von Kaserer[1]) haben gezeigt, daß es besondere Bakterien gibt, welche sich von Wasserstoff ernähren. Vom Standpunkte der Thermochemie aus betrachtet, stellt der Wasserstoff den besten Nährstoff dar. Seine Verbrennungswärme ist 8mal höher als diejenige der Stärke. Ein Gramm Stärke scheidet beim Verbrennen 4,1 K aus, ein Gramm Wasserstoff dagegen 34,6 K (vgl. Seite 2). Von Wasserstoff ernähren sich die im Boden lebenden Bacillus pantotrophus und Bacillus oligocarbophilus[2]). Bacillus pantotrophus kann sich von organischen Verbindungen ernähren, er kann sich aber auch in rein mineralischen Medien fortpflanzen. In letzterem Falle assimiliert er Kohlensäure und Wasserstoff aus der Atmosphäre und bereitet Formaldehyd nach folgendem Schema:

$$H_2CO_3 + 2\,H_2 = CH_2O.$$

Niklewski[3]) hat zwei Bakterien in reinem Zustande ausgeschieden (Hydrogenomonas nitrea und H. flava), welche imstande sind, auf mineralischem Substrat in einer Atmosphäre von Wasserstoff und Sauerstoff mit einer Beimengung von Kohlensäure zu leben. Aus Wasserstoff und Kohlensäure bauen sie organische Stoffe, welche sie sodann während der Atmung zu Kohlensäure und Wasser oxydieren. Bei der Ernährung durch organische Substanzen hört die Assimilierung des Wasserstoffs auf.

In allen hier beschriebenen Fällen der Ernährung von Bakterien durch mineralische Substanzen finden wird die Produktion organischer Substanz ohne Anteilnahme des Sonnenlichtes. Genauer ausgedrückt, bildet sich die organische Substanz in diesen Fällen nur ohne direkte Teilnahme des Lichtes. Die Bildung des Wasserstoffes, Schwefelwasserstoffs und Ammoniaks bei der Reduktion der in der Natur befindlichen oxydierten Verbindungen: Wasser, Schwefel- und Salpetersäure, geht auf Kosten der Sonnenenergie, assimilierten in den grünen Blättern, vonstatten. Auf Kosten dieser Energie leben nun die nitrifizierenden, die Schwefel- und die Wasserstoff-Bakterien.

---

[1]) Kaserer, Zentralbl. f. Bakteriol., II. Abt., XVI. Bd., 1906, S. 681. — Nabokich und Lebedeff, ibid., XVII Bd., 1906, S. 350. — Lebedeff, Ber. d. bot. Ges., XXVII. Bd., 1909, S. 598.

[2]) Auch Methan (CH_4), welches häufig bei dem Faulen organischer Stoffe ausgeschieden wird, kann ebenfalls als Nährstoff für einige Bakterien dienen.

[3]) B. Niklewski, Jahrb. f. wiss. Botanik, XXVII. Bd., 1910, S. 113.

§ 4. Verbreitung der Mikroorganismen in der Natur. Das Studium der Mikroorganismen ist nicht möglich ohne Beihilfe eines Mikroskops. Aus diesem Grunde konnte auch die Tatsache der Existenz sehr kleiner Lebewesen nur mit Hilfe von Vergrößerungsgläsern entdeckt werden. Der Kolumbus, welcher die für uns unsichtbare Welt der niedersten Lebewesen entdeckte, war Antony van Leeuwenhoek. Er lernte Vergrößerungsgläser herstellen, welche bis zu 100- und selbst bis zu 150 mal vergrößerten. Als er im Jahre 1675 Tropfen von Regenwasser, welches mehrere Tage hindurch in einem Fasse gestanden hatte, unter einem seiner Vergrößerungsgläser betrachtete, bemerkte er, daß sich in denselben ungeheure Mengen äußerst kleiner Organismen hin und her bewegten. Die Zahl dieser Organismen erreichte bis zu 10 000 in einem Tropfen. In frisch gefallenem Regenwasser waren keine solchen lebenden Organismen zu bemerken. Hieraus schloß Leeuwenhoek, daß die Keime dieser Organismen aus der Luft in das Wasser gefallen sein müßten.

Es drängt sich nun die Frage auf, woher diese unendlich kleinen Lebewesen stammen. Diese Frage war der Gegenstand einer sehr lebhaften Polemik. Es ist bekannt, daß die Lösungen der meisten organischen Verbindungen (Fleisch, Pflanzenteile) sich sehr leicht zersetzen. Die mikroskopische Untersuchung von in der Zersetzung begriffenen Substanzen ergibt stets das Vorhandensein von Mikroorganismen in denselben. Die Leichtigkeit, mit der die Mikroorganismen auftreten, führte zu der Annahme, daß wir es hier mit einer spontanen Entstehung (Generatio spontanea) niederster Lebewesen aus verschiedenen organischen Substanzen zu tun haben.

Die Lehre von der Urzeugung hat bis in die letzte Zeit hinein viele Anhänger gehabt. So verfaßte z. B. van Helmont (1577—1644) ein Rezept zur Erzeugung von Mäusen aus Mehl. Es wurde behauptet, daß die Würmer (d. h. Fliegenlarven) im Fleische durch Urzeugung entstehen. Als jedoch durch genaue Versuche nachgewiesen wurde, daß wir nicht imstande sind, weder Mäuse noch Würmer zu machen, und daß diese wie auch jene durch Fortpflanzung entstehen, hielt sich doch noch lange Zeit hindurch die Überzeugung, daß sich die niedersten, mikroskopisch kleinen Organismen durch Urzeugung bilden können. Schon Spallanzani (1776) bewies das Irrtümliche dieser Lehre auf experimentellem Wege. Er wies nach, daß in hermetisch verschlossenen Gefäßen mit organischen Aufgüssen nach Abkochen derselben während 3 Viertelstunden keinerlei Lebewesen auftreten, so lange die Gefäße auch aufbewahrt werden mögen. Nachdem die Gefäße jedoch geöffnet wurden, begann ihr Inhalt bald in Fäulnis überzugehen, weil Keime aus der Luft in denselben gerieten, wie Spallanzani behauptete. Obgleich die Anhänger der Urzeugung sich durch die Versuche von Spallanzani nicht überzeugen ließen, so erhielten diese letzteren dennoch durch einen französischen Koch Namens Appert eine praktische Anwendung, indem derselbe eine Konservenfabrik eröffnete. Er fand, daß es möglich sei, Fleisch, Gemüse, Getränke u. dgl. m. unbeschränkte Zeit hindurch in frischem Zustande zu erhalten, wenn man dieselben in hermetisch verschlossene Gefäße legt, welche sodann eine gewisse Zeit hindurch in kochendem Wasser erhitzt werden. Seine Versuche veröffentlichte Appert in einem Buche (1831), welches mehrere Auflagen erlebte. Dieses Buch verschaffte ihm Berühmtheit, die Konserven — ein Vermögen. Wir sehen hier ein anschauliches Besspiel für die Abhängigkeit der Technik von theoretischem Wissen. Spallanzani, indem er die rein philosophische Frage nach dem Entstehen des Lebens auf der Welt löste, gab damit Appert die Möglichkeit, einen neuen Gewerbszweig zu begründen.

Da gegen die Versuche von Spallanzani der Einwand erhoben wurde, daß in den verschlossenen Gefäßen eine ungenügende Menge von Luft enthalten sei, und daß die Eigenschaft dieser Luft dazu noch durch die hohe Temperatur stark beeinträchtigt würde, führte Franz Schultze 1836 folgenden Versuch aus: Er nahm einen Glaskolben (Fig. 33)

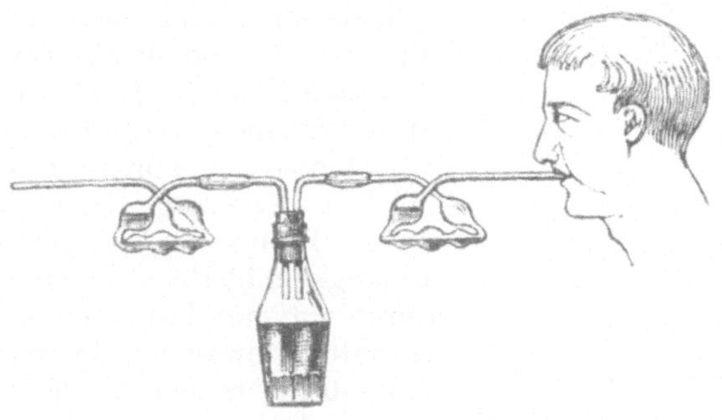

Fig. 33.

welcher zur Hälfte mit einem Aufguß organischer Stoffe angefüllt war, verschloß ihn fest mit einem Pfropfen, durch den zwei gebogene Glasröhren gesteckt waren, und setzte ihn eine Zeitlang starkem Kochen aus. Während noch durch beide Enden der Röhrchen heißer Dampf ausströmte, befestigte er an beiden je einen Kaliapparat, von denen der eine mit Schwefelsäure, der andere mit Ätzkali gefüllt war. Nachdem der Apparat sich abgekühlt hatte, wurde während zweier Monate, zweimal am Tage, Luft durch denselben gesaugt, welche durch die Schwefelsäure einströmte und durch das Ätzkali ausströmte. In der Flüssigkeit konnten keinerlei Organismen nachgewiesen werden. Alle in der Luft enthaltenen Keime waren demnach in der Schwefelsäure geblieben. Bei diesem Versuche behielt die Luft ihre normale Zusammensetzung bei und wurde nicht erwärmt.

Allein auch diese Versuche schienen nicht überzeugend. Nur dank den bemerkenswerten Untersuchungen von Pasteur wurde die Frage von der Urzeugung endgültig im verneinenden Sinne beantwortet. Pasteur (1857) nahm Glaskolben, welche mit verschiedenen Lösungen gefüllt waren, verschloß sie mit Wattepfropfen und setzte sie andauerndem

Kochen aus. Hatte das Kochen lange genug gedauert, so blieben die in den Kolben enthaltenen Lösungen unbeschränkte Zeit hindurch unverändert und frei von Mikroorganismen. Bei allen diesen Versuchen wurde die in die Kolben nach deren Abkühlung eintretende Luft durch die Wattepfropfen filtriert und ließ in diesen alle in ihr enthalten gewesenen Keime zurück. Da die Sporen einiger Bakterien ein anhaltendes Kochen vertragen, so muß dieses letztere mehrere Male und selbst unter Druck wiederholt werden. Einen Teil seiner Versuche führte Pasteur in besonders angefertigten Glaskolben mit zwei Hälsen aus (Fig. 34). Der eine Hals des Kolbens wird durch ein Glasröhrchen verschlossen, welches durch ein auf dem Halsende angebrachtes Kautschukrohr gesteckt ist. Der andere Hals des Kolbens ist zu einem engen Röhrchen ausgezogen und doppelt umgebogen. Während des Kochens der Flüssigkeit sind beide Halsenden offen. Vor dem Ende des Kochens wird der weite Hals mit einem abgeglühten Glasstäbchen verschlossen und hierauf der Apparat abgekühlt. Die Luft tritt durch die enge offene Röhre in den Kolben ein. Die Flüssigkeit bleibt unbeschränkte Zeit hindurch unverändert, weil alle in der Luft enthalten gewesenen Sporen in dem engen Knie des Röhrchens zurückbleiben. Öffnet man jedoch den Glaspfropfen auf ganz kurze Zeit und führt damit eine ganz geringe Quantität irgend welcher Mikroorganismen in den Kolben ein, so beginnt die Flüssigkeit unter starker Vermehrung der eingeführten Mikroorganismen in Zersetzung überzugehen.

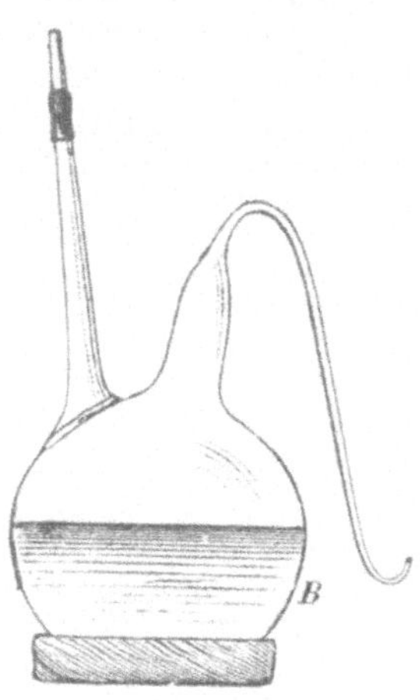

Fig. 34.
Pasteurscher Kolben.

Um das Nichtvorhandensein einer Urzeugung einwandfrei zu beweisen, mußte noch nachgewiesen werden, daß in der Luft tatsächlich Mikroorganismen und deren Sporen in großen Mengen enthalten sind. Auch diese Frage wurde von Pasteur auf das genaueste bearbeitet. So nahm Pasteur zum Beispiel eine ganze Reihe von Kolben, welche bis zu einem Drittel ihres Volums mit einer Nährflüssigkeit gefüllt waren, brachte ihren Inhalt zum Kochen und verlötete sie während desselben. Solche Kolben stellte er an verschiedenen Orten auf, deren Luft er zu untersuchen wünschte, und brach dann die verlöteten Halsenden ab. Durch die so entstandene Öffnung strömte nun Luft in den Kolben hinein. Hierauf wurde der Kolben von neuem verlötet. War nun die in den Kolben eingetretene Luft frei von Keimen, so blieb die Flüssigkeit auch fernerhin unverändert. Enthielt dagegen die eingeströmte Luft Mikroorganismen oder deren Keime, so begann die Flüssigkeit sich zu zersetzen. Es erwies sich hierbei, daß die Luft in tiefen Kellern und auf hohen Bergen am reinsten ist. Man wird jedoch nicht annehmen müssen, daß die Luft absolut rein war, wenn die Flüssigkeit nach dem Abbrechen des zugeschmolzenen Halsendes unverändert blieb. Es ist wohl möglich, daß Sporen in der Luft enthalten waren, welche sich in dem von uns gewählten Nährmedium nicht entwickeln konnten.

Gegenwärtig besitzen wir eine ganze Reihe genauer Untersuchungen über die Verbreitung der Mikroorganismen in der Luft. Die unten mitgeteilte Tabelle gibt das mittlere Ergebnis von zehnjährigen Beobachtungen (1885—1894) über die Menge von Mikroorganismen in einem Kubikimeter Luft aus dem Parke von Montsourie:

	Bakterien	Schimmelpilze
Im Winter	170	145
,, Frühjahr	295	195
,, Sommer	345	246
,, Herbst.	195	230

In Städten nimmt die Quantität der Mikroorganismen stark zu. So ist auf einem der Pariser Plätze (Place Saint-Gervais) die Zahl der in einem Kubikmeter Luft enthaltenen Mikroorganismen (Mittel von zehnjährigen Beobachtungen):

	Bakterien	Schimmelpilze
Im Winter	4305	1345
,, Frühjahr	8080	2275
,, Sommer	9845	2500
,, Herbst.	5665	2185

Mikroorganismen sind nicht nur in der Luft enthalten, sondern auch im Wasser und im Boden. Das Wasser der Flüsse enthält stets Bakterien. Besonders reich an solchen sind die Flüsse im Bereiche der Städte. So sind in einem Kubikzentimeter Wasser folgende Mengen von Bakterien enthalten:

Rhone oberhalb Lyon	75
Rhone unterhalb Lyon	800
prec, bei ihrem Eintritt in die Stadt Berlin	4300
Spree, bei dem Verlassen der Stadt Berlin	97 400

Mikroorganismen finden sich auch im Regenwasser, im Schnee und im Hagel.

Der Boden enthält stets Mikroorganismen; ihre Menge hängt natürlich von der Menge der im Boden enthaltenen organischen Substanzen ab. In den oberflächlichen Schichten des Bodens sind viel mehr Mikroorganismen enthalten als in den tieferen Schichten. Die nachstehende Tabelle gibt einen Begriff von der Verteilung der Mikroorganismen in verschiedenen Tiefen eines mit Wald bewachsenen Bodens (Pfingstberg in der Umgebung von Potsdam). In einem Kubikzentimeter wurden folgende Quantitäten angetroffen:

Tiefe in Metern	27. Mai	15. Juni	3. November
0	150 000	140 000	55 000
0,5	200 000	145 000	75 000
1	2 000	1 000	7 000
2	2 000	0	100
3	3 000	700	1 500
4,5	100	100	0

Bakterien sind in allen Nahrungsmitteln enthalten. Ganz besonders günstige Bedingungen für die Entwicklung der Bakterien bietet die Milch. In dem Moment der Ausscheidung ist dies eine Flüssigkeit, welche für gewöhnlich keine Mikroorganismen enthält. Allein diese letzteren entwickeln sich rasch in der Milch, in die sie aus der Luft geraten. So enthält ein Kubikzentimeter frisch gemolkener Milch, welche bei einer Temperatur von 15,5° C belassen wird, folgende Quantitäten von Bakterien:

Nach 4 Stunden	34 000
„ 9 „	100 000
„ 24 „	4 000 000

Der Darmkanal des Menschen ist mit Bakterien dicht bevölkert. Dieselben rufen die Zersetzung des im Darme enthaltenen Nährmaterials hervor.

Wir sind demnach nicht nur von allen Seiten von Bakterien umgeben, sondern sie befinden sich auch in unserem Innern. Aus diesem Grunde erscheint die Schnelligkeit begreiflich, mit welcher sie in alle möglichen organischen Substanzen geraten und deren Zersetzung hervorrufen.

§ 5. Sterilisation und Desinfektion[1]). In Anbetracht des Umstandes, daß die Mikroorganismen überall verbreitet sind, müssen alle Gegenstände, welche bei den Arbeiten mit denselben verwendet werden, namentlich aber wenn es sich darum handelt, Reinkulturen einer bestimmten Art zu erhalten, absolut rein sein und keinerlei Sporen oder Keime enthalten. Es wird dies durch Sterilisation erreicht.

Kleinere Gegenstände, wie Messer, Scheren, Glasstäbchen, Pinzetten, Objektträger und Deckgläschen, Platinnadeln u. dgl. m. werden durch Erhitzen in der Flamme eines Gas- oder Spiritusbrenners sterilisiert. Gegenstände aus Platina können bis zur Rotglühhitze erwärmt werden. Für die übrigen Gegenstände genügt ein kurzes Verweilen in der Flamme, damit die an ihrer Oberfläche haftenden Keime zerstört werden. Für die Sterilisation größerer Gegenstände verwendet man Trockenschränke (Fig. 35). Dieselben besitzen doppelte Wände; die Verbrennungsprodukte gehen zwischen beiden Wänden hindurch, auf welche Weise eine gleichmäßigere Erwärmung erzielt wird

---

[1]) Abel, Taschenbuch für den bakteriologischen Praktikanten. — E. Küster, Anleitung zur Kultur der Mikroorganismen. Leipzig 1907.

Gegenstände, welche keine trockene Hitze vertragen, werden durch Erhitzen in strömendem Dampf sterilisiert. Zu diesem Zwecke benützt man den Kochschen Apparat (Fig. 36). Es ist dies ein Zylinder aus Weißblech oder Kupfer, welcher oben mit einem Deckel verschlossen werden kann. Der untere Teil des Zylinders wird mit Wasser angefüllt. In dem oberen Teil des Zylinders werden die zu sterilisierenden Gegenstände auf durchlöcherte Gestelle gelegt. Der unter dem Zylinder an-

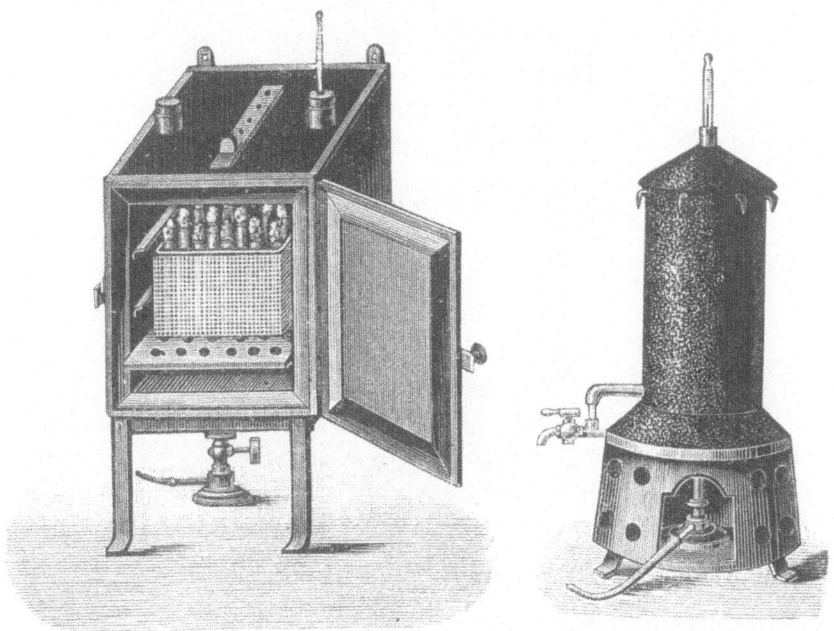

Fig. 35. Trockenschrank.

Fig. 36. Apparat von Koch.

gebrachte Brenner erhitzt das Wasser bis zum Kochen, und die Sterilisation der in dem Apparat untergebrachten Gegenstände erfolgt durch Dampf von 100°. Von oben wird der Apparat mit Filz oder Asbest bedeckt.

Für das Sterilisieren kann man statt des Kochschen Apparates auch Autoklaven verwenden (Fig. 37). Ein Autoklav ist nichts anderes als ein Papinscher Topf. Er wirkt durch überhitzten Dampf unter einem Druck bis zu zwei Atmosphären und bei einer Temperatur bis zu 134°. Bei einer Temperatur von 120° C dauert das Sterilisieren nur 15 Minuten. Eine Temperatur von 130° tötet alle Keime augenblicklich, weshalb eine wiederholte Sterilisierung, wie sie bei Anwendung des Kochschen Apparates erforderlich ist, überflüssig wird.

Flüssigkeiten können auch durch Filtrieren sterilisiert werden.

Fig. 37.
Autoklav.

Der bequemste der zu diesem Zwecke konstruierten Apparate ist das Chamberlandsche Filter, ein Porzellanzylinder mit engem inneren Hohlraum. Durch das sterilisierte Filter werden die Flüssigkeiten unter starkem Drucke filtriert.

Zur Tötung von Mikroorganismen werden auch verschiedene desinfizierende Substanzen verwendet. Die wirksamste derselben ist das Sublimat, $HgCl_2$. In bakteriologischen Laboratorien benützt man eine Lösung von einem Gramm Sublimat in einem Liter destillierten Wassers. Mit Sublimatlösung werden die Hände der Arbeitenden sowie die zur Verwendung kommenden Gegenstände desinfiziert, ferner die unnötigen Kulturen abgetötet. Schon eine Lösung von einem Teil Sublimat in 300 000 Teilen Wasser hält die Entwicklung der Milzbrandsporen auf. Zur Verwendung gelangt auch schweflige Säure, Chlorkalk, Flußsäure und deren Salze, Borsäure, Ozon, Wasserstoffsuperoxyd, Kalkmilch, Karbolsäure.

§ 6. Reinkulturen. Für das Studium der Mikroorganismen, ihrer Entwicklungsgeschichte und ihrer physiologischen Funktionen ist es notwendig, dieselben in Reinkulturen zu erhalten.[1]) Als Reinkultur bezeichnet man eine Kultur, von der man mit voller Gewißheit aussagen kann, daß sie nur eine einzige bestimmte Art von Mikroorganismen enthält. Eine solche Kultur kann nur unter Beachtung zweier Bedingungen erhalten werden. Die erste Bedingung besteht in der Anwendung sämtlicher Vorsichtsmaßregeln gegen das Eindringen von Keimen aus der Luft in das Medium, in dem die Reinkultur gezüchtet wird. Die zweite Bedingung ist die Erlangung der Reinkultur a u s n u r e i n e r Z e l l e. Besitzen wir eine Kultur, in welcher alle Mikroorganismen einander vollständig ähnlich sind, so sind wir trotzdem nicht berechtigt, diese Kultur als eine Reinkultur zu bezeichnen, wenn wir dieselbe nicht aus einer einzigen Zelle gezüchtet haben, indem sehr viele Mikroorganismen mit durchaus verschiedenen Funktionen eine ganz übereinstimmende Gestalt besitzen. Wurde die Kultur dagegen aus einer einzigen Zelle erhalten, so heißt sie eine Reinkultur, wenn auch die in ihr enthaltenen Mikroorganismen verschiedene Gestalt aufweisen, da wir nunmehr wissen, daß ein und dieselbe Art von Bakterien oder Hefe in Abhängigkeit von dem Stadium der Entwicklung und der Einwirkung des Mediums verschiedene Gestalten annehmen kann.

Die am häufigsten angewandte Methode zur Erzielung von Reinkulturen aus einer Zelle ist die Verdünnungsmethode. Diese Methode ist in ihrer ursprünglichen Gestalt zum ersten Male im Jahre 1878 von Lister[2]) angewendet worden, und zwar zur Herstellung einer Reinkultur der Milchsäurebakterien. Für die Hefe wurde diese Methode von Hansen (1881) sorgfältig ausgearbeitet.

Angenommen, wir haben in gärender Bierwürze mehrere verschiedene Arten von Hefe. Dieselben sollen nun ausgeschieden und eine jede Art in Reinkultur erhalten werden. Zu diesem Zwecke nimmt

---

[1]) Verkauf von Reinkulturen: Krals Bakteriologisches Laboratorium, Prag I. Kleiner Ring 11. Institut für Gärungsgewerbe, Berlin N, Seestraße 65. Jörgensens Laboratorium, Kopenhagen, Frydendalsvej 30. Zentralstelle für Pilzkulturen in Amsterdam.

[2]) Lister, On the lactic fermentation and its bearing on pathology. Transact. of the Patholog. Society of London, Vol. 29, 1878.

man nach vorherigem Aufschütteln mit Hilfe einer sterilisierten Pipette einige Tropfen der Flüssigkeit und führt sie in sterilisiertes Wasser über, welches sich in einem Freudenreichschen Kolben befindet (Fig. 38). Es sind dies kleine Glaskolben von 25—30 ccm Inhalt, welche mit einem Glasglöckchen verschlossen sind. Die enge Öffnung des Glöckchens wird mit Watte verschlossen. Solche Kolben eignen sich sehr gut für Arbeiten mit Mikroorganismen, wenn die Verwendung großer Mengen von Nährstoffen nicht unbedingt notwendig ist. Um eine gleichmäßige Verteilung der Hefe in dem Wasser zu erzielen, wird letzteres nochmals durchgeschüttelt. Hierauf entnimmt man dem Wasser vermittelst der gebogenen Spitze eines Platindrahtes einen Tropfen, welcher in dünner Schicht auf ein Deckgläschen mit darauf eingetragenen kleinen Quadraten übergeführt wird. Hierauf wird die Anzahl der in dem Tropfen enthaltenen Hefezellen gezählt. Zu diesem Zwecke benützt man eine feuchte Kammer (Fig. 39). Die feuchte Kammer besteht aus

Fig. 38.
Kolben von Freudenreich.

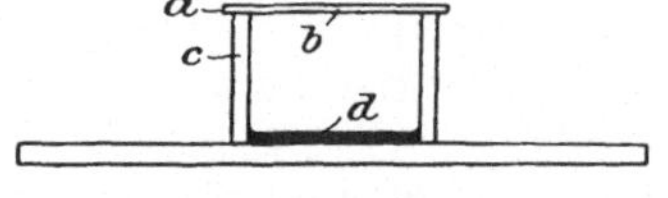

Fig. 39.
Feuchte Kammer.

einem Objektträger, auf welchen ein Glasring (c) mit Vaseline aufgeklebt ist. In diese Kammer gießt man eine geringe Menge Wasser (d), damit die auf der Unterseite des Deckgläschens (a) befindlichen Mikroorganismen nicht eintrocknen. Um die Hefezellen zählen zu können, verwendet man, wie gesagt, statt eines gewöhnlichen Deckgläschens ein solches mit darauf eingetragenen Quadraten, welches mit Vaseline derart auf den Glasring geklebt wird, daß der Tropfen nach unten gekehrt ist. Die Quadrate auf dem Gläschen erleichtern das Zählen der Zellen unter dem Mikroskop. Angenommen, die Zahl der auf dem Deckgläschen befindlichen Zellen betrüge 20. Sodann wird der Wassertropfen mit Hefe wiederum vermittelst des Platinahäkchens aufgenommen und in einen neuen Freudenreichschen Kolben übergeführt, welcher 40 ccm Wasser enthält. Nach starkem Schütteln überträgt man mit einer Pipette je einen Kubikzentimeter dieser Flüssigkeit in vierzig mit sterilisierter Bierwürze gefüllte Freudenreichsche Kolben. Da in dem mit dem Platindraht erfaßten Tropfen alle Wahrscheinlichkeit nach ebenfalls etwa 20 Zellen enthalten waren, so ist zu erwarten, daß die Hefe sich nur in 20 Kolben entwickeln wird, während die übrigen 20 Kolben sterilisiert bleiben müssen. Es ist auch höchst wahrscheinlich, daß in denjenigen Kolben, wo eine Entwicklung der Hefe stattgefunden hat, die neue Generation aus nur einer einzigen Zelle entstanden ist.

Allein alles dieses ist nur höchst wahrscheinlich, aber nicht streng bewiesen. In bezug auf die Hefen ist es Hansen gelungen, auch einen solchen Beweis zu erbringen. Zu diesem Zwecke werden die soeben infizierten Kolben mit Bierwürze stark geschüttelt, worauf man sie ganz ruhig stehen läßt. Dann sinken die Zellen zu Boden und beginnen sich zu entwickeln. Nach einiger Zeit wird man an Stelle der Zelle mit bloßem Auge einen weißlichen Fleck (eine Kolonie) bemerken können, welcher aus Hefezellen besteht. Konnte in dem Kolben nur eine einzige Kolonie nachgewiesen werden, so geht hieraus hervor, daß nur eine einzige Zelle in denselben geraten ist, da unmöglich angenommen werden kann, daß sich nach dem Schütteln zwei Zellen genau übereinander gelegt hätten. Sind dagegen zwei oder drei Zellen in den Kolben eingeführt worden, so werden sich auf dem Boden zwei resp. drei Kolonien bilden.

Fig. 40.
Feuchte Kammer mit eingeätzten Quadraten und Zahlen.

Um Hefereinkulturen zu erhalten, verwendet man auch festes Substrat, welches die Möglichkeit bietet, die Bildung einer Kolonie aus einer Zelle unter dem Mikroskop zu verfolgen. Zu diesem Zwecke nimmt man eine junge Hefekultur, aus der man nach Aufschütteln einen Tropfen in ein Kölbchen mit sterilisiertem Wasser überführt; aus diesem Kölbchen verimpft man mit der Spitze eines Platindrahtes eine Spur in einen bis zu 45° C erwärmte Bierwürze mit Gelatine enthaltenden Kolben. Nach starkem Schütteln verbringt man einen Tropfen der Bierwürze auf ein rundes Deckgläschen von etwa 30 mm Durchmesser, auf welchem 16 Quadrate mit Zahlen angebracht sind. Man konstruiert sodann eine feuchte Kammer (Fig. 40) in welcher die Zellen unbeweglich in der erstarrten Gelatine liegen. Nachdem man sich notiert oder aufgezeichnet hat, in welchen Quadraten einzelne Zellen liegen, verfolgt man die Bildung der Kolonien. In diesem Falle bildet sich die Kolonie demnach vor den Augen des Beschauers aus einer einzelnen Zelle. Wenn die Kolonie dem bloßen Auge deutlich sichtbar geworden ist, so nimmt man sie von dem Deckglas und verimpft sie auf eine Nährflüssigkeit in einem Kolben. Man tut dies in der Weise, daß man mit einer sterilisierten Pinzette ein kleines Stückchen ebenfalls über dem Feuer sterilisierten Platindrahtes erfaßt, mit dem man die erforderliche Kolonie entnimmt und mit dem Draht zusammen in den Kolben mit Bierwürze wirft. Während des Abnehmens der Kolonie muß das Deckgläschen mit den Kolonien nach unten gekehrt sein, um Infektionen zu vermeiden. Wünscht man Hefereinkultur in großer Menge zu erhalten, so gießt man am nächsten Tage nach der Impfung einen Teil der jungen Kultur mit der Pipette in einen Pasteurschen Kolben (Fig. 41) von zirka 200 ccm Inhalt über, welcher mit sterilisierter Bierwürze angefüllt ist. Nach Verlauf eines Tages wird der Inhalt dieses Kolbens in einen anderen größeren Pasteurschen Kolben von 500 ccm Inhalt übergegossen, welcher ebenfalls mit sterilisierter Bierwürze angefüllt ist.

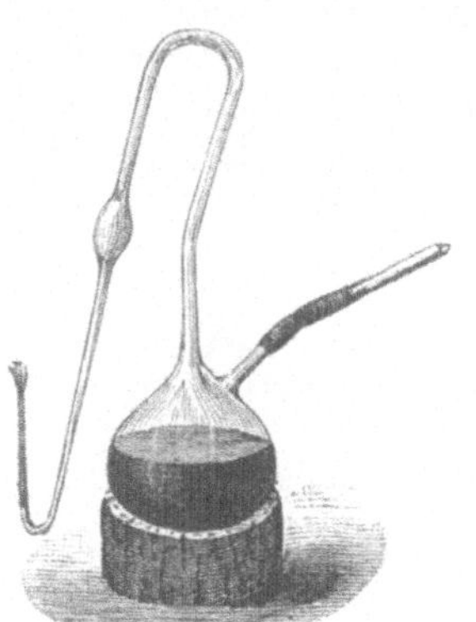

Fig. 41.
Pasteurscher Kolben.

Fig. 42.
Doppelte Schalen von Petri.

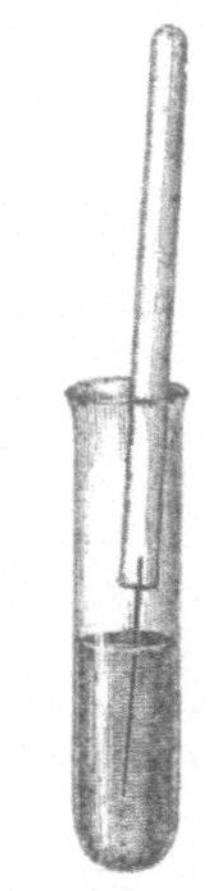

Fig. 43.
Stichimpfung.

Für Reinkulturen der Bakterien werden ebenfalls sowohl flüssige als auch feste Nährmedien verwendet. Bei den flüssigen Substanzen wird die bereits beschriebene Verdünnungsmethode angewandt.

Sehr geeignet für die Darstellung von Reinkulturen sind die festen Substrate. Für diesen Zweck werden die Petrischen Schalen angewandt (Fig. 42). Es sind dies doppelte flache Schalen von 9—10 cm Durchmesser. Von der unreinen Kultur wird eine Spur herausgenommen, welche in einen Kolben eingeführt wird, welcher z. B. eine Mischung von Bouillon und Gelatine auf 30° erwärmt, enthält. Der Kolben wird geschüttelt und der Inhalt wird dann in die Schale ausgegossen. Nach einiger Zeit bildet eine jede Bakterie um sich herum eine Kolonie, welche mit bloßem Auge oder unter dem Vergrößerungsglas zu sehen ist. Haben wir dann endlich eine Reinkultur eines bestimmten Mikroorganismus erhalten, so können wir eine beliebige Zahl von Kulturen derselben bekommen. Impfungen auf flüssige Nährmedien werden unter Beobachtung aller Vorsichtsmaßregeln vermittelst eines Glasstäbchens, eines Platindrahtes oder einer Pipette ausgeführt. Impfungen auf ein festes Nährsubstrat erfolgen durch Stich oder Strich. Die Impfung durch Stich erfolgt in der Weise, daß man mit einer Platinnadel einen Tropfen der Reinkultur aufnimmt und sodann die Nadel in Nährgelatine einsticht. Während des Stiches muß das Reagenzglas mit der Mündung nach unten gerichtet sein (Fig. 43). Für Strichimpfungen sind Reagenzgläser mit in schiefer Schicht erstarrter Gelatine zu verwenden.

Drittes Kapitel.

Assimilation des Stickstoffs[1].

§ 1. **Der atmosphärische Stickstoff.** Die atmosphärische Luft enthält freien Stickstoff (4/5 der Gesamtmenge) und ganz geringe Mengen Ammoniak. Versuche über die Assimilation des freien Luftstickstoffs verdanken wir Boussingault (1851—1853). Boussingault kultivierte verschiedene Pflanzen in stickstofffreiem Boden, indem er sie in Gefäße mit durchgeglühtem Sand und etwas Asche der betreffenden Pflanzensamen aussäte. Diese Gefäße stellte er in flache Glasschalen und bedeckte sie mit großen Glasglocken (Fig. 44). In die Schalen wurde Schwefelsäure gegossen, um den inneren Raum vor dem Eindringen des Ammoniaks der äußeren Luft zu schützen. Unter jede Glocke wurden zwei Glasröhren eingeführt: die eine, um die Pflanzen mit destilliertem Wasser zu begießen, die andere, um sie mit der notwendigen CO_2 zu versorgen. Die Apparate wurden dem Lichte ausgesetzt. Unter den Glasglocken war also keine andere Stickstoffquelle außer dem freien Luftstickstoff enthalten. Die in den Samen befindliche Stickstoffmenge wurde beim Anfang des Versuchs durch Analyse einer Kontrollportion derselben Samen bestimmt. Nach Abschluß des Versuchs (2—3 Monate) wurde der Stickstoffgehalt der erwachsenen Pflanzen bestimmt: eine Zunahme konnte nicht festgestellt werden. Daraus

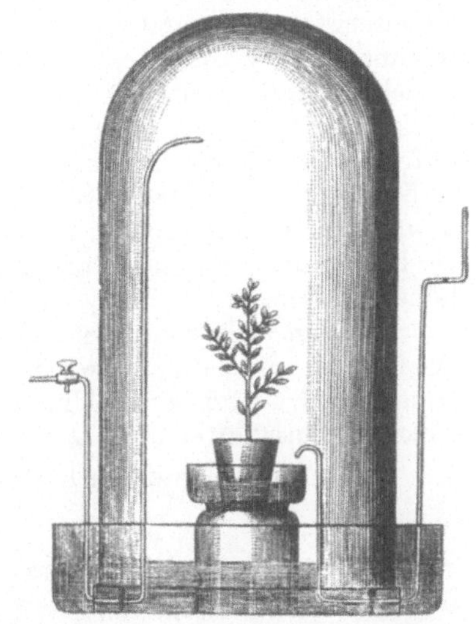

Fig. 44.
Kultur in stickstofffreiem Boden.

---

[1]) Eine ausführliche Zusammenstellung der Arbeiten über die Stickstoffassimilation bis 1879 findet sich bei Grandeau, Cours d'agriculture de l'école forestèire. Chimie et physiologie appliesua à l'agriculture et à la sylviculture. Paris 1879.

folgt, daß der freie Luftstickstoff von höheren Pflanzen, welche in sterilisiertem Boden aufgewachsen sind, nicht assimiliert wird.

Versuche über die Assimilation des Luftammoniaks durch Laubblätter wurden von Sachs (1860), Schlösing und Ad. Mayer ausgeführt. Das Resultat war ein positives. In allen Versuchen wurden die oberen Pflanzenteile vom Boden isoliert und erhielten das Ammoniak als kohlensaures Salz. Alle auf diese Weise behandelten Pflanzenteile wiesen einen höheren Stickstoffgehalt auf als die entsprechenden Organe in den Parallelversuchen ohne Ammoniak. Indessen ist diese Art der Stickstoffassimilation unter natürlichen Verhältnissen beinahe ganz bedeutungslos, da der Ammoniakgehalt der Luft sehr klein ist. Nach Schlösing enthalten 100 Kubikmeter Luft im Mittel 2,4 mg Ammoniak.

§ 2. **Der Stickstoff des Bodens.** Im Boden ist der Stickstoff in Form von organischen Verbindungen, Ammoniak und Nitraten enthalten. Die Versuche Boussingaults und vieler Agrikulturchemiker haben erwiesen, daß erstens alle Pflanzen (mit Ausnahme der Leguminosen, worüber weiter unten) ihren Stickstoff ausschließlich aus dem Boden beziehen, und zweitens, daß alle drei Verbindungsarten des Bodenstickstoffs von den Pflanzen ausgenutzt werden. Stickstoffarmer, also unfruchtbarer Boden kann durch Düngen mit einer von den drei Stickstoffverbindungen fruchtbar gemacht werden. Am besten und schnellsten wird aber das Ziel nur durch Einführen von Nitraten erreicht. Deshalb gelten die salpetersauren Salze als beste Stickstoffquelle für höhere Pflanzen.

Es fragt sich, ob alle Stickstoffverbindungen des Bodens direkt von der Pflanze aufgenommen werden, oder ob sie vorher irgend welchen Veränderungen unterliegen. Um diese Frage zu beantworten, müssen wir einige Eigenschaften des Bodens ins Auge fassen.

Nach Boussingault enthält 1 kg Boden folgende Stickstoffmengen:

	Boden:			
	Liebfrauenberg	Nancy	Mettrais	
Organischer Stickstoff	2,101	1,432	1,223	Gramm
Ammoniak-Stickstoff	0,019	0,004	0,004	,,
Salpetersäure-Stickstoff	0,029	0,040	0,055	,,

Die größten Stickstoffmengen sind also im Boden in Form von organischen Verbindungen aufgespeichert. Es sind das Zersetzungsprodukte tierischer und pflanzlicher Stoffe. Der geringste Teil fällt auf das Ammoniak. Das Boden-Ammoniak stammt teilweise aus sich zersetzenden organischen Stickstoffverbindungen, teilweise aus der Atmosphäre. Nach den Untersuchungen Schlösings absorbiert sowohl trockener als auch feuchter Boden begierig das in der Luft enthaltene Ammoniakgas. Für trockenen Boden wird allerdings bald eine Sättigung mit Ammoniak erreicht; für feuchten Boden ist dieses nicht der Fall, da das absorbierte Ammoniak sich allmählich in Salpetersäure verwandelt.

Eine Bodenfläche von 1 ha kann jährlich 53—63 kg Ammoniak absorbieren.

Außer organischen Verbindungen und Ammoniak enthält jeder Boden noch Salpetersäure. Nach genauen Untersuchungen Boussingaults bildet sie sich im Boden auf Kosten anderer Stickstoffverbindungen. Bestimmte Mengen feuchten Bodens, dessen Zusammensetzung vorher bestimmt war, wurden in sehr große Ballons eingeschlossen, Die Ballons wurden 1859 verschlossen und erst 1871 wieder geöffnet. Nach Abschluß des Versuchs wurde der in den Ballons befindliche Boden wieder analysiert. Die Resultate sind in folgender Tabelle enthalten:

	Gesamtstickstoff	Salpetersäure	Salpetersäure-Stickstoff
Im Jahre 1860	0,4722 g	0,0029 g	0,00075 g
„ „ 1871	0,4520 „	0,6178 „	0,16000 „
Differenz	— 0,0202 g	+ 0,6149 g	+ 0,15925 g

Die Salpetersäure wurde also aus anderen im Boden vorhandenen Stickstoffverbindungen gebildet. Außerdem ging ein Teil des Bodenstickstoffs während des Versuchs in die Ballonluft über. In seinen späteren Versuchen zeigte Boussingault, daß die verschiedenartigsten organischen Verbindungen, z. B. Fleisch, Blut, Horn, Knochen, Wolle usw., in den Boden eingeführt, das Material für Nitratbildung liefern. Im Boden existieren also Bedingungen, welche die Umwandlung der verschiedenartigsten Stickstoffverbindungen in Salpetersäure ermöglichen.

Es entsteht nunmehr die Frage, weshalb trotz der fortwährenden Salpetersäurebildung der Boden stets nur geringe Mengen derselben enthält. Eine Antwort erhalten wir, wenn wir die Erscheinungen der Absorption verschiedener Verbindungen durch den Boden betrachten. Der Boden fällt verschiedene Stoffe aus ihren Lösungen und hält sie zurück, so daß eine durch eine Bodenschicht filtrierte Lösung ärmer an gelösten Stoffen erscheint. Der erste, welcher diesen Erscheinungen seine Aufmerksamkeit schenkte und ihre Bedeutung für die Landwirtschaft erkannte, war Bronner (1836). Er beschrieb folgenden Versuch: Man fülle eine Flasche, deren Boden mit einer kleinen Öffnung versehen ist, mit feinem Flußsand oder mit halbtrockner durchgesiebter Gartenerde. Man gieße in diese Flasche allmählich dunkle stinkende Mistjauche, bis die ganze Erdmasse davon durchtränkt ist. Die unten ausfließende Flüssigkeit wird beinahe ganz geruch- und farblos sein und alle Eigenschaften der Mistjauche verlieren.

Genauere Untersuchungen lehrten, daß nicht alle Verbindungen vom Boden zurückgehalten werden. So zeigten besondere Versuche, daß Ammoniumsalze absorbiert werden, Nitrate dagegen leicht passieren. Diese Eigentümlichkeit der Salpetersäure — ihre Auswaschbarkeit aus dem Erdboden — erklärt den geringen Gehalt des Bodens an Nitraten. Die Gesamtmenge der von den Pflanzen nicht aufgenommenen Nitrate wird von den Niederschlägen in tiefere Bodenschichten ausgewaschen

Von allen im Boden befindlichen Stickstoffverbindungen bilden also die organischen Stoffe[1]) und auch die Ammoniaksalze sozusagen das Grundkapital des Bodens. Sie sind an den Boden fest gebunden und funktionieren als eine konstante Quelle von Nitraten, welche den Pflanzen als Nahrung dienen.

§ 3. Die Nitrifikationserscheinungen im Erdboden. Die Fähigkeit des Bodens, verschiedene Stickstoffverbindungen zu nitrifizieren, hängt von verschiedenen Bedingungen ab. Eine von ihnen ist nach Schlösing freier Sauerstoffzutritt. Gleiche Bodenmengen wurden in Gefäße eingeschlossen und durch jedes Gefäß ein Gasstrom durchgeleitet, und zwar: durch das I- reiner Stickstoff; durch die übrigen eine Mischung von Stickstoff und Sauerstoff, wobei die Menge des letzteren in den verschiedenen Gefäßen variierte.

Durch das II. Gefäß . . . . 6 % Sauerstoff
„ „ III. „ . . . . .11 % „
„ „ IV. „ . . . . .16 % „
„ „ V. „ . . . . .21 % „

Die Salpetersäuremenge wurde am Anfang und zu Ende jedes Versuchs bestimmt.

	I	II	III	IV	V
	Milligramm				
3. Juli 1873	00	263	286	267	289
18. November 1872 . . .	64	64	64	64	64
Salpetersäure verschwunden	64	—	—	—	—
„ gebildet	0	199	222	203	225

Derjenige Boden also, welcher keinen Sauerstoff erhielt, verlor seinen ganzen Salpetersäurevorrat. Die mit Sauerstoff versorgten Böden bildeten dagegen neue Mengen von Salpetersäure, und zwar desto mehr, je mehr Sauerstoff sie erhielten.

Die Nitrifikationserscheinungen im Boden werden, wie Schlösing und Müntz (1877) zeigten, durch Bakterien verursacht. Sie nahmen ein breites, 1 Meter langes Glasrohr, füllten es mit Sand und Kalk und filtrierten dadurch langsam ammoniakhaltiges Kloakenwasser. Nach einigen Tagen konnte im Filtrat Salpetersäure nachgewiesen werden.

[1]) Die Untersuchungen von P. Kostytschew („Land- und Forstwirtschaft" 1890, Oktober, S. 115) haben gezeigt, daß die organischen Stickstoffverbindungen im Humus gar nicht ausschließlich aus Zersetzungsprodukten von Pflanzen- und Tierkörpern, sondern hauptsächlich aus Eiweißstoffen bestehen, d. h. den Bestandteil von lebenden Organismen bilden. In den Zersetzungsprodukten von 12 Monate altem Eichenlaub wurden 2,98 % Stickstoff, davon 2,73 % Eiweißstickstoff und nur 0,25 % Stickstoff einfacherer Verbindungen gefunden. Diese Versuche bilden einen neuen Beweis dafür, daß die im Boden sich abspielenden Vorgänge nicht ausschließlich chemischer, sondern auch physiologischer Natur sind. Der Boden ist vermöge der massenhaft darin lebenden Mikroorganismen eine lebendige Masse. Derselbe Verf. zeigte, daß auch der Phosphor des Bodens zum größten Teil in komplizierten organischen Verbindungen — d. h. als Bestandteil einfachster Lebewesen — auftritt.

Das Ammoniak des Kloakenwassers wurde beim Passieren des Rohrs oxydiert. Um zu prüfen, ob diese Oxydation vom Boden selbst oder von den darin befindlichen Mikroorganismen bewirkt wird, unterwarfen sie den im Rohr enthaltenen Boden der Einwirkung von Chloroformdämpfen. Die Folge war ein Ausbleiben der Nitrifikation. Das Filtrat enthielt nunmehr Ammoniak statt Salpetersäure. Da das Chloroform nur die Lebenstätigkeit der Mikroorganismen unterdrückt, ohne die chemischen Prozesse zu beeinträchtigen, so zogen Schlösing und Müntz aus diesem Versuche den Schluß, daß der Nitrifikationsprozeß im Erdboden von Mikroorganismen verursacht wird.

Nachdem viele Forscher sich vergeblich bemüht hatten, die nitrifizierenden Mikroorganismen in Reinkultur zu erhalten, gelang dieses, wie schon oben erwähnt wurde (S. 50), Winogradsky[1]).

Weitere Untersuchungen Winogradskys zeigten, daß in jedem Boden die Nitrifikation des Ammoniaks zu Salpetersäure nicht durch eine, sondern durch zwei Bakterienarten bewirkt wird. Die Untersuchung der morphologischen Eigenschaften der Nitritbildner verschiedener Herkunft zeigt uns, daß sie verschiedenen Arten angehören. Der Unterschied zwischen den Nitritbildnern der Alten und der Neuen Welt ist so groß, daß man sogar gezwungen ist, zwei verschiedene Gattungen mit einigen Arten zu unterscheiden. Winogradsky schlägt vor, die Bezeichnung Nitrobakterien für sämtliche das Ammoniak zu Salpeter verarbeitenden Bakterien zu behalten.

Die Nitritbakterien der Alten Welt bilden die Gattung Nitrosomonas mit zwei Arten: N. europaea, N. javanensis, und örtliche Varietäten. Die Nitritbakterie der Neuen Welt bildet das Genus Nitrosokokkus. Die dritte Gattung, Nitrobakter[2]), oxydiert die Nitrite zu Nitraten.

Die Arbeiten Winogradskys ließen vermuten, daß diese Kleinlebewesen ihren Kohlenstoff dem kohlensauren Magnesium entnehmen Godlewski[3]) zeigte, daß diese Vermutung nicht zutrifft. In kohlensäurefreier Atmosphäre findet trotz Gegenwart von $MgCO_3$ keine Kohlenstoffassimilation statt. Die nitrifizierenden Mikroorganismen gewinnen also ihren Kohlenstoff aus der Kohlensäure der Luft.

Weitere Untersuchungen von Winogradsky und Omeliansky[4]) klärten das Verhältnis der Nitrifikationsorganismen zu verschiedenen organischen Verbindungen auf. Es hat sich erwiesen, daß letztere die Entwicklung dieser Bakterien hemmen. In der untenstehenden Tabelle sind für jeden der beiden Mikroorganismen zwei Zahlenreihen angeführt:

---

[1]) Winogradsky, Recherches sur les organismes de la nitrification (Annales de l'Institut Pasteur, T. IV, Nr. 4 u. 5, 1890; T. V, Nr. 2, 9, 1891). Archives des sciences biologiques publiées par l'Institut impér. de méd. experimentale. Petersbourg, I, 1892, S. 86.

[2]) Über die Methoden der Reinkultur der Nitrifikationsbakterien aus dem Boden s. Omeliansky, Archives des sciences biol. VII, 1899, S. 295.

[3]) Godlewski, O nitryfikacyi amoniaku. Kraków. 1896.

[4]) Winogradsky und Omeliansky, Archives des sciences biol. VII, 1899, 233.

in den ersten Kolonnen sind die kleinsten, das Wachstum beeinträchtigenden, in den zweiten die durchaus entwicklungshemmenden Konzentrationen angeführt.

	Nitritbildner		Nitratbildner	
Glukose	0,025—0,05	0,2	0,05	0,2—0,3
Pepton	0,025	0,2	0,8	1,25
Asparagin	0,05	0,3	0,05	0,5—1,0
Ammoniak	—	—	0,0005	0,015

„Die antinitrifizierende Wirkung der obenerwähnten Stoffe ist, wie aus der Tabelle ersichtlich, so stark und äußert sich schon bei so schwachen Konzentrationen, daß diese Stoffe, welche in der Bakteriologie zu den Nährstoffen gerechnet werden, in diesem Falle nicht einmal als indifferent betrachtet werden können; im Gegenteil, ihre Wirkung zeigt eine vollkommene Analogie mit der Wirkung der als Antiseptika bekannten Stoffe.“

Wenn die Gegenwart organischer Stoffe den Nitrifikationsprozeß hemmt, so kann man natürlich keine Nitrifizierung organischer Stickstoffverbindungen durch Reinkulturen der Nitrobakterien erwarten. Diese Organismen entbehren nach Omeliansky[1]) gänzlich der Fähigkeit, organische Stickstoffverbindungen unter Ammoniakabspaltung abzubauen oder den Stickstoff dieser Verbindungen direkt zu oxydieren. Der organische Stickstoff kann erst nach vorausgegangener Mineralisierung (d. h. Umwandlung zu Ammoniak) nitrifiziert werden. Dazu ist aber die Mitwirkung wenigstens noch einer die organischen Verbindungen unter Ammoniakbildung zersetzenden Bakterienart notwendig. Omeliansky konnte eine Nitrifikation von Fleischbouillon beobachten, wenn er drei Bakterienarten zu gleicher Zeit einimpfte: Bacillus ramosus, Nitrosomonas und Nitrobakter. Wird Bac. ramosus und Nitrosomonas eingeimpft, so beschränkt sich der Prozeß auf die Bildung von salpetriger Säure; Bac. ramosus und Nitrobakter liefern nur Ammoniak. Eine Impfung mit Nitrosomonas und Nitrobakter läßt die Bouillon unverändert. Alle diese Verhältnisse lassen sich schematisch darstellen. Bezeichnen wir die organische Verbindungen unter Ammoniakbildung zersetzende Bakterienart mit a, die nitritbildende mit b, die NO_2H zu NO_3H oxydierende mit c. Der Verlauf des Nitrifikationsprozesses bei jeder der in der Tabelle verzeichneten Impfungen ist dann folgender:

	N d. organischen Verbindung	N des Ammoniaks	N d. salpetrigen Säure	N der Salpetersäure
a + b + c .	———————	———————	———————	——→
a + b . . .	———————	———————	——→	
a + c . . .	———————	——→		
b + c . . .	unverändert.			

[1]) Omeliansky, Archives des sciences biol. VII, 1899, S. 274.

Nachdem wir die Nitrifikationsvorgänge kennen gelernt haben, können wir die Frage stellen, ob die höheren Pflanzen ausschließlich durch Nitrate oder auch unmittelbar durch Ammoniumsalze ohne vorhergehende Nitrifizierung derselben ernährt werden können. Die neueren Erfahrungen sprechen dafür, daß die salpetersauren Salze hauptsächlich, wenn auch nicht ausschließlich, die höheren Pflanzen mit Stickstoff versorgen. Die Versuche von Wagner[1]) haben gezeigt, daß Nitrate und Ammoniaksalze je nach der Bodenart verschieden wirken. Es wurden Futterrüben in Gefäßen mit sehr kalkarmem Moorboden kultiviert. In einer Versuchsreihe erhielt ein Teil der Gefäße gar keine Stickstoffdüngung, ein zweiter Teil je 2 Gramm Stickstoff in Nitraten, ein dritter Teil je 2 Gramm Stickstoff in Ammoniumsalzen.

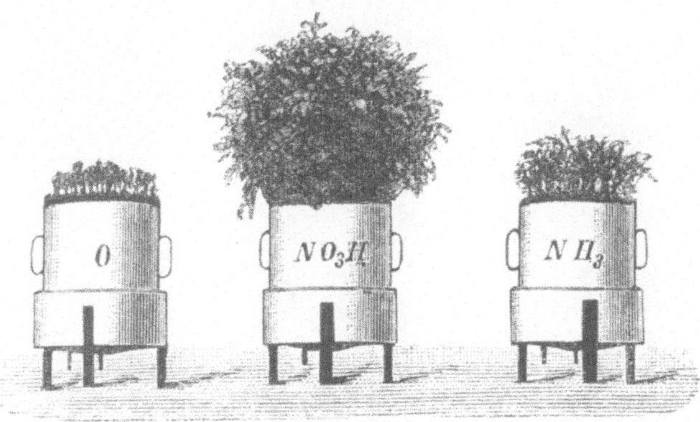

Fig. 45.
Vergleichende Wirkung der Salpeter- und Ammoniakdüngung auf kalkarmem Boden. (Nach P. Wagner.)

In einer zweiten Versuchsreihe wurde überall außer den obenerwähnten Düngungen noch Kalkmergel zugesetzt. Die Resultate dieser Versuche sind in folgender Tabelle zusammengestellt.

	Düngung	Trockengewicht der Ernte in g	Mehrertrag im Vergleich zu den ungedüngten
Ohne Kalkmergel	Ohne Stickstoffdüngung	6,3	—
	2 g Salpeterstickstoff	94,4	88,1
	2 g Ammoniakstickstoff	29,4	23,1
Mit Kalkmergel	Ohne Stickstoffdüngung	9,6	—
	2 g Salpeterstickstoff	92,0	82,4
	2 g Ammoniakstickstoff	86,7	77,1

Ammoniakdüngung hat also für kalkarme Böden nur geringe Bedeutung (Fig. 45) und ist sehr wenig rentabel. Kalkreiche Böden ergeben im Gegenteil beinahe ebenso gute Ernten mit Ammoniak- wie mit Salpeter-

---

[1]) P. Wagner, Düngungsfragen IV, 1900.

düngung (Fig. 46). Diese Versuche beweisen, daß Salpeterdüngung für verschiedenartige, Ammoniakdüngung dagegen nur für eine beschränkte Zahl von Bodenarten anwendbar ist. Der Grund ist ein zweifacher. Erstens: Wenn wir annehmen, daß das gesamte Ammoniak vor seiner Assimilation zu Salpetersäure oxydiert wird, so muß wegen Kalkmangels in der ersten Versuchsreihe freie Salpetersäure im Boden entstehen. Letztere wirkt schädlich sowohl auf die Entwicklung der Pflanze als auch auf den Nitrifikationsprozeß. Zweitens: Angenommen, daß ein Teil des Ammoniaks unmittelbar assimiliert wird; in diesem Fall wird sich bei Kalkmangel ebenfalls freie Säure im Boden ansammeln, da die Ammoniumsalze zu den physiologisch sauren Salzen[1]) gehören,

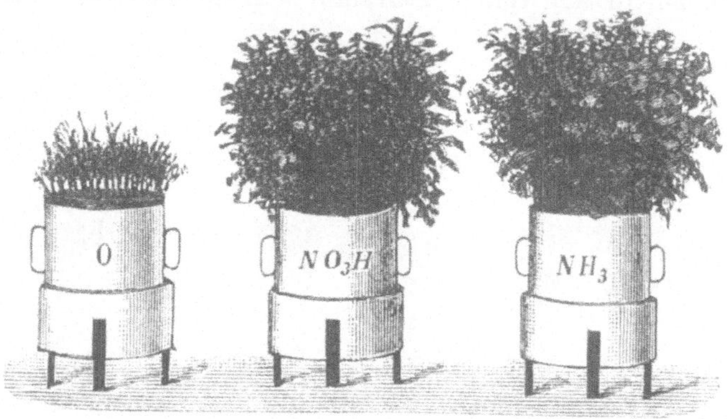

Fig. 46.
Vergleichende Wirkung der Salpeter- und Ammoniakdüngung in kalkreichem Boden. (Nach P. Wagner.)

d. h. zu denjenigen, deren Base von den Pflanzen besser ausgenutzt wird als die Säure. In beiden Fällen schützt der kohlensaure Kalk vor der Ansammlung freier Säuren.

Dergleichen Versuche mit natürlichen Böden können die Frage nach der unmittelbaren Assimilationsfähigkeit des Ammoniaks nicht beantworten. Dazu müssen sterilisierte Böden benutzt werden, in denen die Nitrifikationsprozesse ausgeschlossen sind. Die Versuche von Pitsch[2]), Bréal[3]) und Kossowitsch[4]), welche mit sterilisierten Böden arbeiteten, ergaben positive Resultate.

§ 4. Der Kreislauf des Stickstoffs in der Natur. Die Arbeiten von Boussingault, Schlösing und Müntz begründeten die Ansicht, daß höhere Pflanzen nur gebundenen Stickstoff assimilieren. Der ungeheure Vor-

---

[1]) Genaueres im 4. Kapitel.

[2]) Pitsch, Landwirtsch. Versuchsstationen XLII, S. 1; XLVI, S. 357.

[3]) Bréal, Annales agronomiques 1893, S. 274.

[4]) Kossowitsch, Russ. Journal der experimentellen Landwirtschaft 1901 No. 5 (russisch).

rat des freien Luftstickstoffs hätte dann für die grünen Pflanzen gar keine Bedeutung. Den Kreislauf des Stickstoffs stellt sich Schlösing folgendermaßen vor. Die im Boden gebildete Salpetersäure wird von den Pflanzen aufgenommen und in Eiweiß- und andere organische Verbindungen verwandelt, welche ihrerseits zur Ernährung der Tiere dienen. Diese Wasserstoffverbindungen des Stickstoffs kehren schließlich wieder als Abfälle pflanzlicher und tierischer Organismen in den Boden zurück und werden dort wiederum zu Salpetersäure oxydiert. Ein Teil der Bodensalpetersäure, welcher von den Pflanzen nicht aufgenommen wurde, wird durch Regenwasser in die tieferen Bodenschichten weggewaschen und erreicht endlich das Meer, wo er durch die Lebenstätigkeit der Meeresbewohner wieder in Ammoniaksalze verwandelt wird. Mit den Wasserdämpfen verflüchtigt sich von der Meeresoberfläche auch das Ammoniak. Aus der Atmosphäre wird es entweder von den Pflanzenblättern oder vom Boden aufgenommen und gelangt auf diese Weise aufs neue in den Gesamtkreislauf. Alle diese Wanderungen des gebundenen Stickstoffs haben keinen Einfluß auf dessen Menge in der Natur. Außerdem sind aber Prozesse in der Natur bekannt, welche zu einer Zersetzung der Stickstoffverbindungen unter Freiwerden des elementaren Stickstoffs führen. So wird bei der Verbrennung stickstoffhaltiger organischer Verbindungen der ganze Stickstoff in gasförmigem Zustande ausgeschieden. Die Zersetzung der organischen Verbindungen im Boden ist auch mit einem Entweichen freien Stickstoffs verbunden. Durch diese Vorgänge wird also die Summe des gebundenen Stickstoffs in der Natur verkleinert. Deshalb haben viele Forscher nach solchen Naturvorgängen gesucht, welche zu einer Bindung des freien Luftstickstoffs führen. Der Stickstoff gehört zu denjenigen Elementen, welche nur schwer Verbindungen mit anderen Elementen eingehen. Bis vor kurzem konnte uns die Chemie nur drei Bindungsarten des freien Stickstoffs nennen, welche in der Natur von Bedeutung sein könnten: 1. Eine elektrische Funkenentladung bewirkt die Verbindung des Stickstoffs mit Sauerstoff (Versuch Cavendishs). 2. Eine stille elektrische Entladung veranlaßt die Bindung des Stickstoffs an organische Körper (Berthelot). 3. Beim Verdunsten des Wassers verbindet sich ein kleiner Teil des Stickstoffs mit dem Wasserstoff des Wassers und liefert Ammoniumnitrit (Schönbein). Von diesen drei Fällen hat nur der erste eine gewisse Bedeutung, nämlich die Bindung des Luftstickstoffs während der Gewitter.

Erst die Fortschritte der modernen Technik gaben uns die Möglichkeit, größere Mengen von Stickstoffverbindungen aus dem Luftstickstoff zu erhalten. So erhält man durch Oxydation des Luftstickstoffs vermittelst elektrischen Stromes in großem Maßstabe Salpetersäure. Beim Durchleiten des Stickstoffs durch glühendes Kalziumkarbid entsteht Kalziumzyanamid:

$$CaC_2 + 2\,N = CaCN_2 + C$$

Das auf diese Weise gewonnene Produkt ist in rohem Zustande

unter dem Namen „Kalkstickstoff"[1]) bekannt. Es wird als Stickstoffdünger benutzt.

Was dem Menschen endlich nach vieler Mühe gelungen ist, wird von der Pflanze mit Leichtigkeit vollbracht. Wir kennen jetzt eine Reihe von Pflanzen, welche die Fähigkeit zur Assimilation des Luftstickstoffs haben.

§ 5. Assimilation des Luftstickstoffs durch die Leguminosen. Alle Leguminosen können sich ganz normal entwickeln und reiche Ernten mit großem Stickstoffgehalt liefern, ohne mit Stickstoffverbindungen gedüngt zu werden. Das haben die genauen Untersuchungen

Fig. 47.
Hafer. O ungedüngt. KP mit Kalium und Phosphorsäure gedüngt. KPN mit Kalium, Phosphorsäure und Salpeter gedüngt. (Nach P. Wagner.)

von Lawes und Gilbert ergeben. Wenn wir irgend eine Getreide- oder Leguminosenart mehrere Jahre nacheinander auf demselben Felde, ohne es zu düngen, kultivieren, so wird der Stickstoffgehalt ein gewisses Minimum erreichen, auf dem er beharrt. Die Einführung stickstofffreier Mineraldünger wird für die Getreideernte kaum von Bedeutung sein. Der Stickstoffgehalt wird beinahe dasselbe Minimum wie früher aufweisen. Mit den Leguminosen verhält es sich ganz anders: derselbe Mineraldünger wird eine bedeutende Erhöhung des Stickstoffertrags nach sich ziehen.

---

[1]) A. Frank, Zeitschr. f. angew. Chemie, XVI, 1903. Gerlach, Zentralbl. f. Bakteriologie, II. Abt., XII, 1904, S. 495.

Auf den folgenden Figuren sind zwei Versuchsreihen von P. Wagner dargestellt[1]): die eine mit Erbsen, die andere mit Hafer. Alle Versuchsbedingungen waren in beiden Fällen die gleichen. Die mit O bezeichneten Gefäße erhielten gar keinen Dünger; die mit KP bezeichneten erhielten Kalium und Phosphorsäure; die mit KPN Kalium, Phosphorsäure und Salpeterstickstoff. Die Zeichnungen lassen einen scharfen Unterschied zwischen Leguminosen und Ge-

Fig. 48.
Erbse. O ungedüngt. KP mit Kalium und Phosphorsäure, KPN mit Kalium, Phosphorsäure und Salpeter gedüngt. (Nach P. Wagner.)

treide in ihrer Beziehung zu der Düngung erkennen. So ist die Entwicklung des Hafers im ungedüngten Gefäß eine sehr mangelhafte. Die Einführung von Kalium und Phosphorsäure ruft keine Besserung hervor, wogegen diese beiden Stoffe + Salpeter eine ausgezeichnete Ernte ergeben (Fig. 47). Ein gänzlich abweichendes Verhalten zeigt die Erbse. Sie bedarf der Salpeterdüngung nicht. Es genügt, Kalium

---

[1]) P. Wagner, Ergebnisse von Düngungsversuchen in Lichtdruckbildern. Mit erläuterndem Vortrage über die rationelle Düngung der landwirtschaftlichen Kulturpflanzen. 2. Aufl. 1891.

und Phosphorsäure zuzusetzen, um normale Entwicklung zu erhalten. Der gesamte Stickstoffbedarf wird in diesem Falle durch den Luftstickstoff gedeckt (Fig. 48).

Die von Lawes und Gilbert und auch von P. Wagner erhaltenen Resultate scheinen also denjenigen von Boussingault zu widersprechen. Das erklärt sich daraus, daß Boussingault sterilisierten Boden benutzte, die zuerst genannten Forscher dagegen unter natürlichen Bedingungen mit unsterilisiertem Boden arbeiteten. Den Grund dieses ganz verschiedenen Verhaltens der Leguminosen zu sterilisiertem und nicht sterilisiertem Boden haben Hellriegel und Wilfarth [1]) durch eine Reihe von ausgezeichneten Untersuchungen aufgeklärt. In ihren Versuchen gediehen verschiedene Leguminosen ganz normal in stickstofffreien Böden, wenn diese vorher nicht sterilisiert waren. In sterilisierten stickstofffreien Böden hörte dagegen die Entwicklung der Leguminosen wegen Stickstoffmangels auf. Eine Infektion der mit sterilisiertem Boden beschickten Gefäße mit einer kleinen Menge von Bodenaufguß hatte eine normale Entwicklung der Leguminosen und eine stickstoffreiche Ernte zur Folge. Wenn aber der Bodenaufguß vorher gekocht wurde, so hatte sein Zusatz gar keine Wirkung: die Pflanzen blieben in ihrer Entwicklung zurück, und die Ernte ergab keinen Mehrertrag an Stickstoff. Zur Bereitung des Bodenaufgusses muß der Boden einem mit der Versuchspflanze bebauten Felde entnommen werden. Wenn man z. B. mit Erbsen experimentiert, so muß auch der Boden von einem mit Erbsen besäten Felde stammen.

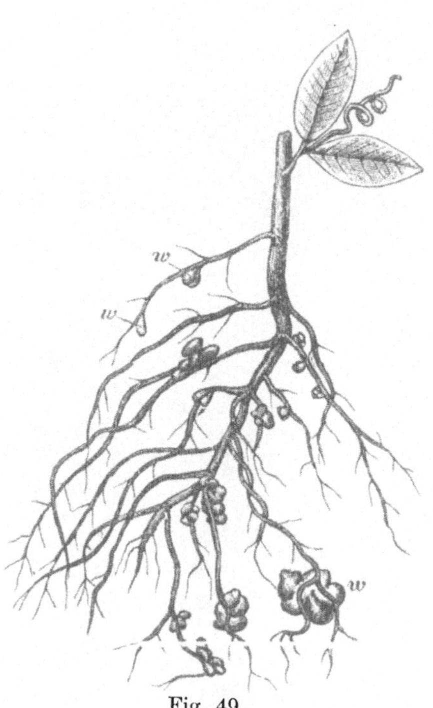

Fig. 49.
Knöllchen (w) an Erbsenwurzeln.

Die in natürlichen Verhältnissen aufgewachsenen Leguminosen führen an ihren Wurzeln eine Menge kleiner Knöllchen (Fig. 49). Bei

[1]) Hellriegel und Wilfahrth, Unternehmungen über die Stickstoffnahrung der Gramineen und Leguminosen. (Beilageheft zu der Zeitschrift des Vereins f. d. Rübenzucker-Industrie d. D. R. November 1888.)

der Untersuchung ihrer Versuchspflanzen bemerkten Hellriegel und Wilfarth, daß diese Knöllchen nur in unsterilisiertem Boden entstehen, in sterilisiertem dagegen nur dann, wenn der Boden mit einem unsterilisiertem Bodenaufguß geimpft worden ist. In ungeimpftem sterilisierten Boden entwickeln sich die Knöllchen nie.

Hellriegel und Wilfahrt kamen auf Grund ihrer Untersuchungen zu dem Schlusse, daß die Knöllchenbildung das Resultat einer Symbiose zwischen Leguminosen und niederen Organismen sei, und daß gerade diese Knöllchen zur Assimilation des Luftstickstoffs durch die Leguminosen beitragen.

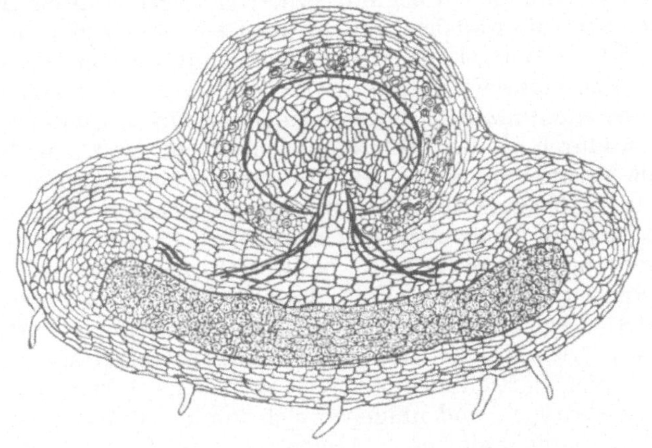

Fig. 50.
Querschnitt durch ein Lupinenknöllchen mit dem Bakteroidgewebe.

Führt man einen Querschnitt durch die Wurzel einer Leguminose an der Ansatzstelle eines Knöllchens, so sieht man, daß die Hauptmasse der Knöllchens aus Parenchymgewebe besteht (Fig. 50). Die inneren Zellen unterscheiden sich stark von den äußeren. Sie bilden das sogenannte Bakteroidgewebe und sind durch dünne Zellwände und reichen Eiweißgehalt ausgezeichnet. Die Eiweißstoffe sind in kleinen bakterienartigen Stäbchen aufgestapelt; in den älteren Knöllchen sind sie verzweigt. Das sind die sogenannten Bakteroiden. Die Zellen der äußeren Parenchymschichten enthalten wenig Reservestoffe, und nur die dem Bakteroidgewebe anliegenden sind mit Stärkekörnern gefüllt. Von außen ist das Knöllchen von einer Korkschicht bedeckt. Vom Gefäßbündel der Wurzel zweigen sich einige Gefäße in das Knöllchen ab.

Beyerinck[1]) und Prazmowski[2]) ist es gelungen, die knöllchenbewohnenden Bakterien in Reinkultur zu erhalten. In eine Nährlösung

[1]) Beyerinck, Bot. Ztg. 1888, S. 725.
[2]) Prazmowski, Landw. Versuchsstationen XXXVII, 1890, S. 161.

übertragen, beginnen die jungen Bakterien oder die schon veränderten sogenannten Bakteroide sich zu teilen und rasch zu vermehren. Die neu gebildeten Organismen unterscheiden sich in keiner Hinsicht von gewöhnlichen Bakterien und bewegen sich ebenso wie jene. Prazmowski hat sie Bacterium radicicola genannt. Die Entwicklungsgeschichte der Knöllchen hat Prazmowski an der Erbse studiert. Wenn man sterilisierte Erde, in welcher junge Erbsenkeimlinge wachsen, mit einer Reinkultur des Bacterium radicicola infiziert, so bemerkt man nach einigen Tagen die Bakterienanhäufungen in den Wurzelhaaren. Dann bedeckt sich die Bakterienansammlung mit einer Hülle, und das so entstandene Klümpchen beginnt sackartig auszuwachsen, indem es das Wurzelhaar durchwächst und in die Parenchymzellen der Wurzel eindringt. In die Wurzel eingedrungen, beginnt der Bakterienschlauch sich reichlich zu verzweigen. Zu gleicher Zeit geht eine lebhafte Teilung der Wurzelparenchymzellen in der Umgebung des Bakterienschlauches vor sich, wodurch dieser Wurzelteil anschwillt und ein Knöllchen bildet. Die Verzweigungen des Bakterienschlauches nehmen den mittleren Teil des Knöllchens ein. Zuletzt findet eine Auflösung der Schlauchhülle statt, und die freigewordenen Bakterien gelangen in den Zellsaft. Hier verändern sie ihre Gestalt, verzweigen sich, und nun sind die Bakteroide fertig. Zu dieser Zeit entwickeln sich im Knöllchen die Gefäßbündel. Nach einiger Zeit findet eine Entleerung des Bakteroidgewebes statt. Sein Inhalt wird von der Pflanze aufgebraucht. In den übriggebliebenen Partien des Bakterienschlauchs vereinigen sich die Bakterien zu Gruppen und umgeben sich mit einer festen Hülle. Die so gebildeten sporenähnlichen Kolonien fallen nach der Zerstörung des Knöllchens heraus und können im nächsten Frühling andere Wurzeln infizieren.

Kossowitsch [1]) suchte die Frage zu lösen, mit welchen Organen die Leguminosen den Luftstickstoff aufnehmen, indem er in einer Versuchsreihe den Blättern, in der anderen den Wurzeln der Versuchspflanzen den Luftstickstoff entzog. Er kam zu dem Schluß, daß der Stickstoff von den Wurzeln aufgenommen wird.

Die Infektion der Leguminosen mit Kulturen des Bacterium radicicola hat nicht immer einen günstigen Einfluß auf das Gedeihen dieser Pflanzen. Wenn die Infektion spät (im Juli) stattfindet, so findet eine reichliche Knöllchenbildung an den Wurzeln statt, aber diese Pflanzen wachsen nicht besser, sondern umgekehrt schlechter als die nicht infizierten. Die Knöllchen sind in diesem Falle bloß Parasiten. Die mikroskopische Untersuchung zeigt, daß die Umwandlung der Bakterien in Bakteroide hier unterbleibt. Deshalb glauben Nobbe und Hiltner [2]), daß die Assimilation des Luftstickstoffs mit der Bildung der Bakteroide zusammenhängt. Längeres Züchten auf Nährgelatine (vom Frühjahr bis zur Mitte des Sommers) soll das Bacterium radicicola kräftiger

---

[1]) Kossowitsch, Bot. Ztg. 1892.

[2]) Nobbe und Hiltner, Landw. Versuchsstationen LXII, 1893, S. 459.

machen und seine Umwandlung in Bakteroide erschweren. Andererseits muß auch die Pflanze eine gewisse Kraft besitzen, um die Umwandlung der Bakterien in Bakteroide hervorzurufen. Die spät infizierten, schon ausgezehrten Pflanzen sind schon zu schwach dazu.

Die Untersuchung der Knöllchenbakterien verschiedener Leguminosen führt zu dem Schluß, daß ihrer mehrere Varietäten existieren. So muß man, um eine normale Entwicklung der Robinia pseudacacia in stickstofffreiem Boden zu erreichen, mit Kulturen aus Robiniaknöllchen infizieren; die Infektion mit Erbsen- und Lupinenknöllchenkulturen hat dagegen gar keine Wirkung. Dagegen wirkt eine Impfung mit Kulturen aus Cytisus-Knöllchen beinahe ebenso gut wie mit den Robinia-Bakterien[1]).

§ 6. Assimilation des Luftstickstoffs durch Bakterien. Schon die Arbeiten von Berthelot machten die Assimilation des freien Stickstoffs durch Bodenbakterien sehr wahrscheinlich[2]). Die Klarlegung dieser Frage verdanken wir Winogradsky[3]) und Beyerinck[4]). Winogradsky erreichte eine Anreicherung der stickstoffbindenden Mikroorganismen durch Infektion einer Traubenzuckerlösung mit Gartenerde. Trotzdem diese Lösung keine Stickstoffverbindungen enthält, beginnt alsbald eine starke Gärung, wobei Kohlensäure, viel Wasserstoff, Buttersäure und Essigsäure gebildet werden. Dieser Prozeß wird von einer Bindung des Luftstickstoffs begleitet. Die Menge des gebundenen Stickstoffs steht in enger Beziehung zur verbrauchten Zuckermenge, wie aus folgender Tabelle hervorgeht:

	1.	2.	3.	4.
Zucker verbraucht in Gramm	2,0	2,0	4,0	20,0
Stickstoff gebunden in Milligramm . . .	3,9	5,9	9,7	28,0

Die Zugabe von Ammoniumsalzen in sehr kleinen Mengen wirkt günstig; größere Mengen derselben beeinträchtigen die Stickstoffbindung und sistieren sie schließlich vollständig. Die Bindung des Luftstickstoffs ist also nur in ganz stickstofffreien oder sehr stickstoffarmen Substraten möglich. Das von Winogradsky entdeckte Bakterium wurde von ihm C l o s t r i d i u m P a s t e u r i a n u m benannt. Es gehört zu den Anaeroben.

Später hat Beyerinck andere stickstoffbindende Bakterien gefunden (A z o t o b a c t e r c h r o o c o c c u m). Diese sind, im Gegensatz zu den obenerwähnten, aerob und gedeihen am besten bei Luftzutritt, wobei sie auch ihre stickstoffbindende Tätigkeit entfalten. Außerdem wurden

---

[1]) Nobbe, Schmidt, Hiltner und Hotter, Landw. Versuchsstationen XXXIX, 1891, S. 327.

[2]) Berthelot, Annales de chimie et de physique, VI. Serie, XIII. Bd., 1888, S. 5.

[3]) Winogradsky, Comptes rendus CXVI, 1893; CXVIII, 1894.

[4]) Beyerinck, Zentralbl. für Bakteriologie, II. Abt., Bd. VII. Freudenreich, ebenda, X, 1903, S. 514. Löhnis, XIV, 1905, S. 582. Christensen, XVII, 1906. Bredeman, Ber. d. bot. Ges. 1908, S. 362. Zentralbl. f. Bakteriol. 23, 1909, S. 385.

von anderen Forschern noch weitere im Boden lebende Mikroorganismen mit schwächerem Stickstoffassimilationsvermögen gefunden. Die Bindung des atmosphärischen Stickstoffs ist demnach ein in der Natur weitverbreiteter Prozeß.

§ 7. Die Stickstoffassimilation der niederen Pflanzen. Wir haben gesehen, daß für höhere Pflanzen Nitrate die beste Stickstoffquelle liefern. Von den niederen chlorophyllfreien Pflanzen (Pilze, Hefen, Bakterien) sind dagegen bei weitem nicht alle zur Verwertung der Nitrate befähigt. Allerdings kommt diese Fähigkeit den meistens gewöhnlichen Schimmelpilzen (Penicillium, Aspergillus und einigen Mucorarten) zu, und eine Bakteriengruppe hat sich sogar darauf spezialisiert, die Nitrate als Stickstoffquellee zu benutzen und zugleich energisch unter Ausscheidung des freien Stickstoffs zu reduzieren (Denitrifizierende Bakterien)[1]). Doch bedürfen die meisten niederen Pflanzen zu ihrem Gedeihen organischer Stickstoffverbindungen oder wenigstens der Ammoniumsalze. Auf geeignete Nährlösungen zur Kultur derartiger Organismen wurde schon früher hingewiesen. Dort wurde auch erwähnt, daß in ernährungsphysiologischer Hinsicht die einzelnen Repräsentanten große Verschiedenheiten aufweisen.

---

[1]) Laurent, Annales de l'Inst. Pasteur II, 1888; III, 1889. G. Ritter, Ber. deutsch. bot. Ges. XXVII, 1910.

Viertes Kapitel.

Die Aufnahme der Aschenelemente.

§ 1. Kulturen in künstlichen Medien. Außer den vier Organogenen — Kohlenstoff, Wasserstoff, Sauerstoff und Stickstoff — enthält jedes Pflanzenorgan noch viele andere sogenannte Aschenelemente. Beim Verbrennen der Pflanzen verflüchtigen sich die vier obengenannten Organogene, aber es bleibt immer eine mehr oder weniger ansehnliche Aschenmenge zurück. Nach Knop beträgt die mittlere Aschenmenge 5 % der pflanzlichen Trockensubstanz. In der Asche verschiedener Substanzen sind bis jetzt folgende Elemente aufgefunden worden. Schwefel, Phosphor, Chlor, Brom, Jod, Fluor, Bor, Silizium, Kalium, Natrium, Litium, Rubidium, Magnium, Kalzium, Strontium, Barium, Zink, Quecksilber, Alluminium, Tallium, Titan, Zinn, Blei, Arsen, Selen, Mangan, Eisen, Kobalt, Nickel, Kupfer und Silber.

Pflanzenkulturen in künstlich zubereiteten Medien zeigen, daß für die normale Entwicklung der Pflanze nur wenige von den aufgezählten Elementen notwendig sind. Für künstliche Kulturen gebraucht man entweder ein indifferentes festes Medium, zu dem verschiedene Salze zugesetzt werden, oder Wasser, in welchem die betreffenden Salze gelöst sind (Wasserkulturen). Als festes Medium kann gereinigter Quarzsand, Bimstein, oder Kohle, oder auch feingeschnittener Platindraht dienen; doch ist letzterer sehr teuer. Am meisten wird Quarzsand mit verschiedenen Salzen gebraucht. Oft werden auch Wasserkulturen zur Lösung der Fragen über die Notwendigkeit der verschiedenen Elemente benutzt. Die Methode der Wasserkulturen ist durch viele Arbeiten, besonders diejenigen von Knop und Nobbe[1]) sehr gut ausgearbeitet.

Die künstlichen Kulturen haben gezeigt, daß die Pflanzen für ihre normale Entwicklung folgender Elemente bedürfen: Stickstoff, Schwefel, Phosphor, Kalium, Kalzium, Magnium und Eisen, manchmal auch Chlor.

Diese Elemente werden in folgendem Verhältnis gewonnen:

1 Teil KNO_3
1 ,, KH_2PO_4
1 ,, $MgSO_4$
4 Teile $Ca(NO_3)_2$

Dazu wird noch etwas Eisenphosphat zugesetzt. Obgleich der Stickstoff nicht zu den Aschenelementen gehört, so ist doch sein Zusatz zum Kulturmedium notwendig, da die Pflanzen ihren Stickstoff dem Boden

---

[1]) Knop, Kreislauf des Stoffs. Leipzig 1868, S. 572—663.

entnehmen. Die auf diese Weise zubereitete Nährlösung wird „die Knopsche“ genannt. Die Konzentration muß sehr schwach sein. Solange die Pflanzen noch jung sind, genügt 0,1 %. Später kann die Konzentration auf 0,5 % erhöht werden. Die zur Kultur bestimmten Samen läßt man über destilliertem Wasser keimen. Sobald die Wurzel eine gewisse Länge erreicht hat, überträgt man die Keimlinge in die Mineralsalzlösung. Das Pflänzchen wird in einem durchschnittenen Kork mit Watte fixiert, so daß nur die Wurzel in die Nährlösung taucht (Fig. 51). Das Kulturgefäß muß vor Licht geschützt sein; andernfalls werden sich Algen und andere Organismen darin entwickeln. Zu diesem Zwecke wird das Gefäß mit einem Pappzylinder umgeben. Während der Vegetation muß dafür gesorgt werden, daß die Kulturflüssigkeit nicht alkalisch wird. Zur Beseitigung der alkalischen Reaktion wird so lange schwache Phosphorsäurelösung zugesetzt, bis die Lösung schwach sauer reagiert.

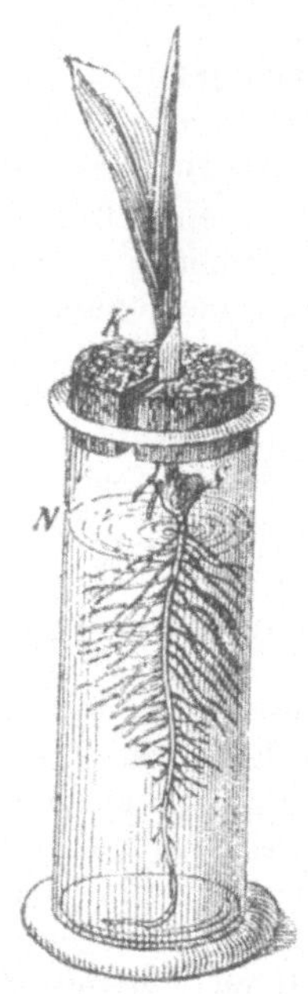

Fig. 51. Wasserkultur.

Unter Beobachtung aller notwendigen Vorsichtsmaßregeln gelingt es, in solchen Wasserkulturen normale Pflanzen, welche blühen und fruchten, zu züchten. — Die für die Wasserkulturen benutzten Salze werden in zwei Gruppen eingeteilt: in physiologisch-alkalische und physiologisch-saure Salze. Zur ersten Gruppe gehören diejenigen, deren Säure von der Pflanze energisch aufgenommen, die Base dagegen gar nicht oder nur wenig absorbiert wird. Dadurch wird das Kulturmedium alkalisch. Als Beispiel kann der Chilisalpeter angeführt werden. Wenn umgekehrt die Base von der Pflanze schneller als die Säure aufgenommen wird, so wird das Nährsubstrat sauer. Zu den physiologisch-sauren Salzen gehören Ammoniumchlorid und Ammoniumsulfat. In Kulturböden von komplizierter Zusammensetzung wird die schädliche Wirkung dieser Salze durch entsprechende Reaktionen beseitigt. In Wasser- und Sandkulturen von einfacher Zusammensetzung muß dieser Erscheinung Rechnung getragen werden.

§ 2. Die Bedeutung der notwendigen Aschenelemente[1]). Über die Bedeutung der einzelnen Aschenelemente ist nicht viel bekannt. Von einigen läßt sich nur soviel sagen, daß ihr Fehlen ein Zurückbleiben in der Entwicklung der Pflanzen zur Folge hat. Auf Fig. 52 sind zwei Exemplare von Buchweizen abgebildet, von denen das eine (A) in einer mit allen notwendigen Elementen versehenen Lösung aufgewachsen ist

---

[1]) Bertholot, Chimie végétale et agricole, T. IV. Paris 1899. A. Mayer, Lehrbuch der Agrikulturchemie.

und ein vollkommen gesundes Aussehen hat. Das andere Exemplar (B) wurde in einer kaliumfreien Nährlösung kultiviert und seine Entwicklung ist eine höchst mangelhafte geblieben. Der Unterschied ist sehr groß, obgleich die Trockensubstanz des normal entwickelten Buchweizens nur ca. 2,5 % Kalium enthält.

Fig. 52.
Buchweizen. A mit, B ohne Kalium.

Der Schwefel gehört zu den notwendigen Elementen, weil er zum Aufbau der wichtigsten Pflanzenstoffe, nämlich der Eiweißkörper, notwendig ist. Der Schwefel muß als Sulfat in Verbindung mit einem der notwendigen Metalle eingeführt werden. Alle anderen Schwefelverbindungen sind für die Pflanze schädlich. Durch andere Elemente läßt sich der Schwefel nicht ersetzen.

Phosphor gehört ebenfalls zu den notwendigen Elementen. Er bildet einen Bestandteil der Nukleine (einer besonderen Gruppe der Eiweißstoffe) und der Phosphatide. Er darf nur als Phosphat der dreibasischen Phosphorsäure in die Lösung eingeführt werden. Andere Phosphorverbindungen sind für die Pflanze schädlich. Durch andere Elemente kann er nicht ersetzt werden.

Kalium ist für die Pflanze unbedingt notwendig. Es begleitet die Kohlehydrate. Es wird deshalb angenommen, daß Kalium ihren Umsatz fördert.

Kalzium ist ebenfalls notwendig, hauptsächlich für die normale Entwicklung der Blätter. Chlorophyllfreie Pflanzen (Pilze) können auch ohne Kalzium auskommen[1]). Chlorophyllose Phanerogamen enthalten viel weniger Kalzium als grüne Pflanzen[2]).

[1]) Loew, Liming of soils from a physiological standpoint. U. S. Department of Agriculture, Bull. Nr. 1. Washington 1901.

[2]) Aso, on the lime content of Phanerogamic parasites (Bull. of the College of Agriculture, Tokyo, IV, Nr. 5, S. 387, 1901).

Magnium ist notwendig. Es begleitet die Eiweißstoffe und ist im Chlorophyll enthalten.

Endlich bedarf die Pflanze des Eisens. Ohne Eisen wird kein Chlorophyll gebildet. In eisenfreien Kulturen erhält man trotz Belichtung blasse chlorotische Pflanzen[1]).

§ 3. Die Bedeutung der entbehrlichen Aschenelemente. Außer den unbedingt notwendigen Elementen enthält die Pflanzenasche noch bedeutende Mengen von anderen Elementen. Es wäre falsch, diese Elemente für ganz entbehrlich oder gleichgültig zu halten. Jedes Aschenelement übt, wenn es in die Pflanze gelangt, irgend eine, wenn auch geringe, schädliche oder nützliche Wirkung aus. Wenn es gelingt, unter Ausschluß eines bestimmten Elements in Knopscher Lösung eine normal entwickelte Pflanze zu erhalten, so folgt daraus noch nicht, daß die Anwesenheit dieses Elements für die Pflanze nicht in gewisser Beziehung von Nutzen gewesen wäre.

Das Silizium z. B. ist in vielen Pflanzen reichlich vorhanden. Nichtsdestoweniger haben Versuche mit künstlichen Kulturen verschiedener Pflanzen gezeigt, daß sogar die Gramineen ohne Silizium auskommen können. Die Lagerung des Getreides, welche man früher dem Mangel an Kieselsäure zuschrieb, ist eine Folge ungenügender Belichtung infolge übermäßig dichter Saat. Die anatomische Untersuchung der gelagerten Getreidestengel zeigt[2]), daß sie alle Eigenschaften etiolierter Pflanzenstengel aufweisen (Fig. 53). In normalen Stengeln sehen wir kleine Zellen mit dicken Zellwänden; in den gelagerten Stengeln dagegen, ebenso wie in etiolierten, sind die Zellen sehr groß und haben dünne Zellwände.

In Laboratoriumsversuchen, wo die Pflanzen vor ungünstigen Einflüssen geschützt sind, ist das Silizium nicht notwendig. Anders verhält sich die Sache bei der Entwicklung der Pflanzen unter natürlichen Bedingungen. Hier spielt das Silizium eine sehr wichtige Rolle, indem es die Pflanze vor dem Angriff verschiedener Parasiten schützt. Durch verkieselte Zellwände dringen die Pilzhyphen nicht so leicht durch. In kieselsäurefreien Nährlösungen kultiviertes Getreide leidet oft so sehr stark unter Brandpilzinfektion, daß man es nur mit Mühe vor vollständigem Untergang schützen kann. Die Härte der verkieselten Zellwände schützt sie ausgezeichnet vor Tierfraß. So hatte z. B. Lithospermum arvense in kieselsäurefreier Nährlösung sehr stark unter Blattläusen zu leiden, obgleich es täglich davon gereinigt wurde. Zwei danebenstehende Lithospermumpflanzen, welche unter gleichen Bedingungen kultiviert, aber nicht so sorgfältig gepflegt wurden, gingen infolge der Blattläuseinvasion zugrunde. Dagegen hatte ein in einem Blumentopf kultiviertes Exemplar sehr wenig von den Läusen zu leiden.

---

[1]) Molisch, Die Pflanze in ihren Beziehungen zum Eisen. Jena 1892.

[2]) Koch, Abnorme Änderungen wachsender Pflanzenorgane durch Beschattung.

Die Verteilung der Kieselsäure in verschiedenen Samenteilen[1]) spricht ebenfalls für seine Schutzrolle. Das von seinen Samenhüllen befreite Hirsekorn enthält nur 4,8—7,1 % der Gesamtkieselsäure des Korns. Die ganze übrige Masse — 92,6 bis 95,1 % — ist in den Hüllen abgelagert. Eine so starke Anhäufung der Kieselsäure in den Hüllen weist auf die wichtige Bedeutung dieses Stoffs für die in natürlichen Verhältnissen wachsende Hirsepflanze hin. Die Untersuchungen Sabanins über die reifenden Hirsesamen zeigen, daß die Pflanze sich gewissermaßen

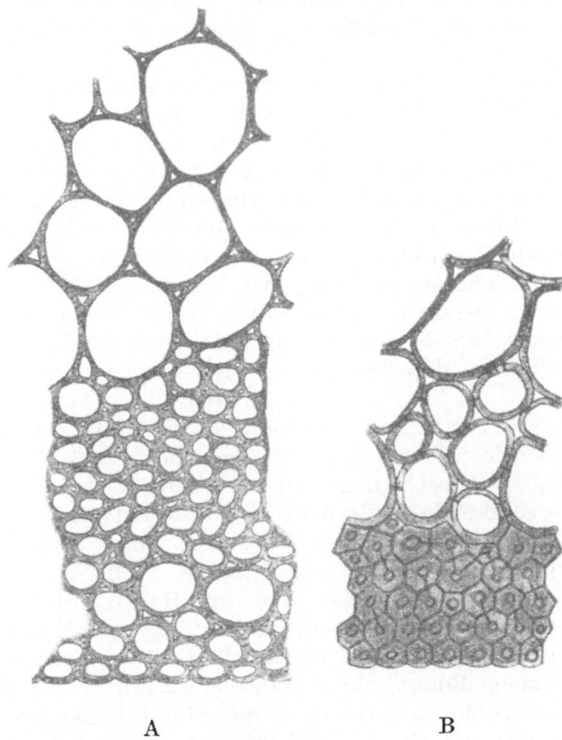

Fig. 53.
Querschnitt durch Roggenhalme. A gelagerter, B normaler Stengel. (Nach Koch.)

beeilt, genügende Kieselsäurevorräte in den peripherischen Samenteilen (palea) anzuhäufen, um die dem Samen zuströmenden Reservestoffe vor den schädlichen Außenbedingungen zu schützen.

Die meisten Pflanzen können ohne Chlor auskommen. Aber in Nobbes Versuchen kam ohne Chlor kultivierter Buchweizen nicht zu voller Entwicklung. Nach Nobbes Ansicht begünstigt das Chlor die Wanderung der Kohlehydrate aus den Blättern in andere Pflanzen-

---

[1]) Sabanin, Über die Kieselsäure im Hirsekorn. Journal für experim. Landwirtschaft 1901, S. 257 (russisch).

organe. Knop erhielt dagegen normal entwickelte Buchweizenpflanzen auch in chlorfreien Lösungen. Die Frage nach der Rolle des Chlors ist also noch nicht gelöst. In Versuchen mit Pflanzen, deren Verhältnis zum Chlor noch unbekannt ist, wird man besser tun, die Nährlösung mit Chlor zu versehen. Am besten eignet sich das Chlorkalium dazu. Die Beobachtungen der Landwirte sprechen dafür, daß in natürlichen Bedingungen das Chlor die Verteilung der Kohlehydrate beeinflußt. In chlorreichem Boden kultivierte Kartoffeln enthalten weniger Stärke als in chlorarmer Erde aufgewachsene. Wenn es also darauf ankommt, möglichst stärkereiche Kartoffeln zu erhalten, so sind Chlordüngungen zu vermeiden[1]).

Das Zink gehört zu den seltener vorkommenden Aschenelementen. Es ist z. B. in einer Veilchenvarietät (viola calaminaria) enthalten, welche ausschließlich auf zinkhaltigem Boden wächst. Die Abweichungen, durch welche sich diese ,,Galmeiveilchen“ von der gewöhnlichen Viola tricolor unterscheiden, verdanken ihren Ursprung wahrscheinlich der Wirkung der Zinksalze. Raulin hat seine für Aspergillus niger bestimmte Nährlösung auch mit Zink versehen. Richters[2]) Untersuchungen zeigten, daß Zink das Wachstum und die Anhäufung der organischen Substanz in der ersten Entwickelungsperiode dieses Pilzes begünstigt. Die Sporenbildung wird durch das Zink unterdrückt. Kostytschew[3]) fand, daß das Zink den Stoffwechsel der Schimmelpilze beeinflußt.

Das Aluminium kommt verhältnismäßig selten in der Pflanzenasche vor. Bei der Hortensie (Hydrangea hortensis) beeinflußt es die Blütenfärbung[4]). Die Gärtner hatten schon längst bemerkt, daß die gewöhnlich rotblühende Hydrangea hortensis auf einigen Böden blaue Blüten trägt. Das ist auf einigen Wald- und Moorböden der Fall. Die Prüfung einer ganzen Reihe verschiedener Stoffe zeigte, daß blaue Blumen immer dann entstehen, wenn der Boden lösliche Aluminiumverbindungen enthält. Zuerst wurde Alaun ($Al_2SO_4 + K_2SO_4 + 24\ H_2O$) angewandt, welches in erbsen- bis haselnußgroßen Stücken eingeführt wurde. In solchem Boden erhielt man blaue Blumen. In einer anderen Versuchsreihe wurden einige Pflanzen mit Aluminiumsulfat, die anderen mit Kaliumsulfat versehen. Kaliumsulfat ergab normale rote, Aluminiumsulfat dagegen immer blaue Blüten, wobei die Farbe noch intensiver als bei Alaunbehandlung war. Das Alaun ruft also die Blaufärbung der Blüten dank seinem Aluminiumgehalt hervor; das Kalium hat keine Bedeutung. Dieser Fall zeigt uns klar, wie die Gegenwart eines unnötigen Elementes den Stoffwechsel der Pflanze in einer gewissen Richtung beeinflussen kann.

Die Versuche der letzten Jahre haben gezeigt, daß die Einführung

---

[1]) Budrin, Die künstlichen Düngemittel mit besonderer Berücksichtigung der Stickstoffdünger. Warschau 1888 (russisch).

[2]) A. Richter, Zentralbl. f. Bakteriol. VII, 1901, S. 417.

[3]) Kostytschew, Ber. d. bot. Ges. 1902, S. 327.

[4]) Molisch, Bot. Zeitung. 1896.

verschiedener Elemente: Mangan, Bor, Rubidium usw. die Entwicklung der Pflanzen mehr oder weniger begünstigt. Diese Elemente wirken als Katalysatoren[1]), wogegen die plastischen Aschenelemente: Phosphor, Schwefel, Kalium, Magnesium zum Aufbau der Zelle mit allen ihren Teilen dienen. Doch können diese Elemente auch als Katalysatoren auftreten.

§ 4. Die Aschenanalyse verschiedener Pflanzen. Zur Beurteilung der Bedeutung verschiedener Aschenelemente können außer der Kultur in künstlichen Nährböden auch die Aschenanalysen der in natürlichen Bedingungen aufgewachsenen Pflanzen beitragen. Solche Analysen sind in großer Anzahl ausgeführt worden. Ihr Studium ist durch das Buch von Wolff[2]), in welchem alle Aschenanalysen bis 1880 gesammelt und geordnet sind, wesentlich erleichtert.

Die Aschenanalysen ganzer Pflanzen zeigen, daß die Menge der einzelnen Aschenelemente in verschiedenen Pflanzen schwankt. Die Landwirte unterscheiden z. B. sogar drei Gruppen von Kulturpflanzen: Kiesel-, Kalk- und Pottaschepflanzen, je nachdem, welches von den drei Elementen darin vorherrscht. Folgende Tabelle (nach Liebig) enthält die Analysenergebnisse einiger zu den drei obenerwähnten Gruppen gehöriger Pflanzen:

	Kalium- und Natrium-Salze	Calcium- und Magnesium-Salze	Kieselsäure
Kieselpflanzen			
Haferstroh und Korn .	34,00 %	4,0%	62,08 %
Roggenstroh	18,65	16,52	63,89
Kalkpflanzen			
Tabak (Havanna) . .	24,34 %	67,44 %	8,30 %
Erbsen-Stengel u. -Blätter	27,82	63,74	7,81
Pottaschepflanzen			
Zuckerrübe	88,80 %	12,00 %	—
Erdbirne	84,30	15,70	—

Die Gesamtaschenmenge ist auch je nach der Pflanzenart sehr verschieden. Am aschenreichsten sind die Wasserpflanzen. Holzgewächse gehören zu den aschenärmsten. Krautige Pflanzen nehmen eine Mittelstellung ein.

Chara foetida.

Reine Asche	K_2O	CaO	MgO	Fe_2O_3	P_2O_5	SO_3	SiO_2
39,08	0,40	96,23	1,39	0,28	0,28	0,49	0,58

Fagus sylvatica

	Reine Asche	K_2O	CaO	MgO	F_2O_3	P_2O_5	SO_3	SiO_2
Holz	0,355	14,4	60,2	4,5	2,3	2,7	3,5	10,0
Rinde	5,86	5,1	83,4	3,6	0,7	2,1	1,0	3,7
Blätter	5,14	21,8	44,3	7,2	2,3	7,8	2,4	10,5

[1]) H. Agulhon, Recherches sur la présence et le role du bore chez les végétaux, 1910.

[2]) Wolff, Aschenalysen, 1. Teil 1871; 2. Teil 1880.

Solch eine Verteilung der Asche zeigt, daß sie keine zufällige Beimischung ist. Am aschenreichsten sind diejenigen Pflanzen, in denen lebenstätige Zellen vorherrschen, wie z. B. die Algen, in der Buche Blätter und Rinde. Die abgestorbenen Zellen enthalten viel weniger Asche. Das harte Buchenholz enthält viel weniger Asche als die Trockensubstanz der lebendigen Blattzellen.

In den verschiedenen Organen ein und derselben Pflanze sind verschiedene Aschenmengen vorhanden. Die Blätter sind aschenreicher als die Stengel und Wurzeln. Der Gehalt an den einzelnen Elementen wechselt ebenfalls. Das Kalzium wiegt z. B. in den Blättern bedeutend vor.

Der Aschengehalt wechselt in jedem Pflanzenorgan im Laufe seiner Entwicklung. In den Blättern wird er mit dem Alter größer; in den Stengeln und Wurzeln dagegen geringer. Diese Tatsache erklärt sich dadurch, daß in Stengeln und Wurzeln mit dem Alter die Zahl der abgestorbenen, also aschenärmeren, Zellen zunimmt.

Blätter von Fagus sylvatica.

Zeit	Reine Asche	K_2O	CaO	MgO	F_2O_3	P_2O_5	SiO
16. Mai	4,1	42,1	13,8	4,3	0,8	32,4	1,6
18. Juli	4,7	17,1	42,3	5,6	1,4	8,2	21,3
15. Oktober	7,1	7,1	50,6	4,1	1,3	5,1	30,5

Die angeführte Analyse der Buchenblätter zeigt uns, wie stark sich die Menge der einzelnen Aschenelemente mit dem Alter verändert. Die Menge des Kalziums und Siliziums zeigt eine starke Zunahme, während diejenige des Kaliums und Phosphors bedeutend abnimmt.

Es wäre aber falsch, wenn wir auf Grund dieser Analysen eine absolute Verminderung des Kaliums und der Phosphorsäure in den Blättern annehmen wollten, wie Wehmer treffend bemerkt hat[1]). Wenn z. B. in einer gewissen Menge von jungen Blättern 50 g Kalium und 50 g anderer Elemente enthalten war, so würden wir in der Asche 50 % Kalium finden. Nehmen wir an, daß die Blätter zum Herbst noch 100 g verschiedener Elemente aufnehmen, daß aber die Kaliummenge unverändert bleibt. Dann würden wir in der Asche nur 25 % Kalium finden.

So enthält nach Riesmüllers Analysen die Asche der Buchenblätter folgende Kaliummengen:

im Mai	31,2 %
,, Juni	21,7
,, Juli	11,8
,, August	9,8
,, Oktober	7,6
,, November	5,7

Der Prozentgehalt des Kaliums in der Asche erfährt im Laufe des Sommers eine starke Verminderung. Dagegen zeigen die ebenfalls von

[1]) Wehmer, Landwirtsch. Jahrb. 1892, S. 513.

Riesmüller gemachten Bestimmungen des Kaliums in 1000 Blättern, daß von einer absoluten Abnahme keine Rede sein kann.

im Mai	0,7 g Kalium
„ Juni	1,2 „ „
„ Juli	1,2 „ „
„ August	1,1 „ „
„ Oktober	0,8 „ „
„ November	0,7 „ „

Die Menge des Kaliums erhält sich also im Laufe der Vegetationsperiode auf einer ziemlich konstanten Höhe und erfährt erst im Spätherbst eine starke Abnahme. Dieselben Resultate wurden auch für Phosphorsäure erhalten.

§ 5. Mikrochemische Aschenanalyse. Die Aschenanalyse kann nur an großen Substanzmengen ausgeführt werden. Beim genauen Studium der Verteilung und Wanderung der Aschenelemente muß man sich in-

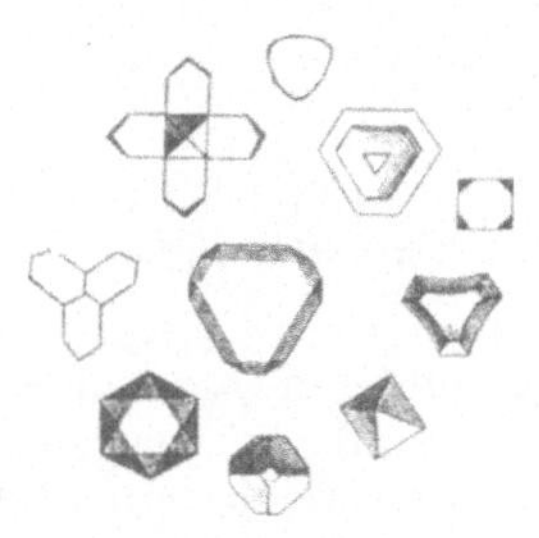

Fig. 54.
Kaliumchloroplatinat.

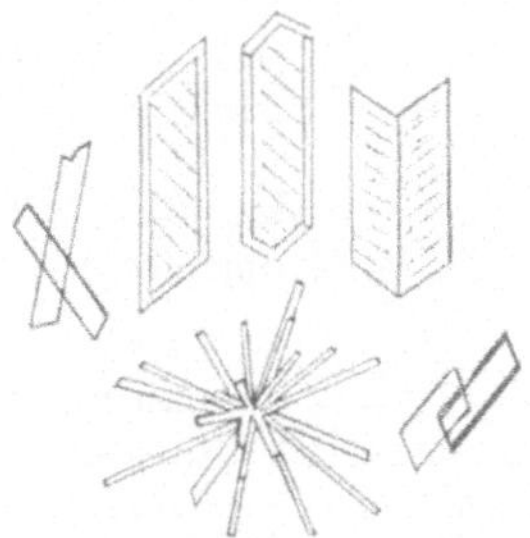

Fig. 55.
Kalziumsulfat.

Fig. 56.
Ammonmegneseiumphosphat.

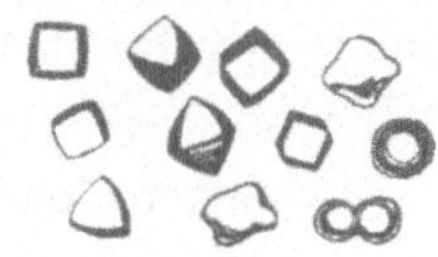

Fig. 57.
Phosphormolybdänsaures Ammonium.

dessen mit kleinen Quantitäten begnügen. In diesem Falle bedient man sich der mikrochemischen Analyse[1]). Zur Entdeckung des Kaliums dient Platinchlorid. Man erklärt damit schöne Kristalle von Kalium-

[1]) Haushofer, Mikroskopische Reaktionen. 1885. — Klement et Renard, Reactions microchimiques à cristaux. 1886. — Schimper, Zur Frage der Assimilation der Mineralsalze durch die grüne Pflanze. Flora 1890, S. 207.

platinchlorid. (Fig. 54.) Zum Nachweis des Kalziums setzt man verdünnte Schwefelsäure zu. Es entstehen nadelförmige Gipskristalle (Fig. 55). Das Magnesium kristallisiert als Ammoniummagnesiumphosphat nach Zusatz von Natriumphosphat und Ammoniak (Fig. 56). Eisen wird durch die gewöhnliche Farbenreaktion mit Ferrozyankalium nachgewiesen. Phosphor entdeckt man durch Behandlung mit einer Lösung von molybdänsaurem Ammonium in Salpetersäure. Man erhält damit schöne grüngelbe Kristalle von phosphormolybdänsaurem Ammonium, welche allmählich intensiv grün werden (Fig. 57). Schwefel

Fig. 58.
Thalliumchlorid.

Fig. 59.
Strontiumsulfat.

wird durch Strontiumnitrat in kleinen abgerundeten Kristallen von Strontiumsulfat ausgeschieden (Fig. 58). Ein anderes Reagens auf Schwefelsäure ist Caesium- und Aluminiumchlorid, welche zur Bildung von großen Caesiumalaunkristallen führen. Durch Thalliumsulfat läßt sich das Chlor nachweisen. Es entstehen eigenartige Kristalle von Thalliumchlorid (Fig. 59).

§ 6. Die Pflanze und der Boden. Die Pflanzen erhalten alle notwendigen Aschenelemente aus dem Erdboden. Folgende drei Tabellen geben uns einen Einblick in die Zusammensetzung der verschiedenen Bodenarten.

	Lehmiger Boden	Lehmmergel	Kalkmergel
SiO_2	51,52	40,7	11,8
Al_2O_3	17,93	32,0	10,6
Fe_2O_3	7,42	8,9	1,5
CaO	1,57	6,0	47,0
MgO	7,27	1,2	0,2
K_2O	4,10	0,05	0,1

Außer den Mineralsubstanzen enthält jeder von Pflanzen bedeckte Boden auch organische Stoffe. Besonders reich an solchen Substanzen sind Moorböden, wie aus folgender Tabelle zu ersehen ist:

Boden	In Prozent des trockenen Bodens		
	P_2O_5	N	Humus
Schwarzerde aus dem Orlowschen Gouvernement	0,128	0,268	13,08
Schwarzerde aus dem Saratowschen Gouvernement	0,223	0,607	14,58
Niedermoorboden	0,25	3,23	82,56
Hochmoorboden	0,09	1,06	91,47

Die chemische Analyse des Bodens kann keinen klaren Begriff von seinen Eigenschaften geben. Es genügt nicht zu wissen, daß der Boden Kalium, Phosphor und andere für die Pflanze notwendige Elemente enthält, um eine gute Ernte auf diesem Boden zu erwarten. Man muß noch wissen, ob die genannten Elemente in solchen Verbindungen vorhanden sind, welche die Pflanze ausnutzen kann. Der durch seine Fruchtbarkeit berühmte Nilschlamm enthält nur ½ % Kalium und bedarf keiner weiteren Kaliumdündung, wogegen Glimmerschieferboden 3 % Kalium enthält und dennoch ohne Kaliumdüngung ganz unfruchtbar bleibt.

Um eine richtigere Ansicht von der Brauchbarkeit eines Bodens zu erhalten, wird außer der Bestimmung der darin befindlichen notwendigen Aschenelemente noch eine Analyse der wäßrigen oder salzsauren Auszüge aus dem betreffenden Boden ausgeführt. Die für die Pflanze notwendigen Elemente sind in den salzsauren Auszügen in ganz geringen Mengen enthalten. Dabei muß man noch berücksichtigen, daß lange nicht alles, was von der Salzsäure dem Boden entzogen wird, auch von der Pflanze ausgenützt werden kann. Es muß auch betont werden, daß die Aufnahmefähigkeit der verschiedenen Pflanzenarten für die Bodensalze ungleich ausgebildet ist.

Wenn der Boden keine genügenden Mengen der notwendigen Elemente in für die Pflanzen zugänglicher Form enthält, so kann die Bodenqualität durch entsprechende Düngung verbessert werden. Der durch die Düngung hervorgebrachte Nutzen hängt nicht nur von den Eigenschaften des Düngemittels, sondern auch von denjenigen des Bodens und der kultivierten Pflanzenart ab. Betrachten wir z. B. die Phosphordünger. Zu den besten Phosphatdüngern gehört die Thomasschlacke, welche als Nebenprodukt bei der Herstellung des Stahls aus rohem, Kieselsäure, Schwefel und Phosphor enthaltendem Gußeisen gewonnen wird. Der Prozeß wird unter Kalkzusatz durchgeführt, und Kieselsäure, Schwefel und Phosphor werden dabei oxydiert und verbinden sich mit dem Kalk zu Kalziumsalzen, welche als Schlacke auf dem geschmolzenen Stahl schwimmen. Die verschiedenen Schlacken unterscheiden sich nach der Löslichkeit ihrer Phosphorsäure in saurem Ammonzitrat. Diejenigen Sorten, welche viel im Ammonzitrat lösliche Phosphate enthalten, werden auch von den Pflanzen gut ausgenützt und umgekehrt. Das zeigen Wagners[1]) Versuche mit Hafer. Drei Gefäße erhielten gleiche

[1]) P. Wagner, Düngungsfragen III, 1896.

Phosphorsäuremengen (0,5 g) als Thomasschlackenmehl von verschiedener Löslichkeit in Ammonzitrat; das vierte Gefäß erhielt die doppelte Menge (1 g) Phosphorsäure als Phosphoritmehl und das fünfte gar keine Phosphatdüngung.

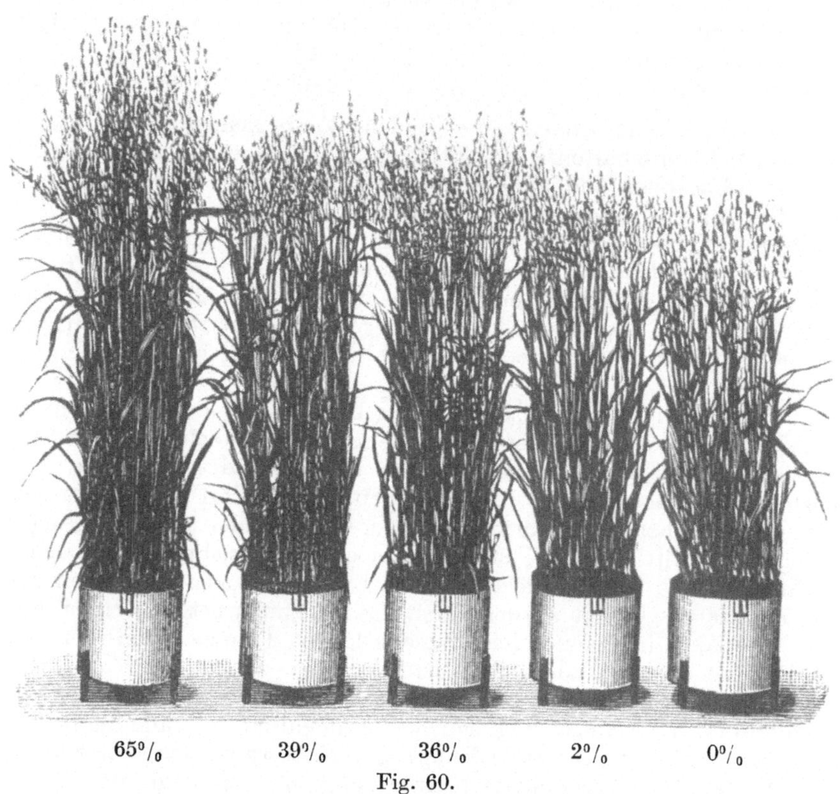

Fig. 60.
Thomasschlackenmehl und Phosphorite von verschiedener Löslichkeit in Ammonzitrat in ihrer Wirkung auf Hafer. (Nach P. Wagner.)

Folgende Tabelle zeigt uns die Wirkung dieser Düngungen.

Pähosphorsäure in g	Düngung	Löslichkeit in Ammonzitrat	Ernte in g	Mehrertrag
0,5	Thomasschlackenmehl	65 %	416,7	272,7
0,5	„	39 %	306,9	162,9
0,5	„	36 %	281,1	137,1
1,0	Phosphoritmehl	2 %	159,0	15,0
—	Ungedüngt	—	144,0	—

Dieser Versuch zeigt sehr klar, wie verschieden die Qualität der Düngemittel sein kann. Obgleich das vierte Gefäß mehr Phosphorsäure als die anderen erhalten hatte, übertraf die Ernte nur um 15 g diejenige des ungedüngten. Die Pflanzen konnten eben die betreffenden Phosphorverbindungen nicht ausnützen. Je mehr in Ammonzitrat lösliche Phosphorverbindungen der Dünger enthielt, desto besser wurde er von den Pflanzen verwertet, und desto größer war die Ernte (Fig. 60).

Nicht nur die Eigenschaften der Düngemittel, sondern auch die Eigentümlichkeiten der Kulturpflanze müssen berücksichtigt werden.

NaH_2PO_4. Phosphorit. NaH_2PO_4. Phosphorit.

Fig. 61.

Vergleichende Wirkung des Natriumphosphats und des Phosphorits auf Hirse und Erbsen in Sandkulturen. (Nach Prianischnikow.)

Eine und dieselbe Düngung kann auf einem bestimmten Boden für die einen nützlich, für die anderen ganz wirkungslos sein. In den Versuchen von Prianischnikow [1]) wurden z. B. verschiedene Pflanzen in Sand mit den notwendigen Nährsalzen gezüchtet. In einer Versuchsreihe wurde der Phosphor als NaH_2PO_4, in der anderen als Phosphorit eingeführt. Die Phosphorite sind Minerale, in welchen Kalziumphosphat mit Kalzium-

[1]) Prianischnikow, Können die Kulturpflanzen die Phosphorsäure der Phosphorite verwerten? Moskau 1898 (russisch).

karbonat, Sand, Lehm, Eisenoxyd und Aluminium vermengt ist. Hirsekulturen ergaben folgende Resultate

Ernte mit löslicher P_2O_5 . . . . 29,07 g
„ „ Phosphorit . . . . 0,57 g

Hirse (und auch andere Getreidearten) können in Sandkulturen die Phosphorite entweder gar nicht oder nur sehr mangelhaft verwerten (Fig. 61). Ganz anders verhalten sich zu den Phosphoriten die Papilionazeen. Auf Fig. 61 ist zwischen mit löslicher Phosphorsäure und mit Phosphorit gedüngten Erbsen kaum ein Unterschied zu sehen.

Die Verwertung der Phosphorite hängt nicht nur von der Natur der Pflanze, sondern auch von den Bodeneigenschaften ab. Wenn die Getreidearten in Sandkulturen sich den Phosphoriten gegenüber ablehnend verhalten, so folgt daraus noch nicht, daß sie bei der Kultur auf anderem Boden sich ebenso verhalten werden. In den Versuchen von Prianischnikow wurde Sommerroggen in vier Gefäßen mit vier verschiedenen Bodenarten kultiviert: Schwarzerde aus dem Gouvern. Woronesh, leichtem, sandigem Lehm aus dem Gouv. Minsk und zwei Bleichsandböden („Podsol“) aus den Umgegenden von Moskau. Alle vier Gefäße wurden mit Phosphorit gedüngt. Die Resultate sind in folgender Tabelle zusammengestellt:

Boden	Roggen: Fruchternte		Roggen: Gesamtgewicht der oberirdischen Teile		Ernte-Zunahme in %
	Nicht gedüngt	Mit Phosphorit	Nicht gedüngt	Mit Phosphorit	
Schwarzerde	1,95	2,30	5,65	5,80	+ 3 %
Sandiger Lehm	1,25	1,50	3,55	4,40	+ 24 %
Podsol Nr. 1	0,40	4,75	3,30	10,75	+ 226 %
Podsol Nr. 2	1,40	3,30	2,35	11,10	+ 372 %

Phosphoritdüngung übte also einen sehr günstigen Einfluß auf den unkultivierten Böden — Podsol — aus; auf die Schwarzerde dagegen hatte sie gar keine Wirkung.

Da der Sommerroggen an und für sich die Phosphorsäure der Phosphorite nicht ausnützen kann, so war es offenbar der Podsol-Boden, der die Löslichkeit der Phosphorite erhöhte, während die Schwarzerde keine derartige Wirkung geäußert hat. Das Phosphorit kann auch für Getreidearten in Sandkulturen zugänglich gemacht werden, wenn die Kulturen mit einer Komplementärdüngung nämlich mit physiologisch sauren Ammonsalzen versorgt werden. Da ein totaler Ersatz des Salpeters durch Ammonsalze in Wasser- und Sandkulturen gewöhnlich die Pflanzen schädigt, so ersetzte Prianischnikow[1]) einen Teil des Salpeters durch entsprechende Ammoniakmengen. Bei diesen Bedingungen entsteht ein Medium, welches umsomehr zur Säureproduktion, neigt, je mehr Ammonsalze eingeführt werden; natürlicherweise kann man

[1]) Prianischnikow, Resultate der Vegetationsversuche von 1899—1900.

unter diesen Umständen eine Lösung und Verwertung der Phosphorite auch durch Getreidearten erwarten. Diese Erwartung hat sich auch durch Versuche mit Hafer bestätigt.

Fig. 62.
Wirkung der Ammonsalze auf die Ausnützung der Phosphorite. (Nach Prianischnikow.)

	Ernte der oberirdischen Teile
Normalkultur $KH_2PO_4 + NaNO_3$	19,7
Phosphorit, $NaNO_3$	6,9
Phosphorit, $^1/_4$ $(NH_4)_2SO_4$, $^3/_4$ $NaNO_3$	22,0
Phosphorit, $^1/_2$ $(NH_4)_2SO_4$, $^1/_2$ $NaNO_3$	20,5
Phosphorit, $^3/_4$ $(NH_4)_2SO_4$, $^1/_4$ $NaNO_3$	19,2
Phosphorit, $(NH_4)_2$ SO_4	1,6

Diese Resultate sprechen dafür, daß bei einer teilweisen Ersetzung des Salpeters durch Ammonsalze die Phosphorsäure des Phosphorits für Hafer zugänglich wird, so daß die Ernte der Phosphoritkulturen derjenigen der Normalkulturen nicht nachsteht (Fig. 62).

Die Nährstoffe des Bodens werden also von verschiedenen Pflanzen in ungleicher Weise ausgenutzt. Die Wurzeln scheiden, wie wir weiter unten sehen werden, saure Sekrete aus, welche die in Wasser unlöslichen Bodenteilchen auflösen. Doch sind viele Pflanzen außerdem dadurch ausgezeichnet, daß ihre Wurzeln mit Pilzhyphen bedeckt sind. Diese Eigentümlichkeit wurde von Kamenski[1]) entdeckt. Frank[2]) nannte diese mit Pilzhyphen umflochtenen Wurzeln Mykorrhiza und hob die ernährungsphysiologische Bedeutung der ganzen Erscheinung hervor. Ausführliche Untersuchungen über die physiologische Bedeutung der Mykorrhiza verdanken wir Stahl[3]). In einigen Fällen bedecken die Pilzhyphen die Wurzel von außen: es entsteht die ektotrophe Mykorrhiza. Auf Fig. 63 sehen wir die ektotrophe Mykorrhiza der Buche. Das Wurzelende ist mit Hyphen bedeckt. Einzelne Hyphenstränge (p) verzweigen sich im Humus und verwachsen mit den Humusteilchen (a). In andern Fällen befinden sich die Pilzhyphen im Inneren der Wurzelzellen — dann entsteht die endotrophe Mykorrhiza. Auf Fig. 64 ist ein Querschnitt durch die Wurzel von Andromeda polyfolia mit endotropher Mykorrhiza abgebildet. Die Pilzhyphen befinden sich in den großen Zellen der Wurzeloberhaut. Die Mykorrhiza ist eine sehr verbreitete Erscheinung. Es gibt wohl mehr Gefäßpflanzen mit als ohne Mykorrhiza. Mykorrhizen findet man nicht nur

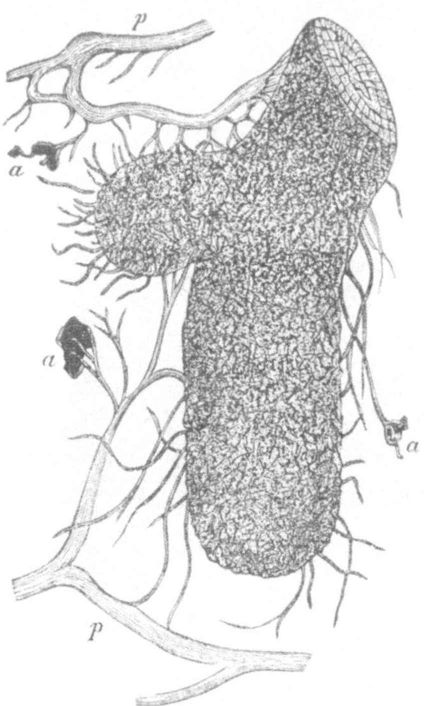

Fig. 63.
Ektotrophe Mykorrhiza der Buche.

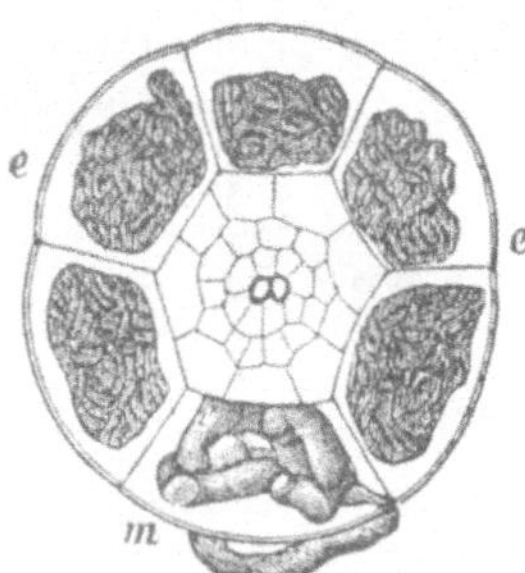

Fig. 64. Endotrophe Mykorrhyza von Andromeda polifolia.

[1]) Kamenski, Bot. Zeitung 1881.
[2]) Frank, Ber. d. bot. Ges. 1885.
[3]) Stahl, Jahrb. f. wissenschaftl. Botanik XXXIV, 1900, S. 539.

bei Bäumen, Sträuchern und Kräutern, sondern auch bei Moosen. Die Mykorrhizapflanzen können in obligate und fakultative eingeteilt werden. Zu den obligaten müssen in erster Linie alle chlorophyllosen Pflanzen gerechnet werden. Die Mykorrhiza entwickelt sich hauptsächlich auf humusreichem Boden. Die an den Wurzeln haftenden Pilzhyphen erleichtern den Pflanzen die Nahrungsaufnahme aus humusreichem Boden.

Chlorophyllfreie Pflanzen entnehmen dem Boden dank der Mykorrhiza nicht nur mineralische, sondern auch organische Nahrungsstoffe. Für die grünen Pflanzen dagegen beschränkt sich die Bedeutung der Mykorrhiza wahrscheinlich auf Absorption der Aschenelemente, wenn auch zunächst in organischen Verbindungen. Humusreichen Boden kann

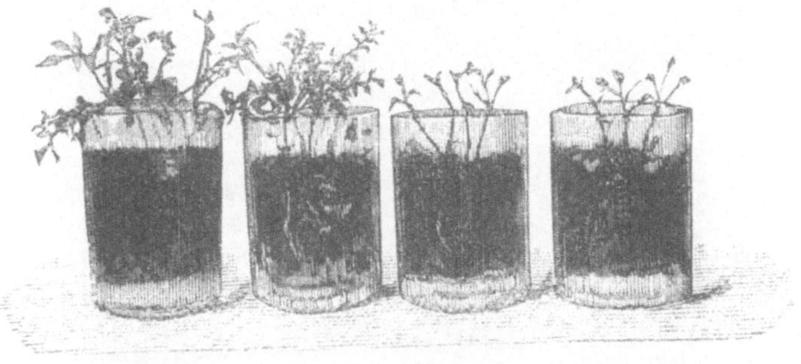

Fig. 65.
Entwicklung von Lepidium sativum in humusreichem Boden. Links zwei Gefäße mit sterilisiertem Boden, rechts zwei Gefäße mit unsterilisiertem Boden. (Nach Stahl.)

man jedenfalls nicht vom rein chemischen Standpunkt betrachten. Dank der massenhaft darin lebenden Bakterien und Pilze bildet er ein lebendiges Ganze. Alle diese Mikroorganismen bedürfen großer Nahrungsmengen. Wenn sich in solch einem Boden eine höhere grüne Pflanze entwickelt, so muß sie mit den Bodenmikroorganismen um ihre Ernährung kämpfen. Dieser Kampf ist umso intensiver, als die grünen Pflanzen in humusreichem Boden nicht diejenigen Nahrungsstoffe vorfinden, denen sie auf Mineralboden angepaßt sind. Die mykotrophen Pflanzen können vermöge ihrer Symbiose mit einigen Bodenpilzen den Kampf mit den anderen Bodenmikroorganismen viel leichter bestehen als mykorrhizafreie Pflanzen. Wie schwer es die letzteren beim Wachstum in humusreichem Boden haben, zeigt folgendes Experiment von Stahl. Es wurde humusreicher Buchenwaldboden genommen und in vier Gefäße verteilt. Zwei von ihnen wurden mit Äther und Chloroformdämpfen sterilisiert, wodurch alle Mikroorganismen getötet wurden ohne daß der Boden in seinen Eigenschaften eine Veränderung erfahren hätte. Dann wurden alle vier Gefäße mit Samen Lepidium sativum, einer nicht myzotrophen Pflanze besät.

In den sterilisierten Gefäßen entwickelten sich kräftige Pflanzen, in den unsterilisierten dagegen schwache, mangelhaft entwickelte Pflänzchen (Fig. 65). Die Bodenmikroorganismen haben also die Entwicklung der Lepdiumpflanzen stark beeinträchtigt.

In den Mykorrhyzen läßt sich keine Spur von Salpetersäure nachweisen. In den von mykotrophen Pflanzen bewachsenen Böden findet man gewöhnlich ebenfalls keine Salpetersäure. Das bestätigt die Annahme, daß die mykotrophen Pflanzen in ihrem Ernährungsmodus von den mykorrhizafreien abweichen. In der Tat haben die obenerwähnten Versuche mit Ammondüngungen erwiesen, daß derartige Düngungen auf humusreichem, kalkarmem Boden (welcher gewöhnlich

Fig. 66.
Weizenkulturen in Bodentoxinlösungen. 1, 2 unverdünnte Lösung; 3, 4, 5, 6 mit destilliertem Wasser in steigendem Grade verdünnte Lösungen.

mit mykotrophen Pflanzen bewachsen ist) wirkungslos bleiben, und daß in solchen Böden die Nitrifikation sehr schwer vor sich geht.

Wenn ein und dieselbe Pflanze mehrere Jahre nacheinander auf ein und demselben Boden kultiviert wird, so wird die Ernte trotz guter Düngung allmählich immer kleiner. Es tritt die wohlbekannte Erscheinung der Bodenermüdung auf. In diesem Fall handelt es sich nicht um mangelhafte Düngung, sondern um ganz etwas anderes. Die Untersuchungen der amerikanischen Forscher (Whitney und andere) [1]) zeigten, daß die Pflanzen giftige Stoffe (Toxine) in den Boden absondern. Die Toxine sind nur für diejenige Pflanze giftig, von welcher sie produziert werden. Daraus erklärt sich die Tatsache, daß ein für Tomaten erschöpfter Boden noch reiche Gerstenernten tragen kann. Wenn wir Kulturen in

[1]) M. Whitney and Cameron, U. S. Dept. Agr. Bureau of Soils, Bull. 23, 1903, 1906, 1909. O. Schreiner, H. Reed and J. Skinner, ebenda, Bull. 47. O. Schreiner and Shorey, Journ. Amer. Chem. Soc. XXX. 1908.

wäßrigen Auszügen aus erschöpftem Boden ansetzen, so erhalten wir schlechtes Wachstum. Das Wachstum geht umso besser, vor sich, je stärker der Auszug mit Wasser verdünnt wird (Fig. 66). Kalkzusatz neutralisiert die Wirkung der Toxine. Um gute Ernten auf ermüdetem Boden zu erhalten, ist es nötig, solche Substanzen zu finden, welche die Bodentoxine unschädlich machen. Auf Fig. 67 sehen wir die Wirkung

Fig. 67.
Bohnenkultur auf Moorwasser. (Nach Dachnowski.)

eines wäßrigen Auszugs aus Moorboden und von Moorwasser auf die Entwicklung der Bohne (Vicia Faba)[1]. 1 Auszug aus Moorboden, 2 Moorwasser, 4 Moorwasser, mit $CaCO_3$ neutralisiert, 5 Moorwasser, mit Ruß behandelt und abfiltriert. Kohlensaurer Kalk und Ruß haben also eine sehr starke Wirkung, hervorgebracht. In diesem Falle beruht die Wirkung des Sumpfwassers höchstwahrschein-

[1]) Dachnowski, Botanical Gazette XLVI, 1908, S. 130.

lich nicht auf den Toxinen der Sumpfpflanzen, sondern vielmehr auf den Mikroorganismentoxinen[1]). Diese Toxine sind organische Stoffe, das wird durch folgende Versuche bewiesen[2]). Wäßrige Auszüge aus durch Luzernenkultur ermüdetem Boden, welche die Entwicklung dieser Pflanze schädlich beeinflußten, hatten, nachdem der Boden geglüht worden war, keine Wirkung mehr. Wäßrige Auszüge aus anderem Boden, welcher nicht unter Luzernenkultur gestanden hatte, übten auf ihre Entwickelung einen günstigen Einfluß auf.

Es wurden auch Versuche gemacht, um die Wirkung der verschiedenen Pflanzenstoffe auf die Entwicklung der Pflanzen aufzuklären. Es hat sich erwiesen, daß diese Wirkung bald schädlich, bald günstig ist. So wirkt z. B. Begießen mit einer 3 proz. Nikotinlösung sehr günstig auf die Entwicklung des Tabaks und vorteilhaft auf diejenige der Kartoffeln[3]).

---

1) F. Löhnis, Handbuch der landw. Bakteriol. 1910.
2) Pouget et Chouchak, Comptes rendus CXLV, 1907, S. 1200.
3) Otto und Kooper, Landw. Jahrb. XXXIX, 1910, S. 397.

Fünftes Kapitel.

Die Stoffaufnahme der Pflanze.

§ 1. Die von der Pflanze aufgenommenen Stoffe. Im vorigen Kapitel haben wir gesehen, daß die Pflanzen nur weniger anorganischer Stoffe zum Aufbau ihres Körpers bedürfen. Diese notwendigen Stoffe sind CO_2, H_2O und einige im Bodenwasser gelöste Salze (bestehend aus den Elementen N, S, P, K, Ca, Mg, Fe). Aus diesen Stoffen baut die grüne Pflanze die verschiedenartigsten organischen Verbindungen auf. Außer den eben aufgeführten Stoffen nimmt die Pflanze noch einen, den Sauerstoff der Luft, auf. Die Sauerstoffaufnahme trägt aber nicht zur Vermehrung der Trockensubstanz bei wie die Aufnahme der anderen erwähnten Stoffe; sie wird umgekehrt von einer Wasser- und Kohlensäureausscheidung begleitet und führt also zu einem Verbrauch der Pflanzensubstanz. Ein Teil der organischen Verbindungen wird dabei verbrannt. Wir haben es hier mit dem Atmungsvorgang der Pflanzen zu tun, welcher weiter unten besprochen sein soll.

Einige Stoffe treten also in gasförmigem Zustand in die Pflanze ein (Kohlensäure und Sauerstoff der Luft), andere (die im Bodenwasser gelösten Aschenelemente inklusive Stickstoff) in flüssigem. Die Pflanzen sind aus Zellen aufgebaut, welche mit Zellwänden versehen sind. Die Flüssigkeiten und auch die Gase müssen also diese Zellwände durchdringen, um in die Pflanze zu gelangen. Die Mechanik der Stoffaufnahme der Pflanzen ist also auf den Gesetzen der Wanderung flüssiger und gasförmiger Körper durch Membranen begründet.

§ 2. Diffusion und Osmose der Gase. Zwei durch eine Membran geschiedene Gase durchdringen dieselbe und vermischen sich. Hier muß man zwei Fälle unterscheiden. Der erste Fall tritt dann ein, wenn die Querwand sich den Gasen gegenüber ganz indifferent verhält (z. B. eine poröse Tonplatte). Diese Erscheinung nennt man Diffusion der Gase. Der andere Fall betrifft solche Membranen, welche die Gase absorbieren oder lösen. Der Durchtritt der Gase durch solche Membranen (z. B. feuchte Tierblase usw.) wird Dialyse oder Osmose der Gase genannt. Die Diffusionsgeschwindigkeit der Gase hängt von der Dichte der diffundierenden Gase ab. Sie ist den Quadratwurzeln aus den Gasdichten umgekehrt proportional. Die Dichte des Wasserstoffs z. B. ist 1, die Dichte des Sauerstoffs 16; die Diffusionsgeschwindigkeiten dieser beiden Gase verhalten sich wie 1 : 4, d. h. Wasserstoff durchdringt die Wand viermal schneller als Sauerstoff.

Bei der Osmose spielt die Gasdichte keine Rolle. Die Osmosegeschwindigkeit ist dem Löslichkeitskoeffizienten der Gase in der Membransubstanz direkt proportional. Bei der Aufnahme der Gase durch die Pflanzen findet nicht Diffussion, sondern Osmose der Gase statt, da die Zellwände mit Wasser durchtränkt sind. Die Kohlensäure, welche nach den Gesetzen der Gasdiffusion langsamer als alle anderen Gase in die Pflanzen eindringen müßte, tritt auf Grund der Osmosegesetze schneller als die übrigen ein, da ihre Löslichkeit in Wasser, also auch in wasserdurchtränkten Membranen am größten ist. So kommt es, daß die Kohlensäure trotz ihres geringen Gehalts in der Atmosphäre dennoch in genügender Menge von den Pflanzen aufgenommen wird.

§ 3. Die Aufnahme der Gase durch die Pflanzen. Die Pflanzen sind mit verschiedenen Vorrichtungen zur Aufnahme der Gase versehen. Hierher gehören Spaltöffnungen, Lentizellen, zahlreiche die Pflanzenorgane in verschiedenen Richtungen durchziehende Intrazellulargänge.

Die Diffussion der Gase durch verschiedene Pflanzenmembranen ist von vielen Forschern untersucht worden. Die neuesten und umfangreichsten Untersuchungen verdanken wir Wiesner und Molisch[1]). Sie nahmen zu ihren Versuchen gerade Glasröhren mit einem inneren Durchmesser von 6 mm und von 50—100 cm Länge. Die trockenen Pflanzengewebe wurden auf das eine Rohrende mit Siegellack, welches noch mit einer Mischung von 1 Teil Kolophonium mit einem Teil Wachs bedeckt wurde, befestigt. Zur Befestigung der weichen saftigen Gewebe wurde auf das Rohr eine Metallhülse aufgeschraubt. Um ein Quetschen der Gewebe zu vermeiden, wurden die Gewebestücke mit Gummiringen ausgelegt, deren Öffnung zum Rohrende paßte. Diese Röhren wurden zum Teil oder ganz mit Quecksilber gefüllt. Dann wurde das offene Ende mit dem Finger verschlossen, in ein mit Quecksilber gefülltes Gefäß getaucht und das Rohr in vertikaler Stellung befestigt. Nach einiger Zeit wurde der Stand des Quecksilbers kontrolliert.

Als Beispiel soll ein Versuch mit Birkenperidem angeführt werden. Es wurde ein Stück weißer 0,09 mm dicker Haut genommen. Die Höhe der Quecksilberschicht in der Röhre betrug 400 mm. Der Versuch dauerte 14 Tage. Die Quecksilberhöhe erwies sich im Anfang und zu Ende des Versuchs nach der üblichen Korrektion gleich groß.

Auf Grund solcher Versuche kamen Wiesner und Molisch zu folgenden Schlüssen:

1. Die Pflanzenmembranen sind weder in lebendigem noch in totem, weder in trockenem noch in feuchtem Zustande für Gase unter Druck durchlässig.

2. Das Protoplasma und der Zellsaft lassen ebenfalls keine Gase durch, so daß durch ein geschlossenes, aus dicht zusammengefügten Zellen bestehendes Gewebe kein Luftdurchtritt stattfindet[2]).

---

[1]) Wiesner und Molisch, Sitzungsber. d. Wiener Akad.- Math.- Naturw. Klasse, XCVIII, 1. Abt., 1890.

[2]) Diese Versuche erklären das Zustandekommen des negativen Drucks im Holz, worüber weiter unten.

Zu den Versuchen über die Osmose der Gase wurden ebensolche mit Quecksilber gefüllte Röhren benutzt, welche teilweise mit verschiedenen Gasen gefüllt wurden. Die Membranen wurden in trockenem oder angefeuchtetem Zustande benutzt. Die Geschwindigkeit der Osmose wurde aus dem Aufsteigen des Quecksilbers in den Röhren bestimmt.

Als Beispiel wählen wir einen Versuch mit Periderm von einer Kartoffelknolle. 2 Röhren wurden mit Kohlensäure gefüllt; das eine wurde mit trockenem, das andere mit feuchtem Periderm verschlossen. Im Verlauf von 30 Tagen stieg das Quecksilber im Rohr mit trockenem Periderm nur um 5 mm, im Rohr, mit feuchtem Periderm dagegen um 40 mm.

Diese Versuche zeigen, daß der Gaswechsel hier nach den Gesetzen der Osmose vor sich ging: die dichtere Kohlensäure passierte die Membran schneller als die Luft, und die Folge war ein Steigen des Quecksilbers. Wenn das untersuchte Gewebestück sich indifferent wie z. B. eine poröse Tonplatte verhielte, so müßte nach dem Gesetze der Gasdiffusion die Quecksilbersäule sinken.

Auf Grund einer Reihe ähnlicher Versuche kommen die Verfasser zu folgenden Schlüssen:

1. Die Gase bewegen sich von Zelle zu Zelle nur durch Osmose; falls Intrazellularen vorhanden sind, dienen sie ebenfalls zur Gasbewegung.

2. Die Gase diffundieren durch jede Zellmembran um so leichter, je stärker diese von Wasser imbibiert sind. Am schnellsten findet die Diffusion durch die Membranen der Algen und überhaupt der untergetauchten Pflanzenorgane statt.

3. Unverkorkte und unverholzte Membranen lassen im trockenen Zustande keine Gase auf dem Wege der Osmose durch. Im Gegenteil ist die Diffusion der Gase auch durch trockene verholzte und verkorkte Membranen möglich.

Diese Versuche machen uns die Bedeutung der Verkorkung und Kutinisierung klar. Wenn die Pflanze an ihrer ganzen Oberfläche mit trockenen Membranen aus reiner Zellulose bedeckt wäre, so würden die inneren Zellen ersticken. Kork und Kutikula dagegen schützen die Pflanze vor dem Vertrocknen, ohne den Gaswechsel auch bei geschlossenen Spaltöffnungen und Lentizellen vollkommen zu verhindern.

4. Die Kohlensäure diffundiert aus den Pflanzenzellen schneller in die Luft als ins Wasser.

Da aus Wiesners Versuchen folgt, daß durch die Kutikula eine Osmose der Gase stattfindet, so entsteht die Frage, in welchem Grade die offenen Spaltöffnungen den Gaswechsel durch die Kutikula fördern.

Zu diesem Zweck konstruierte Blackman[1]) folgenden Apparat (Fig. 68, B).

Zwei Messingringe mit einseitig angebrachten Glasplatten und zwei

[1]) Blackman, Philosoph. Transactions 1894, S. 503.

an den entgegengesetzten Enden der Ringe mündenden Metallröhren wurden als Gaskammern benutzt. Die Tiefe jeder Kammer betrug 5, der Durchmesser 36 mm. Zwischen zwei solchen Kammern wurde das Laubblatt mit Hilfe von Wachs fest eingeklemmt. Für schmale Blätter wurden längliche Kammern benutzt (Fig. 68, A). Das gleichzeitig durch beide Kammern streichende Gas wurde analysiert. Experimente mit Laubblättern, welche nur an der Unterseite mit Spaltöffnungen ver-

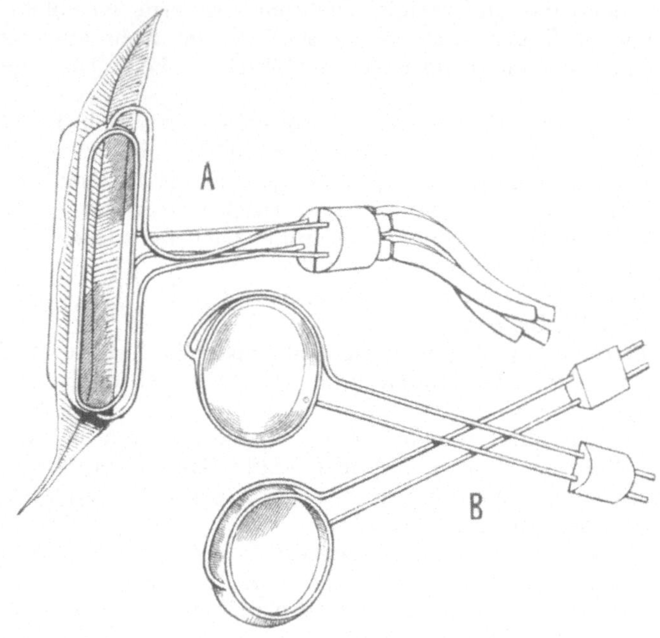

Fig. 68.
Apparate zum Studium des Gaswechsels der Ober- und Unterseite des Blattes. (Nach Blackman.)

sehen sind, zeigten, daß die Atmung nur durch letztere stattfindet. So schied z. B. ein Blatt von Nerium Oleander folgende CO_2-Mengen aus:

Oberfläche	Kohlensäure	Verhältnis
Obere	0,002	3 : 100
Untere	0,065	

Weitere Versuche über die Kohlensäureassimilation am Licht zeigten, daß die Blätter die Luftkohlensäure ausschließlich mit den Spaltöffnungen aufnehmen. Die von Spaltöffnungen freie Oberfläche nimmt gar keine Kohlensäure auf. Das Einschmieren der Unterseite mit Vaseline setzt den Gaswechsel stark herunter, ohne ihn aber ganz zu unterdrücken, wie schon Mangin gezeigt hat (vgl. S. 37). Wenn das Blatt von beiden

Seiten mit Spaltöffnungen versehen ist, so wird die Kohlensäure mehr von jener Seite zersetzt, welche an Spaltöffnungen reicher ist. So ist bei Alisma plantago das Verhältnis der Spaltöffnungszahl von oben und unten = 135 : 100. Die Kohlensäure wird in folgenden Mengen zersetzt:

Oberseite	Unterseite
0,10	0,06
0,15	0,11

Diese Versuche veranlaßten Brown und Escombe[1]) zu folgenden interessanten Untersuchungen. Das Blatt von Catalpa hat nur an seiner Unterseite Spaltöffnungen, durch welche am Licht die Kohlensäure assimiliert wird. Unter günstigen Bedingungen ist die Menge der aufgenommenen Kohlensäure gleich 700 ccm pro 1 Stunde und 1 qm Blattoberfläche. Wenn wir annehmen, daß die Absorption der Kohlensäure durch die ganze Blattoberfläche gleichmäßig vor sich geht, so finden wir, daß jedes CO_2-Molekül mit einer Geschwindigkeit von 3,8 cm in der Minute in das Blatt eindringt. Diese Geschwindigkeit ist nur zweimal kleiner als diejenige, mit welcher die Kohlensäure von der Oberfläche einer Natriumhydroxydlösung absorbiert wird. Da aber die Kohlensäure nur durch die Spaltöffnungen aufgenommen wird, und da die Gesamtfläche der Spaltöffnungen des Catalpablattes nicht mehr als $^1/_{100}$ der ganzen Blattoberfläche beträgt, so erhält man eine unerwartet große Zahl (380 cm) für die Geschwindigkeit der Kohlensäureabsorption durch die Spaltöffnungen. Diese Zahl ist 50 mal größer als die für die freie Oberfläche einer Ätznatronlösung gefundene. Diese Resultate führten zu folgender Versuchsanstellung. Reagenzgläser wurden mit Natronlauge gefüllt und mit dünnen Platten bedeckt. Jede Platte war mit einer Öffnung von verschiedenem Durchmesser versehen. Nach einer bestimmten Zeit wurde die Menge der durch die verschiedenen Öffnungen durchgedrungenen Kohlensäure bestimmt. Es erwies sich, daß die Geschwindigkeit des Kohlensäuredurchtritts durch die Öffnungen nicht den Flächen, sondern dem Durchmesser derselben proportional ist.

Durchmesser der Öffnung in mm	Kohlensäure diffundiert in ccm		Verhältnis der Flächen	Verhältnis der Durchmesser	Verhältnis der CO_2-Mengen
	pro 1 Stunde	pro 1 Stunde und 1 qcm			
22,70	0,2380	0,0588	1,00	1,00	1,00
6,03	0,0625	0,2186	0,07	0,26	0,26
3,23	0,0398	0,4855	0,023	0,14	0,16
2,11	0,0260	0,8253	0,008	0,093	0,10

Durch die vierte Öffnung, deren Fläche weniger als $^1/_{100}$ derjenigen der ersten Öffnung betrug, ging nicht der hundertste, sondern der zehnte Teil CO_2 durch. Daraus folgt, daß, wenn wir ein mit Natronlauge

[1]) Brown, Annales agronomiques 1901, S. 428.

gefülltes Gefäß mit einer dünnen, mit sehr engen Öffnungen versehenen Platte bedecken, die Menge der eindringenden Kohlensäure so groß werden kann wie bei einer vollkommen freien Oberfläche. Dabei kann die Gesamtfläche aller Öffnungen nur einen kleinen Teil der ganzen Plattenoberfläche betragen. Das wird durch den Versuch bestätigt. Aus weiteren Versuchen wurde auch gefunden, daß die günstigste Verteilung der Öffnungen auf der Platte dann erreicht wird, wenn der Abstand zwischen den Öffnungen 10mal größer als ihr Durchmesser ist. Diese Proportion finden wir in der Verteilung der Spaltöffnungen bei den meisten Blättern. Wenn also die Spaltöffnungen geöffnet sind, so wird die Absorption der Gase mit einer solchen Geschwindigkeit stattfinden, als ob gar keine Kutikula vorhanden, sondern das ganze Blatt von einer Membran aus reiner Zellulose bedeckt wäre.

Die Untersuchungen über den Gaswechsel bei Wasserpflanzen[1]) haben gezeigt, daß die in den Intrazellularen enthaltene Luft ungefähr dieselbe Zusammensetzung wie die gewöhnliche Luft hat.

§ 4. Diffusion und Osmose der Flüssigkeiten[2]). Das Vermischen der Flüssigkeiten ist eine kompliziertere Erscheinung als die Vermischung der Gase. Nicht alle Flüssigkeiten sind mischbar (Öl und Wasser). Beim Durchtreten der Flüssigkeiten durch eine Membran muß man ebenso wie für Gase auch hier zwischen Diffusion und Osmose unterscheiden. Bei der Aufnahme der Flüssigkeiten in die Pflanze haben wir es nur mit Osmose zu tun, da die Zellmembranen und die Hautschicht des Protoplasmas auf die eindringenden Flüssigkeiten eine bestimmte Wirkung ausüben. Die Osmose der Flüssigkeiten wurde von Dutrochet entdeckt (1836). Er beobachtete das Austreten von Schwärmsporen aus einer Algenzelle und suchte den Grund des Platzens des Zoosporangiums zu finden. Er fand ihn in der Annahme, daß zu einer bestimmten Zeit eine verstärkte Wasseraufnahme in das Innere des Zoosporangiums stattfindet, und daß diese Wasseraufnahme durch einige in der Zelle befindliche wasseranziehende Substanzen hervorgerufen wird.

Wenn man eine Tierblase mit einer Zucker- oder Salzlösung füllt und in Wasser taucht, so strömt das Wasser mit solcher Kraft in das Innere der Blase, daß letztere sogar platzen kann. Dieselbe Ursache bringt auch das Platzen des Zoosporangiums zustande. Der Eintritt der Flüssigkeit in die Blase heißt Endosmose, der Austritt Exosmose, der in der Blase zustande kommende Druck osmotischer Druck. Eine Theorie der Osmose hat Brücke (1843) gegeben. Diese Theorie beruht auf der Beobachtung, daß beim Diosmieren zweier Flüssigkeiten durch eine Membran diejenige Flüssigkeit schneller durchdringt, welche die betreffende Membran besser benetzt, d. h. in welcher die Membran besser aufquillt. Wenn wir z. B. Wasser und Alkohol und als Scheidewand eine Kautschuk- oder Kollodiummembran nehmen, so wird

[1]) Devaux, Du mécanisme de l'échange chez les plantes aquatiques submergées (Annales des sciences natur., VII. série, 9, 1889. p. 35).

[2]) Dastre, Osmose (Traité de physique biologique I, p. 466, 1901).

das Alkohol schneller als das Wasser diosmieren. Wenn wir dagegen eine Membran aus Tierblase benutzen, so erhalten wir das umgekehrte Resultat. Die Zunahme wird auf seiten des Alkohols sein, weil in diesem Fall das Wasser schneller durch die Membran dringt als der Alkohol. Kautschuk- und Kollodiummembranen werden von Alkohol besser imbibiert als von Wasser und quellen darin auch stärker auf; deshalb geht Alkohol auch schneller durch diese Membranen hindurch. Eine Tierblasenmembran quillt dagegen in Wasser auf und schrumpft in Alkohol zusammen. Deshalb passiert Wasser eine Tierblase schneller als Alkohol. In reinem Wasser quillt Tierblase besser auf als in Salzlösungen; deshalb diosmiert

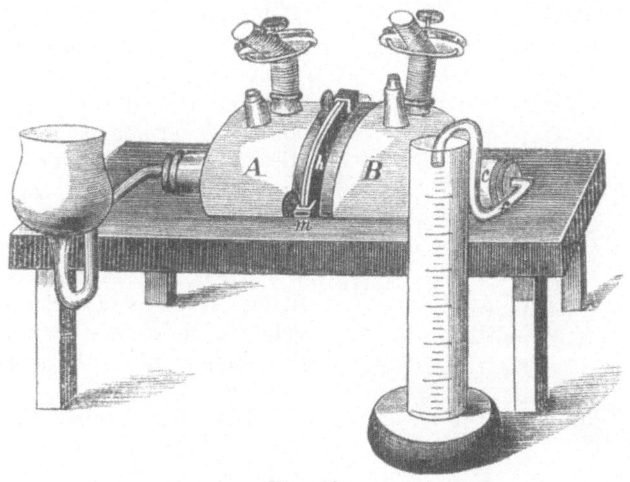

Fig. 69.
Osmometer. (Nach Baranetzky.)

auch Wasser schneller als Salzlösungen. Weiter hat Ludwig [1]) gezeigt, daß trockene Blasenstücke beim Quellen in Glauber- oder Kochsalzlösungen eine weniger konzentrierte Lösung als die sie umgebende aufnehmen. Beim Auspressen der von der Tierblase aufgenommenen Salzlösung mit einer Handpresse fand Ludwig, daß ihre Konzentration höher als die mittlere Konzentration der in den Blasenporen enthaltenen Lösung ist. Diese Tatsachen beweisen, daß das Wasser von der Membran stärker als die Salze angezogen wird, und daß infolge dieser Anziehung die Konzentration der Salzlösung in den Membranporen mit der Entfernung von den Porenwänden wächst.

Zum Studium der Osmose der Flüssigkeiten werden verschiedene Apparate — Osmometer — gebraucht. In Fig. 69 ist das Osmometer von Baranetzky[2]) abgebildet.

---

[1]) Ludwig, Poggendorffs Annalen Bd., 154.
[2]) Baranetzky, Untersuchungen über Diosmose in ihrer Beziehung zu den Pflanzen. St. Petersburg 1870.

Es besteht aus zwei Gefäßen A und B, zwischen welchen eine Membran eingeklemmt ist. In das Gefäß B wird eine Salzlösung eingegossen, deren Volum sich vergrößern soll, und die ausfließende Flüssigkeit in einem Meßzylinder gesammelt. Das Flüssigkeitsniveau im Trichter und im Abflußrohr muß auf der gleichen Höhe erhalten werden.

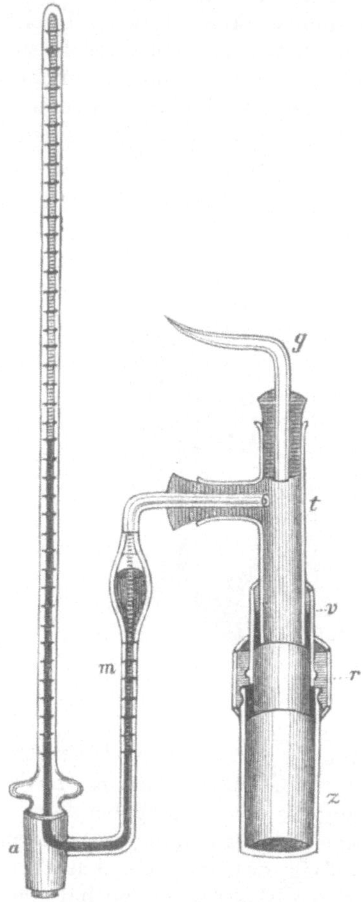

Fig. 70.
Osmometer. (Nach Pfeffer.)

Die Versuche über die Osmose der Flüssigkeiten durch Membranen haben gezeigt, daß alle wasserlöslichen Substanzen nach ihre Beziehungen zu den Membranen in zwei Gruppen zerfallen. Die einen — Kristalloide — durchdringen die Membranen, die anderen — Kolloide — vermögen es nicht. Auf dieser Eigenschaft der Krystalloide und Kolloide beruht sogar die Darstellungsmethode reiner kolloidaler Stoffe mit Hilfe des Dialysators. Da viele Substanzen des pflanzlichen Körpers zu den Kolloiden gehören, so können sie natürlich aus den Zellen nicht herausgewaschen werden.

Der Durchgang der Flüssigkeiten durch die Membran dauert so lange, bis die Konzentration der Lösungen zu beiden Seiten der Membran sich ausgleicht.

Für osmotische Versuche werden Membranen aus Tierblase, Pergamentpapier, Kollodium und sogenannte Niederschlagsmembranen benutzt. Aus Kollodiumhäuten kann man durch Bearbeiten derselben mit einer Eisenchloridlösung Zellulosemembranen erhalten, welche die Chlorzinkjodreaktion geben[1]). Von den obenerwähnten künstlichen Membranen steht die Tierblase nach ihren osmotischen Eigenschaften den Zellhäuten am nächsten. Die Niederschlagsmembranen dagegen sind mit der Hautschicht des Protoplasmas zu vergleichen: sie sind für viele Stoffe schwer permeabel und können einen starken osmotischen Druck hervorrufen. Um diese zarten Membranen zu

[1]) Baranetzky, l. c.

Druckversuchen zu benutzen, muß man sie durch eine entsprechende Unterlage stützen. Pfeffer [1]) benutzte zu diesem Zweck poröse Tonzylinder, wie sie für galvanische Elemente gebraucht werden. Wenn man eine solche Tonzelle mit einer Kupfersulfatlösung füllt und in eine Ferrozyankaliumlösung taucht, so entsteht in den Poren der Tonzellenwände eine Ferrozyankupfermembran. Man kann diese Niederschlagsmembranen auch aus anderen Stoffen, z. B. aus Eisensilikat, herstellen. Um den osmotischen Druck zu messen, füllt man die mit der Niederschlagsmembran versehene Tonzelle mit der zu untersuchenden Lösung, verbindet sie mit einem Quecksilbermanometer und taucht sie in Wasser (Fig. 70). Die Höhe des osmotischen Drucks wird am Manometer abgelesen.

Walden [2]) stellt semipermeable Niederschlagsmembranen auf folgende Weise her. Er taucht ein 5 cm langes und 1 cm breites Glasrohr, indem er die obere Öffnung mit dem Finger zuhält, in eine Chromgelatinelösung (50 g Wasser, 10 g Gelatine, 1 g Ammoniumchromat). Nachdem das Rohr aus der Lösung gehoben ist, bleibt die untere Öffnung mit einer feinen Gelatinemembran geschlossen, welche am Licht unlöslich sind. Dann wird in diese Membran nach Pfeffers Vorschrift eine Niederschlagsmembran aus Ferrozyankupfer eingelagert.

Versuche mit Niederschlagsmembranen ergaben folgendes:

1. Der osmotische Druck ist der Konzentration der Lösungen proportional.

Saccharose.

Lösung in 1 %	Osmotischer Druck in cm der Quecksilbersäule
1 %	53,2
2 %	101,6
4 %	208,2

2. Der osmotische Druck steigt mit der Temperatur.

1 proz. Saccharoselösung.

Temperatur	Osmotischer Druck
6,8	50,5 cm
13,7	52,5 ,,
22	56,7 ,,

3. Der osmotische Druck wird durch die Natur der gelösten Substanz bestimmt.

6 proz. Lösungen.

Gummiarabikum	25,9 cm
Gelatine	23,8 ,,
Saccharose	287,7 ,,
Salpeter	700,0 ,,

---

[1]) Pfeffer, Osmotische Untersuchungen. 1877.

[2]) Walden, Zeitschr. f. physik. Chemie X, 1892, S. 699.

Die Kolloide besitzen also einen viel geringeren osmotischen Druck als die Kristalloide.

4. Der osmotische Druck wird durch die Natur der Membran bestimmt.

6 proz. Lösungen.	Niederschlags-membran aus Ferrozyankupfer	Pergament-papier	Tierblase
Gummiarabikum .	25,9	17,7	14,2
Gelatine	23,8	21,3	15,4
Saccharose	287,7	29,0	14,5
Salpeter	700,0	20,4	8,9

Werden also pflanzliche oder tierische Membranen angewandt, so erzeugen Saccharose und Salpeter einen kleineren Druck als die

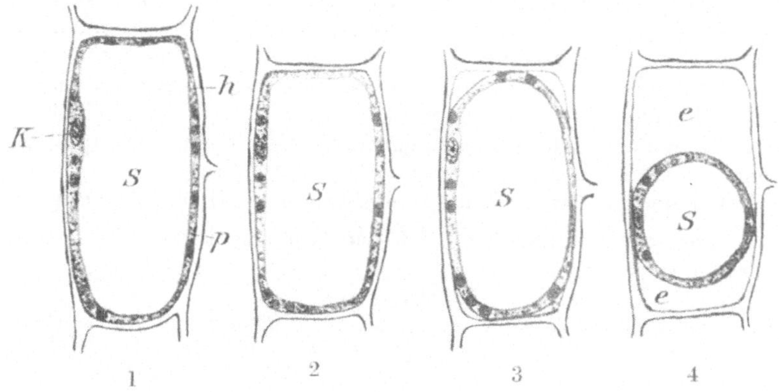

Fig. 71.
Verschiedene Stadien der Plasmolyse. K Zellkern, h Hautschicht des Protoplasmas, S Vakuolen.

Kolloide. Das erklärt sich daraus, daß Zucker und Salpeter durch pflanzliche und tierische Häute leicht, durch die Niederschlagsmembranen aber beinahe gar nicht durchdringen. Je leichter ein Stoff durch eine Membran diosmiert, um so kleiner ist der durch ihn erzeugte Druck.

Pfeffers Versuche zeigten, daß die Höhe des osmotischen Drucks je nach den gelösten Stoffen verschieden ausfällt. Es fragt sich, ob diese Erscheinung irgend einer Regel gehorcht. Diese Frage hat De Vries [1]) aufgeklärt. Statt des rein physikalischen Methode, wie sie von Pfeffer angewandt wurde, benutzte er die lebende Pflanzenzelle und bestimmte die isotonischen (oder isosmotischen) Koeffizienten für verschiedene Stoffe durch die plasmolytische Methode. Die Plasmolyse tritt, wie bekannt, dann ein, wenn eine lebende Pflanzenzelle in eine genügend starke (z. B. 10 proz) Zucker- oder Natriumchlorid-

---

[1]) De Vries, Pringsheims Jahrb. f. wiss. Bot. XIV, 1884, S. 427.

lösung getaucht wird. Zuerst tritt eine Verkleinerung des Zellvolums ein, dann beginnt die Plasmahautschicht sich von der Zellwand loszulösen (Fig. 71).

Wird die Salzlösung wieder durch Wasser ersetzt, so nimmt die Zelle allmählich ihre frühere Gestalt an. Besonders gut eignen sich zu diesem Versuch Zellen mit gefärbtem Zellsaft. Beim Zusammenziehen der Vakuole bleibt das Pigment im Zellsaft, und der Raum zwischen der Hautschicht und der Zellhaut wird durch die farblose Salzlösung ausgefüllt. Dadurch wird die Beobachtung der Plasmolyse von ihren ersten Anfängen an sehr erleichtert. Deshalb nahm De Vries erwachsene Pflanzenzellen mit gefärbtem Zellsaft und bestimmte die kleinste Konzentration, welche eben genügte, um die Ablösung der Hautschicht in den Zellecken hervorzurufen (Fig. 71,3). Wenn keine weitere Zusammenziehung stattfindet, so folgt daraus, daß der osmotische Druck in der Zelle demjenigen der Außenlösung gleichkommt. Derselbe Versuch wird mit einem anderen Stoff wiederholt und die Grenzkonzentration bestimmt, welche eben genügt, um die Plasmolyse hervorzurufen. Auf diese Weise werden für zwei Stoffe diejenigen Konzentrationen gefunden, welche denselben osmotischen Druck erzeugen oder, mit anderen Worten, isosmotisch sind.

Am geeignetsten sind für diese Versuche die gefärbten Zellen der Blattscheidenepidermis von Curcuma rubricaulis, der Blattepidermis von Tradescantia discolor und der Blattstielschuppen von Begonia manicata. Für jeden Versuch werden zwölf Präparate bereitet, von denen sechs in verschieden konzentrierte Lösungen des zu untersuchenden Stoffs, die sechs anderen in entsprechende Salpeterlösungen gelegt werden. Alle Präparate müssen von derselben Stelle eines Blattes oder eines anderen Pflanzenorgans genommen werden. Zu diesem Zweck wird auf dem Blatt ein längliches Rechteck gezeichnet, welches in zwei Längshälften und in sechs Querhälften geteilt wird. Die Fläche jedes Teilstücks beträgt ca. 1 qmm. Jedes Teilstück wird mit dem Rasiermesser abgetragen und in eine von den Lösungen gelegt. Die Lösungen befinden sich in kleinen Zylindern von 10 cm Höhe und 1,5—2 cm Durchmesser. Sie werden lose mit Korken zugemacht, um einem Verdampfen vorzubeugen. Die Präparate verbleiben in den Lösungen ungefähr 2 Stunden. Es werden Normallösungen gebraucht, d. h. solche, welche in 1 Liter das Molekulargewicht eines bestimmten Stoffs in Gramm enthalten. Diese Größe wird Mol[1]) oder Grammolekül genannt. Eine normale Kaliumnitratlösung z. B. enthält ein Mol oder 101,1 g Salz in 1 Liter Lösung. Eine $^1/_{10}$ normale Lösung enthält 10,11 g Kaliumnitrat in 1 Liter. Bei physiologischen Arbeiten ist es überhaupt in vielen Fällen vorteilhafter, in Grammolekülen als in Prozenten zu rechnen. De Vries stellte als Einheit $^1/_3$ des osmotischen Drucks einer 1 Mol-Salpeterlösung her. Der Grund dazu war folgender: Beim Vergleich des osmotischen Drucks äquimolekularer Lösungen

[1]) Ostwald. Lehrb. d. allgem. Chemie, 2. Auflage, Bd. II, 1897, S. 212.

von verschiedenen Substanzen erhielt De Vries folgende Zahlen: 0,066; 0,10 (für Salpeter); 0,133; 0,166. Da diese Zahlen sich ungefähr wie 2 : 3 : 4 : 5 verhalten, so nahm De Vries den osmotischen Wert der Salpeterlösung = 3 an, woraus sich für die anderen Substanzen ungefähr die obenerwähnten Zahlen 2 : 3 : 4 : 5 ergeben. Diese Zahlen nennt man isosmotische Koeffizienten; sie geben das gegenseitige Verhältnis der osmotischen Werte äquimolekularer Konzentrationen verschiedener Stoffe an.

Die Bestimmung der isosmotischen Koeffizienten geschieht folgendermaßen. Es wurden 0,20, 0,22 und 0,24 Mol-Saccharoselösungen und 0,12, 0,13 und 0,14 Mol-Salpeterlösungen genommen. Zur Plasmolyse wurde Curcuma rubricaulis benutzt. Der Versuch dauerte 7 Stunden. Die Resultate sind in der folgenden Tabelle zusammengestellt (K bedeutet, daß keine Plasmolyse stattfand, hp, daß ca. die Hälfte der Zellen und p, daß fast alle Zellen plasmolysiert waren. IK isosmotische Konzentrationen).

Versuche	Saccharose				Salpeter				Verhältnis
	0,20	0,22	0,24	IK	0,12	0,13	0,14	IK	
1	K	hp	p	0,22	n	hp	p	0,13	0,591
2	K	p	p	0,21	n	p	p	0,125	0,595
3	K	p	p	0,21	n	hp	p	0,13	0,619

Das mittlere Verhältnis der isosmotischen Konzentrationen von Salpeter und Zucker ist also 0,602. Mit 3 multipliziert ergibt diese Zahl den isotonischen Koeffizienten 1,81.

I		II	III		IV	V
Verbindungen	Formeln	Molekulargewichte	Isosmotische Koeffizienten		Prozentgehalt der mit 0,1 Mol Salpeter isosmotischen Lösungen	Osmotischer Druck der 1 % Lösung in Atmosphären
			Gefunden	Abgerundet		
Saccharose	$C_{12}H_{22}O_{11}$	342	1,88	2	5,13 %	0,69
Glukose	$C_6H_{12}O_6$	180	1,88	2	2,70 „	1,25
Glyzerin	$C_3H_8O_3$	92	1,78	2	1,39 „	2,54
Zitronensäure	$C_6H_8O_7$	192	2,02	2	2,88 „	1,23
Oxalsäure	$C_2H_2O_4$	90	—	2	1,35 „	2,62
Kaliumnitrat	KNO_3	101	3,0	3	1,01 „	3,50
Ammoniumchlorid	NH_4Cl	53,5	3,0	3	0,53 „	6,67
Kaliumsulfat	K_2SO_4	174	3,90	4	1,30 „	2,72
Magnesiumsulfat	$MgSO_4$	120	1,96	2	1,80 „	1,93
Magnesiumchlorid	$MgCl_2$	95	4,33	4	0,71 „	4,98
Kaliumzitrat	$K_3C_6H_5O_7$	306	5,01	5	1,84 „	1,92

In der obenstehenden Tabelle sind die Molekulargewichte verschiedener Verbindungen (II), die gefundenen und abgerundeten isosmotischen Koeffizienten (III), der Prozentgehalt verschiedener Substanzen in Lösungen, welche mit $^1/_{10}$ norm. Salpeterlösungen isosmotisch sind (IV), und der osmotische Druck der 1 proz. Lösungen in Atmosphären (V) angegeben.

Die isosmotischen Koeffizienten verhalten sich wie 2 : 3 : 4 : 5. Wenn wir die Koeffizienten der organischen Verbindungen = 1 setzen, so berechnen sich die anderen auf 1 : $^3/_2$: 2 : $^5/_2$.

Aus der obenstehenden Tabelle sehen wir, daß der osmotische Druck der Nichtelektrolyte, wie Zucker, Glyzerin und andere organische Verbindungen, vom Molekulargewicht dieser Stoffe abhängt. Eine Lösung von 92 g Glyzerin in 1 Liter hat denselben osmotischen Druck wie eine Rohrzuckerlösung von 342 g im Liter. Beide Lösungen enthalten sehr verschiedene Substanzmengen, aber eine gleiche Anzahl von Molekülen, sie sind äquimolekular. Jedes Molekül erzeugt den gleichen osmotischen Druck, welcher also der Molekularkonzentration proportional ist. Es ergibt sich daraus die für Gase geltende Regel: Der Gasdruck ist der Zahl der im gegebenen Volum enthaltenen Moleküle proportional. Deshalb vergleicht van 't Hoff die Lösungen der festen Körper in Flüssigkeiten mit den Gasen. Der osmotische Druck ist also mit dem Gasdruck identisch. 1 Grammolekül irgend eines Gases (z. B. 44 g CO_2) nimmt bei 760 mm und 0° C einen Raum von 22,4 Liter ein. Wenn man dieses Gasvolum auf 1 Liter zusammenpreßt, so entsteht ein Druck von 22,4 Atmosphären. Wenn van 't Hoffs Theorie richtig ist, so muß eine Saccharoselösung von 342 g in 1 Liter denselben Druck erzeugen, und eine 1 proz. Saccharoselösung bei 15° C muß einen osmotischen Druck von 0,69 Atmosphären haben. Nach Pfeffers Messungen beträgt dieser Druck 0,62—0,71 Atmosphären, was eine glänzende Bestätigung der Theorie bedeutet. Folgende Tabelle enthält die Zusammenstellung weiterer gefundener und auf Grund der van 't Hoffschen Theorie berechneter Druckwerte von Saccharoselösungen.

Konzentration	Osmotischer Druck Gefunden	Berechnet
1 %	0,664	0,665
2 %	1,336	1,336
2,5 %	1,997	1,639
4 %	2,739	2,742
6 %	4,046	4,050

Anders verhalten sich die Elektrolyte. Wir sehen, daß die isosmotischen Lösungen der Elektrolyte (Metallsalze) mit denjenigen der Nichtelektrolyte nicht äquimolekular, sondern bedeutend schwächer sind, und daß dieses Verhältnis zwischen den isosmotischen Konzentrationen nicht konstant ist. Die Elektrolyte weichen also von der Theorie ab. Betrachten wir z. B. das Kalimnitrat. Seine $^1/_{10}$ Mol-Lösung müßte einen Druck von 0,235 Atmosphären haben. In Wirklichkeit beträgt er aber 0,352 Atmosphären. Wenn wir aber 0,235 mit $^3/_2$ (isosmotischer Koeffizient) multiplizieren, so erhalten wir 0,352, die aus dem Experiment gefundene Zahl. Äquimolekulare Lösungen von Salpeter und organischen Stoffen sind also nicht isosmotisch. Um eine Salpeterlösung zu erhalten, welche denselben Druck wie eine $^1/_{10}$ Mol-Zuckerlösung ausübt, muß man also eine $^2/_3 \cdot {}^1/_{10}$ Mol-Lösung nehmen. Die Salze mit anderen isosmotischen Koeffizienten müssen in entsprechenden Konzentrationen genommen werden. So ist eine $^1/_{20}$ Mol-Kaliumsulfatlösung mit $^1/_{10}$ Mol-Zuckerlösung isosmotisch. Der osmotische Druck schwacher Elektrolytlösungen ist also dem theoretischen Druck $\times$ isosmotischer Koeffizient gleich. Diese Abweichung erklärt sich durch die Hypothese von Arrhenius, nach welcher die Elektrolyte in ihren Lösungen in Ionen dissoziiert sind. In einer Chlornatriumlösung z. B. sind außer den undissoziierten Molekülen auch Natrium- und Chlorionen enthalten. Je verdünnter die Lösung ist, desto stärker ist der Dissoziationsgrad.

Was bedeutet nun der Koeffizient $^3/_2$ der Salpeterlösung? Nach der Arrheniusschen Theorie der elektrolytischen Dissoziation sagt uns dieser Koeffizient, daß die Zahl der Moleküle in der Lösung im Verhältnis $^3/_2$ gewachsen ist, und zwar infolge der Dissoziation. Das in zwei Ionen (K und NO_3) zerfallene Molekül erzeugt einen doppelt so großen Druck wie das undissoziierte Molekül. In unserem Falle ist aber die Hälfte der Moleküle dissoziiert und die Hälfte undissoziiert. Die Zahl der Moleküle wird also bei dieser Konzentration um $^3/_2$ vermehrt.

K_2SO_4 hat den Koeffizienten 2. Ein Molekül dieses Elektrolyts dissoziiert in drei Ione (K, K und SO_4). Der Koeffizient 2 zeigt also in diesem Falle, daß die Hälfte der Moleküle dissoziiert. Die Zahl der Moleküle hat sich also von 2 auf 4 oder um das Zweifache vermehrt.

De Vries benutzte zu seinen Versuchen Lösungen, welche ca. $^1/_{10}$ Mol im Liter enthielten; in solchen Lösungen ist ungefähr die Hälfte der Moleküle dissoziiert. In stärkeren und in schwächeren Lösungen ist der Dissoziationsgrad ein anderer, und die De Vriesschen isotonischen Koeffizienten können dann nicht angewandt werden. Das muß beim Herstellen von isosmotischen Lösungen berücksichtigt werden[1]).

Errera [2]) hat als Einheit für die Messung des osmotischen Drucks die Myriotonie vorgeschlagen, da die Messung in Atmosphären willkürlich sei. Eine Tonie ist der von einer Dyne (einer Krafteinheit, welche bekanntlich der Masse von 1 g eine Beschleunigung von 1 cm erteilt) auf 1 qcm ausgeübte Druck. Für höhere Druckgrößen gelten die Bezeichnungen: Dekatonie, Hektotonie, Kilotonie, Myriotonie (10 000 Tonien). Eine Myriotonie entspricht ca. $^1/_{100}$ Atmosphäre und wird mit M bezeichnet.

---

[1]) Hamburger, Osmotischer Druck und Ionenlehre in den medizinischen Wissenschaften. 1902. — Höber, Physikalische Chemie der Zelle und der Gewebe, 2. Aufl., 1906. — Brasch, Anwendung der physikalischen Chemie auf die Physiologie und Pathologie. 1901.

[2]) Errera, Recueil de l'Institut botanique de Bruxelles V, 1902, S. 193.

§ 5. Die Aufnahme der Flüssigkeiten durch die Pflanze. Direkte Versuche über die Aufnahme gelöster Stoffe in die Pflanzenzelle liegen nur in beschränkter Anzahl vor. Einige Schlüsse über die Mechanik der Stoffaufnahme durch die Zelle erlauben uns die plasmolytischen Versuche mit verschiedenen Salzlösungen zu machen. Alle in die Zelle eindringenden Stoffe müssen zwei Membranen passieren: die Zellwand und die Hautschicht des Protoplasmas. Die Zellhaut ist für die gelösten Stoffe leicht permeabel, die Hautschicht dagegen für die meisten impermeabel.

Die osmotischen Eigenschaften der Hautschicht sind denjenigen der Pfefferschen Niederschlagsmembranen ähnlich. Doch gilt alles von der Hautschicht Gesagte nur für die lebendige Hautschicht; die tote Plasmahaut hat ganz andere Eigenschaften. So wird der gefärbte Zellsaft von dem lebenden Protoplasten hartnäckig im Zellsaft zurückgehalten; aus toten Zellen exosmiert dagegen sowohl der gefärbte Zellsaft als auch die anderen darin gelösten Stoffe sehr schnell. Wie die Niederschlagsmembranen, so ist auch die Hautschicht nicht vollkommen impermeabel. So gelang es Pfeffer[1]), in lebende Zellen nicht nur unnötige, sondern auch schädliche Stoffe, wie die Anilinfarben, einzuführen.

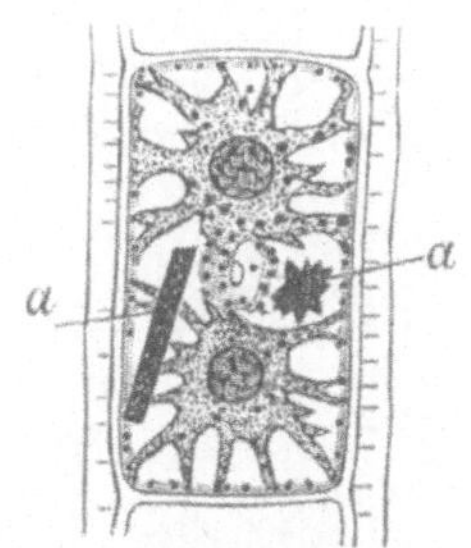

Fig. 72.
Zelle der Alge Zygnema mit auskristallisiertem Methylenblau. (Nach Pfeffer.)

Er stellte die Aufnahme folgender Farben fest: Methylenblau, Methylviolett, Bismarckbraun, Fuchsin, Zyanin, Safranin, Methylgrün, Methylorange, Tropäolin 0 0 und Rosolsäure. Die für diese Versuche benutzten Lösungen waren sehr schwach, von 0,001—0,00001 %. Werden lebende Pflanzenzellen in solche Lösungen hineingelegt, so dringen einige von diesen Farben, z. B. Methylenblau, zuerst in den Zellsaft ein, färben ihn und kristallisieren schließlich aus. In Fig. 72 ist eine Algenzelle (Zygnema) mit Kristallen des künstlich eingeführten Methylenblaus abgebildet. Andere Farben, z. B. Methylviolett, färben das Protoplasma selbst. In beiden Fällen bleiben die Zellen am Leben. Overton[2]) untersuchte eine Menge verschiedener Farben und fand, daß die Permeabilität für verschiedene Farben durch ihre chemische Konstitution bedingt ist. So dringen die basischen Anilinfarben leicht, die meisten Sulfosäurederivate dagegen gar nicht oder nur sehr langsam in die Zelle ein. Die in der Zelle aufgespeicherten Farben treten wieder heraus, wenn die Zelle in Wasser übergeführt wird. Dieser Austritt kann durch den Zusatz von 0,01 proz. Zitronensäure beschleunigt werden[3]). Die Zitronensäure verändert also die osmotischen Eigenschaften

[1]) Pfeffer, Untersuchungen aus dem botan. Institut zu Tübingen, 2. Bd, 1886, S. 179.
[2]) Overton, Jahrb. f. wissenschaftl. Bot. XXXIV, 1900, S. 668.
[3]) Pfeffer, l. c.

des Protoplasmas. Setzt man zu einer schwachen Farblösung 0,01 proz. Zitronensäure hinzu, so findet keine Aufspeicherung der Farbe im Zellinnern statt. Ohne Zitronensäure wird dagegen die Farbe aus der Lösung aufgenommen. Wir haben es also in der Hand, die osmotischen Eigenschaften der Zellen zu verändern.

Die Pflanzen haben bekanntlich die Fähigkeit, die notwendigen Elemente aus sehr verdünnten Lösungen aufzunehmen und aufzuspeichen. Dieses Wahlvermögen der Pflanzenwurzeln widerspricht keineswegs der Lehre von der Osmose. Es erklärt sich daraus, daß die entbehrlichen Stoffe so lange aufgenommen werden, bis die Konzentrationen innerhalb und außerhalb der Zelle sich ausgleichen. Die notwendigen Stoffe werden dagegen von der Pflanze auch aus schwachen Lösungen aufgespeichert, weil sie sofort nach dem Eintritt in die Zelle aufgebraucht oder in neue Verbindungen verwandelt werden. Dadurch wird die Aufnahme neuer Mengen desselben Körpers veranlaßt, welche ebenfalls von der Pflanze verbraucht werden usw.

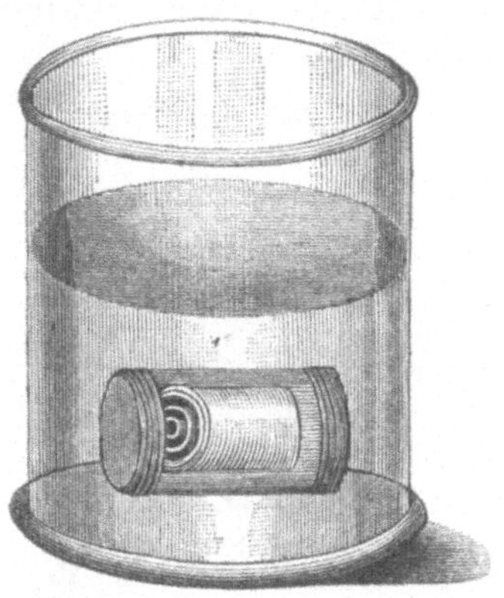

Fig. 73.
Osmose von Kupfervitriol in eine Röhre mit Zink. (Nach Pfeffer.)

Als erläuterndes Beispiel kann ein Versuch mit der Bildung von Eisentinte in einer künstlichen Zelle dienen. Man nimmt ein Säckchen aus Kollodium oder aus Tierblase, füllt es mit einer Tanninlösung und taucht es in ein Gefäß mit Eisenchlorid. Tannin ist ein Kolloid und vermag nicht durch die Membran zu dringen. Das Eisenchlorid wird dagegen in die Zelle diosmieren und sich mit Tannin zu Tinte verbinden, welche ebenfalls ein Kolloid ist und deshalb in der Zelle bleibt. Das eindringende Eisenchlorid wird fortwährend zur Tintebildung verbraucht, und deshalb wird zwischen der äußeren und inneren Eisenchloridlösung kein Gleichgewicht eintreten. Bei genügendem Tanningehalt der inneren Lösung kann das ganze Eisenchlorid aus dem Gefäß in die Zelle übergehen. Auf ähnliche Weise kann auch die Pflanze mit ihren Wurzeln die notwendigen Stoffe aus den sie umgebenden Lösungen aufnehmen. Dieselbe Erscheinung wird auch durch folgenden Versuch demonstriert (Fig. 73). Ein kurzes Glasrohr wird mit Wasser gefüllt, ein zusammengerolltes Zinkblatt hineingelegt und die Öffnungen mit Tierblase oder Pergamentpapier verschlossen. Dieses Rohr wird in ein mit schwacher Kupfervitriollösung gefülltes Gefäß gehängt. Diese Lösung dringt in das Rohr, das Kupfer wird durch das Zink verdrängt, und das Zinksulfat diosmiert in die Außenflüssigkeit so lange, bis das ganze Kupfersulfat zersetzt ist. Dieselbe Erscheinung beobachten wir bei der Ernährung der Bakterien und Schimmelpilze mit verschiedenen organischen Verbindungen. Wenn zwei organische Stoffe von verschiedenem Nährwert vorhanden sind, so nimmt der Pilz nur den besseren Nährstoff auf, und der schlechtere wird öfters gar nicht angerührt. So läßt Aspergillus niger in einer Mischung von Glukose und Glyzerin letzteres unberührt, solange Glukose vorhanden ist[1]).

Nicht nur die Endosmose, sondern auch die Exosmose unterliegt einer gewissen Regulation. Die Versuche von Nathansohn[2]) haben gezeigt, daß das Kochsalz leicht in die Zellen von Codium tomentosum (einer Meeresalge) eindringt. Doch läßt sich das eingedrungene Salz nicht restlos aus den Zellen herausholen. Legt man die Alge in eine isosmotische Natriumnitratlösung, so wird in der ersten Zeit der Chloridgehalt des Zellsafts rasch sinken; dann tritt aber ein Stillstand in der Exosmose ein, wie folgende Tabelle zeigt.

Anfangsgehalt	2,24 % HCl
Nach 24 Stunden in 4 % $NaNO_3$	0,92 ,, ,,
,, 3 Tagen ,, 4 ,, ,, ...	0,93 ,, ,,
,, 8 ,, ,, 4 ,, ,, ...	0,90 ,, ,,
,, 15 ,, ,, 4 ,, ,, ...	0,84 ,, ,,
,, 25 ,, ,, 4 ,, ,, ...	0,76 ,, ,,

Wir haben schon die Plasmolyse der Pflanzenzellen kennen gelernt (Fig. 71). De Vries[3]) hat auch ganze Pflanzenorgane plasmolysiert. Er zeigte, daß wachsende Pflanzenorgane, z. B. Stengel, Wurzeln und Blütenstiele, nach Eintauchen in eine Salzlösung sich bedeutend verkürzen. Bringt man die plasmolysierten Organe wieder in reines Wasser, so nehmen sie ihre frühere Länge an und werden wieder straff und elastisch. Diese Elastizität, welche eine Folge des osmotischen Drucks ist, wird Turgor genannt.

Die Schnelligkeit, mit welcher Wasser und darin gelöste Stoffe das Protoplasma durchdringen, ist von den äußeren Bedingungen abhängig. Van Rysselberghe[4]) studierte den Einfluß der Temperatur. In einer Versuchsserie schnitt er aus jungen Zweigen von Sambucus nigra Markstücke heraus, legte sie zuerst in Wasser und brachte sie dann in 25 proz. Saccharoselösungen von verschiedener Temperatur. Die Länge der Abschnitte war 114 mm. Nach bestimmten gleichen Zeiträumen wurden die Abschnitte gemessen. Je niedriger die Temperatur war, um so langsamer verlief die Plasmolyse. In beiliegender Tabelle sind die Verkürzungen der Markstücke bei verschiedenen Temperaturen und in verschiedenen Zeitabschnitten angegeben.

---

[1]) Pfeffer, Jahrb. f. wissenschaftl. Bot. XXVIII, 1895, S. 206.

[2]) Nathansohn, Ber. d. bot. Ges. 1901, S. 509.

[3]) De Vries, Mechanische Ursachen der Zellstreckung. 1877.

[4]) Van Rysselberghe, Influence de la température sur la perméabilité du protoplasme. (Receuil de l'Institut botanique de Bruxelles V, 1902, S. 209.)

	0°	6°	12°	16°	20°	25°
2 Stunden	— 4,5	— 8,5	— 20,0	— 33,0	— 40,5	— 40,5
4 ,,	— 7,5	— 13,5	— 25,0	— 38,0	— 42,0	ebenso
6 ,,	— 10,0	— 17,0	— 28,0	— 42,0	ebenso	,,
8 ,,	— 12,5	— 20,0	— 30,0	ebenso	,,	,,
10 ,,	— 14,0	— 21,5	— 31,5	,,	,,	,,
24 ,,	— 21,0	— 31,0	— 40,0	,,	,,	,,

In einer anderen Versuchsreihe wurden die plasmolysierten Markstücke in Wasser von verschiedener Temperatur gelegt. Es wurden dieselben Resultate erhalten: der Turgor wurde um so schneller hergestellt, je wärmer das Wasser war.

Wenn wir auf den Abszissenachsen die Temperatur und auf den Ordinatenachsen die Geschwindigkeit des Wasserdurchtritts durch die Hautschicht in beiden Richtungen auftragen, so erhalten wir die in Fig. 74 abgebildete Kurve.

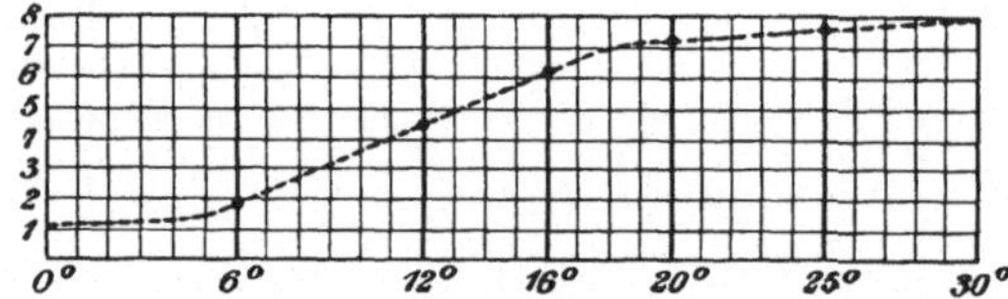

Fig. 74.
Schnelligkeit des Wasserdurchtritts durch die Plasmahautschicht bei verschiedenen Temperaturen.

Die Schnelligkeit, mit welcher gelöste Stoffe diosmieren, hängt ebenfalls von der Temperatur ab. Wenn wir die Durchtrittsgeschwindigkeit bei 0° als Einheit annehmen, so ergeben sich bei höheren Temperaturen für Salpeter, Glyzerin und Wasserstoff folgende Werte:

	0°	6°	12°	16°	20°	25°
Salpeter	1,0	1,8	4,4	6,0	7,3	7,3
Glyzerin	1,0	1,9	4,2	5,6	7,0	7,0
Harnstoff	1,0	2,1	4,5	5,3	7,0	7,6

Der Zellsaft besitzt einen hohen osmotischen Wert. Nach De Vries hat der aus jungen Pflanzenorganen ausgepreßte Zellsaft folgende Druckhöhen (in Atmosphären):

Gunnera scabra, Blattstiele	3½
Solanum tuberosum, Blätter	5½
Sorbus aucuparia, Beeren.	9
Beta vulgaris, Wurzeln.	21

Die Schimmelpilze Aspergillus niger und Penicillium glaucum können bei der Kultur auf konzentrierten Zucker- und Salzlösungen in ihren Zellen einen osmotischen Druck von ca 157 Atmosphären entwickeln.

De Vries bestimmte den Anteil der verschiedenen Zellsaftbestandteile an der Gesamthöhe des osmotischen Drucks. Die beiliegenden Tabellen geben einen Begriff davon, welche Stoffe bei verschiedenen Pflanzen als Ursache des osmotischen Drucks fungieren:

Blattstiele von Heracleum Sphondilium.

Kalium der organischen Säuren . .	5,9 %
Äpfelsäure	9,1 %
Glukose	69,1 %
Natriumchlorid	6,4 %
	90,5 %

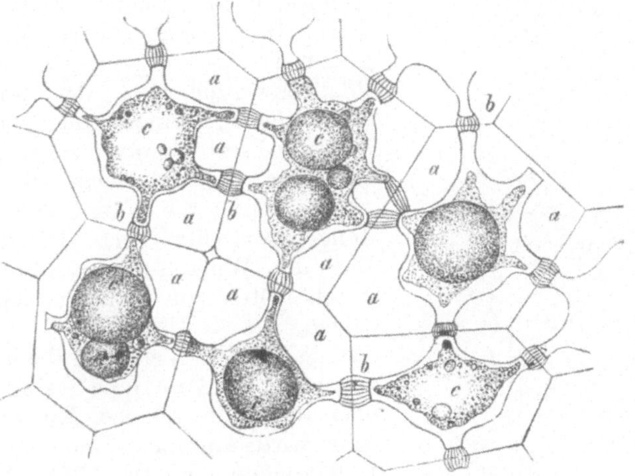

Fig. 75.

Zellen aus dem Endosperm von Areca oleracea; a, a dicke Zellhäute; bei b, b befinden sich die von Kanälen durchbohrten Poren.

Blätter von Rocheafalcata.

Kalium der organischen Salze . . .	3,1 %
Äpfelsäure	42,3 %
Glukose	23,1 %
Natriumchlorid	11,5 %
	82,0 %

Die Osmose hat eine hervorragende Bedeutung für die Stoffaufnahme der Pflanze; sie genügt aber nicht für die Bewegung der aufgenommenen Stoffe, da eine Wanderung durch Osmose allein viel zu langsam stattfindet[1]). Das schnell diffundierende Natriumchlorid z. B. bedarf 319 Tage, um 1 mg aus einer 10 proz. Lösung auf 1 m fort-

[1]) Stephan, Sitzungsber. d. Wien. Akad. 1879, Bd. 79, Abt. II, S. 214. De Vries, Bot. Zeitung 1885, S. 1. Pringsheims Jahrb. f. wissenschaftl. Bot. 28, 1895, S. 1.

zubewegen. Für Eiweiß beträgt der entsprechende Zeitraum 14 Jahre. Da die Diffusion in Gelatine und Agar-Agar ebenso schnell wie in Wasser geht, so benutzt man für Diffusionsversuche Gelatine, welche in erwärmtem Zustande in einen Glaszylinder gegossen und nach dem Erkalten mit einer Farblösung (z. B. Indigo) überschichtet wird.

Wir wissen jetzt, daß zwischen benachbarten Zellen Plasmaverbindungen, welche als dünne Fäden die Zellwand durchsetzen, sehr häufig sind (Fig. 75). Der Einfluß dieser Verbindungen auf den Stoffwechsel ist unbekannt.

Die Pflanzen können auch feste Bodenteile aufnehmen, indem sie dieselben zuerst auflösen. Zieht man Keimpflanzen in einem Kasten auf, auf dessen Boden eine polierte Marmorplatte gelegt ist, so werden die wachsenden Pflanzenwurzeln sich der Marmorplatte anschmiegen. Nimmt man nach einiger Zeit die Platte heraus, so sieht man auf derselben die Abdrücke der Wurzeln, welche durch die sauren Wurzelausscheidungen ausgeätzt sind. Die saure Reaktion der Wurzelsekrete läßt sich auch durch Röten von blauem Lackmuspapier zeigen.

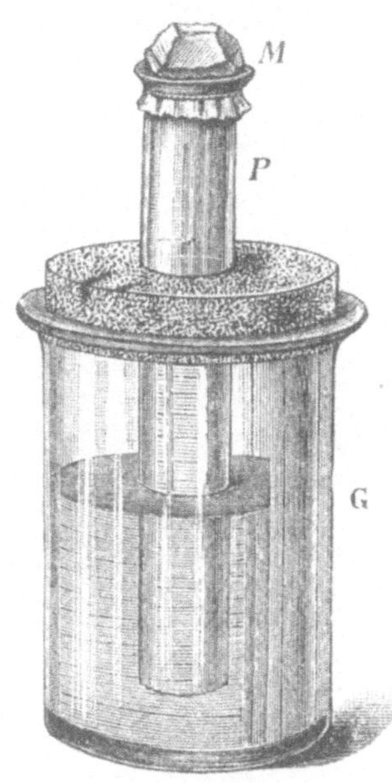

Fig. 76.
Auflösung eines auf der Membran M liegenden Kreidestücks durch diosmierende Salzsäure.

Folgender Versuch dient zur Erklärung der Aufnahme fester Bodenteilchen durch die Pflanze. Ein breites Glasrohr wird an einem Ende mit Tierblase fest zugebunden (Fig. 76). Dann wird das Rohr mit schwacher Salzsäure gefüllt und in ein Gefäß mit ebensolcher Salzsäurelösung umgestülpt. Auf die glatte Oberfläche der Tierblase wird ein Stück Kreide gelegt. Dieses Stück wird allmählich kleiner, da die mit Säure imbibierte Membran die Kreide nach und nach auflöst. Dabei entsteht Kalziumchlorid, welches allmählich in das mit Salzsäure gefüllte Gefäß diffundiert und hier durch entsprechende Reagenzien nachgewiesen werden kann.

Um die Frage nach der Natur der Wurzelsekrete aufzuklären, führte Czapek[1]) folgende Versuche aus. Es stellte sich Platten aus Aluminiumphosphat mit Zusatz von Gips her. Diese Platten werden von folgenden Säuren angegriffen: Salzsäure, Salpetersäure, Schwefelsäure, Phosphorsäure, Ameisensäure, Oxalsäure, Bernsteinsäure, Milchsäure, Äpfelsäure, Zitronensäure und Weinsäure. Sie sind aber unlöslich in

[1]) Czapek, Jahrb. f. wissenschaftl. Bot., Bd. 28, 1896, S. 321.

Kohlensäure, Essigsäure, Propionsäure und Buttersäure. Da verschiedene Pflanzenwurzeln keine Wirkung auf diese Platten ausübten, so folgt daraus, daß die Säuren der ersten Gruppe von den Wurzeln nicht ausgeschieden werden. Für seine weiteren Versuche benutzte Czapek den Farbstoff Kongorot, welches durch Kohlensäure braunrot, durch die letzten drei Säuren der zweiten Gruppe aber schon in sehr schwachen Lösungen intensiv blau gefärbt wird. Die Wurzeln färbten das Kongorot nur braunrot, ohne es zu bläuen. Die Auflösung der Bodenteilchen findet also durch die von den Wurzeln ausgeschiedene Kohlensäure statt. Nach Stoklasa und Ernest[1]) scheiden die Wurzeln organische Säuren nur bei ungenügendem Sauerstoffzutritt aus.

Zu welchen Leistungen es einige Pflanzen bei der Auflösung fester Bodenteile bringen können, das zeigen folgende Beispiele. Lind[2]) zeigte an Reinkulturen einiger Pilze, daß sie Marmorplatten und Knochen mit ihren Hyphen durchbohren können. Nadson[3]) beschrieb eine bedeutende Anzahl von kalkbohrenden Algen. Diese Algen dringen, indem sie den Kalk lösen, ziemlich tief in Felsen und Muscheln ein. An der Oberfläche dieser Substrate müßten sie mit vielen anderen Algen einen harten Kampf ums Dasein führen. Die Fähigkeit aber, die festen, für andere Algen unzugänglichen Kalkschichten auszunützen, gibt ihnen einen bedeutenden Vorrang im Lebenskampf. Nadson fand, daß diese Algen Oxalsäure ausscheiden.

Es ist auch bekannt, daß parasitische Pilze die Zellhäute der von ihnen befallenen Pflanzen durhbohren. Miyoshi[4]) fand, daß Membranen sehr verschiedener Herkunft durch Pilzhyphen durchbohrt werden. Die zu untersuchenden Membranen wurden auf Nährgelatine gelegt und mit Sporen infiziert. Die Sporen keimten, die Pilzfäden durchbohrten die Membranen und drangen in das Nährmedium ein.

---

[1]) J. Stoklasa und A. Ernest, Jahrb. f. wissenschaftl. Bot. XLVII, 1908, S. 55.

[2]) Lind, Jahrb. f. wissenschaftl. Bot. 32, 1898, S. 603.

[3]) Nadson, Die kalkbohrenden Algen und ihre Bedeutung in der Natur. (Scripta botanica 1900) [russisch].

[4]) Miyoshi, Jahrb. f. wissenschaftl. Bot. 28, 1895, S. 269.

Sechstes Kapitel.

Die Bewegung der Stoffe in den Pflanzen.

§ 1. Die Notwendigkeit der Weiterbewegung der Stoffe. Aus dem oben Dargelegten geht hervor, daß die für die Pflanzen notwendigen Stoffe nicht immer unmittelbar von demjenigen Organe aufgenommen werden, in welchem diese Stoffe zur Verarbeitung gelangen werden. Die grünen Blätter bilden jenes Laboratorium, in dem die Pflanzen organische Substanz aus mineralischen Stoffen zubereiten. Dabei kann das Blatt selbst unmittelbar nur Kohlensäure aufnehmen. Die übrigen, zur Bildung organischer Verbindungen notwendigen Stoffe (Wasser und Aschenelemente) werden von den Wurzeln aufgenommen und müssen nicht selten einen sehr weiten Weg zurücklegen, um zu den Blättern zu gelangen. Ebenso ist für viele Teile der Pflanzen, welche einer großen Menge von organischer Substanz bedürfen, oft nicht möglich, diese Substanz selbst zu erzeugen[1]). Hierher gehören z. B. alle nicht grünen wachsenden Teile. Die zum Aufbau neuer Zellen notwendige organische Substanz wird ihnen aus den Blättern zugeführt und legt ebenfalls sehr häufig (so z. B. zur Bildung neuer Wurzelspitzen) einen weiten Weg zurück, bevor sie den Ort erreicht, wo sie verbraucht wird. Hieraus folgt, daß die in den Pflanzen enthaltenen Substanzen in der Bewegung begriffen sein müssen.

Die in den Pflanzen vorkommenden Verbindungen können sich sowohl im festen wie auch im flüssigen oder im gasförmigen Zustande befinden. Feste Substanzen müssen, um an der allgemeinen Weiterbewegung teilnehmen zu können, zuvor in Lösungen übergehen, da sie sonst nicht durch die Zellmembranen hindurchtreten können. Die Bewegung der Stoffe in der Pflanze läßt sich demnach auf die Bewegung von Flüssigkeiten und Gasen zurückführen.

§ 2. Die Bewegung der Gase. In der Rinde der Zweige und Wurzeln wie auch in dem Parenchym der Blätter befindet sich stets eine beträchtliche Menge von luftführenden Gängen. Diese Gänge befinden sich vermittelst kleiner Öffnungen — der Lentizellen — in direkter Verbindung mit der atmosphärischen Luft. Die Gase stehen demnach

[1]) d. h. aus mineralischen Stoffen umzuwandeln. Dies schließt aber die Möglichkeit nicht aus, daß aus zugeführten organischen Verbindungen neue verschiedenartige organische Verbindungen hervorgebracht werden können.

in den luftführenden Gängen unter demselben Drucke, unter dem sich im gegebenen Augenblicke die atmosphärische Luft befindet. Auch die Erneuerung der Luft bietet keine Schwierigkeiten.

Die Ventilation der Luft in der Rinde der Wasserpflanzen wird durch die Thermodiffusion bedeutend erleichtert. Die Thermodiffusion wurde an den Blättern von Nelumbium speciosum entdeckt[1]). Das Blatt von Nelumbium besteht aus einer runden Blattspreite und dem unten vom Mittelpunkte der Blattspreite ausgehenden Stiel. Die Blattspreite trägt nur an ihren Oberseite Spaltöffnungen. Befindet sich sich über dem oberen Teile der Blattspreite zufällig Wasser, so kann man an sonnigen Tagen eine reichliche Ausscheidung von Gasbläschen aus den von Wasser bedeckten Spaltöffnungen beobachten. Eine Gasausscheidung kann man nicht nur auf der Blattspreite, sondern auch aus allen zufälligen Öffnungen des Blattstieles beobachten. Die Gasausscheidung ist bisweilen so beträchtlich, daß das Wasser, welches das Nelumbium umgibt, gleichsam imKochen begriffen erscheint. Es ist dies eine rein physikalische Erscheinung, da sie auch in abgestorbenen Blättern auftritt. Eine ebensolche Gasausscheidung kann man mit Hilfe eines speziellen Apparates, des Thermodiffusators, hervorrufen. Dieser Apparat besteht aus einem zylindrischen tönernen Gefäß, welches mit fein gestoßener Kreide gefüllt ist. In dem offenen Ende des Zylinders wird vermittelst eines Pfropfens ein Glasrohr dicht eingefügt. Das Rohr entspricht dem Blattstiele, das Tongefäß der Blattspreite von Nelumbium. Vor Beginn des Experimentes wird das Gefäß in Wasser versenkt. Sodann wird es aus dem Wasser herausgenommen und in geneigter Lage, die Röhre nach unten gerichtet, befestigt. Das Tongefäß wird vermittelst einer Lampe erwärmt, während das freie Ende der Glasröhre in Wasser versenkt wird; durch dasselbe wird Gas in großen Mengen ausgeschieden. Das Volum des aufgefangenen Gases übersteigt das Volum des Gefäßes nicht selten um das 40-fache. Während des Experimentes dringt demnach Luft aus der Atmosphäre durch die Poren in das Tongefäß und wird darauf durch das Glasrohr wieder ausgeschieden. Die Thermodiffusion in dem Tongefäß wie auch in dem Blatte von Nelumbium ist ein Ergebnis ungleichmäßiger Erwärmung.

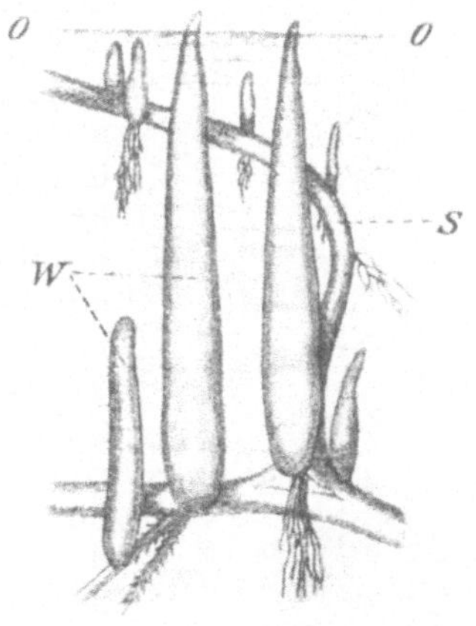

Fig. 77.
Teil eines Triebes von Jussiaea repens mit Atemwurzeln W, S Stengel, 0—0 Oberfläche des Wassers.

---

[1]) Barthélémy, Annales d. sc. nat., 5. série, 19. tome, pag. 152, 1874.

Viele Pflanzen, welche auf mit Wasser bedecktem, sumpfigem und sauerstoffarmem Boden wachsen, schützen ihre unterirdischen Teile dadurch vor dem Untergange, daß einige Wurzeln vertikal nach oben zu wachsen beginnen, bis sie nach außen in die umgebende Atmosphäre heraustreten (Fig. 77). Die Spitze solcher Wurzeln besteht aus lockerem Gewebe und ist infolge ihres anatomischen Baues dazu angepaßt, die Luft nach innen aufzunehmen. Derartige Organe stellen demnach wahre Ventilationsröhren dar, welche den übrigen Wurzeln die ihnen notwendige Luft zuführen. Die luftführenden Hohlräume der Rinde befinden sich also auf eine oder die andere Art stets in direkter Kommunikation mit der atmosphärischen Luft[1]).

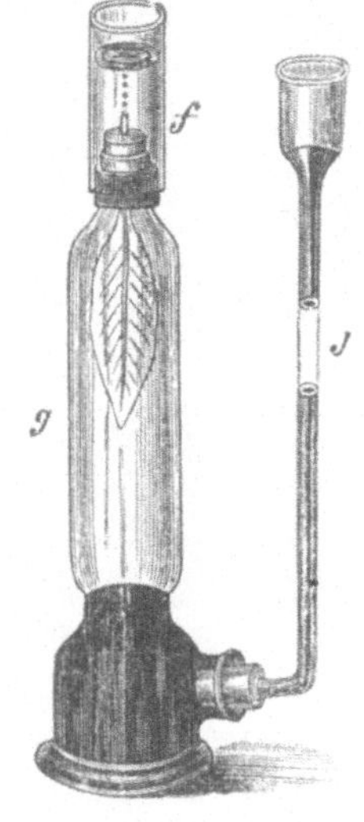

Fig. 78.
Apparat von Höhnel.
(Nach Pfeffer.)

Auch der zentrale Holzzylinder enthält Luft. Durch die Versuche von Höhnel wurde nachgewiesen, daß die Luft in dem Holze mit der in der Rinde enthaltenen Luft in keinerlei Weise in Verbindung steht. Das für den Versuch verwandte Blatt (Fig. 78) wird in einem Gefäß (g) mit weiter Mündung mit einem Gummistöpsel befestigt. Durch eine seitliche Öffnung steht der Zylinder mit einem Trichter (J) in Verbindung, durch welchen Quecksilber eingegossen wird. Das Quecksilber komprimiert die im Zylinder befindliche Luft und preßt dieselbe durch das hineingehängte Blatt. Die aus dem Blatt heraustretende Luft beginnt in Gestalt von Bläschen in dem mit Wasser gefüllten Glasgefäß (f) emporzusteigen. Mit Hilfe des Mikroskopes kann man beobachten, daß die Luft nur aus den Gängen der Rinde, nicht aber aus dem Holze heraustritt. Die Luft war durch die Öffnungen nur in die Rinde eingetreten und wurde ebenfalls durch die Gänge der Rinde ausgeschieden, ohne in das Holz einzutreten. Das luftführende System des Holzes stellt demnach ein geschlossenes System dar, welches in keinerlei Verbindung mit dem gleichen System der Rinde steht.

Höhnel hat auch einen negativen Luftdruck im Holze nachgewiesen. Durchschneidet man Zweige oder Blattstiele unter Quecksilber, so kann man beobachten (namentlich dann, wenn der Versuch im Sommer an einem sonnigen Tage angestellt wird), daß das Quecksilber durch beide Schnittflächen in die Gefäße eingedrungen ist (Fig. 79). Die mit Quecksilber angefüllten Gefäße bekommen ein graues Aussehen. Bisweilen läßt sich ein Steigen des Quecksilbers in den Gefäßen um 50—60 cm, von der Schnittfläche angerechnet, beobachten. Derartige

[1]) Goebel, Ber. d. bot. Ges. 1886, S. 249; Jost, Bot. Ztg. 1887, S. 601.
[2]) Höhnel, Bot. Ztg. 1879, S. 541. Pringsheims Jahrb. 12, S. 47.

Versuche liefern den Nachweis, daß die Verdünnung der Luft in den Gefäßen einen sehr beträchtlichen Grad erreichen kann. Der negative Luftdruck im Holze kann auch noch auf andere Weise nachgewiesen

Fig. 79.
Durchschneiden eines Stengels unter Quecksilber.

werden (Fig. 80). Ein mit Blättern bedeckter Zweig wird in Wasser gestellt. An seinem oberen, durchschnittenen Teil wird mit Hilfe eines Gummischlauches ein Glasrohr befestigt, dessen unteres Ende in Quecksilber gesteckt wird. Nach einiger Zeit steigt das Quecksilber in dem Rohre a, was auf eine Verdünnung der Luft in dem Holze hinweist. Die stärkste Verdünnung der Luft fällt mit der Periode der intensivsten Tätigkeit der Pflanzen zusammen. Wie aus dem weiter unten Gesagten zu ersehen sein wird, ist dies einer der wichtigsten Faktoren, von denen die Bewegung des Wassers im Stengel abhängig ist.

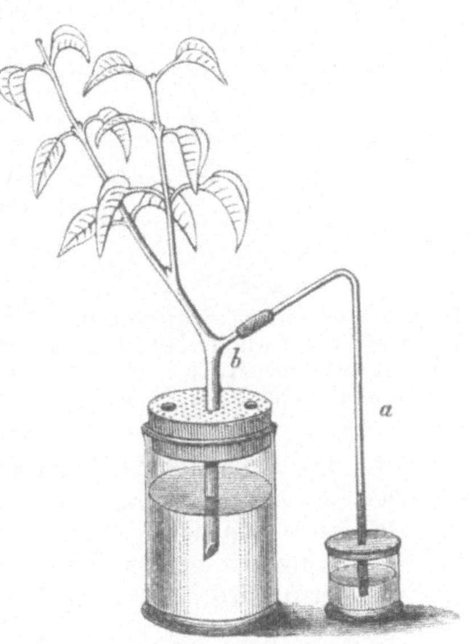

Fig. 80.
Negativer Luftdruck im Holze.
(Nach Pfeffer.)

§ 5. Die Bewegung der Flüssigkeiten. Die ersten Versuche über die Bewegung der Flüssigkeiten in der Pflanze wurden von Malpighi (1671) angestellt. Nachdem er an einem Stamme einen ringförmigen Ausschnitt in der Rinde angebracht hatte, fand dieser Gelehrte, daß die oberhalb des Ausschnittes liegenden Pflanzenteile nicht nur am Leben bleiben, sondern sogar mehr als gewöhnlich an Dicke zunehmen. Ein besonders starkes Wachstum zeigt der Stamm am oberen Rande des Ausschnittes unter Bildung einer ringförmigen Anschwellung des Gewebes (Fig. 81). Ganz anders verhält sich der unterhalb des Ausschnittes liegende Teil des Stammes: das Wachstum und die Entwicklung aller Teile der unteren Hälfte des Stammes hören gänzlich auf. Auf die Zuführung von Wasser aus dem Boden in die oberen Teile der Pflanze hatte die Ausschnitt demnach keinerlei Einfluß ausgeübt; der Durchtritt von organischen Stoffen nach den unteren Teilen der Pflanze dagegen hatte aufgehört. Hieraus zog Malpighi den Schluß, daß die Bodenlösungen sich in dem Holze weiterbewegen, die von den Blättern produzierten organischen Substanzen dagegen in der Rinde. Die Wasserströmung wird auch als aufsteigende Strömung bezeichnet, die Strömung der organischen (oder plastischen) Substanzen dagegen als absteigende Strömung. Die Ausdrücke „aufsteigende" und „absteigende" sind indessen nicht im buchstäblichen Sinne aufzufassen. In dem herabhängenden Zweige der Trauerweide geht die aufsteigende Strömung nach unten, die absteigende nach oben. Bringt man an einem Zweige der Trauerweide einen ringförmigen Ausschnitt an, so wird die Anschwellung, wie dies auch anzunehmen war, nicht an dessen oberem, sondern an dessen unterem Ende entstehen.

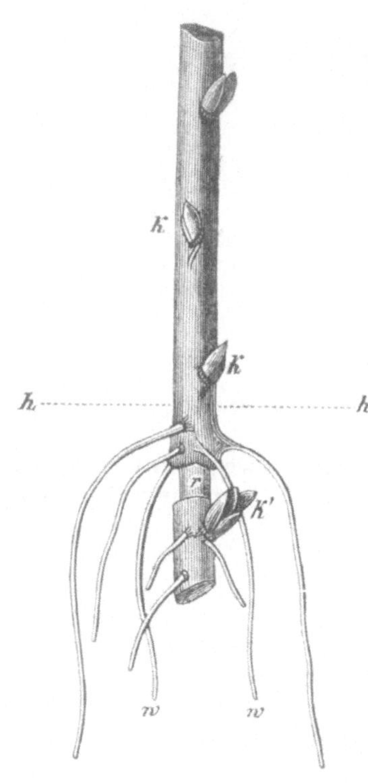

Fig. 81.
Versuch mit einem ringförmigen Anschneiden der Rinde. Der Zweig steht bis zu der Höhe h—h im Wasser. (Nach Pfeffer.)

§ 4. Der aufsteigende Wasserstrom. Die Fortbewegung der Bodenlösungen in der Pflanze hängt von einer ganzen Reihe von Bedingungen ab. Das Eintreten neuer Wassermengen in die Pflanze kann nur unter der Bedingung erfolgen, daß ein Teil des bereits vorhandenen Wassers zuvor entfernt wird. Diese Entfernung des Wassers erfolgt durch Verdunstung desselben durch die Blätter oder die Transpiration. Der Prozeß der Verdunstung des Wassers durch die Blätter bildet demnach die erste Bedingung für die Bewegung des Wassers in der Pflanze.

a) Die Transpiration. Die Transpiration des Wassers durch

die Pflanzen läßt sich mit Hilfe nachstehender Vorrichtungen untersuchen:

1. Durch Bestimmung der Quantität des verdunstenden Wassers aus dem Gewichtsverlust des Apparates mit der Pflanze. Zu diesem Zwecke wird der Topf mit der Pflanze in eine hermetisch verschließbare Kiste aus Zink gestellt, in der sich drei Öffnungen befinden (Fig. 82). Durch die eine derselben wird der Stengel der Pflanze gesteckt; der freie Raum zwischen Stengel und Kistenwand wird sorgfältig verstopft. Die zweite Öffnung dient zum Begießen der Erde. In die dritte Öffnung steckt man ein Glasröhrchen mit ausgezogenem Ende. Durch die kapillare Spitze steht die Luft des Apparates mit der äußeren Atmo-

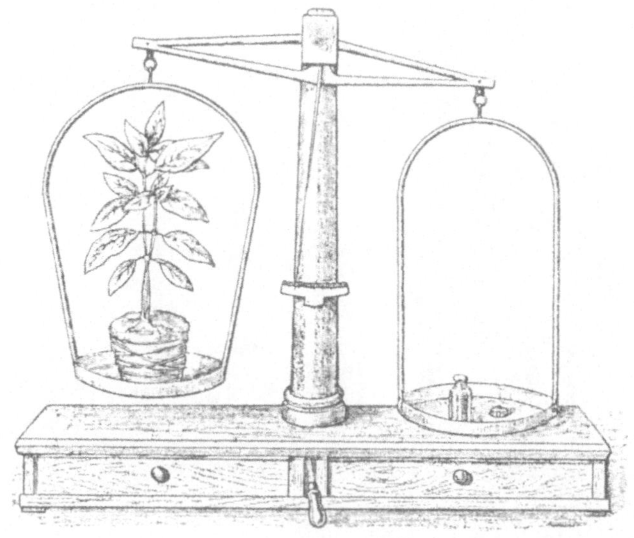

Fig. 82.
Wage für die Untersuchung der Transpiration der Pflanzen.

sphäre in Verbindung. Der Gewichtsverlust des Apparates hängt nur von der Verdunstung des Wassers durch die Pflanze ab[1]). Zu kurzen Versuchen mit kleineren Pflanzen verwendet man auch hohe zylindrische, mit Wasser angefüllte Gefäße. Vermittelst eines mit Seide umwickelten Drahtes werden die Pflanzen in diesen Gefäßen derart befestigt, daß nur die Wurzeln sich im Wasser befinden, während die grünen Teile in die Luft ragen. Um das Verdunsten des Wassers aus den Gefäßen zu verhindern, gießt man eine dünne Ölschicht auf dasselbe. Der Gewichtsverlust des Apparates wird auch in diesem Falle ausschließlich von der Verdunstung des Wassers durch die Pflanzen abhängen[2]).

---

[1]) Hales, Statique d. végétaux, 1735, S. 4.
[2]) Wiesner, Sitzungsber. d. Wien. Akad., LXXIV. Bd., 1. Abt., S. 479, 1877.

2. Durch Messen der Quantität des von der Pflanze aufgenommenen Wassers. Für derartige Untersuchungen ist der von Kohl[1]) beschriebene Apparat (Fig. 83) sehr geeignet. In eine mit Wasser gefüllte Röhre r werden die Wurzeln der zu prüfenden Pflanze sowie ein Thermometer eingeführt. Unten kommuniziert die Röhre r mit einem langen Kapillarröhrchen und einem Gummischlauch, welcher durch ein Glasstäbchen gl verschlossen wird. Bei der Transpiration der Pflanze rückt das Wasser

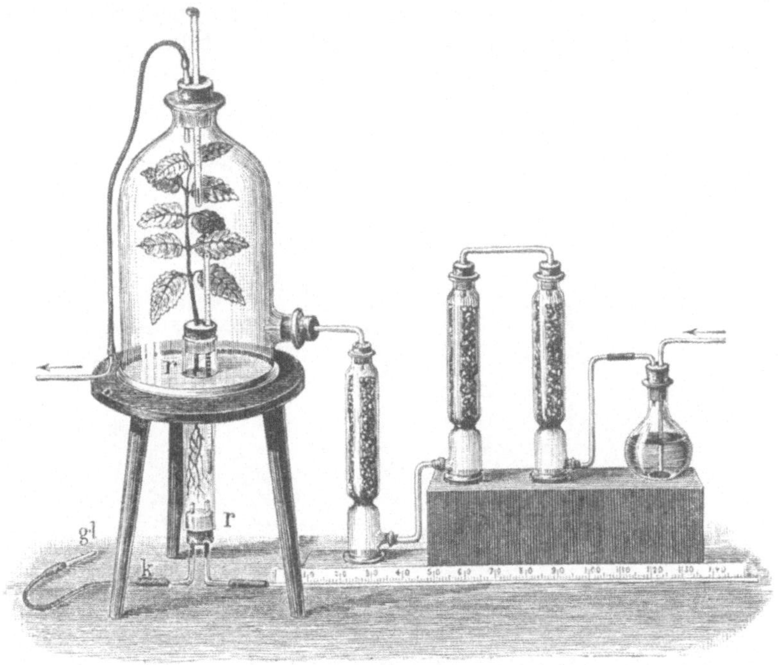

Fig. 83.
Apparat von Kohl zur Untersuchung der Transpiration der Pflanzen.

in dem Kapillarröhrchen weiter vor. Um eine erneute Füllung des Kapillarröhrchens mit Wasser zu ermöglichen, braucht man nur das Glasstäbchen etwas weiter in den Gummischlauch hineinzuschieben. Indem man die Pflanze mit einer Glasglocke bedeckt, kann man dieselbe nach Wunsch mit einer von Wasserdämpfen freien oder mit einer von solchen gesättigten Atmosphäre umgeben. Zu ersterem Zwecke wird die Luft mit einem Aspirator aus der Glasglocke herausgesogen, während man die neu hinzutretende Luft zuvor durch eine Reihe von Glasgefäßen mit starker Schwefelsäure oder mit in dieser Säure getränkten

[1]) Kohl, Transpiration der Pflanzen und ihre Einwirkung auf die Ausbildung pflanzlicher Gewebe. 1886.

Bimssteinstücken hindurchleitet. Um den zweiten Zweck zu erreichen, werden mit Wasser getränkte Schwämme unter die Glasglocke gelegt. Auch die Wände der Glocke werden mit Wasser benetzt. Indem wir die Glasglocke mit einem Pappdeckelzylinder bedecken, versetzen wir die Pflanze in Dunkelheit.

Endlich 3. durch gleichzeitiges Bestimmen der Menge des aufgesaugten und des in Gestalt von Dampf ausgeschiedenen Wassers. Zu diesem Zwecke kann der Apparat von Vesque [1]) verwendet werden. Derselbe besteht aus einer U-förmigen Röhre, deren einer Arm weit, der andere aber eng ist. Diese Röhre wird mit Wasser gefüllt. In dem weiten Arm wird die Pflanze vermittelst eines gut angepaßten Pfropfens angebracht. Indem wir den ganzen Apparat abwägen, bestimmen wir das Quantum des verdunsteten Wassers. Das Weiterrücken des Wassers in dem engen Arme zeigt die Menge des aufgenommenen Wassers an.

Zur Untersuchung der Transpiration ist, abgesehen von den beschriebenen Apparaten, von Stahl[2]) das Kobaltpapier eingeführt worden. Um dasselbe anzufertigen, werden Stücke schwedischen Filtrierpapiers in eine 5 proz. Lösung[3]) von Chlorkobalt getaucht und an der Sonne oder in einem Trockenschrank getrocknet. Das so zubereitete Papier wird an einem trockenen Orte aufbewahrt. In trockenem Zustande ist dasselbe von intensiv blauer Farbe, bei Aufnahme von Wasserdämpfen dagegen färbt es sich hellrosa. Zur Vornahme des Versuches wird das Papier auf die zu untersuchende Fläche des Blattes gelegt und mit einem Glas- oder Glimmerplättchen bedeckt. Nimmt man z. B. ein Blatt, welches nur an der unteren Seite mit Spaltöffnungen versehen ist, so wird sich ein auf dessen Unterseite gelegtes Stück Kobaltpapier an einem sonnigen Tage schon nach wenigen Sekunden rot färben. Umgekehrt wird ein auf die Oberseite dieses Blattes gelegtes Papier mehrere Stunden hindurch blau bleiben. Durch diesen Versuch wird die Bedeutung der Spaltöffnungen für die Transpiration deutlich nachgewiesen.

Die Pflanzen verdunsten eine sehr beträchtliche Menge von Wasser; so verdunsteten bei den von Wiesner angestellten Versuchen drei junge Pflänzchen von Zea Mais von 1,6 g Gewicht im Verlaufe einer Stunde an der Sonne 0,198 g Wasser. Wollny [4]) bestimmte die Menge verdunsteten Wassers für mehrere Pflanzen während einer ganzen Vegetationsperiode. Die hier mitgeteilte Tabelle zeigt die Ergebnisse seiner Untersuchungen.

[1]) Vesque, Annales d. sc. nat, 6. série, 6. tome, 1887, p. 201.

[2]) E. Stahl, Bot. Ztg., 1. Abt., 1894, S. 117.

[3]) Für empfindliche Versuche, wobei ein nur geringer Unterschied in der Transpiration angegeben werden soll, gelangen schwächere (1—2 %) Lösungen zur Verwendung.

[4]) Wollny, Einfluß der Pflanzendecke usw. Aus Sachsse, Lehrb. der Agrikulturchemie, 1888, S. 423.

Monat	Menge des verdunsteten Wassers in Gramm Mais	Hafer	Erbse
Juni	647	482	773
Juli	3113	2095	978
August	5761	2733	917
September	2754	2008	941
Oktober	—	—	801
Im ganzen	12275	7318	4410
Verdunstung durch d. Boden	1063	178	234
Betrag der Verdunstung	11212	7140	4176

Sodann bestimmte Wollny die Quantität der Trockensubstanz in den geernteten Pflanzen und berechnete die Quantität des Wassers, welches während der gesamten Vegetationsperiode auf 1 g der gebildeten Trockensubstanz verdunstet war. Es ergaben sich folgende Quantitäten:

Mais . . . . 233 g Wasser
Hafer . . . . 665 ,, ,,
Erbse . . . . 416 ,, ,,

Obgleich die Pflanzen, wie aus diesen Zahlen hervorgeht, eine ganz beträchtliche Menge von Wasser verdunsten, so ist dennoch die von einer gewissen Oberfläche der Blätter verdunstete Wassermenge beträchtlich geringer als die von einer gleich großen freien Wasserfläche verdunstete Menge Wassers. Nach den Versuchen von Hartig verdunstet

eine Wasserfläche von 1 qm in 24 Stunden . . . . 2000 ccm Wasser
eine Oberfläche von Buchenblättern von 1 qm in 24 Std. 210 ,, ,,

Abgeschnittene Blätter verdunsten viel mehr Wasser als dieselben Blätter an den Pflanzen. Die Untersuchungen von Krutizky [1]) ergaben folgendes:

Ein Blatt von Cyssus antarcticus verdunstete an einem Tage . . . . 10,6 ccm Wasser
Ein Zweig von Cyssus antarcticus mit 6 Blättern verdunstete an einem Tage . . . . 10,8 ,, ,,

Hieraus folgt, daß man die für abgeschnittene Blätter erhaltenen Resultate nicht auf ganze Pflanzen übertragen kann.

Nach diesen vorläufigen Mitteilungen über die Transpiration der Pflanzen wollen wir nunmehr zu der Einwirkung äußerer Faktoren auf den Verlauf der Transpiration übergehen.

Das Licht übt einen großen Einfluß auf die Menge des verdunsteten Wassers aus[2]). Beispiel:

[1]) Famintzin, Der Stoffwechsel der Pflanzen, S. 667 (russisch).
[2]) Baranetzky, Bot. Ztg. 1872, S. 65; Wiesner, Sitzungsber. d. Wien. Akad. Math. Naturw. Klasse, LXXIV. Bd., 1. Abt., 1877, S. 477; Kohl, Die Transpiration der Pflanzen usw. 1886.

Drei junge Pflänzchen von Zea Mais. Gewicht 1,6 g.

Belichtung	Quantität des im Verlaufe eines Tages verdunsteten Wassers
Sonnenlicht	198 mm
Diffuses Tageslicht	68 ,,
Dunkelheit	27 ,,

Im Lichte transpirieren die Pflanzen um ein Mehrfaches intensiver als im Dunkeln.

Versetzt man Pflanzen aus der Dunkelheit an das Licht oder umgekehrt, so wird die Energie der Transpiration nicht plötzlich gesteigert oder herabgesetzt, sondern allmählich.

Von dem Lichte hängt auch die tägliche Periodizität der Transpiration ab[1]). Die Summe des an einem Tage aufgenommenen Wassers entspricht der Menge des in dem gleichen Zeitraum verdunsteten Wassers. Zu verschiedenen Stunden des Tages dagegen herrscht keine Übereinstimmung: des Nachts wird die Pflanze mit Wasser gesättigt, am Tage leidet sie Mangel an demselben.

Nicht alle Strahlen des Spektrums üben die gleiche Wirkung auf die Menge des von grünen Pflanzen verdunsteten Wassers aus. Das Maximum kommt auf die blauen und violetten Strahlen zu liegen. Von den übrigen Strahlen des Spektrums üben die roten Strahlen zwischen B und C die größte Wirkung aus. Für die Transpiration haben demnach diejenigen Strahlen die größte Bedeutung, welche von dem Chlorophyll absorbiert werden. Von diesen Strahlen üben die blauen und violetten die stärkste Wirkung aus.

Von allen äußeren, auf den Prozeß der Transpiration der Pflanzen einwirkenden Faktoren ist das Licht ohne allen Zweifel der wichtigste. Es fragt sich nun, welche Menge von Licht auf diesen Prozeß verwendet wird. Durch Versuche[2]) wurde nachgewiesen, daß ein Blatt der Sonnenblume an einem sonnigen Tage 275 ccm Wasser in der Stunde auf 1 qm verdunstete. Zur Transpiration einer solchen Menge Wassers sind 166 800 Kalorien erforderlich.

Da nun die oben angegebene Blattoberfläche während des Versuches 600 000 Kalorien in der Stunde erhalten hatte, so folgt hieraus, daß das Blatt auf den Transpirationsprozeß 27,5 % der gesamten empfangenen Sonnenenergie verwendet, während auf die Assimilation von Kohlenstoff nur 0,5 % verwendet wurde. Obgleich abgeschnittene Blätter viel mehr Wasser verdunsten als Blätter, welche an der Pflanze sitzen, so zeigt uns dieser Versuch dennoch, daß auf die Transpiration bedeutend mehr Sonnenenergie verwendet wird als auf die Zerlegung der Kohlensäure.

Die F e u c h t i g k e i t der umgebenden Luft ist die zweite Bedingung, von welcher der Transpirationsprozeß der Pflanzen in starkem Maße

[1]) Eberdt, Die Transpiration der Pflanzen und ihre Abhängigkeit von äußeren Bedingungen. 1889.

[2]) Brown, Annales agronomiques, 27, 1901, S. 429.

abhängig ist. Je weniger Wasserdämpfe die Luft enthält, um so energischer geht die Transpiration vor sich; nimmt die Menge der in der Luft enthaltenen Wasserdämpfe zu, so wird die Transpiration abgeschwächt.

Auch die Temperatur übt einen Einfluß auf den Verlauf der Transpiration aus; allein die Abhängigkeit ist hier komplizierter, weil alle Lebensprozesse überhaupt stark von der Temperatur abhängig sind.

Die Bewegungen der Luft, der Wind, verstärken die Transpiration.

Endlich üben auch die chemischen Eigenschaften des Bodens einen großen Einfluß auf die Menge des von den Blättern verdunsteten Wassers aus. An Wasserkulturen angestellte Versuche zeigen, daß die Menge des von den Pflanzen durch Transpiration abgegebenen Wassers sowohl von der Konzentration der Lösung als auch von dem Vorhandensein oder der Abwesenheit verschiedener Verbindungen abhängig ist. So verstärken Säuren die Transpiration, während Alkalien sie verzögern. Das Hinzufügen irgend eines Salzes in geringen Mengen zu dem destillierten Wasser, in dem die Pflanzen kultiviert werden ruft eine Verstärkung der Transpiration hervor. Durch eine Erhöhung des Salzgehaltes wird die Transpiration allmählich herabgesetzt. Bei Anwendung der Lösungen der unentbehrlichen Mineralsubstanzen ist die Transpiration um so schwächer, je konzentrierter die Lösung ist.

Außer den hier aufgezählten äußeren Faktoren, welche auf die Transpiration einwirken, üben auch innere, von der Organisation der Pflanzen abhängige Ursachen auf die Transpiration einen Einfluß aus.

Auf die Transpiration übt erstens das Alter der Pflanzen einen Einfluß aus. In der Periode intensiver Tätigkeit des Blattes, welche dessen Wachstum begleitet, wird am meisten Wasser durch Transpiration abgegeben. Die Ursache dieser Erscheinung besteht darin, daß die Epidermis der jungen Blätter für Wasserdämpfe sehr durchlässig ist; später nimmt die Transpiration ab. Das zweie Maximum fällt mit der definitiven Entwicklung der Spaltöffnungen zusammen. Bei zunehmender Verhärtung der Oberhaut nimmt die Transpiration, trotz der Tätigkeit der Spaltöffnungen, von neuem allmählich an Intensität ab.

Die Menge des von den Blättern durch Transpiration abgegebenen Wassers ist auch von deren Gestalt und dem Charakter ihres anatomischen Baues abhängig, d. h. von der Zahl der Spaltöffnungen, der Dicke und Durchlässigkeit der Oberhaut u. dgl. m. [1]).

Bei vielen Pflanzen kann man, abgesehen von der Ausscheidung von Wasser in Gestalt von Wasserdampf, auch noch eine Ausscheidung von Wasser in flüssigem Zustande durch die Hydatoden beobachten. Dieser letztere Vorgang ersetzt zum Teil die Transpiration und tritt vorzüglich dort zutage, wo die Transpiration aus irgend welchem Grunde abnimmt, wie z. B. bei vielen Aroideae und anderen Bewohnern feuchter Orte (Fig. 84).

---

[1]) Über das Verhalten der Pflanzen gegenüber dem Prozesse der Transpiration und über ihre Anpassung an denselben wird in dem Kapitel über das Wachstum die Rede sein.

b) Die zweite Bedingung, von welcher die Bewegung des Wassers in dem Stengel abhängt, ist die sogenannte Wurzelkraft, welche das Bluten der Pflanzen hervorruft. Das Bluten der Pflanzen wurde erstmals von Hales[1]) untersucht. Schneidet man im Frühjahr vor dem Aufgehen der Knospen an einer Weinrebe einen Zweig ab, so fließt aus der Wunde eine wäßrige Flüssigkeit. Da Hales den Austritt dieser Flüssigkeit hemmen wollte, verband er das angeschnittene Ende der Rebe mit einer Tierblase. Es erwies sich nun, daß der Saft mit großer Gewalt ausströmt, indem die Blase zuerst anschwoll und dann platzte.

Um die Kraft zu messen, mit welcher der Saft herausgetrieben wird, befestigte Hales ein Steigrohr mit Quecksilber an dem abgeschnittenen Ende (Fig. 85). Von dem Druck des Saftes getrieben, begann das Quecksilber in dem freien Arme zu steigen, und der Unterschied in der Höhe erreichte 103 cm. Der Druck betrug demnach etwa 1½ Atmosphären. Statt Zweige abzuschneiden, um die Erscheinung des Blutens zu konstatieren, kann man sich damit begnügen, eine Öffnung an dem Stamme anzubringen. Die Erscheinung des Blutens im Frühjahr ist verschiedenen Holzpflanzen eigentümlich. Dies Bluten wird als Frühlingsbluten bezeichnet, weil dasselbe nur im Frühling, vor dem Auftreten der Knospen beobachtet wird. Nach dem Entfalten der Blätter bedürfen alle Pflanzen des Wassers, da letzteres durch die Blätter transpiriert wird, und es gelingt dann nicht, durch Anbohren des Stammes oder das Abschneiden eines Astes das Bluten hervorzurufen. Um das Bluten anschaulich zu machen, muß man den ganzen Stamm mit allen Blättern abschneiden, worauf der Saft aus dem übriggebliebenen Stumpfe zu fließen beginnt. Bei einer solchen Vornahme des Versuches (d. h. wenn man den ganzen Stengel samt Blättern entfernt) kann man das Bluten während der ganzen Vegetationsperiode nicht nur bei Holzpflanzen, sondern auch bei krautigen Pflanzen beobachten.

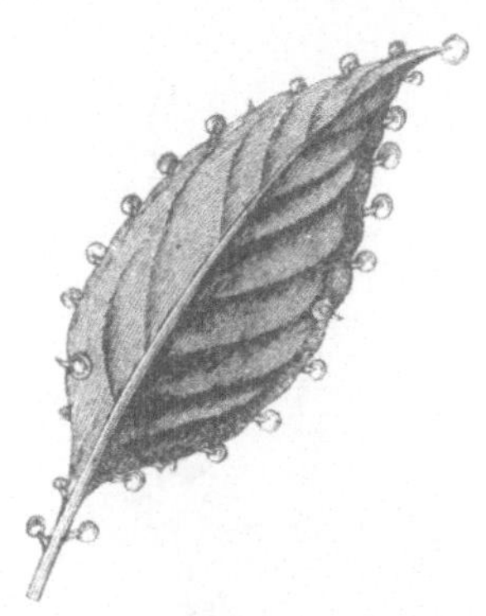

Fig. 84.
Sekretion aus Wasserporen am Rande eines Blattes von Impatiens Sultani. (Nach Pfeffer.)

Um den Druck zu messen, mit welchem der Saft herausgepreßt wird, befestigt man ein Quecksilbermanometer an der durchgeschnittenen Pflanze. Um die Menge der ausfließenden Flüssigkeit zu bestimmen, befestigt man statt des Manometers ein Glasrohr, durch welches die Flüssigkeit in einen Meßzylinder läuft. Zu demselben Zwecke dient auch der selbstregistrierende Apparat von Baranetzky. In diesem Apparate fließt die Flüssigkeit in ein U-förmig gebogenes Rohr. In dem

[1]) Hales, Statique des végétaux. 1735.

freien Arm dieses Rohres befindet sich ein Schwimmer, welcher mit dem Steigen der Flüssigkeit in dem Rohr in die Höhe gehoben wird. Der Schwimmer ist an einem Seidenfaden befestigt, welcher über eine Rolle geschlungen ist. Ein an dem Seidenfaden befestigter Zeiger zeichnet eine Kurve auf einem berußten Papier, welches einen rotierenden Zylinder bedeckt. In einem anderen von Baranetzky konstruierten Apparate verteilt sich die ausströmende Flüssigkeit in einzelne Röhrchen, welche je eine Stunde lang unter die Versuchspflanze gestellt werden. Die Röhrchen sind an der Peripherie einer Holztrommel angebracht,

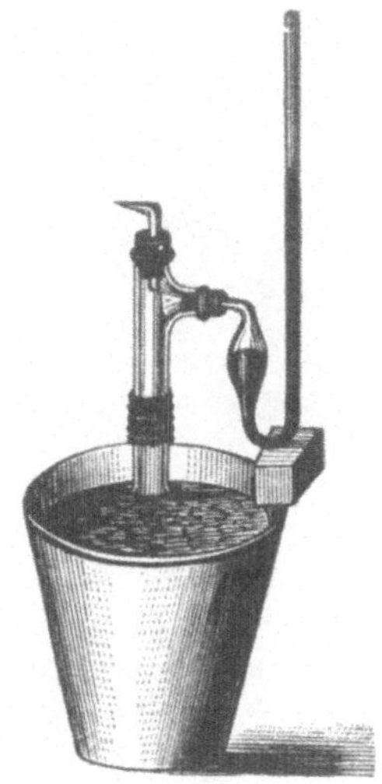

Fig. 85.
Messung der Wurzelkraft. (Nach Pfeffer.)

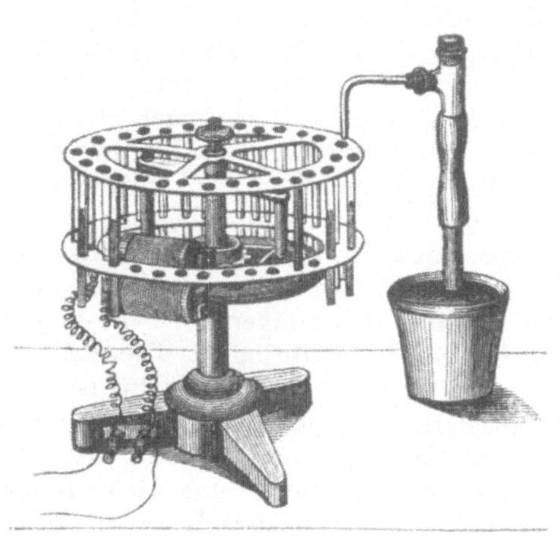

Fig. 86.
Apparat von Baranetzky zur Untersuchung des Blutens der Pflanzen. (Nach Pfeffer.)

welche mit Hilfe eines Uhrwerkes jede Stunde um so viel weiterrückt, daß an Stelle des früheren Röhrchens ein neues unter der Pflanze zu stehen kommt (Fig. 86).

Die Höhe der Quecksilbersäule, welche den Druck des ausströmenden Saftes bei verschiedenen Pflanzen angibt, ist eine verschiedene. Bei krautigen Gewächsen ist sie geringer als bei Holzgewächsen. So beträgt die Höhe der Quecksilbersäule nach den Versuchen von Hofmeister [1]:

bei Atriplex hortensis. . . . . 66 mm
„ Digitalis media . . . . 461 „

Die Menge des ausgeflossenen Saftes übersteigt bei krautartigen Gewächsen den Umfang der Wurzeln um ein beträchtliches. Ein beträchtlicher Teil der ausfließenden Flüssigkeit tritt demnach erst nach dem Durchschneiden der Pflanze in deren Wurzel ein:

[1]) Hofmeister, Flora 1858, S. 1; 1862, S. 97.

	Volumen der Wurzeln in ccm	Quantum des ausgetretenen Wassers in ccm
Urtica urens	1350	3025
Helianthus annuus	3370	5830

In der Menge der während des Blutens der Pflanzen austretenden Flüssigkeit kann eine tägliche Periodizität beobachtet werden [1]). Diese Periodizität hängt durchaus nicht von der Temperatur ab. Die Stunden des Maximums und des Minimums in dem Austreten der Flüssigkeit sind für verschiedene Pflanzen verschieden groß. Etiolierte Pflanzen zeigen keine Periodizität im Bluten. Ein großes Interesse bieten die Analysen des austretenden Saftes. Die von Ulbricht [2]) am 11. April gesteckten Kartoffelknollen ergaben Stengel, welche am 5. Juli zu blühen begannen. Am 9. Juli wurden die Stengel in einer Entfernung von 4 bis 6 cm über der Erdoberfläche durchgeschnitten. Der ausfließende Saft wurde in 5 Portionen in der Weise eingesammelt, daß die erste Portion den am ersten Tage ausgeflossenen Saft, die zweite den am zweiten Tage ausgeflossenen enthielt usw.

Ein Liter Saft enthielt in Milligramm:

	Portion				
	1	2	3	4	5
Verbrennbare Stoffe . .	450	310	220	280	295
Asche	1160	980	960	910	945
Gesamte Trockensubstanz	1610	1290	1180	1190	1240

Die hier angeführten Zahlen zeigen uns, daß die Trockensubstanz des aus den Kartoffelstengeln austretenden Saftes hauptsächlich aus mineralischen Substanzen besteht. Auch die verbrennbare Substanz besteht nicht ausschließlich aus organischen Substanzen, da die Salpetersäure und ein Teil der übrigen mineralischen Verbindungen sich bei dem Glühen verflüchtigen und dadurch das Quantum der verbrennbaren Substanz vermehren. In Wirklichkeit waren demnach in dem Saft der blutenden Kartoffel mehr mineralische Substanzen enthalten, als dies aus der Analyse hervorgeht. Ein solches Resultat war von derartigen Analysen denn auch zu erwarten, indem die aufsteigende Strömung dazu dient, die aufgenommene Bodenlösung über die Pflanze zu verbreiten. Das Vorhandensein von organischer Substanz in dem aus den Elementen des Holzkörpers austretenden Safte läßt sich dadurch erklären, daß die Bodenlösung nicht unmittelbar in das Holz eintritt, sondern von den lebenden Parenchymzellen der Wurzelrinde aufgenommen wird, welche sie darauf in die Holzelemente ausstoßen Es wäre schwer, anzunehmen daß die an organischer Substanz so reichen Parenchymzellen nur mineralische Salze allein in die Gefäße abscheiden sollten.

Der während des Frühlingsblutens aus Holzgewächsen austretende

[1]) Baranetzky, Über die Periodizität des Blutens der krautigen Pflanzen und die Ursachen dieser Periodizität. St. Petersburg 1872 (russisch).

[2]) Ulbricht, Landw. Versuchs-Stationen VI, 1864, S. 469.

Saft dagegen weist eine ganz andere Zusammensetzung auf als der Saft des im Sommer erfolgenden Blutens.

Ein Liter Saft aus dem Stamm einer Birke, welcher aus einer nahe der Erdoberfläche angebrachten Öffnung ausfließt, enthielt in Milligramm:

Monat und Datum	Zucker	Eiweiß	Apfelsäure	Asche
5. April	12500	—	—	—
11. April	13500	—	332	500
17. April	10900	21	—	640
2. Mai	10100	6	—	1080
19. Mai	9400	6	437	—
22. Mai	6900	—	—	—

Aus den hier mitgeteilten Analysen [1]) geht hervor, daß der Saft des Frühlingsblutens arm an mineralischen Substanzen, dafür aber reich an organischen ist. Dies findet seine Erklärung darin, daß die perennierenden Gewächse im Vorfrühling ihren Holzkörper dazu benutzen, um die noch vom vorigen Jahre her aufgespeicherten organischen Substanzen möglichst rasch in die im Wachstum begriffenen Triebe überzuführen. Auf Kosten dieser Vorräte bauen die Pflanzen im Frühling ihre ersten Blätter auf. Nach der Ausbildung der Blätter enthält der ausfließende Saft hauptsächlich mineralische Verbindungen, das heißt, das Frühlingsbluten wird durch das Sommerbluten abgelöst.

Als das Bluten der Pflanzen bezeichnet man demnach das Austreten von Saft aus den Holzelementen angeschnittener Pflanzen, welches dadurch hervorgerufen wird, daß die Parenchymzellen der Wurzel Wasser nebst den darin enthaltenen mineralischen Verbindungen aufnehmen und dasselbe an die Holzgefäße abgeben, in denen es sich nun weiter fortbewegt. Die Ursachen, von denen diese Erscheinung abhängt, sind gegenwärtig noch nicht aufgeklärt worden.

c) Die Bewegung des Wassers im Stengel [2]) hängt von einer ganzen Reihe von Bedingungen ab. Wie durch ringförmige Anschnitte nachgewiesen werden konnte, bewegt sich das Wasser in dem Holze. Die Lehre von Sachs, wonach sich das Wasser in der Masse der Holzgefäßwandungen bewegt, hat sich als unhaltbar erwiesen und ist gegenwärtig ganz fallen gelassen worden. Das Wasser bewegt sich in der Höhlung der Gefäße und Tracheiden. Verstopft man die Höhlung der Gefäße, so verwelkt die Pflanze. Dieser Versuch wird auf folgende Weise

---

[1]) Schröder, Landw. Versuchs-Stationen XIV, 1871, S. 118.

[2]) Wottschal, Über die Bewegung des Wassers in den Pflanzen. Moskau 1897 (russisch); Böhm, Über die Ursache des Saftsteigens in den Pflanzen (Sitzungsber. Wien. Akad., Bd. 48, 1863); Hartig, Gasdrucktheorie und die Sachssche Imbibitions-Theorie. 1883; Godlewski, Zur Theorie der Wasserbewegung in den Pflanzen (Pringsheims Jahrbücher, Bd. 15, 1885, S. 569); Schwendener, Untersuchungen über das Saftsteigen (Sitzungsber. Berlin. Akad. 1886); Strasburger, Über den Bau und die Verrichtungen der Leitungsbahnen in den Pflanzen. Jena 1891; Askenasy, Verhandl. d. Naturhist.-Med. Vereins zu Heidelberg, N. F., V. Bd., 1895, 1896.

angestellt. Man bereitet eine Mischung aus 20 Teilen Gelatine und 100 Teilen Wasser. Diese Mischung schmilzt bei 33° und bleibt bis zu 28° flüssig. Bei einer solchen Temperatur kann von einer Verletzung der Gewebe durch Erhitzung nicht die Rede sein. Zu dieser Mischung fügt man eine beträchtliche Menge chinesischer Tusche hinzu, um sie bemerkbarer zu machen. Durchschneidet man unter einer solchen Mischung, nachdem dieselbe auf 33° erwärmt worden ist, einen reich mit Blättern besetzten Zweig irgend eines Gewächses, so wird die Flüssigkeit in die Gefäße eintreten. Hierauf wird der Zweig abgekühlt, ein kleines Stück desselben abgeschnitten, um eine frische Fläche zu erhalten, und der Zweig in Wasser gestellt. Nach einigen Stunden wird der Zweig verwelken. Ebensolche Zweige, welche aber nicht mit Gelatine injiziert worden sind, bleiben mehrere Tage hindurch frisch [1]).

In den Gefäßen des Holzes befindet sich außer Wasser auch noch Luft. Diese Luft befindet sich, wie durch die Versuche von Höhnel nachgewiesen wurde, in stark verdünntem Zustande. Um das Vorhandensein von Wasser in den Holzgefäßen nachzuweisen, muß man vermittelst einer doppelten Schere auf einmal den Teil eines wachsenden Stengels herausschneiden und dann aus diesem Stück Längsschnitte anfertigen, welche ohne Wasser untersucht werden. Durchschneidet man dagegen den Stengel nicht auf einmal, sondern zuerst an einer Stelle und dann erst an einer anderen, so wird man in dem so erhaltenen Stück kein Wasser finden, weil die durch die Schnittfläche eindringende Luft dasselbe in von der Schnittfläche entfernter liegende Teile der Pflanze verdrängen wird.

Das in dem Holze enthaltene Wasser wechselt mit Luftbläschen ab. Nimmt man eine Pflanze mit saftigem Stengel und schwach entwickeltem Holzkörper (Begonia, Dahlia), so kann man diese Bläschen unter dem Mikroskope beobachten, nachdem man ein Gefäßbündel sorgfältig von dem Parenchymgewebe gereinigt hat, so daß dieses Bündel unverletzt und in Verbindung mit der Pflanze bleibt. Indem man eine Pflanze mit auf diese Weise abpräpariertem Gefäßbündel beobachtet, kann man sehen, daß bei feuchtem, trübem Wetter die Gefäße mit Wasser angefüllt sind und wenig Luftbläschen enthalten, an sonnigen Tagen dagegen nimmt die Wassermenge in den Gefäßen ab, wogegen die Zahl der Luftbläschen beträchtlich zunimmt [2]).

Die bis jetzt angestellten Untersuchungen sprechen dafür, daß die in den Holzgefäßen befindlichen Wassersäulen durch die Luftbläschen nicht völlig unterbrochen werden. Es entsteht dies dadurch, daß erstens die Querschnitte dieser Gefäße keine regulären Kreise darstellen, sondern stets mehr oder weniger vielkantig gestaltet sind; ferner wird diese Unregelmäßigkeit noch durch sekundäre Verdickungen gesteigert, und zwar durch ringförmige, spiralige und andere Verdickungen der Gefäßwand. Da nun die Luftbläschen das Bestreben haben, eine runde

---

[1]) Errera, Ber. d. bot. Ges. 1887, S. 16.

[2]) Capus. Comptes rendus XCVII, 1883, S. 1088.

Gestalt anzunehmen, so bleiben alle Unregelmäßigkeiten im Querschnitt mit Wasser angefüllt, und es entsteht somit eine ununterbrochene Wassersäule, in welcher nur Luftbläschen eingeschlossen sind.

Wottschal hat eingehende Untersuchungen über die Übertragung des Druckes durch Holz, welches Wasser und Luft enthält, angestellt. Zu diesen Versuchen wurden junge Bäumchen oder Äste verwendet Aus diesen wurden Stücke des Stammes von bis zu 2 m Länge herausgeschnitten. An beide Enden des horizontal gelegten Stückes wurden unter Beobachtung der notwendigen Vorsichtsmaßregeln Glasröhren angesetzt. Wurde an dem einen Ende der Druck vermittelst einer Wasser- oder Quecksilbersäule erhöht, so wurde derselbe rasch auch auf das andere Ende der Säule übertragen. Die Geschwindigkeiten in der Aufnahme und der Weitergabe des Wassers an den beiden endständigen Stammesdurchschnitten durchlaufen eine Reihe von Stadien, von denen eines das andere ablöst. Schematisch hat Wottschal diese Erscheinung durch nachstehendes, in der Fig. 87 wiedergegebenes Diagramm ausgedrückt. Die Bewegung des Wassers an dem Querschnitt, welcher einem Drucke ausgesetzt ist, wird durch die Kurve α β γ ausgedrückt. Die Geschwindigkeit der Strömung wächst außerordentlich rasch bis zu einer gewissen sehr beträchtlichen Größe α. Dieses Stadium ist von nur sehr kurzer Dauer und hält mehrere Hunderstel einer Sekunde an. Hierauf beginnt die Geschwindigkeit (α β) abzunehmen. Dieses Stadium ist von längerer Dauer, sein Verlauf währt ½— 2 Minuten. In dem dritten Stadium (β γ) fällt die Geschwindigkeit der Strömung immer langsamer, indem sie allmählich eine konstante Größe erreicht. In kurzen Stammstücken trat die konstante Größe der Geschwindigkeit nach 5 Minuten ein, allein bei Verlängerung des Objektes trat diese Größe bedeutend später ein. Die Bewegung des Wassers in dem entgegengesetzten Ende des Holzstammes ist durch die Kurve α′ β′ γ′ ausgedrückt. Die Geschwindigkeit der Strömung nimmt nur außerordentlich langsam zu und erreicht allmählich die Geschwindigkeit der Strömung an dem Ende des Stammes, welches dem Drucke ausgesetzt ist. Alsdann verschmelzen beide Kurven miteinander. Übereinstimmende Versuche mit Röhren, welche mit Sand angefüllt waren, der Luft enthielt und mit Wasser durchtränkt war, ergaben, daß in beiden Fällen gleiche Resultate erzielt werden. Nach der Auffassung von Wottschal repräsentieren die in dem Holze enthaltenen Luftbläschen nichts anderes als Kollektoren der motorischen

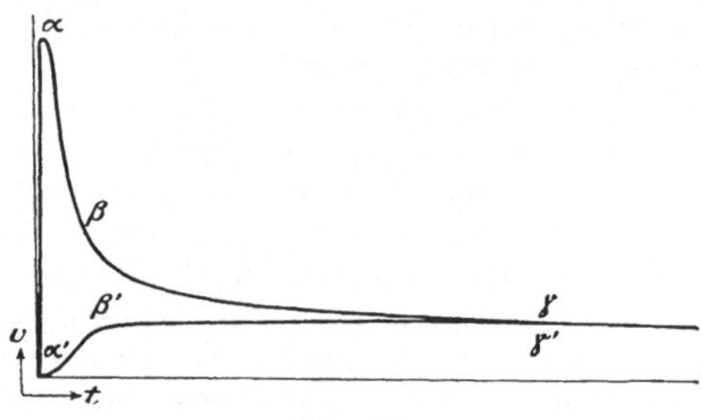

Fig. 87.
Schema der Aufnahme und der Weitergabe des Wassers in Stammstücken. (Nach Wottschal.)

Kräfte. Sie haben nur die ihnen mitgeteilte Energie mehr gleichmäßig und auf eine länger andauernde Zeit zu verteilen. Als Quellen der Energie sind dagegen die an den Enden der Leitbahnen wirkenden Kräfte anzusehen, d. h. die Transpiration des Wassers durch die Blätter und die Wurzelkraft (das Bluten der Gewächse). Die Wurzelkraft, welche auf der Osmose der Zellen beruht, übt von dem einen Ende aus einen Druck auf das im Holze enthaltene Wasser aus. Der Prozeß des Verdunstens des Wassers durch die Blätter übt einen Zug auf dasselbe von dem anderen Ende aus.

Mit welcher Kraft an Stelle des verdunsteten Wassers neues Wasser herangezogen wird, zeigt nachstehender Versuch (Fig. 88). Stellt man einen abgeschnittenen Baumzweig in ein mit Wasser gefülltes Glasröhrchen, dessen unteres Ende in Quecksilber getaucht wird, so beginnt entsprechend dem Verdunsten des Wassers das Quecksilber von unten in das Röhrchen einzudringen. Die Höhe der Quecksilbersäule erreichte

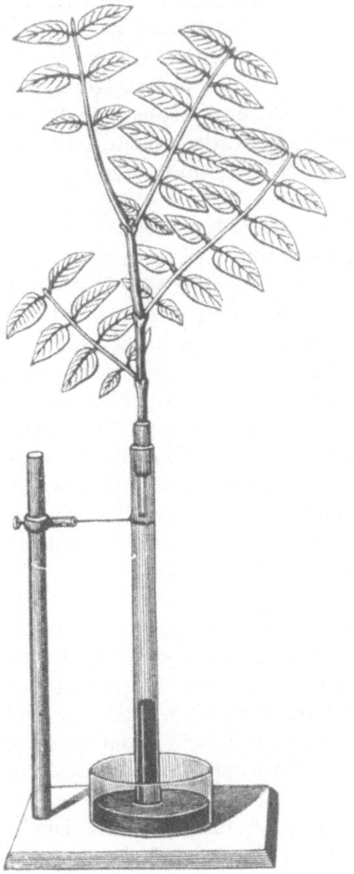

Fig. 88.
Steigen der Quecksilbersäule infolge der Transpiration durch die Blätter.

Fig. 89. Verdunstung des Wassers durch eine Membran, wodurch ein Steigen des Quecksilbers in der Röhre hervorgerufen wird.

bei den Versuchen von Böhm bis zu 86 und sogar 90 cm, d. h. sie übertraf den barometrischen Druck um ein beträchtliches. Die Versuche von Askenasy zeigen, daß dieses so beträchtliche Steigen des Quecksilbers einen rein physikalischen Vorgang darstellt. Askenasy goß den oberen, weiten Teil eines Glastrichters, an welchen ein sehr langes Glasröhrchen angeschmolzen war, mit einer dicken Schicht von Gips aus. Nachdem der Gips erkaltet war, wurde der Apparat mit Wasser gefüllt und mit dem offenen Ende des Röhrchens in Quecksilber gestellt. Indem nun das Wasser von der Oberfläche des Gipses verdunstete, stieg das Quecksilber in dem Röhrchen und erreichte eine Höhe von 82 cm, d. h. sie übertraf den barometrischen Druck ebenfalls um ein ganz beträchtliches. Statt des Ausgießens mit Gips kann man den Trichter auch mit einer Tierblase zubinden (Fig. 89).

Diese Versuche zeigen uns, welch eine große Kohäsionskraft den Wasserteilchen innewohnt. Die Wassersäule kann nicht zerrissen werden, selbst dann nicht, wenn sie unter dem negativen Drucke von fast einem Meter Quecksilber steht. Diese Versuche weisen auch auf die beträchtliche Imbibitionskraft der pflanzlichen Zellwände und des Gipses hin. Die Imbibitionskraft der Zellmembran ist so groß, daß dieselben, nachdem sie ihr Wasser an die sie umgebende Luft abgegeben haben, sofort neues Wasser aus dem Inhalt lebender Zellen heranziehen, trotz deren Turgeszenz. Die Transpiration durch die Blätter, die Imbibitionskraft der Zellmembranen und die Kohäsion der Wasserteilchen sind demnach die hauptsächlichsten Ursachen, durch welche die Bewegung des Wassers im Stengel hervorgerufen wird. Hierzu gesellt sich der sogenannte Wurzeldruck, welcher das Bluten der Gewächse hervorruft.

Die Menge des durch eine Pflanze geleiteten Wassers ist von Bedeutung sowohl für die Verteilung der Aschenelemente über die verschiedenen Teile der Pflanze als auch für deren Aufnahme durch die Pflanze. Als Beweis für diesen Satz können die von Schlösing angestellten Untersuchungen an Tabakspflanzen dienen [1]). Er zog den einen Teil der Pflanzen unter natürlichen Bedingungen, einen anderen Teil unter der Glasglocke, also in einer mit Wasserdampf gesättigten Atmosphäre.

Zur Untersuchung wurden nur die Blätter herangezogen. Die in der feuchten Atmosphäre zur Bildung gelangte Trockensubstanz erwies sich als ärmer an Aschenelementen. Das Quantum an Asche betrug nur 13 %. Unter normalen Bedingungen dagegen waren in der Trockensubstanz 21,8 % Asche enthalten.

§ 5. Die Bewegung organischer Substanzen in der Pflanze. Mit Hilfe ringförmiger Ausschnitte konnte, wie wir bereits gesehen haben, nachgewiesen werden, daß die organischen Substanzen im Stengel sich nur in dessen Rinde weiterbewegen. Die Rinde enthält ihrem anatomischen Baue nach die verschiedenartigsten Gewebe. Aus diesem Grunde drängt sich die Frage auf, ob sich die organischen Substanzen in allen diesen

[1]) Schlösing, Comptes rendus 68, 1869, S. 353.

Organen fortbewegen können oder nur in einigen derselben. Zur Beantwortung dieser Frage führte Hanstein [1]) eine Reihe von Versuchen an verschiedenen Pflanzen aus. Er fand, daß der ringförmige Ausschnitt nicht bei allen Pflanzen einen Stillstand in der Entwicklung der unterhalb des Ausschnittes befindlichen Pflanzenteile hervorruft. Die anatomische Untersuchung der durch den ringförmigen Ausschnitt keinen Schaden leidenden Pflanzen zeigte, daß bei einigen derselben außer dem den dikotylen Pflanzen zukommenden Ring von Gefäßbündeln auch noch solche Bündel im Marke enthalten sind; andere Pflanzen dagegen enthielten keine kollateralen, sondern bikollaterale Bündel. Ringförmige Ausschnitte üben auch keine Wirkung auf die Entwicklung der Monokotyledonen aus.

Auf Grund dieser Befunde kam Hanstein zu der Schlußfolgerung, daß die verschiedenen Folgen bei der Anbringung eines ringförmigen Ausschnitts dadurch zu erklären sind, daß bei den meisten Dikotyledonen durch den Ausschnitt alle Siebröhren mit entfernt werden, während bei Gewächsen mit Gefäßbündeln im Marke oder mit bikollateralen Bündeln, ebenso wie auch bei den Monokotyledonen, nur ein Teil der Siebröhren mit herausgeschnitten wird. Die Siebröhren sind demnach die hauptsächlichsten Elemente, in denen sich die organischen Substanzen bewegen. In Bezug auf ihren anatomischen Bau sind sie diesem Zwecke besser angepaßt als alle übrigen Gewebe der Rinde. Durch die Anerkennung der Siebröhren als der hauptsächlichsten Elemente, durch welche die organischen Substanzen auf beträchtliche Entfernungen hin weitergeleitet werden, wird die Bewegung dieser Substanzen in allen übrigen lebenden Zellen der Pflanzen durch Osmose keineswegs ausgeschlossen, ebenso auch vermittelst der feinsten Poren, welche die Zellmembranen vieler Zellen durchsetzen. Eine charakteristische Eigentümlichkeit der Bewegung organischer Substanzen besteht darin, daß dieselbe ausschließlich durch die Bedürfnisse der lebenden Zellen reguliert wird und das Ergebnis ihrer Tätigkeit darstellt, mit anderen Worten, daß dieselbe nur von sogenannten inneren Ursachen abhängig ist. Die äußeren Bedingungen üben auf die Bewegungen der organischen Substanzen nur insoweit einen Einfluß aus, als sie auf das Leben der Zelle überhaupt einwirken. Ein ganz anderes Bild bot uns die Bewegung der Bodenlösung, welche in sehr hohem Maße von äußeren Bedingungen abhängig ist (Licht, Feuchtigkeit, Luft usw.). Die Frage über die Bewegung der Bodenlösung in den Pflanzen ist im allgemeinen gründlich erforscht worden; bezüglich der Bewegung der organischen Substanzen hingegen liegen nur wenige gut begründete Tatsachen vor, meistens aber nur Vermutungen.

Um die Bewegung der organischen Substanzen in den Gewächsen kennen zu lernen, wurden viele Versuche mit dem Keimen von Samen angestellt. Die wichtigsten diesbezüglichen Arbeiten gehören Sachs [2])

---

[1]) Hanstein, Pringsheims Jahrb. II, S. 392.

[2]) Sachs, Pringsheims Jahrb. III, S. 183, 1863. Flora 1862, S. 139, 280; 1863, S. 33, 193.

an. Mit Hilfe mikroskopischer Reaktionen untersuchte er an der Hand von Schnitten durch Samen und Keime die Verteilung der wichtigsten organischen Substanzen, so der Eiweißkörper, des Zuckers, der Fette und der Gerbstoffe, auf die verschiedenen Gewebe. Aus der Vergleichung der Verteilung der angeführten Substanzen in verschiedenen Stadien des Keimens und in verschiedenen Teilen der Pflanzen zog Sachs dann Schlußfolgerungen über die Bahnen ihrer Bewegungen. Auf Grund derartiger Untersuchungen kann man indessen eigentlich nur auf die Verteilung und die Anhäufung verschiedener organischer Substanzen in den verschiedenen Organen schließen. Daraus allein, daß in einer ganzen Reihe von Zellen eine gewisse Substanz enthalten ist, kann man noch nicht darauf schließen, daß sich diese Substanz auch in diesen Zellen weiterbewegt, wie dies Sachs z. B. in bezug auf die Bewegung der Stärke getan hat. Sachs hatte gefunden, daß während des Keimens in der Rinde eine Reihe mit Stärkekörnern überfüllter Zellen zu finden ist, und daß diese Reihe von den Kotyledonen aus, wo die Reservestoffe angehäuft sind, durch die ganze Pflanze hindurch verläuft. Sachs nannte diese Reihe die Stärkescheide und nahm an, daß die Stärke in dieser Scheide von den Kotyledonen aus in alle im Wachstum begriffenen Teile der Pflanze fortbewegt wird. Durch die späteren Versuche von Heine [1]) wurde nachgewiesen, daß die Stärke hier nicht in Bewegung begriffen ist, sondern nur für den lokalen Bedarf abgelagert wird. An keimenden Pflanzen brachte Heine ringförmige Ausschnitte in der Weise an, daß an diesen Stellen gleichzeitig auch die Stärkescheiden mit entfernt wurden. Nichtsdestoweniger fuhren die Pflanzen fort, sich zu entwickeln, und die Stärkemenge in der Stärkescheide derjenigen Teile des Stengels, welche durch den ringförmigen Ausschnitt von den Kotyledonen isoliert worden waren, hatte in keiner Weise abgenommen. Die Bewegung der organischen Substanz erfolgte demnach auch in diesem Falle durch das Phloem (Leptom) der Gefäßbündel, welches von den ringförmigen Ausschnitten nicht berührt worden war, wobei ein Teil des sich in dem Stengel bewegenden plastischen Materials in Gestalt von Stärke für den lokalen Bedarf abgelagert wurde.

Es liegen auch einige Untersuchungen über die Translokation der von den Blättern gebildeten organischen Substanz nach den übrigen Teilen der Pflanze vor (Sachs, Saposchnikoff [2]) u. a.). Die in den Blättern zur Bildung gelangenden Kohlehydrate strömen beständig in die Stengel über. Die Vergleichung des Verlustes an Kohlehydraten in an den Pflanzen belassenen wie auch an abgeschnittenen, beschatteten Blättern zeigt, daß in den abgeschnittenen Blättern der Abgang an Kohlehydraten mindestens um fünfmal geringer ist als in den Blättern, welche an der Pflanze belassen worden waren. Diese Beobachtung spricht zweifellos für eine Translokation der Kohlehydrate. In ab-

[1]) Heine, Landw. Versuchsstationen XXXV, 1888, S. 155.

[2]) Saposchnikoff, Die Bildung der Kohlehydrate in den Blättern und ihre Bewegung in der Pflanze. Moskau 1890 (russisch). Ber. d. bot. Ges. 1890, S. 238; 1891, S. 298; 1893, S. 391.

geschnittenen Blättern finden die Kohlehydrate nur für lokale Bedürfnisse Verwendung, und die Verausgabung derselben ist daher beträchtlich geringer als in Blättern, welche auf den Pflanzen belassen wurden. In dem Ausströmen der Kohlehydrate aus den Blättern läßt sich eine tägliche Periodizität erkennen. Nach den Untersuchungen von Saposchnikoff kommt das Maximum der Ausströmung auf die ersten Nachtstunden (zwischen 7½ und 11½ Uhr abends). Der Abfluß der Kohlehydrate erfolgt durch die Elemente des Phloems [1]).

Mehrjährige Pflanzen verausgaben niemals die gesamte im betreffenden Sommer aufgespeicherte Substanz für ihre laufenden Bedürfnisse. Ein beträchtlicher Teil derselben wird in Gestalt von Wintervorrat für das kommende Frühjahr abgelagert. Das erste Frühjahrserwachen des Lebens in mehrjährigen Pflanzen und die Bildung der ersten Triebe und Blätter erfolgt auf Kosten der im vorangegangenen Jahre aufgespeicherten organischen Substanzen. Die Ablagerung eines Vorrates für den Winter beginnt bei vielen Pflanzen schon sehr früh; so bei dem Ahorn schon im Mai; bei anderen Pflanzen beginnt dieselbe erst später; bei der Eiche im Juli, bei der Kiefer im September. Die Ablagerung des Vorrates erfolgt zuerst in den jungen Zweigen, worauf sie allmählich stammabwärts vor sich geht, bis sich zuletzt auch die Wurzeln anfüllen. Ihr Ende erreicht die Ablagerung Ende Sommer und im Herbst, bei der Kiefer z. B. Mitte Oktober. Die Wintervorräte füllen das ganze Mark, die Markstrahlen, die Zellen der Rinde sowie auch einige Elemente des Holzes an. Sie bestehen hauptsächlich aus Stärke und Ölen.

Die Auflösung der Wintervorräte beginnt im Anfang des Frühjahrs. Die Lösung geht durch die Markstrahlen in die Elemente des Holzes über und bewegt sich in denselben, wie dies schon früher beschrieben wurde, nach den im Wachstum begriffenen Trieben hin. Werden die bereits gebildeten jungen Triebe vom Frost getötet, so geht der Baum zugrunde, wenn alle Wintervorräte bereits verausgabt worden sind.

Faßt man alle Angaben über die Bewegung der organischen Substanzen in den Pflanzen zusammen, so kann man sagen, daß diese Bewegung hauptsächlich in den Siebröhren vor sich geht. Sekundäre Strömungen verlaufen durch alle lebenden Zellen.

Eine normale Weiterbewegung der organischen Substanzen ist nur in dem Falle möglich, wenn eine Entfernung oder Aufnützung der bereits vorhandenen Produkte ermöglicht wird [2]). Wenn man zum Beispiel aus dem Samen von Mais oder Gerste den Keim entfernt und sodann das Endosperm in feuchte Erde verbringt, so würde sich die Stärke des Keimes weder auflösen, noch wird sie in Zucker übergehen. Befestigt man dagegen statt des entfernten Keimes mit dem Schildchen an dem Endosperm einen kleinen Gipskegel, welchen man mit seinem unteren

---

[1]) F. Czapek, Sitzungsber. d. Wien. Akad. Math. Naturw. Klasse CVI, Abt. 1, 1897, S. 117.

[2]) Puriewitsch, Jahrb. f. wissensch. Bot. XXXI, 1897, S. 1.

Ende in Wasser taucht, so wird die Stärke aufgelöst, und der sich dabei bildende Zucker geht in das Wasser über. Die Endosperme des Mais werden in 13—18 Tagen vollständig entleert, während im Wasser eine beträchtliche Menge von Kohlehydraten auftritt. Ähnliche Versuche kann man auch mit Zwiebeln, Wurzeln, Rhizomen und Zweigen anstellen.

Durch die Abwesenheit freien Sauerstoffs in der die sich entleerenden Endosperme umgebenden Atmosphäre, ebenso durch die Anwesenheit von Äther- oder Chloroformdämpfen in derselben wird der Prozeß ihrer selbständigen Entleerung zum Stillstand gebracht. Dieser Vorgang ist demnach abhängig von der Lebenstätigkeit des Protoplasmas.

Siebentes Kapitel.

Die Stoffumwandlungen in der Pflanze[1].

§ 1. **Die Zelle als Elementarorganismus** [2]. Alle Pflanzen sind aus einzelnen Zellen zusammengesetzt. Die Hauptbestandteile einer jeden Zelle sind Protoplasma und Zellkern. Alle bisher vorliegenden Beobachtungen und Versuche zeigen, daß das Leben der Zelle mit Protoplasma und Zellkern zusammenhängt, und daß die übrigen Zellbestandteile vom Protoplasma und Zellkern gebildet sind. Das Leben der vielzelligen Pflanze ist also nichts anderes als die Summe der Leben der einzelnen Zellen. Deshalb hat Brücke [3]) die Zelle als Elementarorganismus bezeichnet. Wir kennen keinen Organismus, der einfacher gebaut ist als eine einzelne Zelle.

Der Zellkern und der Zellprotoplast haben eine eigentümliche innere Struktur. Die chemische Zusammensetzung der genannten Gebilde ist sehr kompliziert und wenig aufgeklärt. Die Plasmodien von Aethalium septicum [4]), welche zum größten Teil aus Protoplasma und Zellkernen bestehen, haben folgende chemische Zusammensetzung:

Proteide	40 %
Eiweißstoffe und Fermente	15
Andere Stickstoffverbindungen	2
Kohlehydrate	12
Fette	12
Cholesterin	2
Harz	1,2
Kalziumsalze (mit Ausnahme von $CaCO_3$)	0,5
Andere Salze	6,5
Unbestimmte Stoffe	6,5

Protoplasma und Zellkern bestehen also zum größten Teil aus Proteiden, d. h. aus sehr komplizierten phosphorhaltigen Eiweißstoffen. Nach der Behandlung mit Magensaft oder Trypsin hinterlassen die Proteide einen unlöslichen Rückstand, welcher Nukleinsäuren enthält.

[1]) H. Euler, Grundlagen und Ergebnisse der Pflanzenchemie, I 1908, II, III 1909.

[2]) Verworn, Allgemeine Physiologie. Reinke, Einleitung in die theoretische Biologie. 1901. Hofmeister, Die chemische Organisation der Zelle. 1901.

[3]) Brücke, Sitzungsber. d. Wien. Akad., Abt. II, Bd. 44 (1861).

[4]) Reinke, l. c., S. 232.

Sowohl der Zellkern, als auch das Protoplasma, die Chloroplasten, Leukoplasten und alle übrigen lebenden Zellbestandteile werden also durch Magensaft nur teilweise gelöst (Ausnahmen von dieser Regel sind sehr selten) und hinterlassen einen beträchtlichen unlöslichen Rückstand. Die einfachen Eiweißstoffe (Bestandteile der Aleuronkörper, Eiweißkristalle usw.) sind im Magensaft vollkommen löslich.

Die Menge der einfachen Eiweißstoffe im Protoplasma und Zellkern ist gering. Diese Stoffe können zuweilen selbst durch mikrochemische Reaktionen entweder gar nicht oder nur unter Beobachtung gewisser Vorsichtsmaßregeln entdeckt werden.

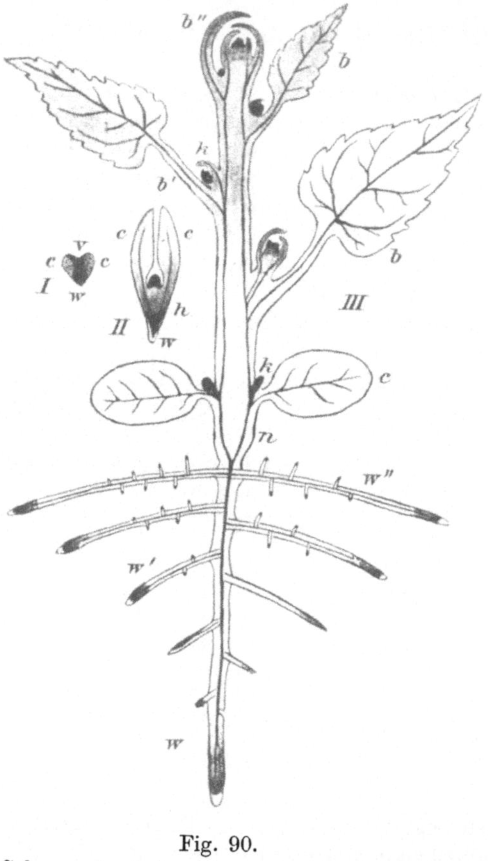

Fig. 90.
Schema der keimenden dikotylen Pflanze.

§ 2. Die Eiweißstoffe.

Die Eiweiß- oder Proteinstoffe sind die kompliziertesten chemischen Bestandteile der Pflanzen [1]). Sie sind im Protoplasma enthalten und werden hauptsächlich in denjenigen Pflanzenteilen angehäuft, welche sich durch besondere Energie der physiologischen Prozesse auszeichnen. Fig. 90 stellt ein Schema der keimenden dikotylen Pflanze dar. I ist ein junger Embryo, II ist ein entwickelter Embryo, III ist eine gekeimte Pflanze. Die eiweißreichen Teile sind schwarz dargestellt. Es sind dies die jüngsten ruhenden oder sehr langsam wachsenden Pflanzenorgane. Die gestreiften Teile enthalten eine geringe Menge von Eiweißstoffen. Diese Teile befinden sich in der Periode intensiven Wachs-

[1]) Literatur über Eiweißkörper: Hammarsten, Lehrbuch der physiologischen Chemie, 4. Aufl. (1899); Halliburton, Lehrbuch der chemischen Physiologie und Pathologie, S. 117—158 (1893); Grießmayer, Die Proteide der Getreidearten, Heidelberg 1897; Cohnheim, Chemie der Eiweißkörper, 2. Aufl. (1900); Abderhalden, Lehrbuch der physiolog. Chemie; Abderhalden, Handbuch der biochemischen Arbeitsmethoden.

tums. Die weißen, bereits ausgewachsenen Pflanzenteile enthalten nur ganz geringe Mengen der Eiweißstoffe; letztere wurden im Prozesse des Wachstums verbraucht. Eine Ausnahme bilden die gewachsenen Laubblätter, welche in ihren Chloroplasten viel Eiweiß enthalten. Das genannte Schema stellt also gleichzeitig sowohl den Eiweißgehalt als die Wachstumsenergie verschiedener Pflanzenteile dar.

Die hauptsächlichsten Reaktionen der Eiweißstoffe sind folgende.

1. Mit Kupfersulfat und Kalilauge — Dunkelviolettfärbung (Biuretreaktion). Albumosen und Peptone liefern hierbei eine rote Färbung. Diese Probe ist von einer besonderen Wichtigkeit, da sie zur Abgrenzung des Eiweißes gegen seine einfacheren Spaltungsprodukte benutzt wird. Bei der Ausführung der Reaktion ist ein Überschuß von Kupfersulfat zu vermeiden, da durch die blaue Farbe des Kupfersalzes die Reaktion verdeckt wird.

2. Beim Erwärmen mit starker Salpetersäure entsteht eine tiefgelbe Färbung, die nach Zusatz von überschüssiger Lauge orangerot wird (Xanthoproteinreaktion).

3. Beim Erwärmen mit dem Millonschen Reagens entsteht eine rote Färbung (Millonsche Reaktion).

4. Mit α-Naphthol und konzentrierter Schwefelsäure erhält man eine violette Färbung (Furfurolreaktion von Molisch).

5. Beim Kochen mit rauchender Salzsäure entsteht eine blauviolette Färbung (Reaktion von Liebermann).

6. Mit Glyoxylsäure und konz. Schwefelsäure erhält man eine schön blauviolette Färbung (Tryptophanreaktion von Adamkiewicz-Hopkins).

Für die quantitative Bestimmung der Eiweißstoffe bedient man sich der Methode von Stutzer [1]). Dieselbe beruht darauf, daß Eiweißstoffe mit Kupferoxydhydrat eine in Wasser unlösliche Verbindung liefern. Die Eiweißbestimmung führt man auf folgende Weise aus. Die zerkleinerten Pflanzen werden mit Wasser gekocht und dann mit Kupferoxydhydrat versetzt. Der Niederschlag wird abfiltriert, mit heißem Wasser, alsdann mit Alkohol gewaschen und getrocknet. Dieser Niederschlag enthält die gesamten Eiweißstoffe. Alle übrigen stickstoffhaltigen Pflanzenstoffe liefern mit Kupferoxydhydrat wasserlösliche Verbindungen und sind also im Filtrate enthalten. Für die Bestimmung des Stickstoffs im Niederschlage wird vorzugsweise die Methode von Kjeldahl benutzt. Der Stickstoff der meisten organischen Pflanzenstoffe wird beim Kochen mit rauchender Schwefelsäure in Ammoniak übergeführt und ist also im Verbrennungskolben als Ammoniumsulfat enthalten. Man bestimmt alsdann das Ammoniak nach einer der bekannten Methoden und berechnet hieraus die Menge des Eiweißstickstoffs.

Wenn man in der einen Portion der zu untersuchenden Pflanzen den Gesamtstickstoff, in der anderen Portion aber den Eiweißstickstoff

---

[1]) A. Stutzer, Journal für Landwirtschaft 1880, S. 103; 1881, S. 473.

bestimmt, so ergibt die Differenz der beiden Zahlen die Menge des Nichteiweißstickstoffs.

Folgende Zahlen mögen zur Erläuterung der relativen Menge des Eiweiß- und Nichteiweißstickstoffs in verschiedenen Pflanzen dienen.

	In $^0/_0$ des Gesamtstickstoffs	
	Eiweiß-N	Nichteiweiß-N
Wicke	67,2	32,8
Junge Luzerne	73,1	26,9
Kartoffelknollen (7. Juli) . . .	58,7	41,3

Eine beträchtliche Stickstoffmenge ist also in einfachen Verbindungen vorhanden.

Vom physiologischen Standpunkte aus unterscheidet man zwei Gruppen der Eiweißstoffe, und zwar Proteine oder native Eiweißkörper und Proteide oder Verbindungen der Eiweißkörper mit anderen Stoffen. Proteine sind Reservestoffe (wie z. B. die Eiweißstoffe der Aleuronkörner). Proteide sind für das Leben der Zelle unentbehrlich; sie bilden die Hauptmenge des Protoplasmas, wie aus den angeführten Analysen (S. 145) zu ersehen ist.

Die nativen Eiweißstoffe sind in folgende Gruppen eingeteilt:

1. Albumine. Sie sind in salzfreiem Wasser löslich und durch Sättigung der Lösung mit Ammoniumsulfat fällbar. Durch Kochen oder Zusatz von Alkohol werden Albumine koaguliert.

2. Globuline. Sie sind in salzfreiem Wasser unlöslich, dagegen löslich in Neutralsalzlösungen (Natriumchlorid, Ammoniumchlorid, Magnesiumsulfat usw.). Globuline werden durch Halbsättigung der Lösung mit Ammoniumsulfat vollständig gefällt und durch Kochen oder Alkoholzusatz koaguliert.

3. Albuminate. Sie entstehen bei Behandlung der Albumine und Globuline mit schwachen Alkalien (alkalische Albuminate) oder mit schwachen Säuren (Syntonine). Sie sind in Wasser und Neutralsalzlösungen unlöslich, dagegen löslich in schwachen Alkalien und Säuren; durch Kochen werden sie nicht gefällt, wohl aber durch Sättigung mit Ammoniumsulfat. Nach Zusatz von überschüssigem Alkohol sind sie koaguliert.

4. Albumosen und Peptone. Es sind dies die primären Produkte der Eiweißhydrolyse durch Fermente. Peptone können überhaupt nicht ausgesalzen werden; Albumosen sind aber durch Ammoniumsulfat fällbar.

Die Eiweißstoffe der Pflanzen sind nur lückenhaft untersucht [1]. Als native pflanzliche Eiweiße sind folgende zu bezeichnen.

P h y t o a l b u m i n e. Sie sind wenig verbreitet [2] und in den meisten Fällen nicht einwandfrei nachgewiesen. Die in Pflanzensäften vor-

---

[1]) Abderhalden, Biochemisches Handlexikon, Bd. 4 (1910).

[2]) Martin, Journ. of Physiol., Bd. 6, S. 326,; Green, Proceed. of the Royal Soc., Bd. 40. S. 28; Vines and Green, Proceed. of the Royal Soc., Bd. 52, S. 130 (1893).

handenen Eiweißstoffe sind meistens nichts anderes als Globuline, da sie nur in Gegenwart von Salzen löslich sind und bei der Dialyse gefällt werden.

Phytoglobuline sind besser untersucht worden [1]). Sie bilden die Hauptmenge des Reserveeiweißes der Samen. Als eins der besten Objekte für die Darstellung des Phytoglobulins ist Samen von Lupinus luteus zu bezeichnen. Man versetzt fein zerkleinerte Samen mit einem 10 proz. Chlornatrium- bzw. Chlorammoniumlösung und filtriert nach 24 Stunden. Das Filtrat wird dialysiert; zu diesem Zwecke sind Dialysatoren von Kühne vortrefflich geeignet (Fig. 91). Die Lösung wird in ein Rohr aus Pergamentpapier gebracht, in einen Glaszylinder hineingetan und im Wasserstrome gelassen. Das Leitungswasser fließt durch den Trichter in den Zylinder, und der Wasserüberschuß wird durch die Nebenröhre entfernt. Nach 2 bis 3 Tagen hat sich Globulin am Boden des Pergamentrohres als eine zähe, klebrige, in reinem Wasser unlösliche, in Neutralsalzlösungen lösliche Substanz abgesetzt. Die aus verschiedenen Pflanzen dargestellten Globuline sind untereinander nicht identisch. So unterscheidet man z. B. Edestin (aus Fettsamen), Legumin (aus Erbsensamen), Konglutin (aus Lupinensamen), Phytoglobuline sind den typischentierischen Globulinen nicht ganz ähnlich.

Fig. 91.
Dialysator.

Peptone wurden in den Pflanzen nur in äußerst geringen Mengen aufgefunden. Für die Isolierung der Peptone hat Neumeister die Löslichkeit dieser Stoffe in gesättigter Ammoniumsulfatlösung mit Vorteil benutzt, da alle übrigen Eiweiße durch Ammoniumsulfat gefällt werden. Wäßrige Extrakte aus Samen und Pflanzen werden mit festem Ammoniumsulfat gesättigt und filtriert. Das Filtrat liefert nach erfolgter Entfärbung die für Peptone charakteristische Nuance der Biuretreaktion. Die von Neumeister [2]) untersuchten Pflanzen sind in betreff des Peptongehaltes in zwei Gruppen einzuteilen. Die Samen von Papaver, Beta, Hordeum, Zea und Triticum enthalten keine Spur von Pepton; letzterer ist in genannten Pflanzen nur während der Keimung nachweisbar. Bei Lupinus, Vicia und Avena findet man dagegen in ungekeimten Samen größereMengen von Pepton als in Keimpflanzen. Bei den Pflanzen der zweiten Gruppe spielt also Pepton die Rolle eines Reservestoffs und wird bei der Keimung allmählich verbraucht. Eine Vorstellung von der Struktur der Eiweißstoffe gewinnen wir durch Studium der Spaltungsprodukte des Eiweißes [3]). Die Endprodukte der vollkommenen Hydro-

---

[1]) Weyl, Zeitschr. f. physiol. Chemie, Bd. 1 (1877); Palladin, Zeitschr. f. Biolog. 1894, S. 191; Abderhalden, Lehrb. f. physiol. Chemie (1906).

[2]) Neumeister, Zeitschr. f. Biologie, Bd. 30, S. 447 (1894).

[3]) E. Abderhalden, Neuere Ergebnisse auf dem Gebiete der speziellen Eiweißchemie. Jena. 1909.

lyse erhält man beim dauernden Kochen des Eiweißes mit konzentrierten Säuren und Alkalien oder durch fermentative Spaltung. Es sind dies verschiedene Aminosäuren. Folgende hauptsächlichste Produkte der Eiweißhydrolyse wurden bisher isoliert und identifiziert.

1. Monoaminosäuren: Glykokoll (Glyzin, Aminoessigsäure), d-Alanin (α-Aminopropionsäure), l-Serin (α-Amino-β-oxypropionsäure), d-Valin (Aminoisovaleriansäure), l-Leuzin (α-Aminoisobutylessigsäure), d-Isoleuzin (Methyläthyl-α-aminopropionsäure), l-Asparaginsäure (Aminobernsteinsäure), d-Glutaminsäure (Aminoglutarsäure), l-Phenylalanin (Phenyl-α-aminopropionsäure), l-Tyrosin (Paraoxyphenyl-α-aminopropionsäure), Zystin (α-Diamino-β-dithiodilaktylsäure).

2. Diaminosäuren (Hexonbasen): Lysin (α-ε-Diaminokapronsäure), d-Arginin (Guanidin-α-aminovaleriansäure).

3. Derivate von Imidazol, Pyrrol und Indol: l-Histidin (β-Imidazol-α-aminopropionsäure), l-Prolin (α-Pyrrolidinkarbonsäure), l-Oxyprolin, l-Tryptophan (Indolaminopropionsäure).

Das Verhältnis der Mengen von verschiedenen Aminosäuren in verschiedenen Eiweißen ist nicht konstant, wie es aus folgender Tabelle zu ersehen ist.

		Eiweiß aus Weizenmehl	Eiweiß aus Hafer
1. Monoaminosäuren	Glyzin	0,9	1,0
	Alanin	4,65	2,5
	Serin	0,74	—
	Leuzin	6,0	15,0
	Asparaginsäure	0,9	4,0
	Glutaminsäure	23,4	18,4
	Phenylalanin	2,0	3,2
	Tyrosin	4,25	1,5
	Zystin	0,02	—
		42,86	45,6
2. Diaminosäuren	Lysin	1,9	—
	Arginin	4,7	—
		6,6	—
3. Heterczyklische Verbindungen	Histidin	1,76	—
	Prolin	4,2	5,4
	Tryptophan	vorhanden	—
		5,96	5,4

Den hauptsächlichsten Bestandteil des Eiweißes bilden also die Monoaminosäuren.

Nachdem durch zahlreiche Analysen die Tatsache festgestellt worden war, daß verschiedene Aminosäuren als Bausteine des Eiweißes anzusehen sind, hat sich E. Fischer [1]) mit der Aufgabe befaßt,

[1]) E. Fischer, Untersuchungen über Aminosäuren, Polypeptide und Proteine.

eine Synthese der komplizierten Verbindungen aus verschiedenen Aminosäuren zu bewerkstelligen. Gegenwärtig kennen wir bereits viele durch amidartige Verkettung der Aminosäuren dargestellte Verbindungen, welche E. Fischer als Polypeptide bezeichnet. Diese Verbindungen sind nach der Zahl der an ihrem Aufbau beteiligten Aminosäuren in Di-, Tri-, Tetra-, Pentapeptide usw. eingeteilt. Die einfachsten Polypeptide sind kristallinische Verbindungen, die komplizierten Peptide, deren Molekulargewicht groß ist, haben kolloidale Eigenschaften, liefern die Biuretreaktion und sind den Peptonen sehr ähnlich.

Daß der von E. Fischer eingeschlagene Weg zur Synthese der Eiweißstoffe ein richtiger ist, dürfen wir kaum bezweifeln. Die partielle Hydrolyse der nativen Eiweißkörper hat ergeben, daß Polypeptide tatsächlich am Aufbau des Eiweißes beteiligt sind. Diese partielle Hydrolyse der Eiweißstoffe wird durch Säuren bei Zimmertemperatur oder höchstens bei 37° ausgeführt. Auf diese Weise ist es gelungen, aus verschiedenen Eiweißen Polypeptide zu erhalten [1]).

Die nativen Eiweißkörper sind also aus Polypeptiden gebaut; letztere sind aber amidartige Verkettungen verschiedener Aminosäuren.

Die beschriebenen Eiweißstoffe spielen die Rolle des Reservematerials. Anders gebaut sind Eiweißkörper, welche im Protoplasma, in Spermatozoiden und Eizellen enthalten sind. Hierzu gehören Nukleoproteide, Histone und Protamine. Nukleoproteide sind Verbindungen der Eiweißstoffe mit anderen Körpern; sie werden zu Eiweiß und Nuklein gespalten. Nukleine sind in Wasser ziemlich löslich; sie liefern oft keine Biuret- und Millonsche Reaktion, reagieren sauer und werden durch Magensaft nicht zerlegt. Bei Behandlung mit Alkalien erfolgt eine Spaltung der Nukleine zu eiweißähnlichen Komplexen und Nukleinsäuren [2]). Letztere sind phosphorreich und haben sehr großes Molekulargewicht. Die Zusammensetzung der Nukleinsäure aus Hefe wird durch die Minimalformel $C_{40}H_{59}N_{14}O_{22} . 2\,P_2O_5$, diejenige der Nukleinsäure aus Lachssperma durch die Minimalformel $C_{40}H_{56}N_{14}O_{16} . 2\,P_2O_5$ ausgedrückt. Die Hydrolyse der Nukleinsäuren liefert Phosphorsäure, Pyrimidin- und Purinderivate, Pentosen und Lävulinsäure. Von diesen Spaltungsprodukten sind Phosphorsäure und Purinbasen, namentlich Xanthin, Hypoxanthin, Guanin und Adenin, besonders beachtenswert.

Für die Kenntnis der physiologischen Rolle der Nukleoproteide ist eine quantitative Bestimmung dieser Verbindungen notwendig. Wir verfügen leider über keine exakten Methoden der Nukleinbestimmung. Bei der Behandlung der Nukleoproteide mit Magensaft hinterbleibt ein unlöslicher Rückstand, der Stickstoff und Phosphor enthält. Nach der Menge des einen der genannten Elemente kann die

Berlin 1906; E. Abderhalden, Neuere Ergebnisse auf dem Gebiete der speziellen Eiweißchemie. Jena 1909.

[1]) E. Fischer und E. Abderhalden, Ber. d. chem. Ges., Bd. 39, S. 752 und 2315 (1906); Bd. 40, S. 3544 (1907).

[2]) Altmann, Archiv f. Anatomie und Physiol. 1889, S. 524.

Menge der Nukleoproteide annähernd beurteilt werden. Diese Methode ist allerdings nur für vergleichende Untersuchungen brauchbar, da verschiedene Nukleoproteide in ungleichem Maße durch Magensaft gespalten und gelöst werden. Die Bestimmung der in Nukleoproteiden enthaltenen Purinbasen ist kompliziert und zeitraubend. Am besten hat sich bisher für diesen Zweck die Methode von Plimmer [1]) bewährt. Nach Behandlung der Nukleoproteide im Verlaufe von 24—48 Stunden mit einprozentiger Natronlauge bei 37^0 bleibt die Nukleinsäure unverändert, während andere organische Verbindungen den gesamten Phosphor in Form von Phosphorsäure abspalten. Die Bestimmung der nicht abgespaltenen Phosphors gibt also Anhaltspunkte für die Beurteilung der Menge der Nukleinsäure. In etiolierten Stengelgipfeln von Vicia Faba sind z. B. folgende Mengen von Phosphor (in Prozenten des gesamten Eiweißphosphors) auf Nukleinsäure und unverdaulichen Eiweißrückstand zu beziehen[2]).

Nukleinsäure	57 %
Unverdauliche Eiweißstoffe	37 „

Es ist also einleuchtend, daß durch Einwirkung von Magensaft eine beträchtliche Menge des Nukleinsäurephosphors abgespalten wurde. Histone und Protamine wurden bisher in Pflanzen nicht aufgefunden. Diese Verbindungen können am besten aus Fischsperma dargestellt werden. Es ist deshalb wahrscheinlich, daß die genannten Stoffe auch in Spermatozoiden der Pflanzenwelt vorkommen.

Die Spaltungsprodukte der Histone und der Protamine sind zum größten Teil Diaminosäuren. In Protaminen tritt Arginin in den Vordergrund (58 % bis 84 %).

Es ist also ersichtlich, daß die für Lebensvorgänge wichtigen Eiweiße sich durch eigenartige Struktur auszeichnen. Bei der Hydrolyse dieser Eiweißstoffe erhält man hauptsächlich nicht Monoaminosäuren, sondern vielmehr heterozyklische basische Derivate von Purin, Pyrimidin und Imidazol.

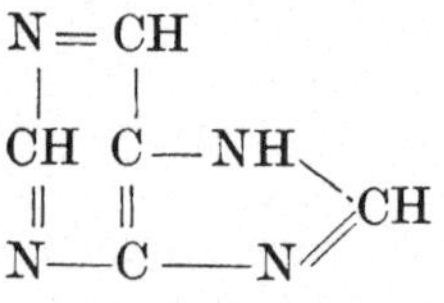

```
N=CH                      N=CH
|   |                     |   |
CH  C—NH\                 CH  CH          HC—NH\
||  ||    >CH             ||  ||          ||     >CH
N—C —N//                  N—CH            HC——N//
    Purin                 Pyrimidin          Imidazol
```

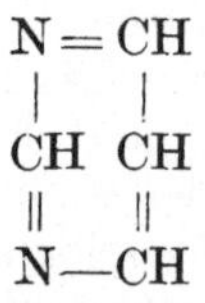

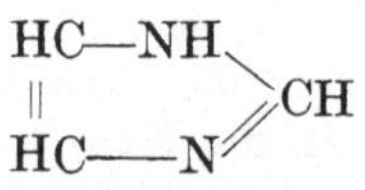

Spermatozoide der Fische sind besonders arm an Monoaminosäuren. Diese Säuren, deren Menge in Reserveeiweißen nach dem Ausdruck von A. Kossel [3]) so stark imponiert, treten in formativen Eiweißen vollkommen in den Hintergrund.

---

[1]) Plimmer, Journ. of Chem. Soc. 93, 94; Biochem. Zentralbl., Bd. 8, Nr. 3.

[2]) W. Zaleski, Ber. d. bot. Ges. 1909, S. 202.

[3]) A. Kossel, Zeitschr. f. physiol. Chemie, Bd. 44, S. 349 (1905).

§ 3. Fermente (Enzyme) [1]. Der größte Teil der in Pflanzen und Tieren stattfindenden biochemischen Vorgänge wird gegenwärtig auf fermentative oder enzymatische Prozesse zurückgeführt. Es ist allerdings bisher nicht gelungen, reine Fermente zu isolieren; die Anwesenheit je eines Fermentes wird nur durch seine spezifische Wirkung zum Vorschein gebracht. Zu diesem Zwecke müssen die betreffenden Pflanzen in der Weise getötet werden, daß die zu untersuchenden Fermente nicht zerstört sind. Eine der gebräuchlichsten Methoden besteht darin, daß man aus zerkleinerten Pflanzen wäßrige Extrakte oder Glyzerinextrakte darstellt. Brown und Morris [2]) haben die Pflanzen bei 40—50° getrocknet (höhere Temperaturen wirken schädlich auf Fermente). Die getrockneten Pflanzen wurden fein zerrieben und das erhaltene Pulver diente als Ferment. E. Buchner hat für die Darstellung der alkoholische Gärung erregenden Zymase fein zerriebene Hefe mittels hydraulischer Presse abgepreßt und den Saft als Ferment verwendet, Derselbe Forscher hat auch Azeton für die Abtötung der Hefe mit Erfolg gebraucht. Für den Nachweis der Fermente in Samenpflanzen bediente sich Palladin [3]) der Methode der Abtötung durch niedere Temperatur. Nach dem Auftauen der erfrorenen Pflanzen wird das Leben sistiert, die Tätigkeit der einzelnen Fermente dagegen nicht gehemmt.

Nach dem Mechanismus der Wirkung sind Fermente als Katalysatoren aufzufassen. Als Katalyse bezeichnet man die Beschleunigung einer langsam verlaufenden Reaktion durch fremdeKörper. In der allgemeinen Chemie sind mannigfache Fälle der katalytischen Beeinflussung verschiedener Reaktionen bekannt. So erfolgt z. B. die Wasserstoffbildung bei Einwirkung reiner Schwefelsäure auf Zink in einem langsamen Tempo. Nach Zusatz eines Tropfens Platinchloridlösung tritt aber eine stürmische Wasserstoffentwickelung ein. Die Geschwindigkeit der Hydroperoxydspaltung durch Alkalien wird durch sehr geringe Mengen von Platin und anderen Metallen bedeutend erhöht. In beiden Fällen spielt Platin die Rolle eines anorganischen Fermentes [4]). Die Energie der Wirkung eines sowohl anorganischen als organischen Fermentes ist von der Menge des Fermentes, von der Temperatur und von den Eigenschaften des umgebenden Mediums abhängig. Chemische Reaktionen können durch fremde Körper nicht nur stimuliert, sondern auch gehemmt werden. So wird z. B. die katalytische Wirkung des Platins auf die Spaltung des Hydroperoxydes durch Alkalien in Gegenwart einer Spur von Blausäure, Arsenigsäure, Schwefelwasserstoff und anderer Gifte stark beeinträchtigt.

Unter den pflanzlichen Fermenten ist Diastase am meisten ver-

---

[1]) Duclaux, Traité de microbiologie, t. 2, Diastases, toxines et venins (1899); Green, Die Enzyme (1901); Oppenheimer, Die Fermente, 2. Aufl.; Abderhalden, Handbuch der biochemischen Arbeitsmethoden (1910).

[2]) Brown and Morris, Journal of the chem. Society 1893, S. 604.

[3]) Palladin, Zeitschr. f. physiol. Chemie, Bd. 47, S. 27 (1906).

[4]) Bredig, Anorganische Fermente (1901); Ascher und Spiro, Ergebnisse der Physiologie, Abt. I, S. 134 (1902).

breitet. Dieses Ferment bewirkt die Umwandlung der Stärke in Glukose. Eine sehr geringe Menge des Fermentes ist imstande, bedeutende Mengen von Stärke zu hydrolysieren: 1 Gewichtsteil von Diastase zerlegt 2000 Gewichtsteile von Stärke.

Diastase ist nach Untersuchungen von Baranetzky [1]) im Pflanzenreiche sehr verbreitet und wird namentlich bei Keimung der Stärkesamen in großen Mengen gebildet. Die Darstellung der Diastase erfolgt am besten aus Malz, welches man mit Wasser digeriert, den Extrakt filtriert und im Filtrate das Ferment mit Alkohol fällt. So erhält man einen weißen Niederschlag, der durch nochmaliges Auflösen in Wasser und Fällen mit Alkohol gereinigt wird.

Die chemische Zusammensetzung der Diastase ist derjenigen der Eiweißstoffe sehr ähnlich. Nach dem Fällen mit Alkohol erhält das Ferment die Fähigkeit, in Wasser sich zu lösen und Stärke zu hydrolysieren. Die erste Phase dieser Reaktion ist dadurch gekennzeichnet, daß nach Zusatz von Jod nicht Blaufärbung, sondern anfangs violette, dann aber braune Färbung eintritt. Schließlich wird gar keine Färbung durch Jod hervorgerufen. Die Reaktion wird durch höhere Temperaturen befördert. Die Zersetzung unversehrter Stärkekörner durch Diastase findet nur nach Zusatz von Säuren (Salzsäure, Ameisensäure, Essigsäure, Zitronensäure) statt. Nach den Ergebnissen von Baranetzky wirkt Ameisensäure besonders günstig. Die künstliche Auflösung der Stärkekörner durch Diastase ist von denselben Erscheinungen begleitet, welche bei der Keimung der Samen wahrgenommen werden. Die durch Diastase angegriffenen Teile der Körner sind durchsichtig, glasartig und liefern keine Färbung mit Jod. Alsdann wird das ganze Stärkekorn durchsichtig; schließlich tritt eine Auflösung dieses Gerüstes ein. Zurzeit liegen ausführliche Angaben über Bildung und Verteilung der Diastase bei Keimung der Gerste vor. Folgende Tabelle zeigt die Verteilung der Diastase in viertägigen Keimpflanzen [2]):

In 50 Hälften des Endosperms (beim Embryo) . . .	9,7970
In 50 Hälften des Endosperms (das andere Ende)	3,5310
In Wurzeln der 50 Keimlinge	0,0681
In Blättern der 50 Keimlinge	0,0456
In Schildchen der 50 Keimlinge	0,5469
Summe	13,9886

Es ist also ersichtlich, daß Diastase zum größten Teil im Endosperm abgelagert wird.

In Blättern ist die Anwesenheit der Diastase schwerer nachzuweisen als in Keimpflanzen. Extrakte aus frischen Blättern enthalten meistens keine Diastase, da letztere durch Zellwände fast gar nicht diffundiert. Brown und Morris [3]) empfehlen folgendes Verfahren. Man trocknet die

[1]) Baranetzky, Die stärkeumbildenden Fermente (1878).

[2]) Moritz und Morris, Handbuch der Brauwissenschaft (deutsche Übertragung von Windisch), S. 142 (1893).

[3]) Brown and Morris, Journ. of the chemic. soc. 1893, S. 604.

Blätter bei 40—50^0, zerkleinert sie alsdann und läßt das erhaltene Pulver auf Stärke wirken. Verschiedene Blätter üben eine nicht gleiche diastatische Wirkung auf Stärke aus, wie auf folgender Tabelle zu ersehen ist.

1.	Pisum sativum	240,30
2.	Lathyrus odoratus	100,37
3.	Helianthus annuus	3,97
4.	Syringa vulgaris	2,52
5.	Hydrocharis Morsus Ranae	0,26

Je größer der Tanningehalt, desto schwächer ist die diastatische Wirkung der Blätter. Ausführliche Untersuchungen haben ergeben, daß Diastase ein Gemenge von zwei verschiedenen Fermenten, Amylase und Maltase, vorstellt. Amylase bewirkt die Umwandlung von Stärke zu Maltose; letztere geht alsdann unter dem Einfluß von Maltase in Glukose über. In Knollen einiger Pflanzen ist Stärke durch Inulin ersetzt. Die Spaltung des Inulins erfolgt durch Vermittlung eines spezifischen Fermentes (Inulase). Für die Darstellung der Inulase bereitet man Glyzerinextrakte aus gekeimten getrockneten Knollen. Der Glyzerinauszug wird dialysiert. Die auf diese Weise erhaltene Lösung von Inulase bewirkt eine hydrolytische Spaltung des Inulins.

Saccharase (Invertin) hydrolisiert Saccharose und ist in Hefepilzen reichlich vorhanden. Dieses Ferment isoliert man auf folgende Weise. Die bei 40^0 getrocknete Hefe erhitzt man 6 Stunden bei 100^0, versetzt sie alsdann mit Wasser, läßt im Verlaufe von 12 Stunden bei 40^0 ruhig stehen, filtriert und fällt das Filtrat mit Alkohol. Den Niederschlag reinigt man durch wiederholtes Auflösen in Wasser und Fällen mit Alkohol. Ein Teil der Saccharase ist imstande, 700 Teile von Saccharose zu invertieren.

In Süßmandeln ist Emulsin enthalten. Dieses Ferment zerlegt Amygdalin in Glukose, Zyanwasserstoffsäure und Benzaldehyd.

In Samen des schwarzen Senfs ist Myrosin vorhanden, welches Sinigrin („myronsaures Kali") in Senföl, Glukose und Monokaliumsulfat spaltet.

Der Eiweißabbau erfolgt durch Vermittelung der proteolytischen Fermente. Da es nicht immer gelingt, die genannten Fermente mit Glyzerin zu extrahieren, so hat Neumeister [1]) folgende Methode ersonnen. Es ist wohl bekannt, daß frisches Fibrin die Fähigkeit besitzt, proteolytisches Ferment aus Lösungen einzusaugen. Neumeister hat Fibrin in Wasserextrakte aus Pflanzen hineingetan, nach 2 Stunden herausgenommen, mit Wasser ausgewaschen und mit schwacher Oxalsäurelösung in der Wärme ruhig stehen gelassen. War in den Pflanzenextrakten proteolytisches Ferment enthalten, so erfolgte nach 5 bis 6 Stunden eine vollkommene Auflösung des Fibrins. In Kontrollversuchen blieb Fibrin beim Aufbewahren in schwachen Oxalsäurelösungen nach 2 Tagen beinahe unverändert.

---

[1]) Neumeister, Zeitschr. f. Biologie, Bd. 30, S. 447 (1894).

In ruhenden Samen ist kein proteolytisches Ferment vorhanden. In keimenden Samen hat aber Butkewitsch [1]) das proteolytische Ferment folgendermaßen nachgewiesen. Keimende Samen wurden bei 35—40° getrocknet, zerkleinert, mit Äther extrahiert, mit Wasser unter Zusatz von Antiseptikum (Thymol) versetzt und im Verlaufe von einigen Tagen im Thermostaten bei 35—40° stehen gelassen. Hierbei erfolgte Selbstverdauung, die von einer Abnahme der Menge von Eiweißstoffen begleitet war. Das proteolytische Ferment wird mit Glyzerin extrahiert. Der Glyzerinauszug bewirkt eine Spaltung der Eiweißstoffe unter Bildung von Tyrosin und Leuzin. Asparagin vermochte Butkewitsch nicht zu isolieren, was auch durchaus verständlich ist, da Asparagin kein primäres Produkt der Eiweißhydrolyse vorstellt.

Die Fettspaltung in Pflanzen wird durch ein spezifisches Ferment, die sog. Lipase [2]), hervorgerufen. Gegenwärtig bedient man sich in der Technik der aus Fettsamen isolierten Lipase.[3])

Die vorstehend beschriebenen Fermente bewirken verschiedene hydrolytische Spaltungen. Es sind aber sowohl in Pflanzen als in Tieren auch oxydierende Fermente (Oxydasen) vorhanden. Zuerst wurde Lakkase entdeckt, welche die Bildung von Lakkol im Safte des Lackbaumes hervorruft. Der ursprünglich weiße Saft verändert sich schnell bei Luftzutritt und nimmt eine schwarze Färbung an. Lakkase ist in Wasser löslich und mit Alkohol fällbar. Ihre oxydierende Wirkung verschwindet nach dem Erwärmen auf 100°. Lakkase oxydiert verschiedene aromatische Verbindungen durch molekularen Sauerstoff; zum Nachweis dieses Fermentes bedient man sich einer Lösung von Guajakharz in 60—80 proz. Alkohol. In Gegenwart von Lakkase tritt eine blaue Färbung ein.

Nach der Theorie von Bach und Chodat[4]) sind Oxydasen keine einheitlichen Körper; sie bestehen nämlich aus Peroxydasen (oxydierenden Fermenten) und Oxygenasen (organischen Peroxyden). In manchen Fällen tritt tatsächlich die blaue Färbung mit Guajaktinktur erst nach Zusatz von Hydroperoxyd ein. Hieraus ist ersichtlich, daß nur Peroxydase vorhanden ist; Oxygenase wird dagegen durch Hydroperoxyd ersetzt.

E. Buchner [5]) hat aus Hefe ein Ferment isoliert, welches Glukose zu Äthylalkohol und Kohlendioxyd spaltet; dieses Ferment ist die sogenannte Zymase. Wenn man Preßhefe mit Quarzsand und Kiesel-

---

[1]) Butkewitsch, Zeitschr. f. physiol. Chemie, Bd. 30 (1900).

[2]) Nicloux, Contribution à l'étude de la saponification des corps gras. Thèse Paris 1906.

[3]) Hoyer, Ber. d. chem. Ges. 1904, S. 1497; Zeitschr. f. physiol. Chemie, Bd. 50, S. 414 (1907).

[4]) Bach und Chodat, Ber. d. chem. Ges. 1903, S. 606; 1904, S. 36 und 1342; Archives des sciences physiques et naturelles 1904. Vgl. auch Engler und Weißberg, Kritische Studien über die Vorgänge der Autoxydation; van der Haar, Ber. d. chem. Ges. 1910, S. 1321, 1327; Bach, Fortschritte der naturwissensch. Forschung, Bd. I, 1910; Palladin und Iraklionoff, Revue générale de botanique 1911, S. 225.

[5]) E. Buchner, H. Buchner und M. Hahn, Die Zymasegärung. 1903.

gur versetzt, fein zerreibt und in einer hydraulischen Presse bei hohem Druck abpreßt, so erhält man einen zellfreien Saft, welcher intensive Alkoholgärung hervorruft. So wurde z. B. in einem derartigen Versuche aus 26 g Saccharose 12,4 g Alkohol und 12,2 g Kohlendioxyd erhalten. Es entstehen also ungefähr gleiche Mengen von Alkohol und Kohlendioxyd, was der Theorie entspricht:

$$C_6H_{12}O_6 = 2\,C_2H_6O + 2\,CO_2$$
$$160\,g = 92\,g + 88\,g$$

E. Buchner [1]) hat auch eine andere Methode der Darstellung von Zymase durch Behandlung der Hefe mit Azeton vorgeschlagen. Durch Abpressen entwässerte Hefe wird in ein Sieb hineingetan und in einer flachen Schale in Azeton getaucht. Nach 10 Minuten wird das Material abgepreßt, nochmals mit Azeton behandelt, mit Äther ausgewaschen, zerrieben und getrocknet (anfangs bei Zimmertemperatur, dann bei 65°). Diese Azetondauerpräparate sind im Handel erhältlich [2]) und mit dem Namen Zymin belegt.

Weitere Untersuchungen über die Alkoholgärung zeigten, daß Zymase ebenso wie Diastase kein einheitliches Ferment vorstellt [3]). Es wird vorausgesetzt, daß Glukose durch Dextrase in zwei Moleküle von Dioxyazeton, $CH_2OH — CO — CH_2OH$, gespalten wird: Dioxyazeton wird alsdann durch Dioxyazetonase in Alkohol und Kohlendioxyd verwandelt. Der Verlauf der Alkoholgärung wird also durch folgendes Schema dargestellt:

$$C_6H_{12}O_6 = 2\,C_3H_6O_3 = 2\,C_2H_5OH + 2\,CO_2$$

Die protoplasmareichen Pflanzenteile enthalten meistens bedeutende Mengen von Katalase, welche Hydroperoxyd in molekularen Sauerstoff und Wasser spaltet. Die physiologische Rolle der Katalase ist einstweilen nicht aufgeklärt; sie ist wahrscheinlich an anaeroben Vorgängen beteiligt. Mit anaeroben Vorgängen stehen auch die sehr verbreiteten Reduktionserscheinungen[4]) in Zusammenhang. Ob dieselben durch spezifisches Ferment (Redukase, Hydrogenase) hervorgerufen werden, bleibt noch dahingestellt. Das Zustandekommen der Reduktionsvorgänge kommt zum Vorschein, wenn man Pflanzengewebe bei Sauerstoffabschluß in Lösungen von Methylenblau oder selenigsaurem Natron versenkt. Methylenblau wird entfärbt, selenigsaures Natron aber zersetzt unter Bildung von rotem metallischen Selen. Während die Oxydase als ein System Peroxydase-peroxydbildender Körper (Oxygenase) aufzufassen ist, kann die Redukase nach A. Bach [5])

[1]) Albert, Buchner und Rapp, Ber. d. chem. Ges., Bd. 35, S. 2376 (1902).

[2]) Von A. Schroder, München, Landwehrstraße 45, zu beziehen.

[3]) Boysen-Jensen, Ber. d. bot. Ges. 1908, S. 666; Sokkersönderdelingen under respirationsprocessen hos höjere planter, Kjöbenhavn 1910; E. Buchner, Ber. d. chem. Ges. 1910, S. 1773.

[4]) Ehrlich, Sauerstoffbedürfnis des Organismus. 1885; Palladin, Zeitschr. f. physiolog. Chemie, Bd. 56, S. 81 (1908); Zaleski, Ber. d. bot. Ges. 1910, S. 319.

[5]) A. Bach, Biochem. Zeitschr., Bd. 31, 1911, S. 443.

nur als ein System Ferment- wasserspaltender Körper angesehen werden. Vorstehend wurden die wichtigsten bisher aufgefundenen Fermente beschrieben. Es ist aber wahrscheinlich, daß der lebende Protoplast für die meisten biochemischen Reaktionen spezifische Fermente erzeugt. Je nach der chemischen Natur der zu verarbeitenden Nahrung bildet ein und derselbe Organismus verschiedenartige Fermente. So entsteht in Penciillium glaucum Saccharase bei Ernährung mit Kalziumlaktat, Kasease bei Milchnahrung und Lipase bei Ernährung mit Monobutyrin.

Nicht nur analytische, sondern auch synthetische Reaktionen können durch Fermente bewirkt werden. Croft Hill [1]) hat z. B. gefunden, daß die Spaltung der Maltose durch Maltase nicht vollständig verläuft, sondern zu einem bestimmten Gleichgewicht führt, indem die Geschwindigkeit der Reaktion durch Anhäufung von Glukose herabgesetzt wird. Dieser Umstand ließ vermuten, daß eine umkehrbare Reaktion vorliegt. Er ergab sich tatsächlich, daß konzentrierte Glukoselösungen durch Einwirkung der Maltase in Maltoselösungen übergehen. Auf Grund der bisher ausgeführten Untersuchungen erscheint die Annahme als plausibel, daß sämtliche fermentative Reaktionen umkehrbar sind [2]).

Gegenwärtig sind wir imstande, eine Abtötung der Pflanzen ohne Zerstörung der vorhandenen Fermente zu erzielen. Die so behandelten Pflanzen bezeichnet man als abgetötet [3]), indem man die Bezeichnung abgestorbene Pflanzen für solche Objekte beibehält, deren Fermente unwirksam geworden sind. Bei Einwirkung hoher Temperatur (100°) erhält man abgestorbene Pflanzen.

In Gegenwart von Luft, Wasser und den vor Bakterien schützenden, aber für fermentative Prozesse nicht schädlichen Giften entfalten die in abgetöteten Pflanzen enthaltenen Fermente ihre spezifische Tätigkeit. Auf den ersten Blick scheint es, daß abgetötete Pflanzen sämtliche Lebensfunktionen ausführen und also von den lebenden Pflanzen sich kaum unterscheiden. Eine ausführlichere Untersuchung bringt aber bedeutende Unterschiede zum Vorschein. Durch Abtötung wird eine totale Umformung der Zellelemente bedingt und der Zusammenhang der einzelnen Zellbestandteile völlig zerstört. Die in derselben Weise wie etwa unser Planetensystem harmonisch und einheitlich gebaute Zelle zerfällt nach Abtötung in einzelne selbständige Elemente, welche ihren Zusammenhang eingebüßt haben und nur mit einer gemeinsamen Zellmembran umgeben sind. Ebenso wie Radiumatome in einzelne Bruchteile zerfallen, zerfällt auch die Zelle, das große Atom des organisierten lebenden Körpers. Die Fermentwirkung in abgetöteten Zellen unterscheidet sich durch folgende wichtige Merkmale von der Fermentwirkung in lebenden Zellen [4]).

---

[1]) Croft Hill, Journal of Chem. Soc., Bd. 73, S. 634 (1898).

[2]) Dietz, Zeitschr. f. physiolog. Chemie, Bd. 52, S. 279 (1907); J. Loeb, Vorlesungen über die Dynamik der Lebenserscheinungen (1906).

[3]) Trommsdorf, Zentralbl. f. Bakteriologie, II. Abt., VIII, 1902, S. 87.

[4]) W. Palladin, Die Eigentümlichkeiten der Fermentarbeit in lebenden

1. Es ist keine Korrelation der einzelnen Fermentwirkungen vorhanden. In lebenden Zellen bleibt ein Ferment nur so lange wirksam, bis die Produkte seiner Tätigkeit eine Verwendung finden. In abgetöteten Zellen wird die Tätigkeit je eines Fermentes durch diejenige der übrigen Fermente nicht reguliert. Die Fermente vollbringen eine für die Zelle unnötige Arbeit.

2. In abgetöteten Zellen werden Fermente durch andere Fermente zerstört. Diese Tatsache wird durch Untersuchungen von Petruschewsky [1]) ausführlich erläutert. Wie bekannt, wird die Gärungsenergie lebender Hefe durch Temperaturerhöhung gesteigert. Dagegen wird die Gärungsenergie der Azetondauerhefe (Zymin) durch höhere Temperatur beeinträchtigt. So hat z. B. Zymin (10 g) bei 22—23° 706,5 mg CO_2, bei 33—34° aber nur 285,3 mg CO_2 produziert; die Differenz beträgt 59,7 %. Dieser Umstand ist dadurch erklärlich, daß die Geschwindigkeit der Eiweißspaltung bei höheren Temperaturen zunimmt. Nach den Ergebnissen von Petruschewsky wurden im Zymin im Verlaufe von 3 Tagen bei 15—16° nur 35,9 %, bei 32° aber 81,5 % Eiweißstickstoff abgespalten. Das proteolytische Ferment spaltet die aus Eiweißstoffen gebaute Zymase.

3. In abgetöteten Zellen werden Fermente durch verschiedene Gifte und Bakterien angegriffen, welche keine Wirkung auf lebende Zellen ausüben. Korsakoff [2]) zeigte, daß lebende Hefe in Gegenwart bedeutender Mengen des selenigsauren Natrons Alkoholgärung hervorruft. Die CO_2-Abscheidung durch Azetondauerhefe wird dagegen durch unbedeutende Mengen des selenigsauren Natrons sofort eingestellt.

Die vorstehend beschrieben Versuche zeigen also, daß Lebensvorgänge nicht ohne weiteres auf Fermentvorgänge zurückzuführen sind. Die Fermentwirkungen werden durch lebende Zellen reguliert. Die nach Abtötung der Zellen eintretende zwecklose Tätigkeit der Fermente beweist, daß letztere nur untergeordnete Lebensfunktionen ausführen.

Der lebende Protoplast ist nicht ungezwungen als eine Gesamtheit verschiedenartiger Fermente aufzufassen. Fermente sind so zu sagen Arbeiter im Dienste des Protoplasmas; sie werden vom Protoplasma geschaffen, für die Arbeit verwendet und eingesperrt oder zerstört, wenn der Fall eintritt, daß die spezifische Arbeit je eines Fermentes nicht mehr als notwendig erscheint. Die unnötig gewordenen Fermente werden durch spezifische Antifermente in unwirksamen Zustand verwandelt; sie werden sozusagen eingesperrt. Die wiederum notwendig gewordenen Fermente werden vom Stadium der Profermente in aktiven Zustand durch Antivatoren oder Kinasen verwandelt. Antivatoren oder Kinasen einerseits und Antifermente andererseits sind also die Vermittler der regulierenden Tätigkeit des Protoplasmas.

---

und abgetöteten Pflanzen. Fortschritte der naturwissenschaftlichen Forschung I. 1910, S. 253.

1) A. Petruschewsky, Zeitschr. f. physiol. Chemie, Bd. 50, S. 251 (1907).

2) M. Korsakoff, Ber. d. bot Ges. 1910, S. 334.

Im tierischen Organismus sind außerdem spezifische Körper aufgefunden worden, welche nicht nur die Tätigkeit einzelner Fermente einleiten, sondern auch die Funktionen aller Organe regulieren oder gar die Entwicklung neuer Organe hervorrufen. Diese Stoffe entstehen in einem bestimmten Teil des Organismus und wandern alsdann in weit entfernte Teile und Organe, wo eine ganze Reihe bestimmter chemischer Reaktionen hierdurch eingeleitet wird. Diese Stoffe, welche als typische chemische Boten fungieren, hat Starling [1]) mit dem Namen Hormone belegt.

§ 4. Alkaloide, Toxine und Antitoxine [2]). Die Pflanzen enthalten oft verschiedene giftige Stoffe, unter denen Alkaloide und einige Glukoside besondere Beachtung verdienen. Diese giftigen Körper dienen nicht nur als Schutzstoffe gegen Feinde, sondern auch als Reizstoffe, welche den Stoffumsatz beschleunigen. So wird z. B. Solanin, ein sehr giftiges Alkaloid, nach den Untersuchungen von Wottschal [3]) in verschiedenen Organen der Kartoffel, und zwar namentlich in der Periode gesteigerter Lebenstätigkeit gebildet. Nach Verwundung der Kartoffelknollen erfolgt eine Neubildung beträchtlicher Mengen des Solanins in der Nähe der Wunde. Nachstehend wird aber dargelegt werden, daß durch Verletzung sowohl Atmungsenergie als Stoffumsatz stimuliert sind. Solanin erscheint also als ein Reizstoff, welcher die Stoffumwandlung in verwundeten Pflanzenteilen steigert.

Außerordentlich stark wirkende Gifte sind in Bakterien enthalten. Viele Bakterien begnügen sich nicht mit einer Zerstörung der Leichen; sie greifen vielmehr lebende Tiere und Menschen an und erzeugen verschiedene Infektionskrankheiten. Es sind dies die sogenannten pathogenen Bakterien. Bacillus tetani, der Erreger des Starrkrampfes, stellt eine typische anaerobe pathogene Bakterie vor, welche nur bei Sauerstoffabschluß zum Wachstum zu bringen ist. Viele andere pathogene Bakterien sind aber aerob; sie gelangen also nur bei Sauerstoffzutritt zu üppiger Entwicklung. Zu diesen Bakterien zählt u. a. Bacillus anthracis, der Milzbrandbazillus. Die Entdeckung, daß Infektionskrankheiten durch Bakterien hervorgerufen und verbreitet werden, hat zuerst Pasteur beim Studium des Milzbrands gemacht. Es war bereits früher bekannt, daß im Blute der an Milzbrand leidenden Tiere zahlreiche Bakterien vorhanden sind. Pasteur hat einen Tropfen dieses Blutes in Fleischbouillon eingetragen und erhielt eine üppige Entwicklung der Bakterien. Vom ersten Kolben wurde der zweite, vom zweiten der dritte usw. abgeimpft. Die Kultur des zwanzigsten Kolbens bewirkte immer noch eine Erkrankung der Tiere an Milzbrand. Pasteur

---

[1]) Baylin und Starling, Die chemische Koordination des Körpers. Ergebnisse der Physiologie, Bd. 5, S. 664 (1906).

[2]) Gauthier, Les toxines microbiennes et animales (1896); Brühl, Die Pflanzenalkaloide (1900); Faust, Die tierischen Gifte; van Rijn, Die Glukoside (1900); Winterstein und Trier, Die Alkaloide (1900).

[3]) Wottschal, Arbeiten der Naturforscherges. in Kazan, Bd. 19 (1885); Clautriau, Recueil de l'Institut botan. de Bruxelles, Bd. 5, S. 1 (1902).

gebührt auch das Verdienst, die Methode der Immunisierung durch Schutzimpfungen ausgearbeitet zu haben. Im Jahre 1879 befaßte sich Pasteur mit Untersuchungen über Hühnercholera. Reine Kulturen des Hühnercholerabazillus, welche im Verlaufe des Sommers im Thermostaten stehen geblieben waren, erwiesen sich als abgeschwächt, da sie nur eine lokale Erkrankung, nicht aber den Tod der Hühner herbeiführten. Andererseits ergab es sich, daß stark virulente frische Kulturen keine tötende Wirkung ausübten auf Hühner, welche vorher mit abgeschwächten Kulturen geimpft worden waren. Eine Verallgemeinerung dieser Regel hat Pasteur dadurch eingeleitet, daß er Schutzimpfungen gegen Milzbrand anwendete. Pasteur hat gefunden, daß die Virulenz des Milzbrandbazillus durch gesteigerte Temperatur abgeschwächt wird. Bei 42⁰—43⁰ verliert der Milzbrandbazillus allmählich seine giftigen Eigenschaften. Die mit abgeschwächten Kulturen geimpften Tiere überstehen die Impfung und werden dann von stärker wirkenden Kulturen nicht mehr angegriffen. Die geimpften Tiere sind also gegen Milzbrand geschützt. Dieser Umstand ließ vermuten, daß Toxine durch die in Tiergeweben entstehenden Antitoxine gesättigt werden. Eine Anzahl Antitoxine sind tatsächlich isoliert worden. Schutzimpfungen schützen gegen Erkrankung, bereits entwickelte Krankheiten können aber durch direkte Einführung der Antitoxine bekämpft werden. Wie bekannt, wird Diphtherie durch Anwendung des antidiphtherischen Serums behandelt. Das Antitoxin der Diphtherie wird aus dem Blutserum eines Pferdes isoliert, welches vorher durch Schutzimpfungen immunisiert worden war. Diese Art der Behandlung verschiedener Krankheiten bezeichnet man als Serumtherapie.

In manchen Fällen verbreiten sich die pathogenen Bakterien im ganzen Körper der erkrankten Menschen und Tiere; in anderen Fällen sind aber die Krankheitserreger nur in einem bestimmten Körperteil lokalisiert. In diesen Fällen ist die verderbliche Wirkung der Bakterien offenbar nicht auf deren Menge, sondern auf die ausgeschiedenen giftigen Exkrete zurückzuführen. So verhalten sich u. a. Diphtherie- und Tetanusbazillen. Obgleich die Diphtheriebazillen nur im Rachen des Menschen sich entwickeln, wird dennoch der ganze Organismus durch die von Bakterien abgeschiedenen Toxine vergiftet. Diphtherie toxin isoliert man aus Bouillonkulturen der Diphtheriebazillen mittels Filtration durch Chamberlandsche Filter; auf diese Weise erhält man ein sehr giftiges Filtrat. Tetanusbazillen sind im Boden vorhanden. Wird eine verletzte Stelle mit Tetanus infiziert, so entwickeln sich die Krankheitserreger nur in der Nähe der Wunde; trotzdem ist die Erkrankung tödlich, da Tetanustoxin außerordentlich giftig ist. Ein Gramm Tetanustoxin ist imstande, 75 000 Menschen zu vergiften.

§ 5. Die stickstoffhaltigen Produkte der Eiweißspaltung. Asparagin $NH_2CO—CH_2 — CHNH_2 — COOH$ ist das hauptsächlichste Produkt der Eiweißspaltung in Pflanzen. Die in Dunkelheit gekeimten Leguminosen, namentlich aber Lupinus luteus, sind besonders reich an

Asparagin. Nach den Angaben von Borodin [1]) fehlt Asparagin in Caryophyllazeen. Glutamin $NH_2CO—CH_2—CH_2—CHNH_2—COOH$ ist ein dem Asparagin ähnliches Produkt. Glutamin wurde nur in vereinzelten Fällen nachgewiesen, da es schwer zur Kristallisation zu bringen ist und keine spezifischen Reaktionen liefert. Dieser Körper ist in Wurzeln der Zuckerrübe und in Keimpflanzen von Curcurbita reichlich vorhanden. Tritt vikariierend für Asparagin auf in Farnen und Caryophyllazeen[2]).

Als andere in Pflanzen auftretende Produkte der Eiweißspaltung sind folgende Aminosäuren und basische Stoffe in erster Linie zu erwähnen.

Monoaminosäuren:

Leuzin $(CH_3)^2 . CH—CH_2—CHNH_2—COOH$

Tyrosin $C_6H_4(OH)—CH_2—CHNH_2—COOH$

Valin $(CH_3)^2 . CH—CHNH_2—COOH$ u. a.

Basische Stoffe[3]):

Lysin $NH_2 . CH_2—CH_2—CH_2—CH_2—CHNH_2—COOH$

Arginin

```
NH2
   \
    C—NH—CH2—CH2—CH2—CH—COOH
   //                  |
NH                     NH2
```

und

Histidin

```
         CH
        /  \\
      NH    N
      |     |
      CH =  C—CH2—CHNH2—COOH.
```

Große Mengen des Arginins sind in Koniferenkeimlingen vorhanden[4]). Bei der Spaltung der Nukleoproteide entstehen die Purinbasen: Xanthin, Hypoxanthin, Adenin und Guanin.

```
(1) NH — CO                    NH — CO
    |     |                    |     |
    CO    C — NH  (7)          CH    C—NH
    |     ||     \             ||    ||    \
    |     ||      CH           ||    ||     CH
    |     ||     //            ||    ||    //
(3) NH —  C  —  N              N  —  C  — N
      Xanthin                    Hypoxanthin
```

[1]) Borodin, Arbeiten d. Naturforscherges. in St. Petersburg, Bd. 16, S. 72 (1885).

[2]) E. Schulze, Landw. Versuchsstationen, Bd. 48, S. 33 (1897).

[3]) E. Schulze und E. Winterstein, Ergebnisse der Physiologie, Bd. 1, S. 35 (1902).

[4]) E. Schulze, Zeitschr. f. physiol. Chemie, Bd. 22, S. 435 (1896).

```
N = C . NH2                    NH — CO
|   |                          |    |
CH  C — NH               NH2 . C    C — NH
‖   ‖      >CH                 ‖    ‖      >CH
N — C ——N                      N —— C ——N
   Adenin                         Guanin
```

Zu den Spaltungsprodukten zählen auch Xanthinderivate: Koffein [(1, 3, 7) Trimethylxanthin] und Theobromin [(3, 7) Dimethylxanthin[1])].

Sehr interessant sind neuere Angaben über die Bildung von Polypeptiden in Pflanzen [2]).

Die genannten Stoffe stellen zum Teil primäre, zum Teil aber sekundäre Spaltungsprodukte vor; letztere sind durch sekundäre synthetische Prozesse gebildet. Zu den primären Produkten zählen Tyrosin und Leuzin, welche bei der Eiweißhydrolyse unter Anteilnahme proteolytischer Fermente entstehen. Asparagin ist dagegen ein sekundäres Produkt, welches durch Umwandlung der primären Produkte entsteht. So treten z. B. Tyrosin und Leuzin in Keimpflanzen von Lupinus luteus nur in der ersten Entwicklungsperiode auf; später entsteht beinahe ausschließlich Asparagin. Die Analysen der Lupinenkeimlinge lieferten folgende Resultate[3]):

	15 tägige Keimpflanzen	18 tägige Keimpflanzen
Eiweißstickstoff	1,49	1,51
Asparaginstickstoff	3,85	4,23
N der übrigen Verbindungen	1,27	0,77

Beide Portionen enthalten also gleiche Mengen der Eiweißstoffe. Die Menge des Asparagins in 18tägigen Keimpflanzen ist aber größer als in 15tägigen Keimlingen. Die Zunahme der Asparaginmenge erfolgte auf Kosten der übrigen Spaltungsprodukte, deren Menge abgenommen hat.

Die bei der primären Eiweißspaltung gebildeten Aminosäuren werden ohne Eingreifen der Oxydationsvorgänge weiter verarbeitet. Diese Umwandlungsprodukte der Aminosäuren bezeichnet man als Aporrhegmen [4]). Weiterhin findet eine Methylierung und oxydative Spaltung der Aporrhegmen statt. Das Endprodukt dieser Vorgänge ist Ammoniak, welches alsdann für die Asparaginsynthese verwendet wird[5]).

Die Gesamtmenge der genannten stickstoffhaltigen Verbindungen wird auf folgende Weise ermittelt[6]): In der einen Portion bestimmt

[1]) Weevers, Ann. du jardin botan. de Buitenzorg, Bd. 6 (1907).

[2]) E. Schulze, Zeitschr. f. physiol. Chemie, Bd. 47.

[3]) Merlis, Landw. Versuchsstationen, Bd. 48, S. 419 (1897).

[4]) Ackermann und Kutscher, Zeitschr f. physiol. Chemie, Bd. 69, S. 265 (1910); Ackermann, ebenda, S. 273; Engeland und Kutscher, ebenda, S. 282.

[5]) Butkewitsch, Biochemische Zeitschr., Bd. 16, S. 411 (1909); Prianischnikow und Schulow, Ber. d. bot. Ges. 1910, S. 253.

[6]) Abderhaldens Handbuch der biochem. Arbeitsmethoden.

man den Gesamtstickstoff, in der anderen aber den Eiweißstickstoff. Die Differenz der beiden Bestimmungen ergibt die Menge des Nichteiweißstickstoffs. Für den Nachweis der einzelnen Stickstoffverbindungen ist folgende Methode brauchbar. Die zu untersuchenden Pflanzen werden mit Wasser extrahiert und der Auszug mit Bleiessig gefällt. Der Niederschlag enthält Eiweißstoffe, Pigmente und andere Verbindungen; die kristallinischen stickstoffhaltigen Substanzen sind im Filtrate vorhanden. Das Filtrat wird mit Quecksilbernitrat versetzt, wodurch Asparagin, Glutamin, Allantoin und zum Teil auch Xanthin, Hypoxanthin, Guanin, Arginin und Tyrosin gefällt werden. Der Niederschlag wird in Wasser suspendiert, mit Schwefelwasserstoff zersetzt, Quecksilbersulfid abfiltriert, das Filtrat mit Ammoniak neutralisiert, eingedampft und ruhig stehen gelassen. Nach einiger Zeit bilden sich Kristallabscheidungen der stickstoffhaltigen Verbindungen, welche alsdann durch übliche Methoden weiter untersucht werden. Sind die zu untersuchenden Stoffe mit Quecksilbernitrat nicht fällbar, so fällt man Pflanzenextrakte mit Bleiessig, filtriert und behandelt das Filtrat direkt mit Schwefelwasserstoff. Bleisulfid wird abfiltriert, das Filtrat mit Ammoniak neutralisiert und auf dem Wasserbade eingeengt.

Speziell für quantitative Bestimmungen von Asparagin und Glutamin bedient man sich der Methode von Sachsse [1]). Dieses Verfahren gründet sich auf die Tatsache, daß die genannten Amide beim Kochen mit verdünnter Salzsäure unter Wasseraufnahme in Aminosäuren und Ammoniak zerfallen:

$$NH_2 . CO . CH_2 . CHNH_2 . COOH + H_2O$$
$$= COOH . CH_2 . CHNH_2 . COOH + NH_3.$$

Hierbei wird also die Hälfte des Asparaginstickstoffs abgespalten. Man bestimmt alsdann den Ammoniakstickstoff nach bekannten Methoden und multipliziert die erhaltene Zahl mit 2. Dieselbe Methode ist selbstverständlich auch für die Bestimmung des Glutaminstickstoffs brauchbar.

Für einen mikrochemischen Nachweis des Asparagins verwendet man das Verfahren von Borodin [2]). Die in Alkohol eingelegten Schnitte werden mit Deckglas bedeckt und in aller Ruhe gelassen. Das etwa vorhandene Asparagin kristallisiert nach dem Eindampfen des Alkohols. Die entstandenen Kristalle sind in gesättigter Asparaginlösung unlöslich. Ist der kristallisierte Körper kein Asparagin, so werden die Kristalle in Asparaginlösung schnell aufgelöst.

§ 6. Eiweißabbau in Pflanzen. Die Eiweißstoffe in Pflanzen bleiben nicht unverändert; sie werden vielmehr gespalten und dann wieder regeneriert. Bestimmte Lebensvorgänge hängen mit Eiweißabbau, andere dagegen mit Eiweißsynthese zusammen. Als sehr geeignete Objekte für die Untersuchung der Eiweißspaltung sind etiolierte Keim-

---

[1]) Sachsse, Journ. f. prakt. Chemie (2), Bd. 6, S. 118.
[2]) Borodin, Bot. Ztg., 1878, S. 805.

pflanzen und hungernde wachsende Pflanzenorgane anzusehen. Erste Anweisungen hinsichtlich der Eiweißspaltung verdanken wir Th. Hartig[1]). Der genannte Forscher hat in Keimpflanzen eine eigentümliche stickstoffhaltige Substanz gefunden, die er mit dem Namen Gleis belegt hat. Späterhin ergab es sich, das Hartigs Gleis mit Asparagin identisch ist. Boussingault[2]) hat vorausgesetzt, daß Asparagin in allen Pflanzen bei Belichtung entsteht. Die Pflanzenatmung hängt mit Eiweißabbau zusammen, wobei als stickstoffhaltiges Produkt Asparagin entsteht; dieser Vorgang sollte demjenigen der Harnstoffbildung in Tieren vollkommen analog sein; nur wird Harnstoff von Tieren abgeschieden, Asparagin aber durch Einwirkung des Sonnenlichtes im Pflanzenorganismus wieder verarbeitet. Pfeffer[3]) hat durch mikrochemische Beobachtungen dargetan, daß Asparagin am Sonnenlichte mit den photosynthetisch gebildeten Kohlehydraten Verbindungen eingeht und für die Eiweißsynthese verwendet wird. Findet Samenkeimung in Dunkelheit statt, so behält Eiweißabbau die Oberhand. und es erfolgt also Asparaginanhäufung. Bei normalen Verhältnissen vollziehen sich gleichzeitig Eiweißabbau und Eiweißregeneration. Es muß jedoch darauf hingewiesen werden, daß die Einwirkung des Lichtes nur in späteren Stadien der Keimung zur Geltung kommt. Bei Beginn des Keimungsprozesses findet sowohl am Lichte als im Dunkeln Asparaginanhäufung statt. Späterhin nimmt die Asparaginmenge nur in verdunkelten Pflanzen zu; in belichteten Pflanzen verschwindet allmählich die Gesamtmenge des vorher gebildeten Asparagins. Ein derartiger Sachverhalt wurde bereits von Boussingault angedeutet und später von Meunier[4]) bestätigt:

Phaseolus coccineus L.

	Asparaginmenge	
	Dunkelheit	Licht
13 Tage	1,13	1,18
18 ,, ...	2,28	2,25
38 ,, ...	5,18	1,41

18 tägige Keimpflanzen enthielten also gleiche Asparaginmengen sowohl am Lichte als in Dunkelheit. In 38 tägigen Keimpflanzen hat die Asparaginmenge in Dunkelheit bedeutend zugenommen, am Lichte aber abgenommen.

Pfeffer hat seine Untersuchungen über Asparagin ausschließlich mit asparaginreichen Leguminosen ausgeführt. Im Anschluß daran hat Borodin[5]) dargetan, daß Asparagin außerordentlich verbreitet ist und wahrscheinlich in der Mehrzahl der Pflanzen zum Vorschein kommt. Bei normalen Lebensverhältnissen ist der Asparaginnachweis in vielen

---

1) Th. Hartig, Entwickelungsgeschichte des Pflanzenkeims (1858).
2) Boussingault, Agronomie, Bd. 4, S. 265 (1868).
3) Pfeffer, Jahrb. f. wissensch. Bot., Bd. 8, S. 533 (1872).
4) Meunier, Annales agronomiques, Bd. 6, S. 275 (1880).
5) Borodin, Bot. Ztg. 1878, S. 801.

Fällen sehr schwierig oder gar unmöglich, wenn man jedoch die zu untersuchenden Pflanzenteile im Verlaufe mehrerer Tage in Wasser bei Lichtabschluß kultiviert, so werden die für die Eiweißregeneration notwendigen Kohlehydrate allmählich verbraucht, und es entstehen bedeutende Mengen von Asparagin, welches von Borodin auf mikrochemischem Wege nachgewiesen wurde. Neben Asparagin hat Borodin auch Tyrosin und Leuzin aufgefunden.

Die Borodinschen Ergebnisse wurden späterhin durch quantitative Untersuchungen von Ernst Schulze[1]) bestätigt. Zur Erläuterung möge folgender Versuch mit Haferkeimlingen dienen.

	a) Unmittelbar nach der Ernte	b) Nach 6—7tägiger Wasserkultur im dunkeln Raume
Gesamtstickstoff	4,12 %	4,50 %
Eiweißstickstoff	3,51 „	1,46 „
Nichteiweißstickstoff . . .	0,61 „	3,04 „

Im Verlaufe von 7 Tagen wurde also mehr als die Hälfte der Gesamtmenge der Eiweißstoffe in Dunkelheit zerlegt.

Die chemische Natur der Spaltungsprodukte der Eiweißstoffe ist von verschiedenen Momenten abhängig. Bei verschiedenen Lebensverhältnissen bilden sich verschiedenartige Spaltungsprodukte der Eiweißstoffe.

Sauerstoff ist von großer Bedeutung für den Verlauf der Eiweißspaltung. Palladin[2]) hat dargetan, daß auch bei Sauerstoffabschluß Eiweißabbau in Pflanzen stattfindet. Diese Versuche wurden mit Weizenkeimlingen ausgeführt.

Versuchsdauer	Eiweißverbrauch in %
22 Stunden	1,1
24 „	3,9
2 Tage	15,4
3 „	26,1

Unter denselben Bedingungen, aber bei vollem Luftzutritt wurden folgende Eiweißmengen zerlegt:

24 Stunden	7,9
2 Tage	17,2
7 „	54,3

Bei Sauerstoffabschluß ist das quantitative Verhältnis einzelner Spaltungsprodukte ein anderes als bei Sauerstoffzutritt. Bei Luftzutritt tritt hauptsächlich Asparagin auf, während Tyrosin und Leuzin in unbedeutenden Mengen gebildet werden. Bei Sauerstoffabschluß häufen sich aber bedeutende Mengen von Tyrosin und Leuzin an, während die Menge des gebildeten Asparagins ganz unbedeutend ist. Diese Tatsache beweist, daß bei Sauerstoffabschluß nur die primäre

[1]) E. Schulze, Landw. Versuchsstationen, Bd. 33, S. 118 (1886).

[2]) Palladin, Die Einwirkung des Sauerstoffs auf den Eiweißabbau in Pflanzen (1889); Ber. d. bot. Ges. 1888, S. 205 und 296.

Eiweißhydrolyse stattfindet. Solange Asparagin als ein primäres Produkt der Eiweißspaltung betrachtet wurde, war es unbegreiflich, daß der Eiweißabbau in Pflanzen unter ausgiebiger Asparaginbildung erfolgt, während die Hydrolyse der Pflanzeneiweiße mit Säuren nur ganz unbedeutende Mengen der Asparaginsäure liefert (S. 150). Die vorstehend beschriebenen Versuche erklären diese Tatsache: es ergab sich, daß Asparagin bei synthetischen Reaktionen entsteht. Borodin [1]) hat bereits früher beobachtet, daß bei Sauerstoffabschluß keine Asparaginbildung stattfindet. Neuerdings wurden die Untersuchungen von Palladin durch Versuche von Godlewski [2]) wiederholt und bestätigt. Auch Butkewitsch [3]) erhielt analoge Resultate. Aspergillus niger spaltet Pepton bei Sauerstoffzutritt zu Ammoniak, bei Sauerstoffabschluß aber nur zu Aminosäuren. Es bleibt vorläufig dahingestellt, auf welche Weise Asparagin aus den primären Produkten der Eiweißspaltung gebildet wird. Es liegt die Annahme nahe, daß hier ebenfalls ein fermentativer Prozeß vorliegt.

Die Bildung verschiedener stickstoffhaltiger Spaltungsprodukte des Eiweißes ist außerdem von der chemischen Natur der dargebotenen Nahrung abhängig. Butkewisch [4]) zeigte, daß verschiedene Schimmelpilze in Peptonkulturen nicht dieselben Spaltungsprodukte erzeugen. Aspergillus niger bildet hauptsächlich Ammoniak, Penicillium glaucum bildet aber hauptsächlich Tyrosin und Leuzin. Dieser Unterschied steht mit der Reaktion des Nährsubstrats im Zusammenhange. Da Aspergillus bedeutende Mengen von Oxalsäure bildet, so ist die Nährflüssigkeit sauer. Penicillium bildet keine Oxalsäure, und die Nährlösung wird bald alkalisch infolge der Ammoniakbildung. Wenn man Aspergillus in Gegenwart von überschüssigem Kalziumkarbonat kultiviert, so bildet der Pilz beträchtliche Mengen von Tyrosin und Leuzin. Andererseits bildet Penicillium bedeutende Mengen von Ammoniak, wenn die Reaktion der Nährlösung durch Zusatz von überschüssiger Phosphorsäure sauer gemacht wird.

Nicht nur Reserveeiweiße, sondern auch die sogenannten formativen Eiweiße werden in Pflanzen abgebaut. Findet Samenkeimung in Dunkelheit statt, so eutstehen Adenin, Guanin, Xanthin und Hypoxanthin, die Spaltungsprodukte der Nukleinsäure. Untersuchungen von Karapetoff und Sobaschnikoff [5]) zeigen, daß in hungernden Keimlingen des Roggens und der Gerste die unverdaulichen Eiweiße schwerer zerlegt werden als die verdaulichen. In der ersten Periode vergrößert sich sogar die Menge der unverdaulichen Eiweißstoffe, obschon die Gesamtmenge des Eiweißes abnimmt. Schließlich tritt aber eine Zersetzung der unverdaulichen Eiweißstoffe ein. W. Zaleski [6]) hat auch gefunden, daß

---

[1]) Borodin, Arbeit. der Naturforscherges. in St. Petersburg (1885).
[2]) E. Godlewski, Anzeiger der Akad. der Wissensch. in Krakau (1904).
[3]) Butkewitsch, Jahrb. f. wissensch. Botanik, Bd. 38, S. 194.
[4]) Butkewitsch, Jahrb. f. wissensch. Bot., Bd. 38, S. 194.
[5]) Karapetoff und Sobaschnikoff, Revue générale de botanique 1902, S. 483.
[6]) W. Zaleski, Ber. d. bot. Ges. 1911, S. 146.

die Nukleoproteide als formative Stoffe durch ihre relative Stabilität charakterisiert werden, die sich hauptsächlich im Hungerzustande des Organismus äußert. Man kann annehmen, daß diejenigen Stoffe, welche bei Inanition zuerst dem Abbau unterliegen, als Nahrungsstoffe dienen, während die intakt bleibenden Substanzen die Bestandteile des Protoplasmas darstellen. Starken Abbau der Nukleoproteide bemerkt man nur in abgetöteten Pflanzen.

Der Abbau der formativen Eiweißstoffe (Nukleoproteide und Nukleoalbumine) kann nach der Abnahme der phosphorhaltigen Eiweiße beurteilt werden. Iwanoff [1]) bestimmte die Phosphormengen der verschiedenen Verbindungen in Samen und etiolierten Keimlingen von Vicia Faba und erhielt folgende Resultate:

	Samen	5tägige Keimlinge	20tägige Keimlinge
	in % des Gesamtphosphors		
Anorganische Phosphate	11,4	48,1	80,2
Lezithin	11,6	—	6,6
Eiweiß	52,5	37,4	13,7
Organische Phosphate .	25,7	9,8	5,1

Die Samenkeimung im Dunkeln hängt also mit einem beträchtlichen Abbau der phosphorhaltigen Eiweißstoffe zusammen. In ungekeimten Samen war die Menge des Eiweißphosphors gleich 52,5 % des Gesamtphosphors; in 20 tägigen Keimpflanzen betrug die Menge des Eiweißphosphors nur 13,7 %; der größte Teil des Phosphors war auf anorganische Phosphate zu beziehen[2]). Zaleski[3]) erhielt analoge Resultate. Der letztgenannte Forscher hat gefunden, daß namentlich in Samenlappen ein Abbau der phosphorhaltigen Eiweißstoffe stattfindet, während in Achsenorganen die Menge der phosphorhaltigen Eiweißstoffe stark zunimmt, da das Wachstum von synthetischen Vorgängen begleitet wird.

	Achsenorgane von Vicia Faba	
	3tägige	9tägige
Eiweißstickstoff . . .	0,0850	0,3755
Eiweißphosphor . . .	0,0125	0,0337

Die Untersuchungen von Butkewitsch, Zaleski[4]) Iwanoff[5]), Kovchoff [6]) und Gromow [7]) zeigen, daß die Spaltung sowohl phosphorhaltiger als phosphorfreier Eiweißstoffe auf fermentative Vorgänge zurückzuführen ist.

[1]) L. Iwanoff, Ber. d. bot. Ges. 1092.
[2]) Vorbrodt, Bullet. de l'Acad. de Cracovie, A, 1910, S. 414.
[3]) W. Zaleski, Ber. d. bot. Ges. 1902, S. 426; 1907, S. 349.
[4]) W. Zaleski, Ber. d. bot. Ges. 1905; 1907, S. 58, 354, 357.
[5]) L. Iwanoff, Die Umwandlungen des Phosphors in Pflanzen im Zusammenhang mit den Umwandlungen der Eiweißstoffe (1905).
[6]) Kovchoff, Bot. Journal. 1906. (russisch.)
[7]) Gromow, Zeitschr. f. physiol. Chemie, Bd. 42, S. 300 (1904).

§ 7. Die Eiweißsynthese in Pflanzen. Vorstehend wurde dargelegt (S. 34), daß die primäre Eiweißsynthese in Laubblättern stattfindet. Der dazu notwendige Stickstoff wird vom Boden zum größten Teil in Form von Nitraten geliefert. Untersuchungen über die Verteilung der Nitrate in Pflanzen[1]) haben dargetan, daß dieselben durch das Leitungssystem bis zu den Blättern gelangen. Da aber Nitrate in Laubblättern entweder in verschwindend kleinen Mengen nachgewiesen sind oder gar vollständig fehlen, so liegt die Annahme nahe, daß namentlich in Laubblättern eine Verarbeitung der Nitrate zustande kommt. Schimper[2]) hat außerdem bewiesen, daß die Umwandlung der Nitrate in Laubblättern mit der photosynthetischen Kohlenstoffassimilation zusammenhängt. In verdunkelten Pflanzen tritt eine Anhäufung der Nitrate ein; diese werden alsdann bei Belichtung wieder verbraucht. In den zur Photosynthese nicht befähigten (z. B. chlorotischen) Blättern findet auch am Lichte kleine Nitratverarbeitung statt. Besonders überzeugend sind Versuche mit panaschierten Blättern. Sowohl grüne als weiße Teile dieser Blätter haben sich im Dunkeln mit Nitraten gefüllt; nach erfolgter Belichtung erwiesen sich jedoch nur grüne Blätterteile als nitratfrei; in farblosen Teilen blieb die Nitratmenge unverändert.

Auf Grund der soeben beschriebenen Versuche hat man vorausgesetzt, daß die Eiweißsynthese in Laubblättern nur am Lichte stattfindet. Es muß jedoch darauf aufmerksam gemacht werden, daß in Schimperschen Versuchen bei Lichtabschluß ein Mangel an Kohlehydraten eintrat. Dieser Umstand ist von großer Wichtigkeit, denn in Versuchen von Zaleski[3]) hat eine Eiweißsynthese aus Kohlehydraten und Nitraten in den Fällen stattgefunden, wo die verdunkelten Blätter mit Kohlehydraten ernährt worden waren. Es ergab sich also, daß die Eiweißsynthese in Laubblättern vom Licht nur indirekt abhängt, indem nur am Lichte die Kohlehydratbildung möglich ist; Kohlehydrate werden aber für den Eiweißaufbau verwendet. Es ist allerdings wohl möglich, daß auch in Gegenwart genügender Kohlehydratmengen die Eiweißsynthese schneller im Lichte als im Dunkeln erfolgt.

Treub[4]) hat die Anschauung entwickelt, daß Zyanwasserstoffsäure ein Zwischenprodukt der Eiweißsynthese vorstellt. Es ist wohl bekannt, daß viele Blätter beträchtliche Mengen von Blausäure (in Form von Glukosiden) enthalten. Nach entsprechender Bearbeitung färben sich diese Blätter intensiv blau, infolge Bildung von Berlinerblau (Fig. 92, a).

---

[1]) Wulfert, Landw. Versuchsstationen, Bd. 12, S. 164 (1864); Monteverde, Arbeiten der Naturforscherges. in St. Petersburg (1882); Berthelot et André, Annales de chim. et de physique, Serie 6, Bd. 8 (1886) und Bd. 10 (1878).

[2]) Schimper, Bot. Ztg. 1888, S. 65.

[3]) W. Zaleski, Die Bedingungen der Eiweißsynthese in Pflanzen, 1900, S. 53; Ber. d. bot. Ges. 1897.

[4]) Treub, Annales du jard. botan. de Buitenzorg, Bd. 9, S. 86 (1905) und Bd. 11, S. 79 (1907).

Läßt man jedoch die Blätter im Verlaufe einiger Tage im Dunkeln, so verschwindet die Blausäure vollständig (Fig. 92, b). Die in obiger Weise blausäurefrei gewordenen Blätter erzeugen wiederum bedeutende Mengen von Blausäure bei Nitrat- und Zuckerernährung im Dunkeln oder bei Nitraternährung am Lichte. Beträchtliche Mengen von Blausäure sind ebenfalls in Achsenorganen (junge Bambussprosse) enthalten[1]). Bei Samenkeimung im Dunkeln findet Eiweißabbau statt, während die späteren Stadien der Samenkeimung am Lichte von Eiweißsynthese begleitet sind. Auch in diesem Falle ist die Wirkung des Lichtes nur für Kohlehydratbildung direkt notwendig; der Eiweißaufbau aus Kohlehydraten und stickstoffhaltigen organischen Stoffen ist aber vom Licht unabhängig. So enthalten z. B. Lauchzwiebeln wenig Eiweiß, aber viel Kohlehydrat und organischen Stickstoff. Infolgedessen findet nach Untersuchungen von Zaleski[2]) nicht nur kein Eiweißabbau, sondern vielmehr Eiweißsynthese bei der Keimung der Lauchzwiebeln im Dunkeln statt. Zur Erläuterung mögen folgende Daten dienen:

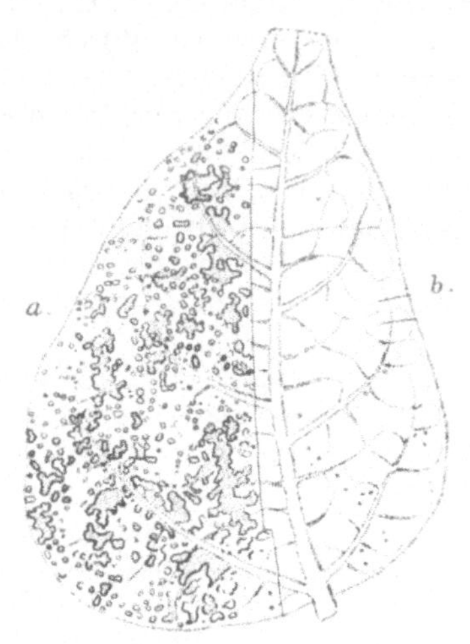

Fig. 92.
Phaseolus lunatus.

	Lauchzwiebeln Ungekeimt	Lauchzwiebeln Nach 1 Monat Keimung im Dunkeln
Trockensubstanz	5,8246	4,7716
Gesamtstickstoff	0,1614	0,1595
Eiweißstickstoff	0,0517	0,0838
N der mit Phosphorwolframsäure fällbaren Stoffe	0,0252	0,0244
Asparaginstickstoff	0,0121	0,0163
Stickstoff der übrigen Verbindungen	0,0744	0,0350
In Prozent des Gesamtstickstoffs:		
Eiweißstickstoff	32,0	52,5

Hettlinger[3]) und Zaleski[4]) zeigten auch, daß eine Eiweißbildung in Zwiebeln durch Verletzung hervorgerufen wird und mit be-

[1]) Walther, Krasnosselsky, Maximow und Malcevski, Bulletin du département de l'agriculture aux Indes Néerlandaises, Bd. 42 (1910).
[2]) W. Zaleski, Ber. d. bot. Ges. 1898.
[3]) Hettlinger, Revue générale de botanique 1901, S. 248.
[4]) W. Zaleski, Ber. d. bot. Ges. 1901, S. 331.

deutender Geschwindigkeit verläuft. Nach der Verletzung war nämlich in 4 Tagen eine Eiweißmenge gebildet, welche bei normaler Keimung im Dunkeln erst nach einem Monat entsteht. So wurde eine Zwiebel in vier gleiche Teile zerschnitten. Ein Teil wurde sofort getrocknet, die drei übrigen wurden 4 Tage im Dunkeln belassen. Die Analyse ergab folgende Mengen des Eiweißstickstoffs in Prozenten des Gesamtstickstoffs:

Kontrollportion	Versuchsportion A	Versuchsportion B
32,0	49,4	51,8

Hansteen[1]) hat bewiesen, daß für den Eiweißaufbau verschiedenartige Stickstoffverbindungen verwertet werden können. Zaleski und Kovchoff[2]) zeigten, daß die Eiweißbildung in verletzten Zwiebeln nur bei Sauerstoffzutritt stattfindet. In Gegenwart von Ätherdampf in der umgebenden Atmosphäre wird nach Zaleski[3]) das Wesen der Eiweißumwandlung verändert. Die von den Kotyledonen abgetrennten Achsenorgane von Lupinus angustifolius bewirken in Dunkelheit bei kohlehydrat- und stickstoffhaltiger Nahrung eine Eiweißsynthese, welche durch Ätherdampf gesteigert wird.

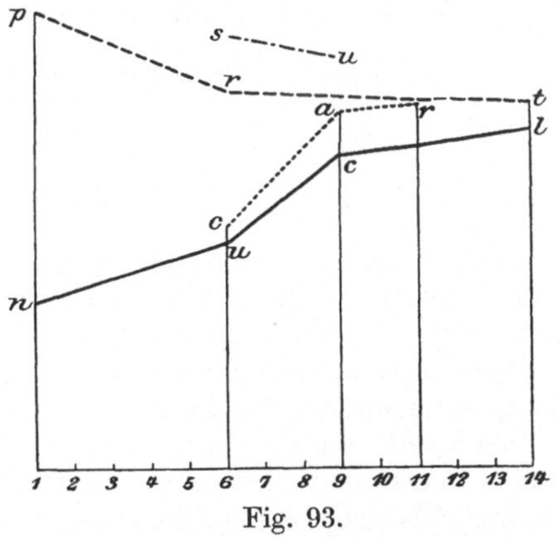

Fig. 93.
Weizenkeimung im Dunkeln; nucl Menge der unverdaulichen Eiweißstoffe; prt Gesamtmenge der Eiweißstoffe; car ausgeschiedene CO_2; su Zucker.

Die vorliegenden Erfahrungen über die Bildung der Nukleine in Pflanzen sind äußerst lückenhaft. Es ist im allgemeinen bekannt, daß Wachstumsvorgänge von einer Synthese der Nukleinstoffe begleitet sind. Obschon die Gesamtmenge der Eiweißstoffe bei Samenkeimung im Dunkeln abnimmt, vergrößert sich dennoch die Nukleinmenge während der ersten Keimungsstadien[4]). Fig. 93 zeigt, daß die Keimung des Weizens im Dunkeln mit einem Zuwachs der unverdaulichen Eiweißstoffe zusammenhängt; die Menge der unverdaulichen Eiweißstoffe entspricht aber ungefähr derjenigen der Nukleoproteide.

Verletzungen rufen eine gesteigerte Lebenstätigkeit hervor. Die Untersuchungen von Kovchoff[5]) zeigen, daß in verletzten Zwiebeln

---

[1]) Hansteen, Jahrb. f. wissensch. Bot., Bd. 33, S. 417 (1899).

[2]) Kovchoff, Revue générale de botanique 1902, S. 449.

[3]) W. Zaleksi, Ber. d. bot. Ges. 1900, S. 292.

[4]) Palladin, Revue générale de botanique 1896; Zaleski, Ber. d. bot. Ges. 1907, S. 349.

[5]) Kovchoff, Revue générale de botanique 1902, S. 449.

eine gesteigerte Eiweißbildung und zwar namentlich eine Synthese der unverdaulichen Eiweißstoffe stattfindet, welche aber von einer beträchtlichen Vergrößerung der Menge des Eiweißphosphors nicht begleitet ist; es ist aber ersichtlich, daß der Zuwachs der unverdaulichen Eiweiße zum größten Teil auf phosphorfreie Eiweißstoffe zu beziehen ist[1]).

Die Bildung der unverdaulichen Eiweißstoffe in Blättern ist von Kohlehydraten und Licht abhängig. Palladin[2]) hat gefunden, daß die Menge der unverdaulichen Eiweißstoffe in etiolierten Bohnenblättern nach einer Ernährung mit Saccharose zunimmt. Hierbei wurde am Lichte eine größere Menge der unverdaulichen Eiweißstoffe gebildet als in Dunkelheit.

In je 100 g der etiolierten Blätter wurden folgende Mengen des Stickstoffs der unverdaulichen Eiweißstoffe (in Milligramm) ermittelt:

Versuche	Soeben abgehobene Blätter	Nach 6tägiger Kultur a. Rohrzucker	
		im Dunkeln	am Lichte
1	18,6	82,6	166,4
2	18,6	51,9	115,4

§ 8. Lipoide und Phosphatide. Die Bezeichnung „Lipoide“ wurde von Overton[3]) eingeführt. Nach dem Vorschlag von Ivar Bang[4]) faßt man unter dem Namen Lipoide die mit Äther und anderen analogen Lösungsmitteln extrahierbaren Zellbestandteile zusammen. Die genannten Extraktionsmittel ziehen nicht nur Fette und Fettsäuren, sondern auch verschiedene andere Stoffe aus. Als besonders wichtige Lipoidstoffe sind Cholesterine und komplizierte Phosphatide zu betrachten. Thudichum[5]) bezeichnet als „Phosphatide“ äther- und alkohollösliche phosphorhaltige organische Verbindungen. Diese Stoffe sind außerordentlich reaktionsfähig und unbeständig; sie bilden einen unentbehrlichen Bestandteil des Protoplasmas aller lebender Zellen; viele komplizierte Phosphatide sind autoxydabel.

Die neueren Untersuchungen zeigen, daß in Lipoiden nicht nur Phosphor, sondern auch andere Mineralstoffe enthalten sind. So trat Glikin[6]) dargetan, daß die Hälfte der Gesamtmenge des Eisens in Frauen- und Kuhmilch auf Lipoide zu beziehen ist. Winterstein und Stegmann[7]) haben in Rizinusblättern ein Phosphatid gefunden, welches 6,74 % Kalzium enthält. In verschiedenen Pflanzen sind kohlehydrathaltige

---

[1]) Kovchoff, Ber. d. bot. Ges., Bd. 21; Iwanoff, Die Umwandlungen des Phosphors usw.; Zaleski, Ber. d. bot. Ges. 1907, S. 360.

[2]) Palladin, Revue générale de botanique 1899, S. 81.

[3]) Overton, Studien über die Narkose. Jena 1901.

[4]) Ivar Bang, Biochemie der Zellipoide (Ergebnisse der Physiologie, Jahrg. 6, S. 138, 1907).

[5]) Thudichum, Die chemische Konstitution des Gehirns des Menschen und der Tiere. Tübingen 1901.

[6]) Glikin, Biochemische Zeitschr., Bd. 21, S. 348 (1909).

[7]) E. Winterstein und Stegmann, Zeitschr. f. physiolog. Chemie, Bd. 58, S. 527 (1909).

Phosphatide vorhanden[1]). Es liegt die Annahme nahe, daß die Lipoide sowohl in Pflanzen als in Tieren mit Eiweißstoffen Verbindungen eingehen; diese labilen Komplexe werden durch heißen Alkohol gespalten. Zugunsten dieser Voraussetzung sprechen die Resultate von Bondi und Eißler[2]). Diese Forscher haben durch Verkettung der Fettsäuren mit Aminosäuren alkohollösliche Lipoproteide erhalten; diese Stoffe werden durch hydrolysierende Fermente zersetzt. Da die chemische Zusammensetzung der Lipoide sehr kompliziert ist, und die genannten Stoffe starke Adsorptionserscheinungen zeigen, so verfügen wir vorläufig über keine zuverlässige Methode zur Isolierung der Lipoide und Phosphatide[3]). Trotzdem haben die bereits vorliegenden zahlreichen Untersuchungen dargetan, daß Lipoide eine äußerst wichtige Rolle im Leben der Zelle spielen[4]). A. Kossel[5]) nimmt an, daß in jedem Protoplast immer Lezithin vorhanden ist. Die umfangreichen Untersuchungen von E. Schulze[6]) und seiner Schule, von Stoklasa[7]) und anderen Forschern haben die weite Verbreitung der Phosphatide in Pflanzen außer jeden Zweifel gestellt. Nach Stoklasa begleitet Lezithin (richtiger „Phosphatide") die Eiweiße der Pflanzen. Die eiweißreichen Samen zeichnen sich durch beträchtlichen Gehalt an Phosphatiden aus.

	Eiweißstoffe	Phosphatide	Fette
Lupinus luteus	38,25	1,59	4,38
Pisum sativum	23,13	1,23	1,89
Cannabis sativa	18,23	0,88	32,58
Helianthus annuus	14,22	0,44	32,26
Zea Mais	9,12	0,28	4,36

Die Untersuchungen von Palladin und Stanewitsch[8]) zeigen, daß die Atmung der Pflanzen von den Lipoiden abhängig ist. Weizenkeime wurden mit verschiedenen Lösungsmitteln (Toluol, Benzol,

[1]) O. Hiestand, Historische Entwickelung unserer Kenntnisse über die Phosphatide. Beiträge zur Kenntnis der pflanzlichen Phosphatide. Zürich 1906; E. Winterstein und O. Hiestand, Zeitschr. f. physiolog. Chemie, Bd. 54, S. 288 (1908); E. Winterstein, ebenda, Bd. 58, S. 500 (1909); E. Winterstein und K. Smolenski, ebenda, S. 506; K. Smolenski, ebenda, S. 522.

[2]) S. Bondi und F. Eißler, Biochem. Zeitschr., l. c., S. 510.

[3]) E. Schulze und E. Winterstein, Phosphatide. Handb. d. biochem. Arbeitsmethoden v. Abderhalden, Bd. 2, S. 256 (1909). Mikrochemische Untersuchungen über die Verteilung der Lipoide verdanken wir C. Ciaccio, Zentralbl. f. Pathol., Bd. 20, H. 9 (1909).

[4]) Ivar Bang, Biochemie der Zellipoide II. Ergebnisse der Physiologie, Jahrg. 8, S. 463, 1909.

[5]) A. Kossel, Chemische Zusammensetzung der Zelle. C. C., Bd. 2, S. 38 (1891).

[6]) E. Schulze und E. Steiger, Zeitschr. f. physiolog. Chemie, Bd. 13, S. 365 (1889); E. Schulze und A. Likiernik, ebenda, S. 15; E. Schulze und E. Winterstein, ebenda, Bd. 40, S. 101; E. Schulze und S. Frankfurt, Landwirtsch. Versuchsstat., Bd. 43; E. Schulze, ebenda.

[7]) J. Stoklasa, Sitzungsber. d. Wien. Akad. Math. Naturw. Klasse, Bd. 104, Abt. I (1906); Zeitschr. f. physiolog. Chemie, Bd. 25, S. 398 (1898).

[8]) Palladin und Stanewitsch, Biochem. Zeitschr., Bd. 26, S. 351 (1910).

Azeton, Benzin, Terpentinöl, Chloroform, Äther, Alkohol) behandelt. Je mehr Lipoide hierdurch extrahiert worden waren, desto geringer war die Menge des alsdann gebildeten Kohlendioxyds. Korsakoff[1]) hat dargetan, daß Lipoide die Tätigkeit des proteolytischen Fermentes ebenfalls beeinflussen.

Unter den Phosphatiden ist Phytin[2]) besonders beachtenswert; es stellt wahrscheinlich das erste Produkt der Phosphorsäureassimilation vor.

§ 9. Kohlehydrate. Unter den Kohlehydraten sind in Pflanzen Zellulose und Stärke besonders verbreitet. Anatomische Beobachtungen zeigen, daß das Wachstum der Zellmembranen und der Stärkekörner nur bei unmittelbarer Berührung mit Protoplasma und Stärkebildnern zustande kommt. Stärke und Zellulose sind also Umwandlungsprodukte der Eiweißstoffe[3]). Physiologische Untersuchungen sind ebenfalls eine Stütze für diese Voraussetzung. Die Bildung von Stärke und Zellulose ist von einem Abbau der Eiweißstoffe begleitet, wobei stickstoffhaltige Produkte, hauptsächlich aber Asparagin, entstehen. So lieferten z. B. Untersuchungen von Hungerbühler[4]) mit reifenden Kartoffelknollen folgende Zahlen:

Zeit	Stärke in $^0/_0$ der Trockensubstanz	In $^0/_0$ des Gesamtstickstoffs: Eiweiß-stickstoff	Nichteiweiß-stickstoff
23. Juni	56,7	70,9	29,1
30. „	61,3	64.4	35,6
7. Juli	66,3	58,7	41,3

Diese Tabelle zeigt, daß Stärkebildung mit einer Spaltung der Eiweißstoffe und Bildung der stickstoffhaltigen Spaltungsprodukte zusammenhängt.

Auf Grund theoretischer Betrachtungen nimmt Palladin[5]) an, daß die Bildung der Zellmembran und der Stärkekörner von Sauerstoffaufnahme begleitet ist. Diese Voraussetzung ist durch anatomische Beobachtungen bekräftigt worden.

Die unlösliche Stärke dient als Reservestoff. Die Pflanzenzellen sind manchmal mit Stärke überfüllt. Wären die Reservestoffe als wasserlösliche Verbindungen (wie z. B. Glukose) aufgespeichert, so wären die Zellwände nicht imstande, dem entstandenen ungeheuren osmotischen Druck genügenden Widerstand zu leisten.

Die Zellmembran wurde lange als eine einheitliche Substanz betrachtet; es ergab sich jedoch, daß die Zellwandungen eine komplizierte Zusammensetzung haben. E. Schulze[6]) hat die Bestandteile der Zell-

---

[1]) Korsakoff, Biochem. Zeitschr., Bd. 28, S. 121 (1910).

[2]) W. Vorbrodt, Bullet. de l'Acad. des sc. de Cracovie, Sér. A, 1910, S. 414.

[3]) Langstein, Die Bildung von Kohlehydraten aus Eiweiß. Ergebnisse der Physiologie, Bd. 1, S. 63 (1902).

[4]) Hungerbühler, Landw. Versuchsstat., Bd. 32, S. 381 (1885).

[5]) Palladin, Ber. d. bot. Ges. 1889, S. 126.

[6]) E. Schulze, Steiger und Maxwell, Zeitschr. f. physiolog. Chemie, Bd. 14, S. 227 (1890); E. Schulze, ebenda, Bd. 16, S. 387 (1892); Bd. 19, S. 38 (1894).

membranen in zwei Gruppen eingeteilt. Die erste Gruppe besteht aus Hemizellulosen, welche durch 1 proz. Salz- oder Schwefelsäure beim Erwärmen extrahierbar sind. Zu diesen Stoffen zählt u. a. Paragalaktan, ein in Wasser nicht löslicher Körper, welcher bei Oxydation Schleimsäure, bei Hydrolyse aber Galaktose liefert. Andere Hemizellulosen der Zellmembranen werden zu Mannose, Arabinose und Xylose hydrolysiert. Die zweite Gruppe enthält die eigentliche Zellulose, welche in Säuren nicht löslich ist, bei Hydrolyse nur Glukose und bei Oxydation Zuckersäure liefert.

Die Zellulose dient nicht immer als Gerüstsubstanz; in vielen Samen sind Zellwandverdickungen nichts anderes als Reservestoffe, welche bei der Keimung resorbiert werden[1]). Diese Reservezellulose besteht aus Hemizellulosen, und zwar aus Mannanen und Galaktanen.

Die Zellmembranen vieler Pilze unterscheiden sich von denjenigen der übrigen Pflanzen dadurch, daß sie stickstoffhaltig sind. Diese Eigentümlichkeit zeigen u. a. die Zellwände von Boletus edulis, Agaricus campestris, Morchella esculenta, Botrytis cinerea, Polyporus officinalis. Der Stickstoffgehalt erreicht 5½ %[2]). Wenn man die Zellwände der Pilze durch Erhitzen mit Salzsäure hydrolysiert, so erhält man unter den Spaltungsprodukten Glukosaminchlorhydrat

$$CH_2OH\,.\,CHOH\,.\,CHOH\,.\,CHOH\,.\,CH\begin{cases}COH\\NH_2\,.\,HCl\end{cases}$$

Dieselbe Substanz erhält man bei der Hydrolyse des Chitins der Insekten. Die Zellwände der Pilze enthalten also Stoffe, welche dem Chitin der Insekten sehr ähnlich sind.

Traubenzucker (Glukose) ist in den meisten lebenstätigen Zellen vorhanden. Er fehlt nur in einigen Hutpilzen[3]).

Rohrzucker (Saccharose) wurde früher als ein wenig verbreitetes Kohlehydrat betrachtet. Nachdem aber unsere Methoden vollkommener geworden sind[4]), wurden beträchtliche Mengen von Rohrzucker auch in wachsenden Organen aufgefunden[5]). Brown und Morris haben Rohrzucker in Laubblättern nachgewiesen und betrachten diesen Stoff als das erste Produkt der photosynthetischen Kohlenstoffassimilation[6]). Erst nach Anhäufung beträchtlicher Mengen des Rohrzuckers wird die Umwandlung des Rohrzuckers in Stärke eingeleitet; ganz analoge Resultate erhielt auch Böhm bei künstlicher Zuckerernährung.

---

[1]) Elfert, Bibliotheca botanica, Heft 30 (1894).

[2]) Winterstein, Ber. d. chem. Ges., Bd. 27, S. 3113 (1894); Bd. 28, S. 167 (1895).

[3]) S. Kostytschew, Zeitschr. f. physiol. Chemie, Bd. 65, S. 350 (1910).

[4]) E. Schulze, Landw. Versuchsstat., Bd. 34, S. 408 (1887); Zeitschr. f. physiol. Chemie, Bd. 20, S. 511 (1895).

[5]) Seliwanoff, Landw. Versuchsstat., Bd. 34, S. 414 (1887); Frankfurt, ebenda, Bd. 43, S. 143 (1893).

[6]) Brown and Morris, Journ. of the chem. Society. May 1893.

§ 10. Organische Säuren. Alle lebenstätigen Zellen enthalten immer schwankende Mengen der organischen Säuren. Der Zellsaft zeigt immer saure Reaktion. Man nimmt an, daß organische Säuren durch unvollkommene Oxydation der Kohlehydrate entstehen.

Zahlreiche Untersuchungen wurden der Oxalsäure in Form von Kalkoxalat gewidmet[1]). Die hauptsächlichsten Tatsachen in betreff der Bildung und Verbreitung von Kalkoxalat lassen sich folgendermaßen präzisieren: die Bildung von Kalkoxalat ist durch Licht und Transpiration beeinflußt. Eine regelmäßige Ablagerung von Kalkoxalat findet nur am Sonnenlichte und bei normaler Transpiration statt. In Dunkelheit und bei schwacher Transpiration ist die Menge des gebildeten Kalkoxalates sehr gering.

Verschiedene äußere und innere Verhältnisse sind von großer Bedeutung für die Bildung und den Verbrauch der organischen Säuren in Pflanzen[2]). Am Lichte nimmt die Menge der organischen Säuren etwas ab.

	Säuregehalt	
	Dunkelheit	Licht
Convallaria majalis (Rhizom)	72	68
Phaseolus multiflorus (Wurzeln)	69	64
Etiolierte Weizenkeimlinge	238	230

Mit steigender Temperatur nimmt der Säuregehalt ebenfalls ab. So wurde z. B. Sempervivum tectorum mit einem Säuregehalt = 358 drei Tage am diffusen Lichte stehen gelassen. Nach drei Stunden ist der Säuregehalt bei 4—6° auf 336, bei 22—25° auf 327 und bei 35—38° auf 301 gesunken.

Eine künstliche Kohlehydratgabe bewirkt Steigerung des Säuregehaltes. Abgeschnittene etiolierte Phaseoluskeimpflanzen wurden teils in destilliertes Wasser, teils aber in Glukoselösung gestellt und in Dunkelheit belassen. Nach drei Tagen war der Säuregehalt der Wasserportion gleich 185, derjenige der Zuckerportion aber gleich 257. Traubenzucker bewirkte also eine Steigerung der Säuremenge in Keimpflanzen.

§ 11. Der Prozeß der Samenkeimung. In obiger Darlegung wurden verschiedene auf Stoffumwandlungen und andere physiologische Vorgänge sich beziehende Fragen durch die bei der Samenkeimung stattfindenden Prozesse erläutert. Jetzt sollen die hauptsächlichsten Momente der Samenkeimung ausführlicher besprochen werden. In allen Samen sind beträchtliche Mengen der organischen Reservestoffe in Samenlappen oder im Endosperm abgelagert. Infolgedessen sind die Samen imstande, während der ersten Keimungsphase auf Licht und Mineralstoffe zu verzichten. Bei einer Samenkeimung im Dunkeln werden also nur Stoffe

---

[1]) Kohl, Kalksalze und Kieselsäure in der Pflanze (1889); Monteverde, Die Ablagerung des Kalzium- und Magnesiumoxalats in der Pflanze (1889, russisch); Wehmer, Bot. Ztg. 1891, S. 233.

[2]) Puriewitsch Bildung und Zersetzung der organischen Säuren in Samenpflanzen. Kiew 1893.

verarbeitet, welche im Samen abgelagert worden waren, und deren chemische Natur und Menge durch exakte Analysen ermittelt werden kann. Ganz analoge Erscheinungen finden auch in erwachsenen Pflanzen am Lichte statt; hier sind sie aber von einer Assimilation des Kohlenstoffs und der Mineralstoffe, also von Neubildungen auf Kosten der von außen zugeführten Stoffe begleitet. Diese Neubildungen erschweren das Studium der Umwandlungen der Reservestoffe. Bei der Keimung in Dunkelheit auf destilliertem Wasser sind jedoch sämtliche Assimilationsvorgänge, mit Ausnahme der Resorption von Wasser und Luftsauerstoff, ausgeschlossen, und wir haben es hier also nur mit Umwandlungen der Reservestoffe der Samen zu tun.

Es wird ganz allgemein beobachtet, daß bei verschiedenartigsten Pflanzen das Trockengewicht der Keimlinge bedeutend geringer ist als das Trockengewicht der nicht gekeimten Samen.

	Gesamtgewicht	C	H	O	N	Asche
46 Weizensamen . .	1,665	0,758	0,095	0,718	0,057	0,038
46 Weizenkeimlinge .	0,722	0,293	0,043	0,282	0,057	0,038
Differenz in Gramm	—0,943	—0,465	—0,052	—0,436	0,000	0,000

Die übrigen chemischen Vorgänge bei der Keimung sind in verschiedenen Samen nicht identisch; sie hängen vielmehr von der chemischen Natur der abgelagerten Reservestoffe ab. Je nach den vorwiegend vorhandenen Reservestoffen werden die Samen in drei Gruppen eingeteilt: Stärkesamen, Eiweißsamen und Fettsamen.

Aus obiger Tabelle ist ersichtlich, daß bei der Keimung der Stärkesamen (Gramineen)[1]) der Substanzverlust auf Kohlenstoff, Wasserstoff und Sauerstoff zu beziehen ist. Die Menge von Stickstoff und Asche bleibt unverändert. Die Umwandlungen der einzelnen Stoffe werden durch folgende Tabelle erläutert:

	Trockensubstanz	Stärke u. Dextrine	Glukose u. Saccharose	Fett	Zellulose
22 Maissamen . .	8,636	6,386	0,0	0,463	0,516
22 Maiskeimlinge .	4,529	0,777	0,953	0,150	1,316
Differenz in Gramm	— 4,107	— 5,609	+ 0,953	— 0,313	+ 0,800

Der größte Teil der Stärke wird also durch Diastase zerspalten. Es wird hierbei Glukose gebildet; die Menge der Zellulose nimmt erheblich zu. Bei der Keimung der Eiweißsamen (Leguminosen)[2]) ist der Substanzverlust ebenfalls auf Kohlenstoff, Wasserstoff und Sauerstoff zu beziehen. Es findet gleichzeitig eine bedeutende Zertrümmerung der

	Trocken-Substanz	Eiweiß	Asparagin	Andere N-haltige Stoffe	Glukose	Zellulose
Lupinus lutens { Samen	100	45,07	0,0	11,66	0,0	3,24
Lupinus lutens { Keimpflanzen	81,70	11,06	18,22	23,97	2,10	6,47
Differenz in %	— 18,30	— 33,41	+ 18,22	+ 12,31	+ 2,10	+ 3,23

[1]) Boussingault, Agronomie, chimie agricole usw., Bd. 4 (1868).

[2]) E. Schulze, Landw. Jahrb., Bd. 5, S. 821 (1876).

Eiweißstoffe statt unter Bildung von Asparagin und anderen Aminosäuren. Von den stickstofffreien Stoffen wird Glukose gebildet und die Menge der Zellulose vermehrt sich.

Bei der Keimung der Eiweißsamen tritt auch Schwefelsäure als Nebenprodukt der Eiweißspaltung auf. Die Menge der Schwefelsäure nimmt regelmäßig zu.

Lupinensamen	0,385 g H_2SO_4
7 tägige Keimpflanzen	0,610 „ „
15 tägige Keimpflanzen	1,323 „ „

Bei der Keimung der Fettsamen (Helianthus, Cucurbita, Ricinus u. a.)[1]) bezieht sich der Substanzverlust nur auf Kohlenstoff und Wasserstoff. Der Sauerstoff vergrößert sich dagegen. Die Keimung der Fettsamen ist also von einer Sauerstoffaufnahme begleitet. Die abgelagerten Fette verschwinden bei der Keimung und werden durch Stärke ersetzt. Diese Tatsache zeigt, auf welche Weise die Sauerstoffabsorption zu deuten ist. Die Fette sind bedeutend sauerstoffärmer als Stärke. Eine Stärkebildung aus Fetten ist also nur bei gleichzeitiger Sauerstoffzufuhr möglich. Die Fettspaltung bei der Keimung hat eine Steigerung der Menge der Fettsäuren zur Folge. Folgendes Beispiel mag als Erläuterung dienen. 20 g Mohnsamen enthielten 8,915 g Fett und 0,975 g freie Fettsäuren. Nach 4 tägiger Keimung wurden 3,770 g freie Fettsäuren und nur 3,900 g Fett gefunden. Glyzerin war jedoch in Keimpflanzen nicht vorhanden.

Folgende Tabelle soll die Stoffumwandlung bei der Keimung der Sonnenblume erläutern. 100 Gewichtsteile der Samen lieferten nach der Keimung 88,98 Gewichtsteile Keimpflanzen[2]).

	In 100 Gewichtsteilen der Samen	In 88,98 Gewichtsteilen der Keimpflanzen
Eiweißstoffe	24,06	13,34
Nuklein und Plastin	0,96	4,05
Asparagin und Glutamin	0	3,60
Lezithin	0,44	0,71
Fett	55,32	21,82
Rohrzucker u. dgl..	3,78	13,12
Lösliche organische Säuren	0,56	2,16
Zellulose	2,54	10,25
Hemizellulosen	0	3,41

Verstehend wurden die hauptsächlichsten Merkmale der Samenkeimung in Dunkelheit dargestellt. Am Lichte finden dieselben Vorgänge statt, sie werden nur von einer Assimilation des Kohlenstoffs und der Mineralstoffe begleitet[3]).

[1]) Laskovsky, Die Keimung der Kürbissamen in chemischer Beziehung. Moskau (1874).

[2]) Frankfurt, Landw. Versuchsstat., Bd. 43, S. 143 (1893).

[3]) Handbuch über Samenkeimung: Detmer, Vergleichende Physiologie des Keimungsprozesses der Samen. Jena (1880).

Achtes Kapitel.

Gärung und Atmung.

§ 1. Ein allgemeiner Begriff von Gärung und Atmung. Die Pflanzen wachsen und bewirken hierbei verschiedenartige Stoffumwandlungen und Stoffwanderungen; in lebenden Pflanzen werden also verschiedene Arbeiten ausgeführt, welche einen Energieverbrauch hervorrufen. Als Energiequelle dienen die durch grüne Pflanzen am Sonnenlichte produzierten organischen Stoffe, in gleicher Weise, wie z. B. eine Fabrik als Energiequelle Holz, Naphtha oder Steinkohle benutzt und durch Verbrennung dieser Materialien die für Maschinenbetrieb notwendige Energie produziert. Ganz analoge Vorgänge kommen auch in lebenden Pflanzen zustande, indem die organischen Reservestoffe durch Luftsauerstoff oxydiert werden. Diese vitale Oxydation bezeichnet man als Atmung.

Die Stoffumwandlung bei der Atmung besteht im wesentlichen darin, daß Sauerstoff absorbiert, Kohlendioxyd und Wasser gebildet werden; das Wasser verbleibt im Pflanzenkörper. Dieser Vorgang ist durch folgendes Schema dargestellt:

$$C_6H_{12}O_6 + 6\,O_2 = 6\,CO_2 + 6\,H_2O.$$

Man sieht also, daß die Stoffumwandlungen bei der Atmung in umgekehrter Richtung als bei Kohlenstoffassimilation verlaufen. Die Atmung führt zu einer oxydativen Dissimilation und ist nichts anderes als eine langsame Verbrennung. In gleicher Weise wie die übrigen Verbrennungen hängt die Atmung mit Freiwerden der Energie zusammen; die entwickelte Energie wird von der Pflanze ausgenutzt. Der bei Samenkeimung in Dunkelheit stattfindende Substanzverlust ist eine Folge der respiratorischen Tätigkeit. Ein Teil der Reservestoffe der Samen wird bei der Keimung verbrannt und die frei gewordene Energie für den Aufbau der jungen Pflanze aus anderen Reservestoffen verwendet.

Die eigentliche Atmung ist nicht allerorten möglich; zu manchen Teilen der Erdoberfläche hat der Luftsauerstoff keinen Zutritt. In dieser Beziehung sind stehende Gewässer, besonders aber überschwemmte Böden beachtenswert. Hoppe-Seyler[1]) gibt an, daß man an einfachen Merkmalen erkennen kann, ob ein Boden Sauerstoff

---

[1]) Hoppe-Seyler, Über die Einwirkung des Sauerstoffs auf Gärungen. Festschrift, Straßburg, S. 26 (1881).

enthält oder nicht. Moorböden sind eigenartig gefärbt. Die Bildung von Methan, Schwefelwasserstoff, Ferrokarbonat und Ferrosulfat erfolgt im Boden nur bei Sauerstoffabschluß. Ist im Boden Ferrihydrat enthalten, so hat Sauerstoff genügenden Zutritt.

Sauerstofffreie Böden und Gewässer wimmeln immerhin von verschiedenen niederen Pflanzen. Da bei den genannten Verhältnissen keine Sauerstoffatmung möglich ist, so muß der Energiebedarf dieser Organismen durch andere Vorgänge, und zwar durch solche, welche mit den Oxydationsreaktionen nichts zu tun haben, gedeckt werden. In der Tat vollziehen sich in lebenden Organismen derartige Vorgänge, welche man allgemein als Gärungen bezeichnet.

Es ist wohl bekannt, daß nicht nur Oxydationen, sondern auch verschiedene Spaltungen organischer Verbindungen mit Freiwerden der Energie zusammenhängen. Berthelot[1]) hat dargetan, daß Ameisensäure durch Platinschwarz zu Kohlendioxyd und Wasserstoff unter Wärmeproduktion zerlegt wird:

$$HCOOH = CO_2 + H_2.$$

Auf Grund dieser Beobachtung setzte Berthelot voraus, daß in lebenden Organismen eine von den Oxydationsvorgängen unabhängige Wärmeproduktion stattfinden kann.

Gärungsvorgänge sind in der Tat nichts anderes als Spaltungen, welche unter Wärmeentwickelung sich vollziehen und also für die Atmung vikariierend eintreten können. Pasteur faßte die Gärung als ein „Leben ohne Sauerstoff" auf. In ökonomischer Hinsicht sind Spaltungen für Organismen weniger vorteilhaft als Oxydationen, da in letzterem Falle die Energieproduktion immer größer ist. Eine Oxydation der Ameisensäure sollte selbstverständlich eine größere Energiemenge entwickeln als die einfache Spaltung zu CO_2 und H_2, denn in ersterem Falle kommt die Wärme der Wasserstoffverbrennung mit in Betracht. Analoges Resultat liefert ein Vergleich der schematischen Gleichungen der Sauerstoffatmung und der Alkoholgärung bei Zugrundelegung der vorhandenen thermochemischen Angaben:

$$1.\quad C_6H_{12}O_6 + 6\,O_2 = 6\,CO_2 + 6\,H_2O$$
$$2.\quad C_6H_{12}O_6 = 2\,C_2H_6O + 2\,CO_2.$$

Im ersteren Falle wird die gesamte Verbrennungswärme der Glukose frei. Die Verbrennungswärme von 1 Mol. Glukose ist gleich 709 Kal.[2]).

In letzterem Falle kann die Wärmeproduktion nicht 709 Kalorien betragen, indem unter den Spaltungsprodukten der Glukose der leicht verbrennliche Äthylalkohol auftritt. Von der Verbrennungswärme eines Grammoleküls Glukose muß also die Verbrennungswärme von zwei Grammolekülen Äthylalkohol abgezogen werden:

$$709\text{ Kal.} - 2\,.\,326\text{ Kal.} = 57\text{ Kal.}$$

---

[1]) Berthelot, Comptes rendus, Bd. 59 (1864).

[2]) Große Kalorien.

Im Prozesse der Alkoholgärung werden also 57 Kal. auf je ein Glukosemolekül frei. Hieraus ist ersichtlich, daß Hefepilze bei anaerobiotischem Leben eine mindestens 13 fache Menge von Glukose spalten müssen im Vergleich zu derjenigen Glukosemenge, welche bei vollkommener Oxydation im Atmungsprozesse dieselbe Wärmemenge geliefert hätte. (Dieses Verhältnis ist praktisch noch ungünstiger.) Infolgedessen kommt bei allen Gärungen ein gewaltiger Stoffverbrauch zustande.

Die Gärungen sind also Spaltungen organischer Verbindungen, welche ohne Eingreifen des Luftsauerstoffs stattfinden. Die Atmung ist dagegen im wesentlichen ein Oxydationsvorgang, Nun fragt es sich, ob zwischen den beiden Prozessen ein genetrischer Zusammenhang besteht. Pflüger[1]) hat zuerst die Anschauung von dem genetischen Zusammenhange der Gärung mit der Atmung entwickelt; diese Meinung ist jetzt als endgültig nachgewiesen anzusehen. In allen lebenden Tieren und Pflanzen finden immerfort verschiedenartige Spaltungen organischer Stoffe statt. Diese Spaltungen sind durch spezifische intrazellulare Fermente bewirkt. In einigen Fällen wird der gesamte Energiebedarf hierdurch befriedigt; dieses findet statt in Mikroorganismen, welche verschiedene Gärungen hervorrufen. Eine Oxydation der Spaltungsprodukte findet wegen verschiedener Ursachen nicht statt: entweder leben die betreffenden Organismen bei Sauerstoffabschluß, oder es fehlt ihnen eine genügende Menge der Oxydationsfermente. Es kommt schließlich auch vor, daß die Spaltungsprodukte zu schnell aus den lebenden Zellen hinausdiffundieren, wenn der betreffende Organimus in flüssigen Medien sich entwickelt. Immerhin absorbieren die meisten Pflanzen eine genügende Sauerstoffmenge durch Vermittlung der Oxydationsfermente; der aufgenommene Sauerstoff wird für eine Oxydation der Spaltungsprodukte des Betriebsmaterials zu Kohlendioxyd und Wasser verwertet. Es vollzieht sich also eine Sauerstoffatmung. Werden derartige Pflanzen in sauerstofffreie Medien gebracht, so beschränkt sich deren Betriebsstoffwechsel nur auf Gärungsvorgänge. Die Gärungserscheinungen sind also primäre Vorgänge. welche allen Pflanzen ohne Ausnahme eigen sind.

§ 2. Die alkoholische Gärung[2]). Die alkoholische Gärung besteht im wesentlichen darin, daß Zuckerarten durch die spezifische Einwirkung verschiedener Saccharomyceten in Äthylalkohol und Kohlendioxyd zerfallen. Bei diesem Vorgang bilden sich als Nebenprodukte unbedeutende Mengen von Bernsteinsäure und Glyzerin.

---

[1]) Pflüger, Archiv f. Physiologie, Bd. 10, S. 251 und 641 (1875); Pfeffer, Landw. Jahrb., Bd. 7, S. 805 (1878); Wortmann, Arbeiten des Bot. Instituts zu Würzburg, Bd. 2, S. 500 (1880).

[2]) Pasteur, Études sur la bière (1876); Moritz und Morris, Handbuch der Brauwissenschaft, Berlin (1893); Duclaux, Mikrobiologie, Bd. III (1901); Lafar, Technische Mykologie (1897); E. Buchner, H. Buchner und M. Hahn, Die Zymasegärung (1903).

Die Gärung ist nur in Gegenwart von Hefepilzen möglich. Die Gärung des Weintraubensaftes scheint auf den ersten Blick eine Ausnahme von dieser Regel zu machen. Allein Pasteur hat bewiesen, daß auch in diesem Falle Hefepilze als Gärungserreger zu betrachten sind. Die mikroskopische Untersuchung der Weintrauben zeigte, daß auf Fruchtschalen immer verschiedene Arten von Saccharomyces vorkommen und beim Abpressen der Beeren in den Saft gelangen; diese Hefezellen vermehren sich im Safte und rufen die Alkoholgärung hervor. Auf unversehrten Beeren ist die Menge der Hefezellen gering; dagegen findet man oft auf den durch Wespen verletzten Beeren riesige Kolonien der gut ernährten und sprossenden Hefezellen. Die Hefezellen finden in verletzten Beeren ein für Ernährung und Vermehrung sehr günstiges Substrat und werden von einer Traube auf die andere durch Wespen übertragen. In der Periode des Reifens der Weintrauben sind alle Wespen ohne Ausnahme Überträger der Hefezellen. Dies kann bewiesen werden entweder durch unmittelbare mikroskopische Untersuchung der Wespen oder auf indirekte Weise, durch Eintragen der Wespen in sterilisierte Würze. Derartige Versuche wurden von Wortmann in großer Menge ausgeführt; sie ergaben immer übereinstimmende Resultate: nach dem Eintragen der Wespe geriet die Würze regelmäßig alsbald in Gärung[1]). Die Hefepilze überwintern im Boden und werden im Frühjahr auf Früchte und Beeren übertragen.

Die Gärung hat eine Vermehrung der Trockensubstanz der Hefe zur Folge. Infiziert man gärfähige Flüssigkeit mit einer unwägbaren Menge der Hefezellen, so vermehren sich schnell die Zellen durch Sprossung; hat man eine genügende Menge der vergärbaren Flüssigkeit verwendet, so erhält man eine beträchtliche Menge der Hefetrockensubstanz. Die Gärung ist also ein physiologischer Vorgang. welcher mit einer Vermehrung der Hefezellen zusammenhängt.

Als Gärungsmaterial dient Glukose und andere Zuckerarten. Saccharomyces Cerevisiae I, S. Pastorianus I, II und III, S. ellipsoideus I und II enthalten das Ferment Invertin, welches Rohrzucker zu Fruktose und Glukose zersetzt; alsdann werden die genannten Hexosen vergoren. Auf gleiche Weise wird Maltose vergoren, Laktose wird aber nicht angegriffen. S. Marxianus, S. Ludwigii und S. exiguus vergären nur Glukose und Saccharose, haben jedoch keine Wirkung auf Laktose und Maltose. S. apiculatus greift nur Glukose an; S. kephyr und S. lactis sind aber imstande, Laktose zu vergären.

Der reine Zucker reicht nicht aus für eine regelmäßige Entwickelung der Hefe. Ebenso wie für andere Pflanzen sind auch für den Hefepilz Stickstoff und Mineralstoffe unentbehrlich. Diese Substanzen sind im Weintraubensafte und in der Bierwürze reichlich vorhanden. Bei Züchtung der Hefe in künstlichen Nährmedien müssen alle genannten Substanzen hinzugefügt werden. Von den Aschebestandteilen spielen Phosphate eine hervorragend wichtige Rolle. Die Untersuchungen von

---

[1]) Nach Wortmann.

Harden und Young[1]) zeigen, daß die Alkoholgärung sich folgendermaßen vollzieht:

1. $2\,C_6H_{12}O_6 + 2\,M''HPO_4 = 2\,CO_2 + 2\,C_2H_6O + 2\,H_2O + C_6H_{10}O_4(M''PO_4)_2$

2. $C_6H_{10}O_4(M''PO_4)_2 + 2\,H_2O = C_6H_{12}O_6 + 2\,M''HPO_4$.

Im Laufe des Gärungsprozesses bildet sich also Hexosephosphorsäure; deshalb hat die Phosphatgabe eine starke Steigerung der Gärungsenergie zur Folge. Phosphate sind also als ein Koferment der Zymase zu betrachten. Harden und Young zeigten, daß nach einer Filtration des Hefepreßsaftes durch Gelatinefilter weder der Niederschlag noch

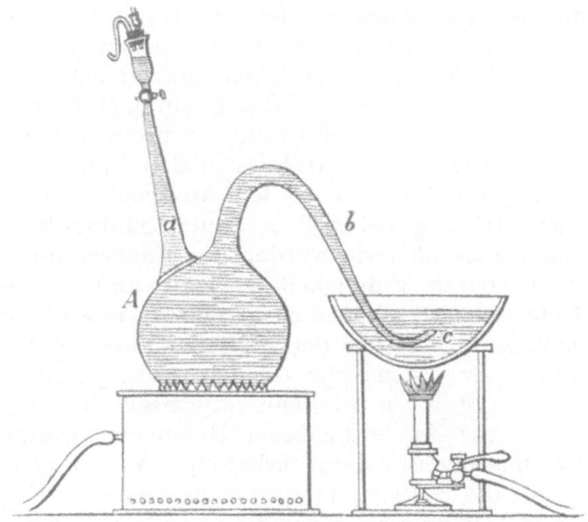

Fig. 94.
Gärung ohne Sauerstoff.

das Filtrat imstande ist, Alkoholgärung hervorzurufen. Bringt man jedoch beide Portionen wieder zusammen, so erfolgt die Alkoholgärung. Im Filtrate sind die für die Gärung notwendigen Phosphate enthalten.

Eine mit Kohlendioxyd- und Alkoholbildung zusammenhängende Vermehrung der Hefezellen findet unter geeigneten Umständen auch bei Abwesenheit der Nährstoffe statt. Es ist dies die sogenannte Selbstgärung der Hefe. Dieser Vorgang ist nicht von einer Zunahme, sondern vielmehr von einer Abnahme der Trockensubstanz begleitet, da die Bildung von Kohlendioxyd und Alkohol auf Kosten der Hefesubstanz

[1]) Harden and Young, Proceed. of the Royal Soc., Bd. 77, S. 405 (1906); Bd. 78, S.369 (1906); Bd. 80, S. 299 (1908); Zentralbl. f. Bakteriologie, Abt. II, Bd. 26, S. 178 (1910).

selbst erfolgt. Eine analoge Erscheinung bildet die Samenkeimung in Dunkelheit; in diesem Falle ist die Abnahme der Trockensubstanz eine Folge der Atmung ohne gleichzeitige Kohlenstoffassimilation.

Ein hervorragendes Interesse bietet die Frage nach der Einwirkung des Sauerstoffs auf die alkoholische Gärung. Behufs Lösung der Frage, ob eine Entwickelung der Hefe bei vollem Sauerstoffabschluß möglich ist, verwendete Pasteur den nachstehend abgebildeten Apparat (Fig. 94). Die gärfähige Flüssigkeit wurde in einen Glasballon mit zwei eingeschmolzenen Röhren hineingetan. Das eine Rohr wurde mit Glashahn und Glastrichter versetzt, das andere Rohr wurde gebogen und das gebogene Ende in eine mit derselben gärfähigen Flüssigkeit gefüllte Schale getaucht. Dann wurde die Flüssigkeit im Ballon und in der Schale gleichzeitig zum Sieden gebracht, wodurch die im Ballon und in der Schale vorhandene Luft vollkommen verdrängt worden war. Nach dem Erkalten ist ein Teil der Flüssigkeit aus der Schale in den Ballon übergegangen, wonach die Schale durch ein Gefäß mit Quecksilber ersetzt worden war. In den Glastrichter wurden ruhende Hefezellen gebracht und durch Öffnen des Hahnes in den Ballon eingeführt. Es ergab sich, daß ruhende („alte" nach dem Ausdruck Pasteurs) Hefezellen gar keine Alkoholgärung bei vollem Sauerstoffabschluß hervorrufen. In einer anderen Versuchsserie wurden die Trichter mit einer geringe Menge der vergärbaren Flüssigkeit versetzt und mit einer kleinen Menge von Hefe infiziert. Nachdem in den Trichtern Gärung eintrat, wurde eine ganz geringe Menge der gärenden Flüssigkeit mit einer unwägbaren Menge der jungen sprossenden Zellen in den Ballon eingeführt. In diesem Falle wurde eine stürmische Gärung im Ballon wahrgenommen. Aus der unwägbaren Hefemenge wurde mehr als ein Gramm der Hefetrockensubstanz erhalten. Es ist also ersichtlich, daß Sauerstoff für die Entwicklung der ruhenden Hefezellen unentbehrlich ist. Junge Hefezellen sind dagegen imstande, sich bei vollem Sauerstoffabschluß zu entwickeln.

Was nun die Einwirkung des Sauerstoffs auf den eigentlichen Gärungsprozeß anbelangt, so ist es vor allem wichtig festzustellen, ob Hefepilze bei tadellosem Sauerstoffzutritt normal atmen. Iwanowski[1]), der sich mit dieser Frage befaßt hat, erzeugte eine reine Hefekultur auf einer Platte aus porösem Ton, welche bis auf die Hälfte in die Nährlösung tauchte. Die Kultur befand sich in einer mit Luft gefüllten Glasglocke. Hefezellen waren also mit lauter Luft umgeben, da die Nährlösung nur durch Kapillargänge des Tons zu der Kultur gelangte. Vor dem Beginn des Versuches wurden sowohl die Nährlösung als die Tonplatte sterilisiert. Nach drei Tagen wurde eine Gasanalyse ausgeführt; dieselbe zeigte, daß das Verhältnis des abgeschiedenen Kohlendioxyds zu dem aufgenommenen Sauerstoff $\left(\frac{CO_2}{O_2}\right)$ gleich

[1]) Iwanowski, Mémoires de l'Académie des sciences de St. Petersbourg, Bd. 73, Heft 2 (1894).

$\frac{2,0}{0,2} = 10$ war. Es ergab sich also, daß Hefe auch bei vollkommenem Sauerstoffzutritt eine nur ganz geringe Sauerstoffmenge absorbiert, aber eine bedeutende CO_2-Menge produziert; die Sauerstoffatmung war sehr schwach, die Zuckerspaltung in Alkohol und Kohlendioxyd war aber sehr beträchtlich.

Die zweite Versuchsserie von Iwanowski ergab übereinstimmende Resultate. Gleiche Mengen der Nährlösung wurden in zwei Gefäße hineingetan und mit gleichen Hefemengen geimpft. Das eine Gefäß war mit Luft, das andere mit Stickstoff gefüllt. Am Ende des Versuches wurde die Energie der Gärung bestimmt, d. h. diejenige Zuckermenge, welche durch 1 g Hefe (Trockengewicht) im Verlaufe von 24 Stunden zerlegt wird,

Folgender Versuch kann als Erläuterung dienen. Hefeaussaat je 0,160 g. Versuchsdauer 45 Stunden. Die Analyse lieferte folgende Resultate:

	Luft	Stickstoff
Hefegewicht	0,516 g	0,497 g
Zucker zersetzt	6,009 ,,	5,804 ,,
Energie der Gärung . .	8,9	8,9

Es ist ersichtlich, daß gleiche Hefemengen sowohl bei Sauerstoffzutritt als bei Sauerstoffabschluß gleiche Zuckermengen zersetzen. Ein bedeutender Unterschied macht sich in betreff der Vermehrung der Hefezellen geltend: bei Luftzutritt erfolgt die Vermehrung bedeutend schneller als bei Sauerstoffabschluß. Bei längerem Aufenthalt in sauerstofffreier Atmosphäre bleibt das Wachstum vollkommen aus; die vorhandenen Zellen erweisen sich aber als lebendig und sind imstande, eine Zuckerspaltung hervorzurufen. In gleichzeitig bei Luftzutritt ausgeführten Versuchen dauerte die Vermehrung ungestört fort.

Untersuchungen von Grigoriew[1]) zeigen, daß Azetondauerhefe (Zymin) sowohl im Luft- als im Wasserstoffstrome gleiche CO_2-Mengen produziert. Diese Resultate wurden von E. Buchner[2]) bestätigt.

Palladin[3]) zeigte, daß die Menge der Oxydationsfermente in der Hefe sehr gering ist. Dieser Umstand erklärt die auf den ersten Blick merkwürdige Tatsache, daß die Hefe bei vollkommenem Sauerstoffzutritt Alkoholgärung hervorruft. Die Hefezellen entwickeln sich gewöhnlich bei Sauerstoffabschluß, wo Oxydationsfermente überflüssig sind. Deshalb ist Hefe nicht imstande, auch bei Sauerstoffzutritt Alkohol zu oxydieren. Letzterer diffundiert außerdem leicht durch die Zellmembran und wird auf diese Weise unangreifbar.

Für technische Zwecke erweist es sich als vorteilhaft, die Gärung bei guter Aeration sich vollziehen zu lassen, da in diesem Falle der Gärungsprozeß schneller beendigt ist. Durch Sauerstoffzufuhr wird

[1]) Grigoriew, Zeitschr. f. physiolog. Chemie, Bd. 42, S. 316 (1904).
[2]) E. Buchner, Zeitschr. f. physiolog. Chemie, Bd. 44, S. 206 (1905).
[3]) Palladin, Biochem. Zeitschr., Bd. 18, S. 177 (1909).

nämlich die Vermehrung der Hefe befördert. Obschon schon eine jede einzelne Zelle bei Sauerstoffzutritt und Sauerstoffabschluß gleiche Alkoholmengen produziert, vermehrt sich dennoch die Menge der einzelnen Gärungserreger bei Sauerstoffzutritt. Der Sauerstoff befördert also den Gärungsvorgang auf eine indirekte Weise.

Die in der Lösung vorhandene Alkoholmenge hat einen Einfluß auf den Verlauf der Gärung. Mit steigendem Alkoholgehalt läßt sich eine Anästhesie der Hefezellen wahrnehmen, und der Gärungsvorgang wird abgeschwächt. Erreicht der Alkoholgehalt 16 %, so wird die Gärung vollkommen eingestellt.

In der Gärungsindustrie unterscheidet man die obere Gärung, welche bei hoher Temperatur erfolgt, von der unteren Gärung, die eine niedrigere Temperatur verlangt. Diese Gärungen werden von zwei verschiedenen Gruppen der Heferassen hervorgerufen. Versuche, untergärige Hefe in obergärige oder umgekehrt zu verwandeln, ergaben immer negative Resultate.

Bereits Pasteur hat darauf aufmerksam gemacht, daß die Qualität des Bieres von der Qualität der angewendeten Hefe abhängt. Da die Anwesenheit von Bakterien den Wert des Produktes herabsetzt, so hat Pasteur eine Methode der Reinigung der Hefe durch Züchtung in Gegenwart von Weinsäure oder Phenol vorgeschlagen. Hansen hat jedoch nachgewiesen (1883), daß die verbreitetsten und gefährlichsten Weinkrankheiten nicht durch Bakterien, sondern durch wilde Hefearten hervorgerufen werden. Derselbe Forscher hat außerdem dargetan, daß die Behandlung der Hefe mit Weinsäure in Gegenwart von wilden Hefearten nur Schaden bringt; bei der genannten Bearbeitung werden die Kulturhefen abgeschwächt, und wilde Hefen gewinnen die Oberhand. Will man tadelloses Produkt erhalten, so muß man reine Hefekulturen verwenden. Vergleichende Untersuchungen zeigten, daß verschiedene Hefearten aus einer und derselben Bierwürze verschiedenartige Biere erzeugen. Saccharomyces Pastorianus I verleiht dem Bier bitteren Geschmack und unangenehmen Geruch, S. Pastorianus III und S. ellipsoideus II erzeugen trübes Bier.

In einem Gemisch von Hefen können die wilden Hefearten nach der Geschwindigkeit der Askosporenbildung erkannt werden. Die Askosporen werden durch wilde und kultivierte Hefen mit einer nicht gleichen Geschwindigkeit gebildet.

Wilde Hefen.

Bei 25° nach 40 Stunden Bildung von Askosporen
Bei 15° nach 72 „ „ „ „

Kultivierte Hefen.

Schnell gärende	Bei 25° nach 40 Stunden Bildung von Askosporen, Bei 15° nach 72 Stunden keine Askosporen.
Langsam gärende	Bei 25° nach 40 Stunden Bildung von Askosporen, Bei 15° nach 72 Stunden keine Askosporen.

Wenn man also eine junge eintägige Hefekultur in dünner Schicht auf Gipsblöckchen ausbreitet und bei 15° sich selbst überläßt, so bildet sich bei Abwesenheit wilder Hefen keine einzige Askospore nach 72 Stund. Die Sporenbildung erfolgt erst später. Finden sich aber nach 72 Stunden Hefen mit Sporen vor, so sind wilde Hefen vorhanden. Die Menge der wilden Hefen läßt sich nach der Menge der Askosporen beurteilen. Auf diese Weise gelingt es, eine unbedeutende Beimischung von wilden Hefen, welche nur $^1/_{200}$ der gesamten Hefemenge ausmacht, nachzuweisen.

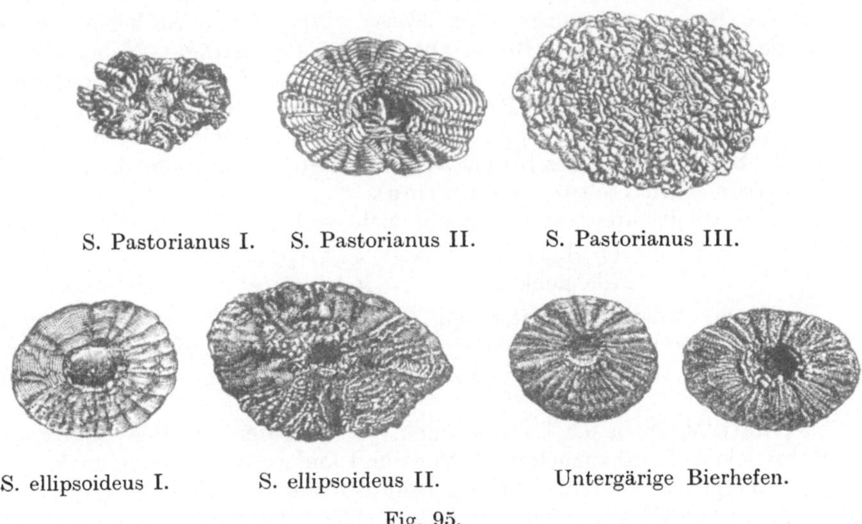

Fig. 95.
Riesenkolonien von verschiedenen Hefen. (Nach P. Lindner.)

Eine andere Methode der Hefeprüfung gründet sich auf die Betrachtung der Form der „Riesenkolonien"[1]). Derartige Kolonien bilden sich nicht aus einer einzelnen, sondern aus mehreren Zellen. Zu diesem Zweck überträgt man einen Tropfen aus einer jungen Hefekultur in Würze auf Gelatine. Die auf der Oberfläche der Gelatine sich vermehrenden Zellen liefern eine Riesenkolonie. Die Gestalt von Kolonien einer und derselben Hefeart bleibt immer gleich; sie unterscheidet sich aber von der Form der Kolonien anderer Hefearten. Fig. 95 zeigt, daß der Unterschied zwischen den Riesenkolonien verschiedener Hefearten sehr scharf ist.

Nicht nur Hefen, sondern auch verschiedene Bakterien und Schimmelpilze (z. B. Mukorazeen) bewirken die alkoholische Gärung. Die Schimmelpilze bilden gewöhnlich dicke Myzelien auf der Oberfläche der Substrate und absorbieren bei normalen Verhältnissen bedeutende Mengen von Sauerstoff. Versenkt man jedoch das Myzelium von einer

[1]) P. Lindner, Mikroskopische Betriebskontrolle in den Gärungsgewerben. Berlin 1898.

Mukorart in eine vergärbare Flüssigkeit, so bewirkt der Pilz eine Alkohol gärung, und die weitere Entwicklung des Myzeliums ist sehr eigentümlich: durch Teilung der langen Hyphen entstehen Zellen, welche an typische Hefezellen sehr erinnern und als Mukorhefen bezeichnet werden. Neuer dings hat es sich erwiesen, daß die Alkoholgärung der gärungstüchtigsten Mukorazeen ebenso wie diejenige der Hefepilze bei vollkommenem Sauerstoffzutritt zustande kommt [1]).

§ 3. Andere Gärungen. Die Milchsäuregärung wird durch die Bakterie Bacillus acidi lactici hervorgerufen. Dieser Organismus hat die Form von meistens paarweise verbundenen Stäbchen, deren Länge 1,0—1,7 μ, deren Breite aber 0,3—0,4 μ beträgt. Neben dieser Bakterie existieren noch viele andere, welche ebenfalls Milchsäuregärung hervorrufen. Es sind z. B. Bacterium lactis acidi, Bacillus lactis acidi, Bacterium limbatum lactis acidi, Micrococcuslactis acidi, Sphaerococcus lactis acidi, Streptococcus acidi lactici, Bacillus acidificans longissimus.

Die Milchsäuregärung vollzieht sich nach dem folgenden Schema:

$$\underset{\text{Milchzucker}}{C_{12}H_{22}O_{11}} + H_2O = \underset{\text{Milchsäure}}{4\,C_3H_6O_3}$$

Neben Milchsäure entstehen gewöhnlich Essigsäure und andere flüchtige Säuren. Die Menge der flüchtigen Säuren ist nicht nur von der Bakterienart, sondern auch von der Zusammensetzung des Nährsubstrats abhängig.

Statt Milchzucker können auch, je nach der Art der Bakterien, Rohrzucker, Traubenzucker, Maltose und andere Zuckerarten zu Milchsäure vergoren werden. Um Milchsäuregärung zu erhalten, genügt es, die Milch bei 35°—42° stehen zu lassen. Die Milch wird nach kurzer Zeit sauer. Die Gärung kommt zum Stillstand, wenn eine bestimmte Säuremenge sich gebildet hat; wird die Flüssigkeit durch Kalziumkarbonat neutralisiert, so setzt die Gärung wieder ein.

Die Darstellung der Milchsäure erfolgt auch mittels folgender Methode: Ein Gemisch von 100 g Zucker, 10 g Kasein oder altem Käse, Überschuß von Kalziumkarbonat und 1 Liter Wasser wird in einem offenen Gefäß bei 35—40° unter zeitweiligem Umrühren stehen gelassen. Nach Beendigung der Gärung wird die Flügssigkeit eingedampft, wonach eine Abscheidung von Kalziumlaktat erfolgt. Durch Zerlegung des Kalziumlaktates mit Schwefelsäure erhält man die freie Milchsäure. Bei diesem Vorgang erhält man die optisch inaktive Milchsäure. In einigen Fällen entstehen jedoch die optisch aktiven Isomeren. So bildet z. B. Micrococcus acidi paralactici in zuckerhaltigen Flüssigkeiten bedeutende Mengen der rechtsdrehenden Paramilchsäure. Bacillus acidi laevolactici bildet die linksdrehende Milchsäure.

Die Fähigkeit verschiedener Bakterien, optisch aktive Isomere der Milchsäure zu bilden, kann für die Erkennung der verwandten Arten

---

[1]) Kostytschew, Zentralbl. f. Bakteriologie, Abt. II, Bd. 13, S. 490 (1904) Wehmer, ebenda, Bd. 14, S. 556 (1905) und Bd. 15, S. 8 (1905).

benutzt werden. So zersetzt z. B. Bacterium coli commune Traubenzucker zu Rechtsmilchsäure, Bacillus typhi abdominalis erzeugt aber bei denselben Bedingungen Linksmilchsäure.

Die Milchsäurebakterien haben in der Technik mannigfache Verwendung gefunden. Das Berliner Weißbier wird z. B. unter Anteilnahme der Milchsäurebakterien angefertigt.

Clostridium butyricum bewirkt die Buttersäuregärung. Die neueren Untersuchungen haben dargetan, daß Clostridium butyricum keine einheitlichen Bakterien vorstellt; es liegt hier vielmehr ein Gemisch von mindestens drei Arten vor. Es wird gegenwärtig noch zahlreiche andere Bakterien bekannt geworden, welche ebenfalls Buttersäure produzieren.

Die Buttersäuregärungen finden bei vollem Sauerstoffabschluß statt. Als gasförmiges Gärungsprodukt tritt neben Kohlendioxyd immer noch Wasserstoff auf. Der Vorgang vollzieht sich nach dem folgenden Schema:

$$C_6H_{12}O_6 = 2\,H_2 + 2\,CO_2 + C_4H_8O_2.$$

Dient Milchsäure als Gärungsmaterial, so verläuft die Gärung auf folgende Weise:

$$2\,C_3H_6O_3 = 2\,H_2 + 2\,CO_2 + C_4H_8O_2$$

Die Buttersäuregärung erhält man leicht, wenn man ein Gemisch von 2 Liter Wasser, 100 g Kartoffelstärke oder Dextrin, 1 g Ammoniumchlorid und Nährzsalzen mit 50 g Kreide bei 40° stehen läßt. Es sind zahlreiche Bakterien bekannt, welche verschiedenartigste Gärungen hervorrufen; eine Beschreibung der einzelnen derartigen Vorgänge wäre hier nicht möglich. Es muß nun darauf aufmerksam gemacht werden, daß die Bakterien neue zahllose und verschiedenartigste chemische Reagenzien vorstellen, welche die bisher bekannten nicht organisierten Reagenzien an Empfindlichkeit und Spezialisierung weit übertreffen [1]).

§ 4. Die Atmung der Pflanzen. [2]) Ingenhouss hat als erster darauf hingewiesen, daß lebende Pflanzen atmen (1779). Bei Wiederholungen der Versuche von Pristley über die Verbesserung der Luft durch Pflanzen hat Ingenhouss wahrgenommen, daß die Luftverbesserung nur durch grüne Pflanzenteile, und zwar am Sonnenlichte bewirkt wird. Die nicht grünen Pflanzenteile verhalten sich sowohl am Lichte wie in Dunkelheit wie Tiere; auch grüne Pflanzenteile verderben die Luft bei Lichtabschluß. Dieses Luftverderben besteht in Abscheidung von Kohlendioxyd und wird als Atmung bezeichnet. Die ersten genauen wissenschaftlichen Untersuchungen über die Pflanzenatmung verdanken wir de Saussure (1804).

Die Einwirkung der äußeren Verhältnisse auf die Atmung der Pflanzen war Gegenstand zahlreicher Untersuchungen. Besonders ein-

[1]) Omeliansky, Über die Anwendbarkeit der bakteriologischen Methode bei chemischen Untersuchungen. Archives des sciences biologiques, Bd. 12 (1906).

[2]) Palladin, Biochem. Zeitschr., Bd. 18, S. 151 (1909); Czapek, Ergebnisse der Physiologie, Bd. 9, S. 587; Nicolas, Annales des sciences natur., sér. 9, Bd. 10, S. 1 (1909); Reinitzer, Über Atmung der Pflanzen (1909).

gehend wurde der Einfluß der Temperatur studiert [1]). Für das Konstantbleiben der Temperatur wendet man verschiedene Thermostaten an.

Die Atmungsenergie ist beinahe proportional den Wärmegraden; bei 40° C ist ein Maximum erreicht, und eine weitere Temperaturerhöhung hat keinen Einfluß auf die Atmungsenergie; die Intensität des Gaswechsels bleibt konstant bis zum Tode der Pflanze. Das Verhältnis $\frac{CO_2}{O_2}$ erreicht ein Minimum bei 10—15°; es steigt sowohl bei höheren als bei niedrigeren Temperaturen; im ersteren Falle ist die Zunahme von $\frac{CO_2}{O_2}$ eine beträchtlichere [2]).

	Temperatur	$\frac{CO_2}{O_2}$
Sedum hybridum	2— 4°	0,45
	10—12°	0,37
	25—26°	0,48
Pelargonium zonale	4— 5°	0,75
	12—14°	0,54
	34—35°	0,95

Temperaturschwankungen haben ebenfalls einen großen Einfluß auf die Pflanzenatmung. Palladin [3]) ließ etiolierte Gipfel der Bohnenkeimlinge bei drei verschiedenen Temperaturen atmen. Die eine Portion wurde bei 17—20°, die andere bei 7—12° und die dritte bei 36—37° belassen. Nach einiger Zeit wurde die Atmungsenergie sämtlicher Portionen bei mittlerer Temperatur bestimmt. Es ergab sich, daß die fortwährend bei mittlerer Temperatur belassene Portion die geringste CO_2-Menge bildete. Die vorher bei hoher und niedriger Temperatur belassenen Portionen zeigten eine intensivere Atmung.

Vorhergehende Temperatur	CO_2-Menge bei 18°—22°							Mittel	Überschuß
Mittlere (17—20°)	54,5	53,5	55,0	44,9	58,1	65,3	59,8	55,8	—
Niedrige (7—12°)	89,8	73,6	80,2	53,9	78,9	87,4	82,9	78,1	40 %
Hohe (36—37°)	81,4	—	—	89,4	—	—	—	85,4	53 %

Eine sehr eigentümliche Einwirkung der Temperatur auf die Atmung und Lebenstätigkeit von Aspergillus niger wurde von A. Richter [4]) wahrgenommen. Das erfrorene Myzelium zeigte nach dem Auftauen bei Zimmertemperatur alle Merkmale eines abgestorbenen Organismus und produzierte keine Spur von CO_2. Wenn man jedoch das erfrorene Myzelium direkt in eine Temperatur von 30° überträgt, so beginnt der

[1]) Wolkoff und Meyer, Landw. Jahrb., Bd. 3, S. 481 (1874); Bonnier et Mangin, Annales des sciences natur., sér. 6, Bd. 17, S. 266 (1884); Knijper, Recueil des travaux botan. Néerlandais, Bd. 7 (1910).

[2]) Puriewitsch, Bildung und Zersetzung der organ. Säuren in Samenpflanzen. Kiew 1893, S. 65 (russisch).

[3]) Palladin, Revue générale de botanique 1899, S. 241.

[4]) A. Richter, Zentralbl. f. Bakteriologie, Abt. II, Bd. 28, S. 617 (1910).

Pilz CO_2 abzuscheiden; die CO_2-Menge steigt allmählich, und es bilden sich gleichzeitig Sporen. Es ist also ersichtlich, daß die Erfrierung an und für sich nicht tödlich einwirkt; ein Absterben erfolgt später, beim Auftauen unter ungünstigen Temperaturverhältnissen. Die Atmung ist auch vom Licht abhängig. Eine indirekte Abhängigkeit wurde von Borodin [1]) nachgewiesen. Dieser Forscher hat gefunden, daß die Atmungsenergie beblätterter Zweige in Dunkelheit allmählich sinkt und nach zeitweiliger Belichtung wieder steigt. Diese Vorgänge sind auf folgende Weise zu interpretieren: Die als Atmungsmaterial dienenden Kohlehydrate werden in Dunkelheit allmählich verbraucht; die Neubildung dieser Stoffe findet aber nur am Lichte statt. Diese Deutung wird noch durch folgende Tatsachen bekräftigt: Die Steigerung der Atmung wird nur durch die weniger gebrochenen Strahlen hervorgerufen und tritt nur in dem Falle ein, wenn die umgebende Luft CO_2-haltig ist.

Bonnier und Mangin [2]) haben mitgeteilt, daß auch eine direkte unbedeutende Einwirkung des Lichtes auf die Pflanzenatmung sich geltend macht. Wenn man die zu untersuchenden Pflanzen abwechselnd belichtet und verdunkelt, so bemerkt man eine hemmende Lichtwirkung. Diese Abhängigkeit der Atmung vom Lichte hat mit der photosynthetischen Kohlenstoffassimilation nichts zu tun, da sie auch bei nicht grünen Pflanzen zustande kommt. Das Verhältnis $\frac{CO_2}{O_2}$ ist unabhängig vom Lichte.

Maximow [3]) behauptet, daß die Einwirkung des Lichtes auf die Atmung von Aspergillus niger je nach dem Alter der Pilzkulturen und den Ernährungsverhältnissen verschieden ist. Das Licht hat keinen Einfluß auf die Atmung der jungen gut ernährten Kulturen. Die Atmung der alten Kulturen wird dagegen durch Licht stimuliert. Die stimulierende Lichtwirkung tritt schärfer hervor, wenn die Kulturen an Mangel der Nährstoffe leiden. Löwschin [4]) vermochte dagegen keine Wirkung des zerstreuten Lichtes auf die Atmung verschiedener Pilze zu notieren.

Der Partialdruck des Sauerstoffs in der umgebenden Atmosphäre beeinflußt ebenfalls die Pflanzenatmung. Auch in diesem Falle bleibt das Verhältnis $\frac{CO_2}{O_2}$ unverändert.

Nach den Ergebnissen von Kosinski [5]) und Palladin [6]) hat die Konzentration der Nährlösung einen großen Einfluß auf die Atmungsenergie. Die Übertragung von konzentrierterer auf verdünntere Lösung bewirkt

[1]) Borodin, Physiologische Untersuchungen über die Atmung beblätterter Sprosse. St. Petersburg 1876.

[2]) Bonnier et Mangin, Annales des sciences natur., sér. 6, Bd. 18, S. 314 (1884).

[3]) Maximow, Zentralbl. f. Bakteriol., Abt. 2, Bd. 9, S. 193 (1902).

[4]) A. Löwschin, Beihefte z. botan. Zentralbl., Bd. 23, S. 54 (1907).

[5]) Kosinski, Pringsheims Jahrb. f. wissenschaftl. Botanik, Bd. 34, S. 137 (1902).

[6]) Palladin und Komlew, Revue générale de botanique 1902.

einen Aufschwung der Atmung. Im Gegenteil hängt die Übertragung auf eine konzentriertere Lösung mit einer Abschwächung der Atmungsenergie zusammen. So haben z. B. 100 g etiolierte Bohnenblätter in einer Stunde folgende CO_2-Mengen produziert.

Konzentrationen von Rohrzucker	Dauer der Einwirkung d. Rohrzuckerlösungen	CO_2 in mg	Differenz in %
15 %	3 Tage	122,7	
25 %	3 ,,	79,4	— 32,5
50 %	1 Tag	69,7	— 12,2
0 % (Wasser)	1 ,,	154,0	+ 120,9

Zaleski [1]) hat gefunden, daß durch kurzdauernde Versenkung der Zwiebeln von Gladiolus in Wasser die Atmungsenergie bedeutend gesteigert wird.

Änderungen der Konzentrationen der Nährlösungen haben einen wesentlichen Einfluß auf die Größe von $\frac{CO_2}{O_2}$. Puriewitsch [2]) hat für Aspergillus niger folgende Größen von $\frac{CO_2}{O_2}$ auf verschiedenen Konzentrationen der Rohrzuckerlösungen ermittelt.

Rohrzuckerkonzentration in %	Atmungskoeffizient
1	0,85
5	0,96
10	1,04
20	0,93
25	0,73

Die Atmung ist von verschiedenen giftigen Stoffen abhängig [3]). Morkowin [4]) hat die Einwirkung verschiedener Alkaloide, Glukoside, Alkohole und auch diejenige von Äthyläther, Formaldehyd und Paraldehyd untersucht. Es ergab sich, daß stark verdünnte Lösungen der genannten Stoffe eine Steigerung der Atmungsenergie herbeiführen. So wurden z. B. Stengelgipfel der etiolierten Bohnenkeimlinge in zwei gleiche Portionen geteilt; die eine Portion wurde auf Rohrzuckerlösung, die andere ebenfalls auf Rohrzuckerlösung, aber unter Zusatz von 1 % Isobutylalkohol kultiviert. Im Verlaufe von einer Stunde wurden von je 100 g Stengelgipfeln folgende CO_2-Mengen gebildet.

Rohrzucker	Rohrzucker mit Isobutylalkohol	Dauer der Einwirkung des Alkohols in Stunden
65,0	191,7	24
72,4	124,5	37

[1]) Zaleski, Zur Frage nach dem Einflusse der Reizwirkungen auf die Pflanzenatmung (1902, russisch).

[2]) Puriewitsch, Jahrb. f. wissenschaftl. Botanik, Bd. 35, S. 573 (1902).

[3]) Palladin, Jahrb. f. wissenschaftl. Botanik 1910, S. 431.

[4]) Morkowin, Revue générale de botanique, Bd. 11, S. 289 (1899) und Bd. 13, S. 109 (1901).

Zaleski [1]) hat dargetan, daß Äther selbst die Atmung ruhender Pflanzenorgane stark stimuliert. In einer ätherhaltigen Atmosphäre kommt zunächst eine Steigerung, dann aber eine starke Herabsetzung der Atmungsenergie der Gladioluszwiebeln zustande.

Mechanische (traumatische) Reizwirkungen üben einen großen Einfluß auf die Atmungsenergie aus [2]). So haben 300 g Kartoffelknollen 1,2—2 mg CO_2 pro Stunde abgeschieden. Nachdem eine jede Knolle in vier Teile zerschnitten worden war, wurden bei derselben Temperatur in der zweiten Stunde bereits 9 mg, in der fünften 14,4 mg, in der zehnten 16,8 mg, in der achtundzwanzigsten 18,6 mg CO_2 produziert. Nach 51 Stunden war die gebildete CO_2-Menge gleich 13,6 mg, nach vier Tagen gleich 3,2 mg, und nach sechs Tagen wurde 1,6 mg, also die ursprüngliche CO_2-Menge pro Stunde abgeschieden.

Phosphate, welche die Alkoholgärung stark stimulieren, üben die gleiche Wirkung auf die Atmung, welche mit der Alkoholgärung genetisch zusammenhängt [3]), aus. Die Phosphate stimulieren nicht nur die anaerobe Phase der Atmung, sondern auch die Oxydationsvorgänge [4]).

Die Energie der Pflanzenatmung ist außerdem von verschiedenen inneren Verhältnissen abhängig. In erster Linie ist der Zusammenhang der Atmung mit dem Wachstum hervorzuheben. Je kräftiger die Pflanze wächst, desto ausgiebiger ist die Sauerstoffabsorption und die Kohlendioxydabscheidung. Es wird später dargetan werden, daß bei allen Pflanzen die sogenannte große Periode des Wachstums, welche durch die große Wachstumskurve ausgedrückt wird, zustande kommt. Die keimende Pflanze wächst zunächst langsam, dann aber immer schneller; schließlich wird ein Maximum erreicht, wonach die Geschwindigkeit des Wachstums nach und nach sinkt. Wenn man gleichzeitig den Atmungswechsel bestimmt, so ergibt sich, daß derselbe am Anfang der Keimung unbedeutend ist. Mit steigender Wachstumsgeschwindigkeit vergrößert sich auch der Atmungswechsel; derselbe erreicht ebenfalls ein Maximum und beginnt alsdann langsam zu sinken. Man erhält also eine große Atmungskurve, deren Gestalt mit derjenigen der großen Wachstumskurve im wesentlichen identisch ist. Die große Atmungskurve wurde zuerst von A. Mayer mittels Sauerstoffbestimmungen wahrgenommen. Dieselben Resultate erhielten Borodin und Rischavi [5]) durch die Methode der CO_2-Bestimmung.

---

[1]) W. Zaleski, Zur Frage nach dem Einflusse der Reizwirkungen auf die Pflanzenatmung (1902, russisch).

[2]) Stich, Flora 1891, S. 15; Pfeffer, Berichte der sächs. Gesellschaft der Wissenschaften zu Leipzig, Mathemat. physikal. Klasse (1896); Smirnoff, Revue générale de botanique 1903.

[3]) L. Iwanoff, Biochem. Zeitschr., Bd. 25, S. 171 (1910); N. Iwanoff, ebenda, Bd. 32, S. 74 (1911).

[4]) W. Zaleski und Reinhardt, Biochem. Zeitschr., Bd. 27, S. 450 (1910).

[5]) A. Meyer, Landw. Versuchsstat., Bd. 18, S. 245 (1875); Borodin, Sur la respiration des plantes (1875); Rischavi, Landw. Versuchsstat., Bd. 19, S. 321 (1877).

Das Verhältnis $\frac{CO_2}{O_2}$ während der Keimung bleibt nicht konstant. Bonnier und Mangin [1]) haben bewiesen, daß in der ersten Keimungsperiode $\frac{CO_2}{O_2}$ gleich 1 ist. Später wird mit steigender Wachstumsgeschwindigkeit $\frac{CO_2}{O_2}$ immer kleiner. Dieselben Resultate erhielt Palladin [2]) durch Bestimmungen von $\frac{CO_2}{O_2}$ herausgeschnittener wachsender Internodien verschiedener Pflanzen. In allen Versuchen war $\frac{CO_2}{O_2} < 1$. Dies beweist, daß wachsende Organe einen Überschuß von Sauerstoff absorbieren. Das Wachstum ist also von einer Sauerstoffabsorption begleitet, indem ein Teil des aufgenommenen Sauerstoffs assimiliert wird. In wachsenden Organen wird Zellulose abgelagert und Asparagin gebildet. Beide Vorgänge hängen mit einer Sauerstoffassimilation zusammen. Die Atmung ist in naher Beziehung mit allen Vorgängen, die sich in der lebenden Zelle abspielen. Folgende Beispiele mögen als Erläuterung dienen. Alle Untersuchungen über die Atmung keimender Fettsamen zeigen, daß $\frac{CO_2}{O_2}$ der genannten Objekte auffallend gering ist. Es liegt also die Annahme nahe, daß die Keimung der Fettsamen mit einer beträchtlichen Sauerstoffabsorption zusammenhängt. Es wurde in der Tat vorstehend dargelegt (S. 194), daß der Substanzverlust der keimenden Fettsamen nur auf Kohlenstoff und Wasserstoff zu beziehen ist; die Menge des Sauerstoffs vergrößert sich dagegen. Diese Erscheinung erklärt sich dadurch, daß bei der Atmung der Fettsamen Fette verbrennen, deren Sauerstoffgehalt bedeutend geringer ist als derjenige der Kohlehydrate. Infolgedessen ist $\frac{CO_2}{O_2}$ bei der Verbrennung der Fette bedeutend geringer als 1. Wenn man z. B. die Verbrennung des Trioleins schematisch darstellt, so ergibt sich:

$$C_3H_5O_3\,(C_{18}H_{33}O)_3 + 80\,O_2 = 57\,CO_2 + 52\,H_2O.$$

$$\frac{CO_2}{O_2} = \frac{57}{80} < 1.$$

Polowzow [3]) hat dargetan, daß die auf Rohrzuckerlösungen kultivierten Fettsamen eine direkte Zuckerverbrennung einleiten; in diesem Falle ist $\frac{CO_2}{O_2}$ der Fettsamen gleich 1. Ganz anders gestaltet sich der Gaswechsel bei der Atmung der reifenden Früchte mit fetthaltigen Samen zu der Zeit, als Fett sich abzulagern beginnt.

[1]) Bonnier et Mangin, Annales des sciences nat., sér. 6, Bd. 18, S. 364 (1886).
[2]) Palladin, Berichte d. deutsch. botan. Gesellsch. 1886, S. 322.
[3]) Polowzow, Mémoires de l'Académie des sciences de St. Petersbourg, sér. 8, Bd. 12, Nr. 7, (1901).

Eine Fettbildung aus den Produkten der Kohlenstoffassimilation (Kohlehydraten) ist nur bei Abgabe des überschüssigen Sauerstoffs möglich. Dies vollzieht sich in der Weise, daß eine vermehrte CO_2-Produktion ohne entsprechende Sauerstoffaufnahme eingeleitet wird; das Verhältnis $\frac{CO_2}{O_2}$ wird also größer als 1. Ein Versuch mit reifenden Mohnfrüchten ergab folgendes Resultat [1]):

Sauerstoff absorbiert . . . . 21,72 cm^3
Kohlendioxyd abgeschieden . . . . 32,62 ,,

$$\frac{CO_2}{O_2} = 1,5 > 1.$$

§ 5. Die bei der Bestimmung der Atmung der Pflanzen gebräuchlichen Apparate [2]). Bei der Untersuchung der Pflanzenatmung bestimmt man

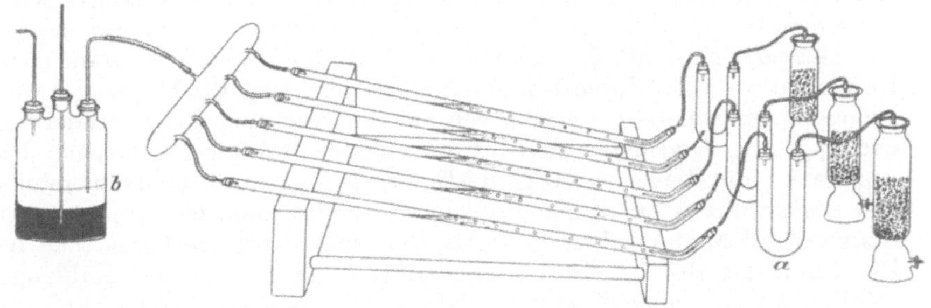

Fig. 96.
Atmungsapparat. (Nach Pettenkofer.)

entweder den gesamten Gaswechsel oder nur die Menge des einen der beiden Gase In den Fällen, wo eine Bestimmung des Kohlendioxyds genügt, leisten die Pettenkoferschen Röhren (Fig. 96) gute Dienste. Pettenkofersche Röhren sind ziemlich weite Glasröhren, deren Länge 1 m beträgt. Man füllt die Röhren mit titriertem Barytwasser und befestigt sie in einer geneigten Lage. Die mittels einer Wasserstrahlluftpumpe durchgesaugte Luft passiert ein Natronkalkgefäß, wo das gesamte Kohlendioxyd zurückgehalten wird. Die CO_2-freie Luft gelangt nun in das mit den zu untersuchenden Pflanzen beschickte Gefäß a und weiter in das Pettenkofersche Rohr, wo sie sich in kleine Bläschen zerteilt. Das Ableitungsrohr verbindet man durch einen Gummischlauch mit einer gewöhnlichen Wasserstrahlluftpumpe. Da die Wasserstrahlluftpumpe eine weit größere Luftmenge erfordert, als sie durch die Pettenkoferschen Röhren geliefert werden kann, so schaltet man behufs Vermeidung

[1]) Godlewski, Jahrbücher f. wissensch. Botanik, Bd. 13, S. 537 (1882).
[2]) Palladin und Kostytschew, Methoden der Bestimmung der Atmung der Pflanzen (Handb. d. biochem. Arbeitsmethoden von E. Abderhalden, Bd. 3, 1910).

der Luftverdünnung im Apparate einen Regulator b ein. Das von den Pflanzen abgeschiedene Kohlendioxyd wird im Rohr als Baryumkarbonat gefällt. Nach Ablauf bestimmter Zeit schließt man den Hahn, welcher das Gefäß mit dem Rohr verbindet, und öffnet den anderen Hahn; das Gas wird jetzt also durch das andere Rohr geleitet. Man entleert das erste Rohr und titriert den Inhalt; auf diese Weise ermittelt man die Menge des nicht gebundenen Baryts und durch einfache Umrechnung das Gewicht des von den Pflanzen produzierten Kohlendioxyds. Das Konstantbleiben der Temperatur wird dadurch gesichert, daß man den mit Pflanzen beschickten Rezipienten in Wasser versenkt und die Temperatur des Wassers durch entsprechendes Erwärmen konstant erhält.

Die Menge des absorbierten Sauerstoffs kann mittels des Apparates von Wolkoff und Meyer ermittelt werden. Der Apparat besteht im wesentlichen aus einem großen U-Rohr, in dessen weites Gelenk die zu untersuchende Pflanze eingeführt wird. In diesem Rohr befindet sich außerdem ein kleines Gefäß mit Kalilauge; das Ende des Rohres wird mit einem eingeschliffenen Glasstopfen verschlossen. Das andere engere Gelenk sperrt man mit Quecksilber ein. Das von der Pflanze produzierte Kohlendioxyd wird durch Kalilauge absorbiert, und die Menge des aufgenommenen Sauerstoffs ergibt sich aus der Ablesung der Veränderung der Lage des Quecksilberniveaus im engeren graduierten Gelenk des Apparates. Für die gleichzeitige Bestimmung des absorbierten Sauerstoffs und des produzierten Kohlendioxyds verwendet man den Apparat von Bonnier und Mangin (Fig. 97). Als Rezipient dient die Glasglocke A. Die durch das Rohr a einströmende Luft hat zuvor die mit Kalilauge gefüllte Waschflasche F passiert und ist also CO_2-frei. Die Glocke füllt man vollständig mit CO_2-freier Luft, indem man einen auf der Abbildung nicht dargestellten Aspirator in Gang setzt; die Luft entweicht durch das Rohr b. Alsdann schließt man die beiden Hähne r und r_1. Das mit Wasser beschickte Gefäß erhält die Luft in der Glocke in einem feuchten Zustande. Von Zeit zu Zeit wird eine Gasportion der Glocke entnommen und analysiert. Die Entnahme der Luftportion wird auf folgende Weise ausgeführt. Man stellt den Dreiweghahn R so ein, daß b mit dem Gefäß l kommuniziert. Das andere Gefäß l_1 senkt man gleichzeitig, damit ein Teil des Quecksilbers aus l in l_1 übergeht und Luft an die Stelle des Quecksilbers in l tritt; dann dreht man den Dreiweghahn R so um, daß l mit d kommuniziert, und hebt gleichzeitig l_1. Das in l einströmende Quecksilber verdrängt die Luft in die Eprouvette.

Das Volum des eingesperrten Gases im Apparate bestimmt man auf folgende Weise. Man entnimmt eine Gasportion V und mißt sie beim atmosphärischen Druck H; mit Hilfe des Manometers M ermittelt man den Gasdruck im Apparate vor und nach der Entnahme der Gasportion. Ist p der Gasdruck im Apparate vor und p_1 nach der Entnahme der Gasportion, so berechnet man das gesamte Gasvolum X auf Grund folgender Gleichung:

$$X = \frac{V H}{p - p_1}$$

Sind die absoluten Mengen des absorbierten Sauerstoffs und des abgeschiedenen Kohlendioxyds von wenig Belang, so erscheint eine

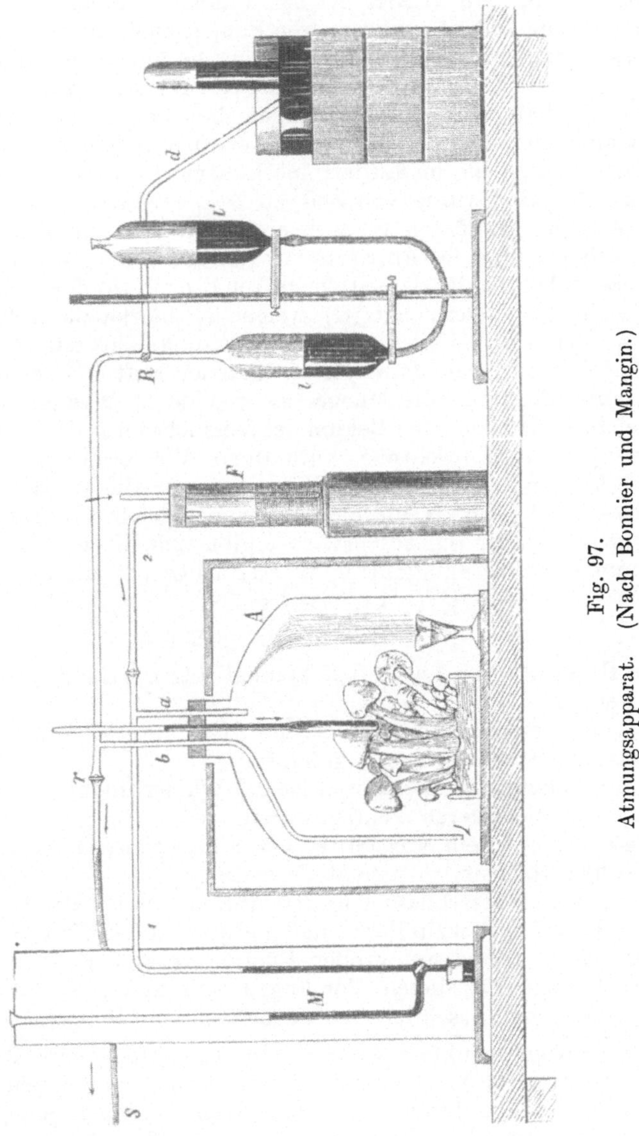

Fig. 97. Atmungsapparat. (Nach Bonnier und Mangin.)

Bestimmung des gesamten Gasvolums als überflüssig. In diesem Falle ermittelt man die Größe des Verhältnisses $\frac{CO_2}{O_2}$ und bestimmt zu diesem

Zwecke nur die prozentische Zusammensetzung der Gasmischung am Beginn und am Ende des Versuchs.

§ 6. Bildung von Wasser bei der Pflanzenatmung. Während der Keimung in Dunkelheit verlieren alle Samen eine beträchtliche Menge des Wasserstoffs, welcher bei der Atmung in Form von Wasserdampf entweicht. Es liegen nur wenige direkte Wasserbestimmungen vor. Laskowski [1]) hat Wasserbestimmungen bei der Atmung keimender Kürbissamen ausgeführt. Die Samen wurden in einer luftdicht verschlossenen Glasglocke im Luftstrome kultiviert. Der mit den Samen beschickte Apparat wurde von Zeit zu Zeit gewogen. Die Menge des bei der Atmung gebildeten Wassers ergab sich aus den Bestimmungen des Gesamtgewichtes des Apparats vor (A) und nach (B) der Keimung, der Trockensubstanz der Samen vor (m) und nach (n) der Keimung und der entwichenen Wassermenge (O), welche in Chlorkalziumröhren aufgefangen worden war. Unter der Voraussetzung, daß das Gewicht des leeren Apparates (S) und der darin enthaltenen Luft (U) keine Veränderung erfährt, läßt sich die Menge des gebildeten Wassers aus obigen Daten leicht berechnen. Bei Beginn des Versuches war die in den Samen und der ganzen Einrichtung enthaltene Wassermenge (X) gleich A — S — U — m; am Ende des Versuches war die Wassermenge (Y) gleich B — S — U — n. Wenn man hierzu noch das in Absorptionsröhren aufgefangene Wasser (O) addiert, so ergibt sich die bei der Keimung im Atmungsprozesse entstandene Wassermenge (Z) aus der Gleichung

$$Z = Y + O - X$$

oder

$$Z = B - n + O - A + m.$$

Die Resultate von Laskowski können folgendermaßen zusammengefaßt werden:

1. In dem ersten Keimungsstadium wird eine sehr geringe oder vielleicht gar keine Wassermenge gebildet.
2. Bei höheren Temperaturen ist die Wasserproduktion relativ geringer als bei niedrigeren Temperaturen.
3. Es besteht kein konstantes Verhältnis zwischen den abgeschiedenen Kohlenstoff- und Wasserstoffmengen.

Die geringe Wasserbildung in den Anfangsstadien der Keimung ist vielleicht darauf zurückzuführen, daß während dieser Zeit verschiedene hydrolytische Prozesse mit großer Energie verlaufen. Wie groß der Wasserverbrauch bei diesen Vorgängen sein kann, ist aus den im nächsten Paragraph beschriebenen Versuchen von Bonnier zu ersehen.

§ 7. Wärmeproduktion bei der Atmung. Die innere Temperatur des Pflanzenkörpers ist meistens identisch mit derjenigen der umgebenden Luft. Nur durch sehr genaue Bestimmungen gelingt es, eine geringe Temperaturdifferenz nachzuweisen. Die Temperatur wachsender Sprosse überschreitet gewöhnlich diejenige der umgebenden Luft höchstens um 0,3°. Nur zwei Perioden des Pflanzenlebens hängen mit einer be-

[1]) Laskowski, Über Keimung der Kürbissamen. Moskau 1874.

trächtlichen Wärmeproduktion zusammen; es sind namentlich Samenkeimung und Blüte. Die Temperatur der keimenden Samen ist um 7° bis 20° höher als diejenige der umgebenden Luft. Bei der Blüte ist die Temperaturdifferenz noch beträchtlicher[1]). In den Kolben einiger Aroideen wurde eine Temperatur von 49° wahrgenommen, während diejenige der umgebenden Luft nur 19° betrug. Die Temperaturerhöhung hängt mit einer Steigerung der Sauerstoffabsorption zusammen.

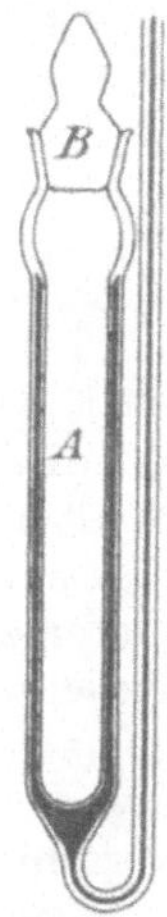

Fig. 98. Thermokalorimeter.

Bonnier [2]) hat umfangreiche Untersuchungen über die Wärmeproduktion bei der Keimung ausgeführt. Zu diesen Versuchen wurde entweder das Kalorimeter von Berthelot oder das modifizierte Thermokalorimeter von Regnault verwendet. Letzterer Apparat stellt im wesentlichen ein Thermometer vor, dessen konkave Kugel als Rezipient dient. In diese Höhlung (A) bringt man die zu untersuchenden Pflanzen und verschließt sie mit dem Stopfen B (Fig. 98). Die Temperaturerhöhung im Pflanzenkörper wird direkt durch Steigerung des Quecksilberniveaus im Thermometerrohr angegeben. In einigen Versuchen wurde auch eine Analyse der im Rezipienten vorhandenen Gase ausgeführt.

Bei der Keimung von 1 kg Erbsensamen wurden im Verlaufe von 1 Minute folgende Wärmemengen (in Kalorien) produziert.

1.	Gequollene Samen	9
2.	Junge Keimpflanzen (Länge der Wurzeln 5 mm) . .	125
3.	Junge Keimpflanzen (Länge der Wurzeln 50—60 mm)	75
4.	Weiteres Stadium: ein grüner Stengel von etwa 20 mm	60
5.	Weiteres Stadium: Es tritt Absterben der Kotyledonen ein	22
6.	Die Pflanze erhält nichts von den Kotyledonen . .	6

Dieser Versuch zeigt, daß die Menge der während der Keimung produzierten Wärme mit fortschreitender Entwickelung der Pflanzen sich ändert. Die maximale Wärmemenge wird bei Beginn der Keimung produziert.

Die auf Grund der abgeschiedenen CO_2-Menge oder der aufgenommenen Sauerstoffmenge berechneten Wärmemengen stimmen mit der experimentell erhaltenen Werten nicht überein, wie aus dem folgenden Versuche zu ersehen ist (s. S. 200).

Bei der Keimung wird also eine Wärmemenge produziert, welche den auf Grund der Sauerstoffabsorption berechneten Wärmewert bedeutend überschreitet. Es ist also ersichtlich, daß bei der Keimung, und zwar namentlich in den ersten Keimungsstadien, neben den Oxy-

[1]) G. Kraus, Annales du jardin de Buitenzorg, Bd. 13, S. 217, 1896.
[2]) Bonnier, Annales des sciences naturelles, sér. 7, Bd. 18, S. 1, 1893.

Wärmeproduktion von 1 kg Gerste in 1 Min.

	Wärmemengen in Kalorien gefunden	berechnet	$\frac{CO_2}{O_2}$
1. Gequollene Samen	5	3	1,00
2. Anlage von Wurzeln	62	45	0,65
3. Hauptwurzel von 3 mm . .	40	31	0,80
4. Ende der Keimung	15	12	0,95
5. Erwachsene beblätterte Stengelteile	0	3	1,00

dationsvorgängen auch andere exothermische Reaktionen stattfinden. Zu diesen zählt die Stärkeumwandlung nebst anderen Hydrolysen und Spaltungen. Anders verhalten sich erwachsene Stengel. Die Berechnung läßt eine Produktion von 3 Kalorien vermuten; die Ablesung am Kalorimeter zeigt aber, daß keine Wärmeproduktion stattfindet. In diesem Falle wurde die Energie nicht als Wärme, sondern als Arbeit frei gemacht: eine jede lebende Zelle muß immer die für die Unterhaltung des Lebens notwendige Arbeit leisten. Arbeit und Wärme sind nur verschiedene Modifikationen einer und derselben Energie, ebenso wie z. B. gelber und roter Phosphor oder wie Diamant und amorphe Kohle nur verschiedene Modifikationen ein und derselben Materie vorstellen [1]). Beim Vergleich der berechneten mit den mittels Kalorimeter erhaltenen Wärmedaten ist noch folgender Umstand zu beachten: Die Wärme der CO_2-Bildung beträgt 97 600 Kalorien, die Wärme der Kohlehydratbildung aus CO_2 (1 Grammolekül auf Grund der empirischen Stärkeformel $C_6H_{10}O_5$) ist also 97 600 × 6 = 585 600. Das Experiment liefert aber 667 000. Der Überschuß von 82 300 Kalorien (der sogenannte Wärmeeffekt) ist diejenige Wärmemenge, die einer Bildung von Stärke aus C und H_2O entspricht. Die Verbrennungswärme der Stärke setzt sich also aus Bildungswärme von 6 Molekülen CO_2 und der Wärme der Wasserbindung zusammen. Bei der Kohlehydratverbrennung im Tierkörper wird genau derselbe Wärmeüberschuß (82 300 Kalorien) im Vergleich mit der Verbrennungswärme des Kohlenstoffs frei. Dieser Umstand erklärt die früher unbegreiflich gewesene Tatsache, daß der Tierkörper einen scheinbaren Wärmeüberschuß produziert im Vergleich mit derjenigen Wärmemenge, die man nach der Quantität des abgeschiedenen CO_2 [1]) oder des aufgenommenen Sauerstoffs berechnet. Im vorliegenden konkreten Falle beträgt die berechnete Verbrennungswärme von Stärke etwa $^6/_7$ der durch direkte Beobachtung ermittelten Wärmeproduktion. Die Differenzen in den Versuchen von Bonnier sind aber so bedeutend, daß sie nicht ungezwungen auf Wärmeeffekt zurückgeführt werden können. Es liegt vielmehr die Annahme nahe, daß bei der Keimung Reaktionen zustande kommen, welche ein Freiwerden der Wärme ohne Anteilnahme der Oxydationsvorgänge herbeiführen.

Obiger Versuch von Bonnier zeigt, daß die größte Wärmeproduktion

---

[1]) Ostwald, Theoretische Chemie.

während derjenigen Keimungsperiode erfolgt, wo das Verhältnis $\frac{CO_2}{O_2}$ ein Minimum erreicht und die Sauerstoffabsorption mit einer gesteigerten Energie verläuft.

§ 8. Anaerobe (intramolekulare) Atmung. Wenn man verschiedene Pflanzen, welche für ihre Atmung des Sauerstoffs bedürfen. in eine sauerstofffreie Atmosphäre bringt, so wird hierdurch der Tod nicht momentan herbeigeführt; die Pflanzen bleiben eine Zeitlang lebendig, und die CO_2-Produktion schreitet fort [1]). Gleichzeitig bildet sich gewöhnlich Äthylalkohol [2]). Die anaerobe Atmung ist also meistens mit der Alkoholgärung identisch.

In einzelnen Fällen sind die Mengen des bei Sauerstoffzutritt und Sauerstoffabschluß gebildeten Kohlendioxyds gleich groß; derartige Fälle sind jedoch selten; meistens ist die CO_2-Produktion bei Sauerstoffabschluß bedeutend geringer als bei Sauerstoffzutritt [3]). Wenn wir durch J die Menge des bei Sauerstoffabschluß gebildeten Kohlendioxyds, durch N aber die bei normalen Verhältnissen produzierte CO_2-Menge ausdrücken, so finden wir folgende Werte von $\frac{J}{N}$ bei verschiedenen Pflanzen:

Junge Keimlinge von Vicia Faba	1,197
Junge Keimlinge von Triticum vulgare	0,490
Junge Zweige von Abies excelsa	0,077
Junge Zweige von Ligustrum vulgare	0,816

Die Menge des gebildeten Kohlendioxyds ist vor allem von dem Kohlehydratgehalte der betreffenden Pflanzen abhängig [4]). Etiolierte kohlehydratfreie Bohnenblätter produzieren bei Sauerstoffabschluß nur unbedeutende CO_2-Mengen und sterben bald ab. Dieselben Blätter bilden bei gleichen Verhältnissen aber nach erfolgter Zuckerernährung große CO_2-Mengen und bleiben längere Zeit am Leben. Nach zweitägiger Anaerobiose erwiesen sich alle kohlehydratfreien Blätter als abgestorben; die mit Zucker ernährten Blätter blieben aber am Leben und ergrünten alsdann am Lichte.

Alkohol entsteht nur auf Kosten von Kohlehydraten. So haben z. B. 71 etiolierte, mit Zucker ernährte Stengelgipfel von Vicia Faba im Verlaufe von 25 Stunden bei Sauerstoffabschluß 782,4 mg CO_2 und 724,6 mg CH_3CH_2OH gebildet. Das Verhältnis $CO_2 : C_2H_5OH$ ist gleich 100 : 92,6. Die mit Zucker nicht ernährten Stengelgipfel haben

---

1) Lechartier et Bellamy, Comptes rendus, Bd. 69, S. 355 und 466 (1869); Bd. 75, S. 1203 (1872); Pasteur, ebenda, Bd. 75, S. 784 (1872).

2) Godlewski und Polzeniusz, Bulletin de l'Acad. des sciences de Cracovie 1897, S. 267; 1901, S. 227; Nabokich, Ber. d. bot. Ges., Bd. 21, S. 467 (1903); Palladin und Kostytschew, Zeitschr. f. physiolog. Chemie, Bd. 48, S. 214 (1906); Ber. d. bot. Ges. 1907, S. 51; Stoklasa, Zeitschr. f. physiolog. Chemie, Bd. 50 (1907).

3) Pfeffer, Untersuchungen aus d. botan. Institute zu Tübingen 1885, Heft 4.

4) Palladin, Revue générale de botanique 1894, S. 201.

im Verlaufe von 30 Stunden bei Sauerstoffabschluß 256,8 mg CO_2 und nur 68,3 mg Alkohol gebildet. $CO_2 : C_2H_5OH = 100 : 26,5$. Es muß außerdem darauf aufmerksam gemacht werden, daß die Alkoholbildung nur im Verlaufe der anfänglichen Stunden, also vor der Erschöpfung des Vorrates an Kohlehydraten erfolgte [1]).

Nach den Untersuchungen von Kostytschew [2]) bildet Champignon bei Sauerstoffabschluß beträchtliche Mengen von Kohlendioxyd, aber keine Spur Alkohol. Champignon erwies sich auch als vollständig zuckerfrei [3]).

Kostytschew [4]) hat außerdem gefunden, daß Aspergillus niger, kultiviert auf kohlehydratfreien Substraten, bedeutende CO_2-Mengen bei Sauerstoffabschluß produziert. Es bleibe dahingestellt, welche Spaltungsprodukte hierbei entstehen; jedenfalls ist die anaerobe Atmung mit der alkoholischen Gärung nicht immer identisch.

Früher wurde angenommen [5]), daß mannithaltige Pflanzen bei Sauerstoffabschluß nicht nur CO_2, sondern auch molekularen Wasserstoff ausscheiden, nach den Ergebnissen von Kostytschew [6]) findet jedoch keine Wasserstoffproduktion bei Sauerstoffabschluß statt.

Wenn man die Sauerstoffatmung der Pflanzen nach erfolgter Anaerobiose untersucht, so findet man zuweilen einen beträchtlichen Aufschwung der CO_2-Produktion [7]); diese Erscheinung ist durch die Annahme einer Oxydation der bei Sauerstoffabschluß entstandenen Spaltungsprodukte erklärlich.

Sowohl niedere Pflanzen als auch Samenpflanzen verbrauchen bei Sauerstoffabschluß eine größere Menge des Betriebsmaterials. Die Oxydationsvorgänge (Atmung) sind also vorteilhafter als Spaltungsvorgänge (Gärung) [8]).

Die anaerobe Atmung ist ebenso wie die normale Atmung von verschiedenen Momenten abhängig. Einige Faktoren stimulieren, andere dagegen hemmen die anaerobe CO_2-Produktion [9]).

§ 9. Atmungsfermente[10]). Alle neueren Untersuchungen bilden eine Stütze für die Annahme, daß die Atmung der Pflanzen nichts anderes ist als eine Summe fermentativer Vorgänge. Wenn man die Pflanzen ohne

---

[1]) Palladin und Kostytschew, l. c.

[2]) Kostytschew, Ber. d. bot. Ges., Bd. 25, S. 188 (1907); Bd. 26a, S. 167 (1908).

[3]) Kostytschew, Zeitschr. f. physiol. Chemie, Bd. 65, S. 350 (1910).

[4]) Kostytschew, Untersuchungen über die anaerobe Atmung der Pflanzen. Scripta botanica, Bd. 25 (1907).

[5]) Müntz, Annales de chimie et de physique, sér. 5, Bd. 8 (1876); de Luca, Annales des sciences natur., sér. 6, Bd. 6 1878).

[6]) Kostytschew, Ber. d. bot. Ges., Bd. 24, S. 436 (1906); Bd. 25, S. 178 (1907).

[7]) Palladin, Zentralbl. f. Bakteriologie, Abt. II, 1903, S. 146.

[8]) Palladin, Bullet. Soc. Imp. des natur. de Moscou. 62. 1886. S. 449.

[9]) Smirnoff, Revue gen de bot. 1903; S. 26. Kostytschew, Ber. bot. Ges. 1902, S. 327. Morkowin, Ber. bot. Ges. 1903, S. 72.

[10]) Palladin, Biochem. Zeitschr., Bd. 18, S. 177 (1909).

Zerstörung der Fermente abtötet, so dauert sowohl CO_2-Abscheidung als Sauerstoffabsorption fort. Folgender Versuch zeigt, daß abgetötete Pflanzen sehr beträchtliche CO_2-Mengen bilden können. Durch Erfrierung getötete Bohnenblätter wurden im Wasserstoffstrome bis zum Aufhören der CO_2-Produktion belassen. Dann wurde der Wasserstoffstrom durch Luftstrom ersetzt. Hierbei haben die Blätter wiederum eine bedeutende CO_2-Menge produziert und nahmen eine schwarze Färbung an. Nachdem die CO_2-Abscheidung aufgehört hatte, wurden die Blätter zerrieben und mit Pyrogallollösung versetzt, wodurch wieder eine Kohlendioxydabscheidung eingeleitet war. Nach absolvierter CO_2-Ausscheidung wurde Wasserstoffsuperoxyd zugegeben und die Menge des hiernach gebildeten Kolhendioxyds bestimmt.

100 g erfrorene etiolierte Bohnenblätter haben folgende CO_2-Mengen gebildet:

Im Wasserstoffstrome	100 mg
Im Luftstrome	142 ,,
Nach Zusatz von Pyrogallol	648 ,,
Nach Zusatz von Wasserstoffsuperoxyd	293 ,,
	1183 mg

Erfrorene Pflanzen bilden meistens Äthylalkohol bei Sauerstoffabschluß, doch sind auch Ausnahmen von dieser Regel bekannt.

Auf Grund neuerer Ergebnisse ist die Annahme sehr plausibel, daß bei der Atmung zunächst primäre Spaltungen des Atmungsmaterials stattfinden. Im Falle der Zuckerveratmung scheint Alkoholgärung den primären Spaltungsprozeß zu bilden. Das Ferment der alkoholischen Gärung (Zymase) ist also zugleich ein Atmungsferment. Die bei den primären Spaltungen entstehenden organischen Stoffe werden alsdann durch Luftsauerstoff oxydiert. Ist Alkohol das Spaltungsprodukt, so muß eine vollkommene Oxydation nach folgender Gleichung erfolgen:

$$2\,C_2H_5OH + 6\,O_2 = 4\,CO_2 + 6\,H_2O.$$

Nun taucht aber die Frage auf, ob Endprodukte oder nur Zwischenprodukte der bei Sauerstoffabschluß stattfindenden Spaltungsvorgänge unter normalen Aerationsverhältnissen oxydiert sind. Bei Zuckerveratmung ist Äthylalkohol das Endprodukt der anaeroben Spaltung. Es muß also die wichtige Frage gelöst werden, ob Äthylalkohol auch bei normalen Verhältnissen, also bei ungehindertem Sauerstoffzutritt entsteht und dann oxydiert wird. Es ist auch wohl möglich, daß nicht Äthylalkohol, sondern die in früheren Stadien der anaeroben Spaltung entstehenden intermediären Produkte einer Oxydation anheimfallen. Kostytschew [1]) hat sich mit dieser Frage befaßt, und es gelang ihm zu zeigen, daß der bei Sauerstoffabschluß gebildete Alkohol in einigen Fällen gar nicht, in anderen Fällen nur unvollständig oxydiert werden kann. Diese Versuche wurden ausgeführt mit Pflanzen, welche auf Kosten

---

[1]) Kostytschew, Biochem. Zeitschr., Bd. 15, S. 174 (1908); Bd. 23, S. 137 (1909); Zeitschr. f. physiol. Chemie, Bd. 67, S. 116 (1910).

von Zucker atmen. Es ist also ersichtlich, daß Äthylalkohol kein Zwischenprodukt der Zuckeratmung vorstellt.

Die Anteilnahme intermediärer Gärungsprodukte an den Oxydationsvorgängen kann direkt nicht erforscht werden, da der Mechanismus der Alkoholgärung noch vollkommen unbekannt bleibt; Kostytschew suchte jedoch durch verschiedene indirekte Methoden die Oxydation der Zwischenprodukte der Alkoholgärung bei der Sauerstoffatmung zu demonstrieren. Vom theoretischen Standpunkte aus ist es ebenfalls wahrscheinlich, daß ungesättigte labile Verbindungen einer Oxydation anheimfallen. Zwischenprodukte der Alkoholgärung sind jedenfalls labiler als Äthylalkohol. Ostwald hat als ein allgemeines Prinzip des Verlaufes komplizierter Reaktionen die Tatsache hervorgehoben, daß zunächst die denkbar labilsten Verbindungen entstehen. Auf Grund dieser Regel erscheint es als plausibler, daß bei normaler Atmung kein Alkohol entsteht, und daß intermediäre Spaltungsprodukte zu den Endprodukten der Atmung oxydiert werden. Der Zusammenhang der Alkoholgärung mit der Sauerstoffatmung kann nach Kostytschew durch folgendes Schema dargestellt werden:

Zucker → Zwischenprodukte der Alkoholgärung < Gärungsprodukte (CO_2 und C_2H_5OH) / Atmungsprodukte (CO_2 und H_2O)

Es ist dies selbstverständlich nur ein allgemeines Schema. Erstens kommt es auch bei Sauerstoffabschluß nicht immer zur Alkoholbildung, zweitens können als Endprodukte der Atmung nicht nur Kohlendioxyd und Wasser, sondern auch andere Körper (z. B. organische Säuren) auftreten. Die Oxydation der Produkte der primären Spaltung wird durch Peroxydase hervorgerufen. Kostytschew [1]) zeigte, daß Peroxydase eine vollständige Oxydation der Pflanzenstoffe (und zwar wahrscheinlich gerade der Zwischenprodukte der Gärung) zu CO_2 auf Kosten des aktiven Sauerstoffs des Hydroperoxyds bewirken kann.

Vorstehend wurde erwähnt, daß die Atmung durch traumatische Reizwirkungen stimuliert wird. Krasnosselsky [2]) hat dargetan, daß der Aufschwung der Atmung mit einer Neubildung sowohl anaerober Fermente (Zymase?) als auch der Peroxydase zusammenhängt. Gleiche Mengen der verletzten Lauchzwiebeln lieferten nach Erfrierung in Gegenwart von Pyrogallol und Hydroperoxyd folgende CO_2-Mengen.

Tag der Verletzung	CO^2 in mg
1.	25,2
4.	74,8
7.	149,6
15.	200,4

[1]) Kostytschew, Zeitschr. f. physiol. Chemie, Bd. 67, S. 116 (1910).
[2]) Krasnosselsky, Ber. d. bot. Ges. 1905, S. 142 und 1907, S. 134.

Giftige Stoffe stimulieren ebenfalls die Pflanzenatmung, wobei es aber zu einer Vermehrung der Atmungsfermente nicht kommt[1]). Von den beiden Portionen der mit Zucker ernährten etiolierten Stengelgipfel von Vicia Faba wurde die eine Portion mit Chinin behandelt, was eine bedeutende Steigerung der Atmungsenergie zur Folge hatte.

	Mit Chinin	Ohne Chinin
2 Stunden	21,4	11,3

Beide Portionen wurden alsdann durch Erfrierung getötet und haben nach dem Auftauen folgende CO_2-Mengen gebildet:

	Mit Chinin	Ohne Chinin
25 Stunden	37,2	37,6

Nach dem Tode war also die stimulierende Wirkung des Chinins verschwunden. Die Atmung lebender Pflanzen wird also nicht nur durch notwendige Stoffe (Kofermente), sondern auch durch schädliche Stoffe (Gifte) stimuliert. Beide Arten von Einwirkungen rufen ein und dasselbe Resultat hervor (gesteigerte Atmung); die in der Zelle stattfindenden chemischen Reaktionen sind aber in beiden Fällen durchaus verschieden: bei der Stimulation durch notwendige Stoffe haben wir es mit dem Ernährungsvorgang zu tun; die Stimulation durch schädliche Stoffe ist aber nichts anderes als eine Vergiftung. Bei lebenden Pflanzen kommt der erwähnte Unterschied nicht zum Vorschein, bei getöteten Pflanzen hat jedoch N. Iwanoff[2]) einen auffallenden Unterschied hervorgehoben. Phosphate (notwendige Stimulatoren) steigern beträchtlich die Atmung der getöteten Pflanzen. Giftige Stoffe (schädliche Stimulatoren) üben entweder gar keine oder eine hemmende Wirkung auf die Atmung getöteter Pflanzen aus. Durch Aufheben der regulierenden Tätigkeit des lebenden Protoplasmas sind wir also imstande, einen deutlichen Unterschied zwischen notwendigen und schädlichen Stimulatoren zum Vorschein zu bringen.

§ 10. Atmungschromogene. Für die Oxydation der Produkte der anaeroben Spaltungen sind auf Grund der modernen Auffassungen der Oxydationsvorgänge neben Peroxydase noch Peroxyde (die sogenannten Oxygenasen) notwendig. Versuche der Isolierung der Oxygenasen lieferten bis jetzt nur wenig befriedigende Resultate; infolgedessen verwend etman immer statt Oxygenase Hydroperoxyd. wenn man Peroxydasereaktionen außerhalb der lebenden Pflanzenzelle ausführen will. Aber auch Stoffe, die Palladin[3]) nach ihrer Fähigkeit, verschiedene Farbstoffe zu liefern, als Atmungschromogene bezeichnete, spielen eine Rolle bei den vitalen Oxydationsvorgängen. Zum Nachweis dieser Stoffe bereitet man Pflanzenextrakte mit kochendem Wasser; das erhaltene Filtrat färbt sich nach Zusatz von Hydroperoxyd und Peroxydase

---

1) Palladin, Jahrbücher f. wissenschaftl. Botanik 1910, S. 431.

2) N. Iwanoff, Biochem. Zeitschr., Bd. 32, S. 74, 1911.

3) Palladin, Ber. d. bot. Ges. 1908, S. 378, 389; 1909, S. 101; Biochem. Zeitschr., Bd. 27, S. 441 (1910).

infolge Bildung verschiedener Farbstoffe. Gewöhnlich tritt rote Färbung ein; diese geht alsdann in tiefviolette und schwarze Färbung über; seltener erhält man direkt eine lila oder violette Färbung. Die Chromogene sind zum größten Teil in Form von Prochromogenen abgelagert. Das Prochromogen der Weizenkeime wird auf folgende Weise erhalten. Man extrahiert lufttrockene Weizenkeime mit Alkohol und fällt den Extrakt mit Azeton. Das Prochromogen ist im Niederschlage enthalten; es ist wasserlöslich und wird durch Emulsin unter Bildung von Chromogen zerlegt. Letzteres wird durch Peroxydase ohne Anteilnahme des aktiven Sauerstoffs (in Abwesenheit von Hydroperoxyd) zu einem roten Farbstoff oxydiert. Es ist zurzeit nicht möglich, die Anteilnahme der Atmungschromogene am Atmungsprozesse näher zu präzisieren, und es bleibt dahingestellt, ob die Chromogene mit den theoretisch notwendigen Oxygenasen identisch sind. Versuche von Combes [1]) zeigen, daß die Umwandlungen der Chromogene in Farbstoffe mit einer Steigerung der Atmungsenergie zusammenhängen. Die überaus weite Verbreitung der Chromogene im Pflanzenreiche spricht ebenfalls zugunsten ihrer wichtigen physiologischen Bedeutung. Bei totaler Oxydation der Chromogene entstehen verschiedene zum Teil bereits chemisch untersuchte natürliche Farbstoffe [2]).

§ 11. Das Material der Pflanzenatmung. Als Folge der Atmung tritt eine Verminderung der Menge der stickstofffreien Verbindungen, d. i. der Kohlehydrate und Fette in Pflanzen ein. Trotzdem war bis auf die letzte Zeit hin die Annahme vorherrschend, daß stickstofffreie Verbindungen kein direktes Atmungsmaterial vorstellen, und daß der Luftsauerstoff nur Eiweißstoffe unmittelbar oxydiert. Die zurückbleibenden stickstoffhaltigen Spaltungsprodukte des Eiweißes treten mit den Reservekohlehydraten in Verbindung, und auf diese Weise soll sich Eiweiß regenerieren. Solange vorrätige Kohlehydrate nicht erschöpft sind, bleibt die Menge der Eiweißstoffe unverändert, die Menge der stickstofffreien Stoffe nimmt aber allmählich ab. Sind die Reservekohlehydrate erschöpft, so tritt eine Spaltung der Eiweißstoffe ein, und die stickstoffhaltigen Spaltungsprodukte häufen sich an. Als einen Beweis dafür, daß bei der Atmung Eiweiß direkt oxydiert wird, hatte man die Tatsache herangezogen, daß der Atmungsprozeß besonders energisch in jungen wachsenden eiweißreichen Pflanzenteilen erfolgt. Diese Theorie erwies sich aber als fehlerhaft.

Die Menge der Eiweißstoffe bleibt in Gegenwart von Kohlehydraten nicht immer konstant. Bei der Keimung findet die hauptsächlichste Eiweißspaltung in dem ersten Keimungsstadium statt; zu dieser Zeit sind die Samen noch sehr reich an Kohlehydraten. Mit sinkendem Kohlehydratgehalte nimmt die Eiweißspaltung ab und wird sogar vollkommen eingestellt. So enthielten z. B. 100 Weizensamen vor der Keimung 0,0668 g Eiweißstickstoff. In 6 tägigen etiolierten Keimlingen

---

[1]) Combes, Revue générale de botanique 1910, S. 177.

[2]) H. Rupe, Die Chemie der natürlichen Farbstoffe, 2 Teile (1900—1909).

war die Menge des Eiweißstickstoffs gleich 0,0554 g; es war also 0,0114 g Eiweißstickstoff abgespalten. In 14 tägigen Keimlingen war die Menge des Eiweißstickstoffs gleich 0,0549 g; im Verlaufe der letzten acht Tage war also die Eiweißspaltung äußerst gering, da nur 0,0005 g Eiweißstickstoff abgespalten wurde. Der Verlauf der Eiweißspaltung bei der Samenkeimung ist in Fig. 93 (prt) graphisch dargestellt.

Andererseits ist die Anwesenheit von Kohlehydraten für die normale Atmung auch in dem Falle notwendig, wenn ein Überschuß an Eiweißstoffen vorhanden ist. Tritt ein Mangel an Kohlehydraten ein, so sinkt die Atmungsenergie auch in Gegenwart sehr beträchtlicher Mengen von Eiweißstoffen. Etiolierte Bohnenblätter sind z. B. sehr eiweißreich, enthalten aber nur minimale Mengen von Kohlehydraten und scheiden infolgedessen sehr unbedeutende CO_2-Mengen aus. Palladin hat ermittelt, daß 100 g etiolierte Blätter bei Zimmertemperatur folgende CO_2-Mengen pro Stunde produzierten [1]):

I	102,8 mg
II	95,9
III	70,2
Mittel	89,6 mg

Dieselben Blätter haben nach 2 tägigem Verweilen auf Rohrzuckerlösungen in Dunkelheit folgende CO_2-Mengen pro Stunde gebildet:

	152,6 mg
	147,5 ,,
	146,8 ,,
	144,5 ,,
Mittel	147,8 mg

Für die normale Atmungsleistung sind also neben Eiweißstoffen auch Kohlehydrate notwendig. Wenn man etiolierte Bohnenblätter länger als zwei Tage auf Rohrzuckerlösungen kultiviert, so nimmt die Menge der angehäuften Kohlehydrate zu; dieser Überschuß der Kohlehydrate hat aber keinen Einfluß auf die Atmung. 100 g etiolierte Blätter haben nach 40 stündigem Verweilen auf Rohrzuckerlösung 144,5 mg CO_2 in einer Stunde produziert. Dann wurden die Blätter auf Rohrzuckerlösung gelegt und nach 42 weiteren Stunden wiederum untersucht. Die CO_2-Bestimmung ergab, daß die CO_2-Produktion 144,1 mg pro Stunde betrug; es ist also dieselbe Zahl wie früher, da die Menge der Eiweißstoffe unverändert blieb, und der Kohlehydratvorrat in beiden Fällen ein ausreichender war. Dieser Versuch zeigt, daß kein konstantes Verhältnis zwischen Atmungsenergie und Kohlehydratmenge besteht. Nach kurzdauerndem Verweilen auf Rohrzuckerlösung haben die Blätter eine solche Menge von Zucker aufgenommen, daß die vorhandene Menge des lebenden Plasmas die maximale Atmungsenergie entwickelt hat. Eine weitere Kohlehydratzufuhr übt keinen Einfluß auf die Atmungs-

[1]) Palladin, Revue générale de botanique, Bd. 5, S. 449 (1893).

energie aus. Dieser Überschuß an Kohlehydraten hat für die lebende Zelle dieselbe Bedeutung, die einem Vorrat an Kohle im Fabrikbetrieb zuteil wird. Von der Größe des Kohlenvorrates ist nur die Gesamtdauer der Arbeit, nicht aber die tägliche Leistung der Fabrik abhängig. Die tägliche Fabriksproduktion ist bei genügender Menge an Heizmitteln nur von der Leistungsfähigkeit der Maschinen abhängig. In analoger Weise ist nur die Dauer der Atmung einer Zelle von der Menge der Kohlehydrate abhängig; die Atmungsenergie hängt nur von der Menge des lebenden Plasmas ab. Ist die Zelle als eine Fabrik, so sind Kohlehydrate als Kohle und das Plasma als Maschinen zu betrachten. Nur von der Menge des Plasmas hängt die Arbeit ab, welche bei günstigen Verhältnissen, d. h. bei genügender Menge von Kohlehydraten, Wasser und bei geeigneter Temperatur. von der lebenden Zelle geleistet wird.

Das Protoplasma verarbeitet die Kohlehydrate nicht direkt, sondern durch Vermittelung spezifischer Fermente. Von der Menge des Protoplasmas hängt ab die Menge der gebildeten Fermente. Nicht alle Eiweißstoffe sind als Bestandteile des lebenden Plasmas zu betrachten: in den Pflanzenzellen sind außerdem beträchtliche Mengen der vorrätigen Eiweißstoffe als Reservematerial abgelagert. Es fragt sich nun, ob die Atmungsenergie von der Gesamtmenge der Eiweißstoffe oder nur von den Plasmaeiweißen abhängt. Bei der Keimung in Dunkelheit sinkt die Gesamtmenge der Eiweißstoffe, während die CO_2-Produktion allmählich steigt (S. 171). In späteren Keimungsstadien atmen die eiweißarmen Keimpflanzen energischer als die eiweißreicheren Keimpflanzen der früheren Stadien, Es ist aber wohl zu beachten, daß bei der Keimung im Dunkeln nur die Menge des Reserveeiweißes abnimmt; die Menge der durch Magensaft unverdaulichen Eiweißstoffe nimmt aber zu (Fig. 93 nucll); es sind gerade diejenigen Eiweißstoffe, die als Plasmabestandteile anzusehen sind. Palladin [1]) hat gleichzeitige Bestimmungen des abgeschiedenen Kohlendioxyds (car) und der unverdaulichen Eiweißstoffe während der Keimung des Weizens im Dunkeln ausgeführt; diese Versuche ergaben, daß in mittleren Keimungsstadien die CO_2-Menge bei genügendem Gehalt an Kohlehydraten der Menge von unverdaulichen Eiweißstoffen proportional ist [2]). In späteren Stadien sinkt die Atmungsenergie wegen Mangels an Kohlehydraten, obgleich die Menge der unverdaulichen Eiweißstoffe noch immer steigt.

Bei gleicher Temperatur und genügender Kohlehydratmenge werden gleiche CO_2-Mengen von den gleichen Mengen der unverdaulichen Eiweißstoffe produziert. Bei Weizen ist das Verhältnis der in einer Stunde gebildeten CO_2-Menge zu der Menge des Stickstoffs unverdaulicher Eiweißstoffe $\left(\frac{(CO_2)}{N}\right)$ bei 20—21° C folgendes:

[1]) Palladin, Revue générale de botanique 1896.

[2]) Nach der Menge der unverdaulichen Eiweißstoffe ist es möglich, die Menge des lebenden Plasmas annähernd zu beurteilen. Diese Methode ist freilich nicht genau, wie aus neueren Untersuchungen hervorgeht: ich verfügte aber leider über keine bessere Methode.

Weizen	$\frac{CO_2}{N}$
4 tägige Keimpflanzen	1,06
6 tägige Keimpflanzen	1,05
7 tägige Keimpflanzen	1,18
9 tägige Keimpflanzen	1,15

In Gegenwart ausreichender Mengen von Kohlehydraten ist die Atmungsenergie von der Menge der Nukleinstoffe abhängig. Burlakoff [1]) hat gefunden, daß 100 g Weizensamen nach 48 stündigem Einweichen in Wasser stündlich 15,2 mg CO_2 bei 20—22^0 produzieren. Dieselbe Menge abgetrennter Keime bildet nach 24 stündigem Einweichen 241,8 mg CO_2 pro Stunde. Die Atmung der an Nukleinstoffen reicheren Keime ist also siebzehnmal intensiver als die Atmung der unversehrten Samen.

Im allgemeinen atmen die Samenpflanzen auf Kosten der Kohlehydrate. Die Abhängigkeit der Atmung von Eiweißstoffen besteht im folgenden: Erstens können Kohlehydrate unter Umständen aus Eiweiß entstehen, zweitens werden Atmungsfermente vom Plasma gebildet. Von der Menge des Plasmas ist die Menge der Atmungsfermente und folglich die Atmungsenergie abhängig.

§ 12. Eigenartige Fälle der Atmung bei niederen Pflanzen. Viele niedere Pflanzen verwenden nicht Kohlehydrate, sondern andere Stoffe als Atmungsmaterial. Bei niederen Pflanzen treffen wir also nicht nur verschiedenartige Gärungen, sondern auch verschiedenartige Atmungen. Die Atmung der Essigbakterien ist z. B. nichts anderes als eine Oxydation des Alkohols.

Die Essigsäuregärung ist also eine oxydative Gärung. Spezifische Bakterien oxydieren Äthylalkohol zu Essigsäure

$$CH_3 . CH_2OH + O_2 = CH_3 . COOH + H_2O.$$

Dieser Vorgang ist eigentlich keine Gärung; er ist vielmehr als eine eigentümliche Atmung zu betrachten. Für Gärungen sind Spaltungen komplizierterer Verbindungen in einfachere Produkte eigentümlich, Oxydationen sind aber für Atmung charakteristisch.

Solange noch Alkohol vorhanden ist, schreitet die Oxydation nur bis zur Essigsäurebildung; ist aber der Alkohol total verbraucht, so beginnen die Bakterien mit einer Oxydation der Essigsäure zu Kohlendioxyd und Wasser.

Pasteur hat zuerst die Essigsäuregärung als einen vitalen Vorgang präzisiert. Der genannte Forscher nahm an, daß die Essigsäuregärung erregenden Bakterien zu einer einheitlichen Art Mycoderma aceti zählen. Späterhin hat Hansen [2]) durch exakte Untersuchungen nachgewiesen, daß die bei der Essigsäuregärung entstehende bakterielle Haut aus drei verschiedenen Bakterienarten besteht, und zwar

---

[1]) Burlakoff, Arbeiten der Naturforschergesellschaft in Charkow, Bd. 31, 1897.
[2]) Hansen, Bot. Ztg. 1894, S. 337.

aus Bacterium aceti, Bacterium Pasteurianum und Bacterium Kuetzingianum.

Bacterium aceti bildet auf dem Bier in 24 Stunden eine schleimige glatte Haut, welche aus kettenartig verbundenen kleinen Stäbchen besteht (Fig. 99). Durch Jod werden die Bakterien gelb gefärbt. Bei 40—45° verwandeln sich kurze Stäbchen in lange dünne Fäden.

Bacterium Pasteurianum bildet auf Bier ein trockene Haut, welche leicht Falten wirft. Diese Haut besteht aus kettenartig verbundenen Bakterien. Die einzelnen Zellen sind größer und dicker als bei vorstehend beschriebener Art (Fig. 100). In jungen Häuten wird der die Zellen umgebende Schleim durch Jod blau gefärbt.

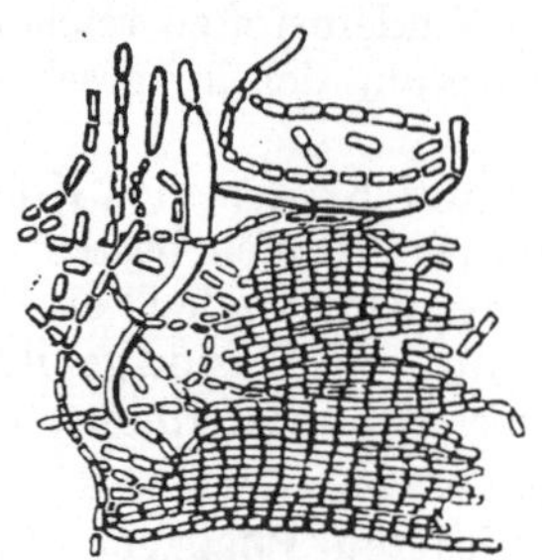

Fig. 99.
Bacterium aceti.

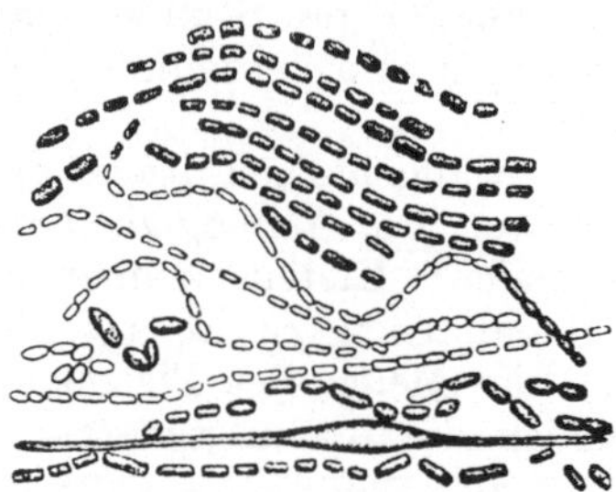

Fig. 100.
Bacterium Pasteurianum.

Bacterium Kuetzingianum bildet auf Bier bei 34° eine trockene Haut, welche an den Wandungen des Gefäßes hoch emporsteigt. Die Haut besteht aus kleinen Stäbchen. Diese Bakterien bilden meistens keine Ketten; man trifft gewöhnlich einzelne oder paarweise verbundene Zellen. Der die Zellen umgebende Schleim wird durch Jod blau gefärbt.

Auch andere Bakterien werden neben den vorstehend beschriebenen in der Essigindustrie verwendet. In England bedient man sich gewöhnlich des Bacterium xylinum.

Die Oxydation des Alkohols zu Essigsäure wird in den betreffenden Bakterien durch spezifisches Ferment bewirkt. E. Buchner und R. Gaunt [1]) haben dargetan, daß Azetondauerpräparate aus Essigbakterien eine Oxydation des Alkohols zu Essigsäure bewirken.

Interessant ist auch die Atmung der Sorbosebakterien [2]), welche Sorbit nur zu Sorbose oxydieren:

$$2\,C_6H_{14}O_6 + O_2 = 2\,C_6H_{12}O_6 + 2\,H_2O.$$

Auch andere Alkohole werden zu den entsprechenden Aldehyden und Ketonen oxydiert. Diese biologische Oxydation liefert z. B. die beste Methode der Darstellung von Dioxyazeton aus Glyzerin:

$$2\,CH_2OH—CHOH—CH_2OH + O_2 = 2\,CH_2OH—CO—CH_2OH + 2\,H_2O$$

---

1) E. Buchner und R. Gaunt, Liebigs Annalen der Chemie, Bd. 349, 1906.

2) G. Bertrand, Annales de chimie et de physique, sér. 8, Bd. 3, 1904, S. 181.

Die bereits früher beschriebenen Fälle der Ernährung von Bakterien durch Mineralstoffe sind ebenfalls nichts anderes als spezifische Atmungsprozesse. Eine Art der Bakterien oxydiert Schwefelwasserstoff, eine andere Art oxydiert Ammoniak, eine dritte Art oxydiert Wasserstoff usw. Die Weltbedeutung dieser spezifischen biologischen Vorgänge ist sehr groß, da hierdurch der Kreislauf von Schwefel, Stickstoff und Wasserstoff in der Natur ermöglicht wird. Verschiedene Stoffe befinden sich in einem beständigen Kreislauf; in diesen Vorgängen spielen Bakterien eine wichtige Rolle. Wir sehen also, daß auf unserem Planete verschiedene chemische Verbindungen zerstört und wiederhergestellt werden. Anders gestaltet sich die Frage nach dem Kreislaufe der Energie auf der Erde: der eigene Energievorrat des Erdballs ist für eine dauernde Erhaltung des Lebens der Pflanzen und Tiere unzureichend; es ist also eine ununterbrochene Zufuhr der Energie von der Sonne notwendig.

Auf Grund des Gesetzes der Energieerhaltung in der Natur dürfen wir behaupten, daß die bei der photosynthetischen Kohlenstoffassimilation durch grüne Pflanzen aufgespeicherte Energie in der antagonistischen Reaktion der CO_2-Bildung bei der Verbrennung oder bei der Atmung wieder frei wird. Das abgeschiedene Kohlendioxyd kann zwar wiederum zum Aufbau der organischen Substanz verwendet werden, die bei der Atmung und Gärung frei gewordene Energie wird aber für die Bildung organischer Stoffe nicht mehr ausgenutzt; sie zerstreut sich im Weltraum. Das Leben auf der Erde ist also von der Sonne unmittelbar abhängig.

Dieser Vorgang der Energiezerstreuung kann durch folgendes Beispiel erläutert werden: Denken wir uns, daß ein kleines Gläschen mit heißem Wasser in eine große Wanne mit kaltem Wasser eingegossen wird; infolgedessen wird das kalte Wasser der Wanne nur sehr unbedeutend erwärmt: waren die ursprünglichen Wassertemperaturen 5^0 in der Wanne und 95^0 im Glas, so wird die Temperatur der Wanne vielleicht auf 6^0 steigen [1]). Früher war die Wärmeenergie im Glas konzentriert, jetzt ist sie in der Wanne zerstreut. Im Glas war die Energie intensiv, in der Wanne ist sie extensiv, also entwertet. Der Extensionskoeffizient, d. h. derjenige Anteil der Energie, welcher nicht mehr in mechanische Arbeit umgewandelt werden kann, wird als Entropie bezeichnet. Die Entropie strebt angeblich einem Maximum zu; an diesem Prozesse des Entropiezuwachses nehmen die Pflanzen einen direkten Anteil.

[1]) Nach Auerbach.

Zweiter Teil.

Physiologie des Wachstums und der Gestaltung der Pflanzen.

Erstes Kapitel.

Allgemeine Begriffe über das Wachstum.

§ 1. Anatomische Angaben bezüglich des Wachstums der Zellen. Auf Grund mikroskopischer Beobachtungen über die Entwicklung pflanzlicher Zellen kann man in der Erscheinung des Wachstums drei Stadien unterscheiden. Das Wachstum der Zellen beginnt mit ihrer Teilung — dies ist das erste Stadium des Wachstums. Hierauf beginnen die neugebildeten Zellen sich auszudehnen und an Umfang zuzunehmen — diese Periode des Sichstreckens der Zellen bildet das zweite Stadium des Wachstums. Endlich nimmt die Ausdehnung ein Ende, und es beginnt die Festigung der dünnen gedehnten Zellmembran durch Ablagerung neuer Schichten von Zellulose — es ist dies das dritte Stadium des Wachstums. Die beiden letzten Stadien sind nicht vollständig voneinander abgegrenzt und gehen allmählich ineinander über; während der Streckung der Zellen geht gleichzeitig auch eine Ablagerung neuer Zelluloseschichten vor sich. Auf einem Querschnitt durch das Kambiumbereich einer Kiefer kann man bemerken, daß die Kambiumzellen, indem sie sich in Tracheiden verwandeln, alle drei Wachstumsstadien durchmachen (Fig. 101). Wenn sich alle Zellen irgend eines Zellenkomplexes oder Organes in der Periode der Teilung oder in dem dritten Teilungsstadium befinden, so üben alle derartigen Veränderungen keinerlei Einfluß auf dessen Größe aus, welche stets die gleiche bleibt. Aus diesem Grunde muß man diese beiden Stadien unter der Bezeichnung des inneren Wachstums von dem zweiten Stadium unter-

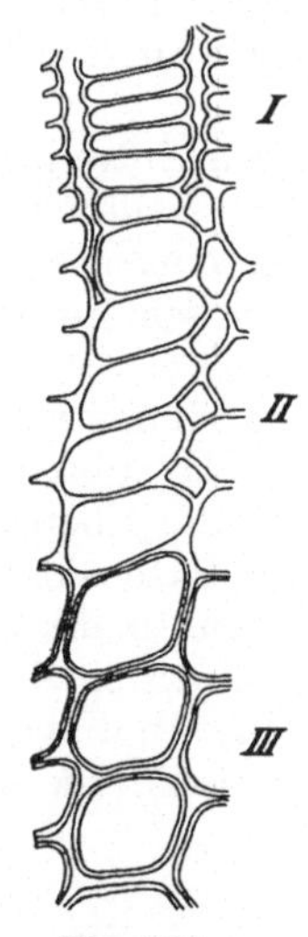

Fig. 101. Kambium der Kiefer.

scheiden — dem Stadium des Streckungswachstums, welches die Vergrößerung der Dimensionen der Pflanze zur Folge hat.

Physiologische Untersuchungen über das Wachstum der Pflanzen werden hauptsächlich in der Weise ausgeführt, daß man die Pflanzen entweder einfach mit einem in Millimeter eingeteilten Maßstabe oder aber mit Hilfe besonderer Meßapparate mißt. Bei allen derartigen Untersuchungen wird demnach nur das äußere Wachstum oder der Zuwachs der betreffenden Pflanze für eine bestimmte Zeit und unter bestimmten Bedingungen festgestellt. Die Erscheinungen des inneren Wachstums kann man nicht mit einem Maßstab studieren. Derartige Erscheinungen werden mit dem Mikroskope oder mit Hilfe qualitativer und quantitativer Analyse der in der Pflanze enthaltenen Stoffe untersucht.

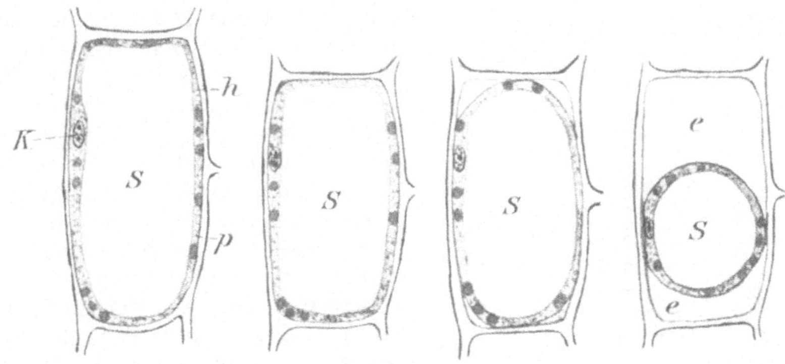

Fig. 102.
Verschiedene Stadien der Plasmolyse: K Kern, h Hautschicht des Protoplasmas, S Vakuolen.

§ 2. Für das Wachstum erforderliche Bedingungen. Das Wachstum der Zelle ist das Ergebnis der Tätigkeit des Protoplasmas. Damit das Wachstum, als Ergebnis unbekannter Veränderungen im Protoplasma, eintreten kann, muß eine ganze Reihe von Bedingungen erfüllt werden. Trifft auch nur eine einzige dieser Bedingungen nicht ein, so hört das Wachstum auf. Umgekehrt wird die Zelle nicht wachsen, wenn ihr im gegebenen Augenblick kein Bedürfnis zum Wachstum innewohnt, wenn sie auch allen für das Wachstum günstigen Bedingungen ausgesetzt wird.

Eine der für das Wachstum erforderlichen Bedingungen ist der Turgor. Eine jede im Wachstum begriffene Zelle, welche in eine 10 proz. Lösung von Kochsalz, Salpeter oder Zucker verbracht wird, beginnt an Umfang abzunehmen (Fig. 102). Ihre Zellmembran und die Hautschicht ziehen sich anfangs gleichmäßig zusammen; hierauf hört die Membran, nachdem sie eine bestimmte Größe erreicht hat, auf, sich zu kontrahieren, während die Hautschicht des Protoplasmas weiter fortfährt, sich zusammenzuziehen, was eine Loslösung desselben von der

Membran zur Folge hat. Schließlich bildet die Hautschicht mit dem gesamten Zellinhalt einen kugelförmigen, in der Mitte der Zelle gelegenen Körper. Diesen Vorgang bezeichnet man als Plasmolyse. Legt man eine plasmolysierte Zelle in reines Wasser zurück, so beginnt sie von neuem an Größe zuzunehmen und nimmt wiederum ihre frühere Gestalt an. Derartige Veränderungen in der Zelle erfolgen aus demselben Grunde, aus dem eine tierische Blase, welche mit einer schwächeren Salzlösung gefüllt ist, sich in starken Salzlösungen zusammenzieht. Der Zellsaft einer jeder pflanzlichen Zelle stellt eben auch eine Lösung verschiedener Substanzen dar, welche das Wasser anziehen. Der durch diese Erscheinung hervorgerufene hydrostatische Druck wird der Turgor genannt.

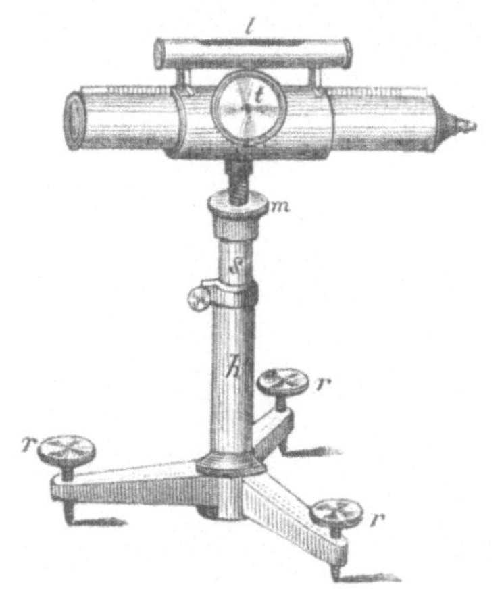

Fig. 103.
Horizontales Mikroskop.

Das Wachstum einer jeden Zelle beginnt mit einer durch den Turgor hervorgerufenen Dehnung der Zellmembran. Diese Dehnung wird sodann durch Ablagerung neuer Zelluloseschichten fixiert. Die künstliche Zelle von Traube zeigt eine nahe Analogie mit dem Wachstum der lebenden Zelle. Verbringt man einen Tropfen Gelatine in eine Tanninlösung, so bildet sich an seiner Oberfläche eine Niederschlagsmembran aus Gerbstoff. Die so entstandene künstliche Zelle beginnt zu wachsen. Dieses Wachstum kann nur auf die Weise erklärt werden, daß die Gelatine das Wasser aus der Tanninlösung an sich zieht; durch den hierdurch hervorgerufenen hydrostatischen Druck wird die Membran ausgedehnt, und es treten in derselben schließlich zahlreiche feinste Risse auf. Durch diese Risse hindurch kommt das Tannin in Berührung mit der Gelatine, und es erfolgt die Einlagerung neuer Teilchen der Membran usw.

Versuche mit der Plasmolyse, welche früher nur an einzelnen Zellen ausgeführt wurden, sind von De Vries [1]) an ganzen, im Wachstum begriffenen Organen angestellt worden. Er wies nach, daß man durch Einlegen wachsender Teile von Stengeln, Wurzeln oder Blütenstielen in Salzlösungen eine beträchtliche Verringerung in der Länge der zum Versuche verwendeten Stücke feststellen kann. Alle im Wachstum befindlichen Teile von Pflanzen werden nach der Plasmolyse welk, gleichsam verwelkt; verbringt man sie jedoch wiederum in reines Wasser, so erlangen sie wieder die frühere Länge und werden elastisch. Dagegen wird die Länge bereits ausgewachsener Organe, wenn man dieselben in Salzlösung verbringt, nicht geringer. Die in diesem Falle durch den

---

[1]) De Vries, Mechanische Ursachen der Zellstreckung. 1877

Turgor hervorgerufene Dehnung ist demnach bereits durch Ablagerung neuer Zelluloseschichten fixiert worden.

Der Turgor kann nur dann eine Vergrößerung des Umfanges der Zellen hervorrufen, wenn deren Membran dehnbar ist. Die Versuche von Wortmann [1]) haben gezeigt, daß die Membranen ganz junger Zellen die größte Dehnbarkeit besitzen; mit zunehmendem Alter nimmt die Dehnbarkeit allmählich ab, was schließlich zu einem Aufhören des Wachstums der Zellen führt, obgleich der Turgor nicht geringer wird. Die Dehnbarkeit der Zellmembranen ist demnach die zweite notwendige Bedingung für das Wachstum.

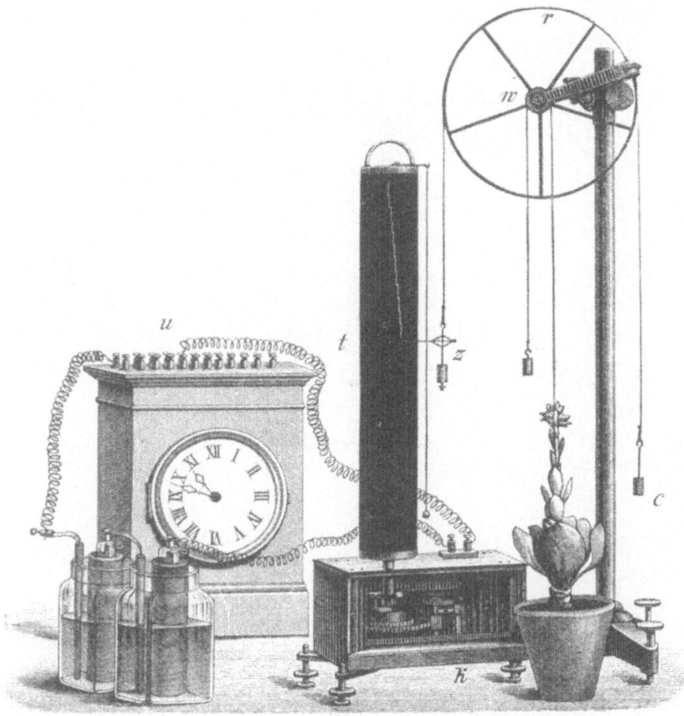

Fig. 104.
Auxanometer. (Nach Pfeffer).

Damit ein Wachstum zustande kommen kann, sind außerdem noch günstige äußere Bedingungen notwendig, wie eine gewisse mittlere Temperatur, die Anwesenheit von Sauerstoff in der die Pflanze umgebenden Atmosphäre sowie eine genügende Menge von Wasser.

§ 3. Apparate zum Studium des Wachstums. Die einfachste Vor-

[1]) Wortmann, Bot. Ztg. 1899, S. 229; Schwendener und Krabbe, Pringsheims Jahrbücher XXV, 1893.

richtung zum Studium des Wachstums ist ein Millimetermaßstab. Für genauere und feinere Messungen verwendet man ein horizontal gerichtetes Mikroskop oder einen Kathetometer (Fig. 103). Endlich gelangen auch selbstregistrierende Apparate, die Auxanometer (Fig. 104), zur Verwendung. An dem Gipfel der zu untersuchenden Pflanze wird ein Faden mit Gewicht befestigt, welcher über eine Rolle läuft. Indem die Pflanze wächst, wird die Rolle durch den Faden in Drehung versetzt.

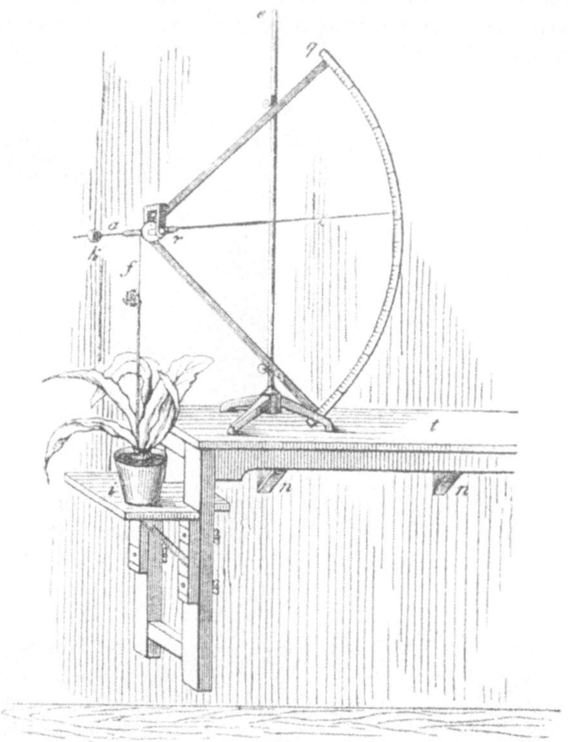

Fig. 105.
Apparat zur Untersuchung des Wachstums.

Die oft geringe Bewegung wird dadurch verstärkt, daß man an der Rolle ein Rad anbringt, über welches ein Faden mit Gewichten an seinen Enden gelegt wird. An dem einen Ende dieses Fadens wird ein Zeiger befestigt. Letzterer berührt eine in Drehung befindliche, mit einem berußten Papiere umwickelte Trommel und zeichnet auf derselben eine Kurve auf, welche die Geschwindigkeit des Wachstums der betreffenden Pflanze für eine bestimmte Zeit ausdrückt.

Wenn festgestellt werden soll, ob ein bestimmtes Organ in allen seinen Teilen gleichmäßig wächst, so bringt man an demselben mit

Tusche Zeichen an, welche einen Zentimeter oder einen Millimeter voneinander entfernt sind. Nach einiger Zeit mißt man die einzelnen Abschnitte.

Zum Studium des Wachstums benutzt man auch einen Apparat (Fig. 105), welcher aus einem eingeteilten Bogen besteht. An der Rolle, auf welche ein an die Pflanze angebundener Faden aufgewickelt wird, befestigt man einen langen Zeiger, welcher die Teilstriche auf dem Bogen anzeigt, indem sich die Rolle infolge des Wachstums der Pflanze dreht.

Zweites Kapitel.

Wachstumserscheinungen, welche von der inneren Organisation der Pflanzen abhängig sind.

§ 1. Die große Periode des Wachstums. Eine jede Pflanze, ein jedes ihrer Organe und ein jeder kleine Teil der Organe wächst während der Entwicklung nicht mit gleicher Geschwindigkeit. Zuerst erfolgt das Wachstum langsam, hierauf nimmt seine Geschwindigkeit allmählich zu, erreicht ihr Maximum, worauf endlich wiederum eine Verlangsamung eintritt und das Wachstum aufhört. Diesen Verlauf des Wachstums hat Sachs als die große Wachstumsperiode bezeichnet [1]). Die diese Periode ausdrückende Kurve hat er die große Wachstumskurve genannt. Diese Besonderheit der Entwicklung hat ihre Ursache darin, daß die einzelnen Zellen, welche jede Pflanze aufbauen, ebenfalls eine große Wachstumsperiode durchlaufen. Die äußeren Bedingungen können die Periode verlängern oder abkürzen, allein das allgemeine Aussehen der Kurve erleidet keine Veränderung. So beträgt der tägliche Zuwachs eines Bezirkes von 3,5 mm auf dem ersten Internodium eines keimenden Pflänzchens von Phaseolus multiflorus bei einer Temperatur von 10,2—11° R:

am	1. Tage	1,2 mm
,,	2. ,,	1,5 ,,
,,	3. ,,	2,5 ,,
,,	4. ,,	5,5 ,,
,,	5. ,,	7,0 ,,
,,	6. ,,	9,0 ,,
,,	7. ,,	14,0 ,,
,,	8. ,,	10,0 ,,
,,	9. ,,	7,0 ,,
,,	10. ,,	2,0 ,,

§ 2. Wachstum der Wurzel, des Stengels und des Blattes. Außer der allen Organen gemeinsamen großen Wachstumsperiode weist ein jedes der drei wichtigsten Organe der Pflanzen noch seine ihm eigentümlichen Züge auf.

---

[1]) Sachs. Arbeit. Würzb. Institut 1872, S. 102.

Die Wurzel[1]) wächst nicht in ihrer gesamten Länge. Ihr wachsender Abschnitt befindet sich an ihrem Ende und beträgt bei in der Erde lebenden Wurzeln für gewöhnlich nicht über 10 mm Eine Ausnahme bilden die Luftwurzeln. So beträgt die Wachstumszone der Luftwurzeln von Monstera deliciosa 30—70 mm, diejenige von Vitis velutina über 100 mm. Die einzelnen Teile der Wachstumszone der Wurzel weisen ein ungleichmäßiges Wachstum auf. Die am raschesten wachsenden Teile dieser Zone liegen in deren Mitte, während die an den Grenzen der Zone liegenden Teile langsamer wachsen. Merkt man an den Würzelchen gekeimter Samen von Vicia Faba mit Tusche 10 Teilstrecken zu je einem Millimeter an, so erhält man nachstehenden Zuwachs in den einzelnen Teilstrecken (Temperatur 20,5 ^{0} C):

	Teilstrecke	Zuwachs
Oberste	X	0,1 mm
,,	IX	0,2 ,,
,,	VIII	0,3 ,,
,,	VII	0,5 ,,
,,	VI	1,3 ,,
,,	V	1,6 ,,
,,	IV	3,5 ,,
,,	III	8,2 ,,
,,	II	5,8 ,,
,,	I	1,5 ,,

In der Fig. 106 ist der Keimling einer Bohne (A) mit den soeben aufgetragenen Merkzeichen abgebildet, hierauf derselbe Keim nach 6 Stunden (B) und nach einem Tage (C).

Eine jede Teilstrecke in der Wachstumszone der Wurzel macht während ihrer Entwicklung ebenfalls eine große Wachstumsperiode durch. So ist der tägliche Zuwachs des an der Spitze des Würzelchens von Vicia Faba angebrachten Teilstriches bei einer Temperatur von 18—21,5^0 C der folgende:

Am 1. Tage	1,8 mm
,, 2. ,,	3,7 ,,
,, 3. ,,	17,5 ,,
,, 4. ,,	17,5 ,,
,, 5. ,,	17,0 ,,
,, 6. ,,	14,5 ,,
,, 7. ,,	7,0 ,,
,, 8. ,,	0,0 ,,

Auch der Stengel[2]) wächst nicht auf seiner ganzen Länge. Doch ist die Wachstumszone bei ihm viel länger als bei der Wurzel. So beträgt die Wachstumszone bei

[1]) Sachs, Arbeit. Würzb. Instituts 1873—1874, Bd. I, S. 388, 584.

[2]) Askenasy, Verhandl. naturhist.-med. Vereins zu Heidelberg, Bd. 2, 1878.

Galium mollugo	2—4 cm	oder 8—10	Internodien
Aristolochia Sipho . . .	40—50 „	„ 8—10	„
Elodea canadensis	2—3 „	„ 43—50	„
Hippuris vulgaris	20—30 „	„ — .	

Ebenso wie dies bei der Wurzel der Fall war, wachsen auch im Stengel die einzelnen Abschnitte der Wachstumszone nicht gleichmäßig, und ein jeder von ihnen macht auch hier eine große Wachstumsperiode durch.

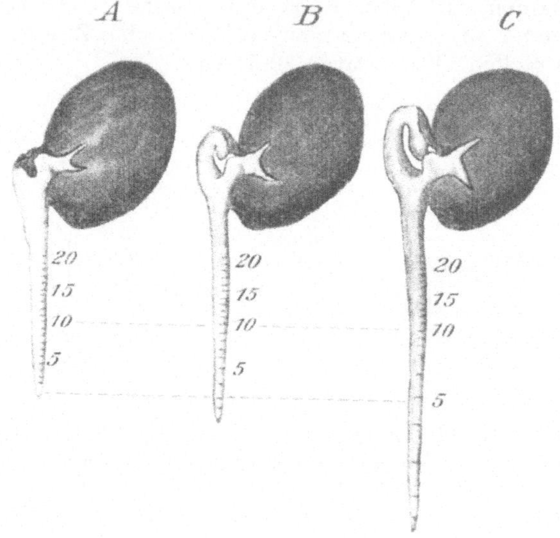

Fig. 106.
Wachstum der Wurzel.

Das Wachstum der Blätter [1]) ist in den meisten Fällen basipetal. Die Wachstumszone befindet sich in dem unteren Teile des Blattes. Die untenstehende Tabelle zeigt uns den Zuwachs eines Blattes von Allium Cepa vom 8. bis zum 23. März. Die Tuschestriche wurden bei Beginn des Versuches in Entfernungen von 2,5 mm angebracht. Die Temperatur betrug 19—21° C.

In dem oberen Teil des Blattes (IX) hört das Wachstum also bald auf. Der größte Zuwachs erfolgt in dem unteren Teile (s. S. 221).

Das Ergebnis des Wachstums der Organe ist bisweilen nicht eine Verlängerung, sondern vielmehr eine Verkürzung [2]) derselben; es kommt dies von dem starken Wachstum der Parenchymzellen der Rinde in radialer Richtung; die Gefäßbündel nehmen infolgedessen eine wellenförmige Gestalt an. Die Verkürzung ist bisweilen eine recht beträcht-

[1]) Stebler, Jahrb. f. wiss. Botan., Bd. 11, 1878, S. 48.
[2]) De Vries, Landw. Jahrbücher 1880, S. 37.

	Nummern der Teilstrecken	Zuwachs in 24 Stunden 8.—9. März	16.—18. März	22.—23. März	Summe des Zuwachses vom 8.—23. März
		mm	mm	mm	mm
Blattscheide	I	0,1	0,0	0,0	7,9
	II	0,1	2,9	0,0	26,4
Blattspreite	III	0,1	2,9	0,2	25,1
	IV	0,4	5,1	0,1	48,1
	V	0,4	3,0	0,0	30,1
	VI	0,2	2,1	0,0	19,1
	VII	0,2	1,6	0,0	16,7
	VIII	0,2	0,7	0,0	10,4
	IX	0,1	0,8	0,0	1,4
Summe des Zuwachses		1,8	18,3	0,3	185,1

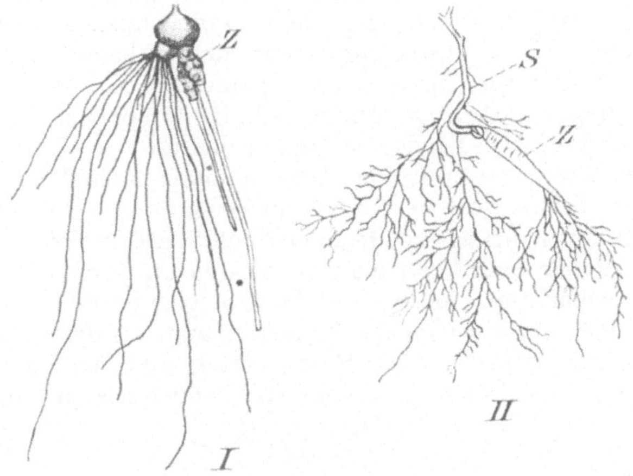

Fig. 107.
Crocus longiflorus. II Oxalis: Z herabziehende Wurzeln. ⅓ nat. Größe.

liche und hat eine wichtige biologische Bedeutung. Die sich verkürzende Wurzel zieht die an ihrem oberen Ende befindlichen Knospen mit sich in die Tiefe wodurch dieselben vor Verletzungen und schädlichen atmosphärischen Bedingungen geschützt werden. Bei Arum maculatum wird das in einer Tiefe von 2 cm angelegte Knöllchen später durch die Wurzel bis auf eine Tiefe von 10 cm in die Erde gezogen. Versetzt man den Knollen in eine geringere Tiefe, so schlägt er augenblicklich sich stark zusammenziehende Wurzeln, welche ihn in eine größere Tiefe mit sich ziehen. Bei Crocus longiflorus (Fig. 107) bilden sich im Frühjahr nur dünne Wurzeln. Später bilden sich seitlich dicke hereinziehende Wurzeln, welche den Knollen auf eine beträchtlichere Tiefe versetzen und dann absterben.

§ 3. Gewebespannung. Ein jedes der pflanzlichen Organe besteht aus verschiedenartigen Geweben. Die Zellen, aus denen die verschiedenen Organe aufgebaut sind, vermehren sich und wachsen nicht mit der gleichen Geschwindigkeit; infolgedessen tritt zwischen den Geweben ein Antagonismus auf; die einen Gewebe werden von den anderen gedrückt, während sie dieselben ihrerseits wieder ausdehnen. Diese Erscheinung nennt man die Gewebespannung. Die Gewebespannung erhöht die Elastizität der Organe. In jeder Pflanze sind die einen Organe durch Zug gespannt, d. h. gedehnt, die anderen dagegen durch Druck, d. h. sie sind zusammengepreßt; die erstere Spannung wird auch als negative, die zweite als positive Spannung bezeichnet. Die Spannung kann in der Längs- und in der Querrichtung wirken. Von dem Vorhandensein einer Längsspannung kann man sich leicht überzeugen, indem man den noch im Längenwachstum begriffenen Stengel einer dikotylen Pflanze oder den gemeinsamen Blütenstiel eines Liliengewächses durch zwei tiefe Längsschnitte kreuzförmig spaltet; die so erhaltenen vier Stengelteile biegen sich, wenn sie in Wasser gestellt werden nach außen und rollen sich sogar auf. In dem unzerschnittenen Stengel befindet sich demnach die Oberhaut und die Rinde in Zugspannung, das Mark dagegen in Druckspannung. Der kreuzförmige Schnitt ermöglicht es dem Mark, sich zu strecken und die Rinde nach außen zu krümmen. Eine jede Schicht eines im Wachstum befindlichen Internodiums befindet sich in Zugspannung in bezug auf die weiter im Zentrum liegenden Gewebe, in Druckspannung in bezug auf die mehr äußeren Gewebe.

Die Querspannung kann man am besten an älteren Stämmen von Dikotylen beobachten. Sie wird dadurch hervorgerufen, daß das Holz rascher wächst als die Rinde. Schneidet man an dem Stamme eines Baumes ein ringförmiges Stück Rinde heraus und legt dasselbe wieder auf seinen früheren Platz, so werden die beiden Enden einander nicht erreichen.

Drittes Kapitel.

Einfluß der Außenwelt auf Wachstum und Gestaltung der Pflanzen.

§ 1. Abhängigkeit des Wachstums und der Gestaltung der Pflanzen von der Temperatur. Am günstigsten für das Wachstum ist eine bestimmte mittlere Temperatur [1]). Bei sehr niederen und sehr hohen Temperaturen hört das Wachstum auf. Die nachstehende Tabelle zeigt den Zuwachs dreier Pflanzen während 48 Stunden bei verschiedenen Temperaturen:

Temperatur in °C	Lupinus albus mm	Pisum sativum mm	Triticum vulgare mm
14,4	9,1	5,0	4,5
17,0	11,0	5,3	6,9
21,4	25,0	25,5	41,8
24,5	31,0	30,0	59,1
25,1	40,0	27,8	59,2
26,6	54,1	53,9	86,0
28,5	50,1	40,4	73,4
30,2	43,8	38,5	104,9
31,1	43,3	38,9	91,1
33,6	12,9	8,0	40,3
36,5	12,6	8,7	5,4

In der zweiten Tabelle sind die drei wichtigsten Punkte der Temperatur (Minimum, Optimum und Maximum) für verschiedene Pflanzen zusammengestellt:

	Minimum °C	Optimum °C	Maximum °C
Hordeum vulgare	5,0	28,7	37,7
Sinapis alba	0,0	21,0	28,0
Lepidium sativum	1,8	21,0	28,0
Phaseolus multiflorus . . .	9,5	33,7	46,2
Zea Mais	9,5	33,7	46,2
Cucurbita Pepo	13,7	33,7	46,2

---

[1]) Köppen, Wärme und Pflanzenwachstum 1870; Sachs, Jahrb. f. wiss. Botanik 1860, II, S. 338.

Aus dieser Tabelle ist zu ersehen, daß die Minima, Optima und Maxima der Temperatur für das Wachstum verschiedener Pflanzen nicht die gleichen sind. Besonders starke Schwankungen sind in der Lage der Minima zu bemerken: während bei den einen Pflanzen das Wachstum schon bei 10—15° C aufhört, können andere sich noch bei 0° entwickeln; so beginnt die Soldanella ihre Entwicklung im Frühjahr, noch unter der Schneedecke, und muß dieselbe durchstoßen, um nach außen zu gelangen.

Noch schroffere Schwankungen der Minima und Maxima sind bei verschiedenen Mikroorganismen zu beobachten. So gibt es Bakterien, welche bei 0° nicht nur leben, sondern sich auch lebhaft fortpflanzen können. Im Meereswasser sind bei 0° 150 Bakterien in einem Kubikzentimeter gefunden worden. Als man das Wasser bei derselben Temperatur stehen ließ, stieg die Anzahl der Bakterien nach vier Tagen bis auf 1750. Hieraus folgt, daß die Bakterien fortfahren, sich bei 0° fortzupflanzen.

Ein diesen Bakterien extrem entgegengesetztes Verhalten zeigt Bacillus thermophilus, welcher sich noch bei 70° C Wärme energisch fortpflanzt. Während für die ersteren Bakterien das Optimum der Temperatur zwischen 10—15° liegt, hört Bacillus thermophilus schon bei einer Temperatur von unter + 42° C auf, sich fortzupflanzen.

Äußerst extreme Temperaturen können die Sporen ertragen. Einige Arten halten einen kurzen Aufenthalt in flüssigem Sauerstoff bei —213° C aus. Eine sehr hohe Temperatur ertragen die Sporen einiger Bodenbakterien. So erfolgt das Absterben ihrer Sporen in Wasserdampf

bei	100°	nach	16 Stunden.
„	105—110°	„	2—4 Stunden.
„	115°	„	30—60 Minuten.
„	125—130°	„	5 Minuten
„	135°	„	1—5 Minuten
„	140°	„	1 Minute.

Die Temperatur übt nicht nur auf das Wachstum, sondern auch auf die Gestalt eine Einwirkung aus. Niedere Temperatur ist für das Wachstum der Pflanzen ungünstig. Auf hohen Bergen und in polaren Ländern, wo für die Pflanzen wenig Wärme abfällt, pflegen die Pflanzen sehr niedrig zu bleiben und am Boden zu kriechen, sich gleichsam an diesen anzuschmiegen. Beobachtungen haben gezeigt, daß der Boden auf hohen Bergen verhältnismäßig viel wärmer ist als die Luft; indem die Pflanzen sich an die Erde schmiegen, suchen sie gleichsam wärmere Stellen. Außerdem werden die am Boden kriechenden Pflanzen im Winter mit einer dicken Schneeschicht bedeckt, welche sie vor dem Erfrieren schützt. Die Äste von Pinus humilis erheben sich nicht senkrecht in die Luft, sondern nehmen eine horizontale Lage ein. Selbst Stämme von 20 cm im Durchmesser, welche eine weit ausgebreitete Krone sehr gut in vertikaler Lage erhalten könnten, wachsen fast horizontal zum Boden. So verhalten sich die beobachteten Tatsachen. Allein für einen genauen

Beweis bedarf es der Versuche. In letzterer Zeit ist es gelungen, den Nachweis dafür zu liefern, daß Veränderungen in der Temperatur allein schon genügen, um bei sonst gleichen Bedingungen Pflanzen von verschiedenem äußeren Aussehen zu erhalten. So erheben sich z. B. die Triebe von Mimulus Tilingii bei mittlerer Temperatur vertikal nach oben, während sie sich bei niedriger Temperatur krümmen oder sogar eine horizontale Lage annehmen.

Es ist bekannt, daß sich das Klima auf hohen Bergen durch schroffe Temperaturschwankungen auszeichnet. Es fragt sich nun, ob dieser Umstand nicht einen jener Faktoren darstellt, welche die originelle Eigenart der alpinen Flora bedingen. Zur Entscheidung dieser Frage wurden Aussaaten verschiedener Pflanzen der Ebene für die Nacht in Kästen verbracht, welche mit Eis umgeben wurden, den Tag über dagegen unter normalen Bedingungen an der Luft wachsend belassen, demnach schroffen Veränderungen der Tagestemperatur unterworfen. Es wurden dabei Pflanzen mit besonderen Eigenschaften der Alpenflora erzielt (aufgehaltenes Wachstum, kurze Internodien, kleine, aber feste Blätter und früheres Blühen).

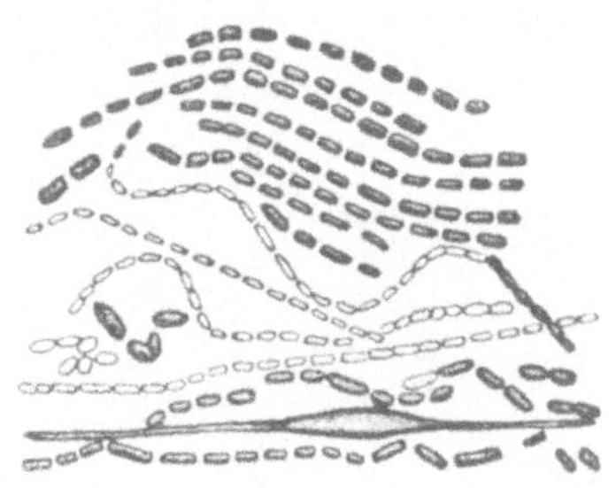

Fig. 108.
Bacterium Pasteurianum bei 34°.

Ein auffallendes Beispiel für den Einfluß der Temperatur auf die Gestalt der Pflanzen bieten die Versuche an einer Art von Essigbakterien (Bacterium Pasteurianum). Kultiviert man diese Bakterien bei mittlerer Temperatur, so haben sie die Gestalt von kurzen Stäbchen, welche gewöhnlich zu Ketten verbunden sind (Fig. 108). Überträgt man jedoch einen Teil dieser Bakterien in eine neue Nährflüssigkeit und läßt sie bei einer Temperatur von 40° C, so wachsen die Zellen schon nach wenigen Stunden zu langen Fäden aus (Fig. 109). Diese Fäden übertreffen die ursprünglichen kurzen Stäbchen in einigen Fällen um das 150 fache und darüber an Länge. Bringt man jedoch die aus langen Fäden bestehende Kultur wieder zurück in eine Temperatur von 34°, so beginnt von neuem eine Verwandlung der langen Fäden in kurze Stäbchen. Bei dem Übergang zur niedrigen Temperatur treten an den Fäden zuerst starke Verdickungen auf, und erst hierauf beginnen dieselben sich in kurze, zu Ketten miteinander verbundene Stäbchen zu teilen. Nur die Verdickungen bleiben ungeteilt und lösen sich schließlich auf.

Endlich kann die Abhängigkeit der Entwicklung der Pflanzen von der Temperatur mit Hilfe phänologischer Beobachtungen festgestellt werden. Um das Wärmebedürfnis irgend einer einjährigen Pflanze kennen zu lernen, bestimmt man täglich, angefangen vom Tage der Aussaat, bis zum Tage des vollständigen Reifwerdens der Früchte die mittleren oder höchsten Temperaturen aller Tage, an denen die Temperatur über Null ist. Indem man die erhaltenen Temperaturen zusammenzählt, erhält man die für die vollständige Entwicklung der betreffenden Pflanze erforderliche Wärmemenge.

Es unterliegt keinem Zweifel, daß eine derartige Art und Weise der Beobachtung nur sehr ungenaue und annähernde Resultate ergeben kann.

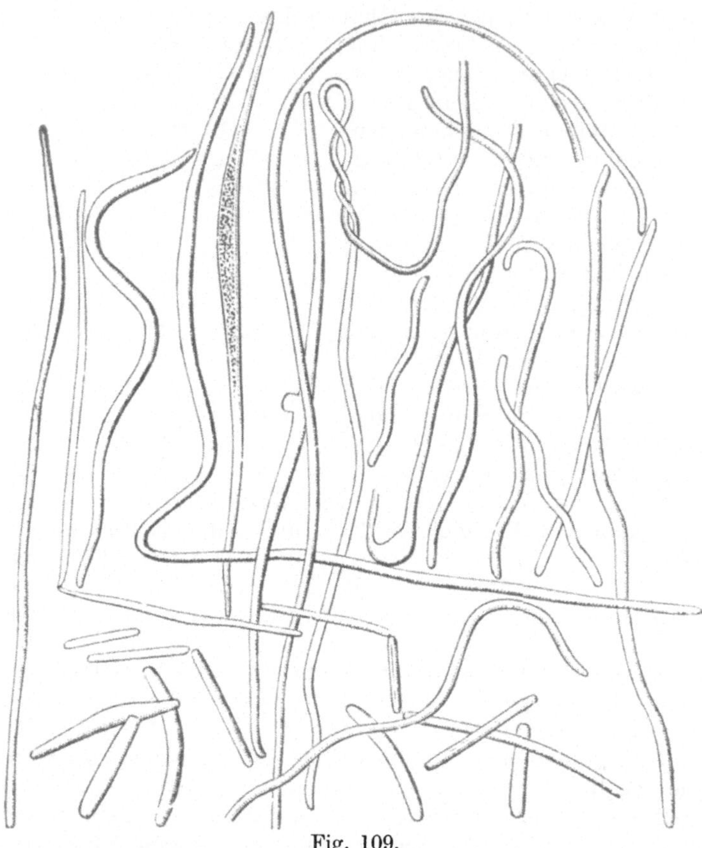

Fig. 109.
Bacterium Pasteurianum. Kultur bei 40°.

Eine jede Pflanze verhält sich durchaus nicht gleichgültig verschiedenen Temperaturen gegenüber. So kann z. B. zu einem bestimmten Tage eine Temperatur von 35° registriert werden, während die günstigste Temperatur für die Versuchspflanze 25° beträgt. Die überflüssigen 10° werden demnach nicht nur keinen Nutzen bringen, sondern sie können sich vielleicht sogar als schädlich erweisen. Ist die Pflanze bei einer gewissen Summe von Temperaturen aufgewachsen, so wird man hieraus noch nicht schließen dürfen, daß dieselbe nicht bei einer geringeren Summe von Temperaturen aufwachsen kann; die Birke wächst in der Nähe von Kiew bei einer höheren Temperatur als in der Umgebung von St. Petersburg. Das nachstehende Beispiel, in welchem der Entwicklungsgang der Vegetation in Brüssel und in St. Petersburg miteinander verglichen wird, bestätigt die oben ausgesprochene Ansicht. Es wurden dazu sechs Gruppen von Pflanzen genommen, von denen die erste Gruppe aus den frühesten Gewächsen bestand (Anemone, Coryllus), während die folgenden Gruppen aus immer später blühenden Gewächsen zusammengesetzt waren. Die Messungen der Temperatur begannen in Brüssel am 16. Januar, in St. Petersburg dagegen am 8. April. Die Zeit des Blühens der Pflanzen jeder Gruppe ist in nachstehender Tabelle angeführt:

Gruppen	In Brüssel	In St. Petersburg später
1	16. März	um 51 Tage
2	7. April	„ 44 „
3	29. April	„ 39 „
4	19. Mai	„ 33 „
5	4. Juni	„ 22 „
6	30. Juni	„ 11 „

Die Summen der Temperaturen für die Pflanzen sind die folgenden:

Gruppen	In Brüssel	In St. Petersburg
1	184°	93°
2	334°	216°
3	583°	421°
4	791°	617°
5	1017°	698°
6	1466°	937°

Diese Beobachtungen zeigen uns, daß in St. Petersburg die Pflanzen sich mit einer geringeren Wärmemenge begnügen als in Brüssel. Wir sehen überdies, daß das spätere Blühen in St. Petersburg im Vergleich mit Brüssel nur bei frühen Pflanzen besonders stark hervortritt, und daß der Unterschied allmählich geringer wird. Für späte Pflanzen (Linde) beträgt der Unterschied nur 11 Tage. Letztere Tatsache läßt sich dadurch erklären, daß für mehrjährige Pflanzen auch die Tage mit einer Temperatur unter dem Gefrierpunkte von Bedeutung sind. Es ist dies eine Periode der Ruhe, aber nicht eine Periode der völligen Untätigkeit. Während dieser Zeit vollziehen sich verschiedenartige chemische Umwandlungen, welche die Pflanze zu einem tätigen Leben vorbereiten. Diese Umwandlungen werden von der erhöhten Temperatur nur in unbedeutendem Maße beschleunigt, wie wir dies an der sechsten Gruppe von Pflanzen bemerken können: die Linde fing in Brüssel nur um 11 Tage früher zu blühen an als in St. Petersburg, obgleich die Temperatur über 0° in Brüssel schon von Mitte Januar an begonnen hatte, in St. Petersburg dagegen erst von Anfang April an. Direkte Versuche zeigen, daß die Erhöhung der Temperatur allein nicht genügt, um eine

Pflanze aus dem Ruhezustande in den Zustand tätigen Lebens überzuführen. So wurden vom Herbste an Zweige des Kirschbaums abgeschnitten und bei 25—20° C in das Warmhaus gestellt. Dabei wurden folgende Resultate erzielt. Die im Herbst abgeschnittenen Zweige schlugen nicht aus und gingen schließlich zugrunde. Zweige, welche abgeschnitten wurden

am	14. Dezember,	erblühten	nach	27	Tagen
,,	10. Januar,	,,	,,	18	,,
,,	2. Februar,	,,	,,	17	,,
,,	2. März,	,,	,,	12	,,
,,	23. März,	,,	,,	8	,,
,,	3. April,	,,	,,	5	,,

Trotz der günstigen Temperatur des Warmhauses verging demnach um so mehr Zeit bis zum Erblühen, je früher die Zweige abgeschnitten worden waren. Dieser Versuch zeigt uns, daß bei der Bestimmung der für die völlige Entwicklung einer Pflanze notwendigen Wärmemenge die Ruheperiode in Betracht gezogen werden muß, welche trotz der günstigen Temperatur fortdauern bzw. eintreten kann. Einige Bäume oder Gebüsche, welche aus gemäßigten Gegenden in warme übergeführt und somit vor der Winterruhe bewahrt werden, behalten bisweilen lange Zeit hindurch die Gewohnheit bei, ihre Blätter abzuwerfen und in den Zustand der Ruhe überzugehen, trotzdem genug Wärme und Feuchtigkeit vorhanden ist, um die Tätigkeit nicht aufhören zu lassen. Das Leben der Pflanze hängt demnach nicht von der Wärmemenge allein ab. Es müssen auch die inneren Besonderheiten der Organisation berücksichtigt werden.

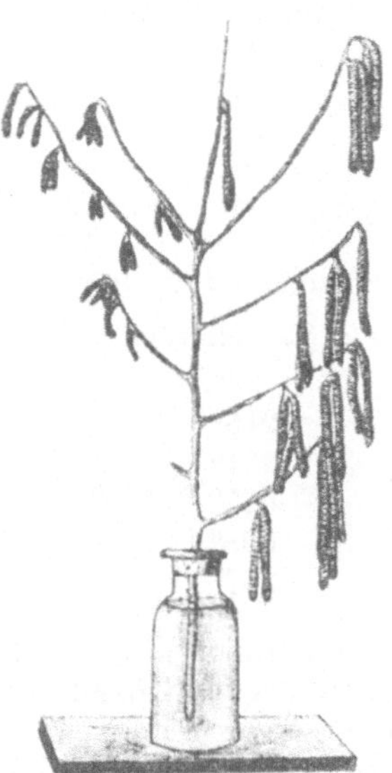

Fig. 110.
Wirkung des Warmbades.

Wenn die mittlere Temperatur nicht imstande ist, die Ruheperiode zu stören, so läßt sich dies doch, wie Molisch [1]) nachgewiesen hat, durch hohe Temperatur erzielen, und zwar indem man die Zweige auf 10—12 Stunden in Wasser versenkt, welches bis zu einer Temperatur von 30—35° und darüber erwärmt wird (Warmbad-Methode). Die Figur 110 stellt einen Haselnußzweig mit männlichen Blüten dar, welcher nur mit seiner rechten Seite in warmes Wasser getaucht worden ist. Nach 9 Tagen ist diese Seite schon in voller Blüte, während auf der linken Seite die Knospen sich noch immer in der Winterruhe befinden.

---

[1]) H. Molisch, Das Warmbad als Mittel zum Treiben der Pflanzen. Jena 1909.

§ 2. Abhängigkeit des Wachstums und der Gestaltung der Pflanzen von dem Sauerstoffgehalt der Luft. Alle höheren Pflanzen wachsen unter normalen Bedingungen nur dann, wenn sie Sauerstoff aufnehmen; sowie der Sauerstoffzutritt aufhört, erleidet das Wachstum einen sofortigen Stillstand. Nabokich [1]) hat indessen nachgewiesen, daß man das Wachstum von Samenpflanzen unter Berücksichtigung einiger Vorsichtsmaßregeln auch in sauerstofffreiem Medium beobachten kann. Er setzte die Pflanzen in Glykoselösung. Dadurch erreichte er einen doppelten Zweck: es wurde der Pflanze Nährmaterial zugeführt, und gleichzeitig gingen die für das Wachstum schädlichen Gärungsprodukte in die Lösung über. Die Versuche von Nabokich wurden später von anderen Forschern bestätigt. Weiter oben wurde schon darauf hingewiesen, daß mit zunehmender Geschwindigkeit des Wachstums während des Keimens der Samen auch das Quantum des durch die Pflanzen aufgenommenen Sauerstoffs zunimmt. Die Atmung der keimenden Pflanzen wird durch eine große Atmungskurve ausgedrückt, welche im allgemeinen mit der großen Wachstumskurve übereinstimmt.

Die Menge des in der die Pflanzen umgebenden Atmosphäre enthaltenen Sauerstoffs wirkt ebenfalls auf die Geschwindigkeit ihres Wachstums ein. Sowohl ein Überschuß an Sauerstoff wie auch ein sehr geringer Gehalt desselben in der Atmosphäre verlangsamt das Wachstum und kann dasselbe ganz unterbrechen.

Weicht dagegen die Verdünnung oder die Verdichtung der Luft nicht sehr beträchtlich von dem normalen Drucke ab, so tritt in solchem Falle im Gegenteil eine Beschleunigung des Wachstums ein. Es resultiert die sehr bemerkenswerte Tatsache, daß das Wachstum bei normalem Luftdruck zwischen zwei Maxima liegt: die Pflanze wächst langsamer als bei einer gewissen Vermehrung oder Verminderung des Druckes [2]).

Auch im Leben der Mikroorganismen erweist sich der Sauerstoff als einer der wichtigsten Faktoren. Für die einen Mikroorganismen ist es notwendig, andere können sehr lange Zeit hindurch ohne denselben auskommen, wiederum andere endlich können sich nur unter der Bedingung völliger Abwesenheit von Sauerstoff fortpflanzen. Alle Mikroorganismen zerfallen demnach in bezug auf den Sauerstoff in zwei Gruppe: in die Aeroben, welche zu ihrer Entwicklung des Sauerstoffs bedürfen, und in die Anaeroben, welche sich auch bei völliger Abwesenheit von Sauerstoff entwickeln können. Die Anaeroben zerfallen ihrerseits wiederum in zwei Gruppen: in die obligaten Anaeroben, welche sich nur bei absoluter Abwesenheit von Sauerstoff fortpflanzen, der wie Gift auf sie einwirkt, und die fakultativen Anaeroben, für die der Sauerstoff zwar nicht schädlich, aber auch nicht erforderlich ist, indem sie sich sowohl bei Anwesenheit wie auch bei dem Fehlen von Sauerstoff entwickeln können. Die Essigbakterien können als Beispiel für die Aeroben dienen,

---

[1]) Nabokich, Die temporäre Anaerobiose der höheren Pflanzen. St. Petersburg 1904 (russisch).

[2]) Jaccard, Revue générale de botanique 1893, S. 289.

die Hefe als Beispiel für fakultative Anaeroben, die Bakterien der buttersauren Gärung endlich als Beispiel für obligate Anaeroben.

Die beweglichen Bakterien können als empfindliches Reagens auf Sauerstoff dienen. In der Fig. 111 sind die Atmungsfiguren verschiedener beweglicher Bakterien abgebildet. Es wurden dazu drei Tropfen aus drei Kulturen von Bakterien entnommen, welche sich dem Sauerstoff gegenüber in verschiedener Weise verhalten. Ein jeder dieser Tropfen wurde mit einem runden Deckgläschen bedeckt, wobei unter jedes Deckgläschen am Rande (auf der Zeichnung von oben) je ein Stückchen Platindraht gelegt wurde. Aus diesem Grunde kamen die Tropfen unter diejenige Hälfte der Deckgläschen zu liegen, welche den Objektträger berührt. I: Atmungsfigur des Aeroben-Typus. Die beweglichen Bakterien haben sich in der Sauerstoff enthaltenden Zone a versammelt. Die in

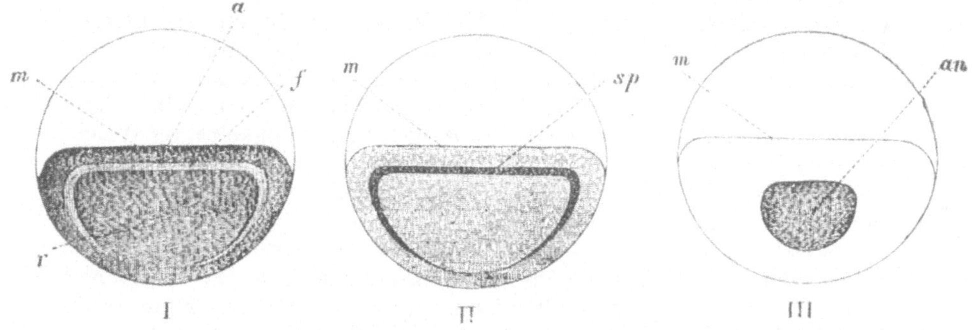

Fig. 111.
Atmungsfiguren beweglicher Bakterien. (Nach Beijerinck.)

dem Bereich r befindlichen Bakterien haben ihre Bewegungen infolge Sauerstoffmangels eingestellt. Der Streifen f ist frei von Bakterien. II: Atmungsfigur von Bakterien, welche eines geringen Quantums von Sauerstoff bedürfen (Spirillen-Typus). Die Bakterien haben sich in einer gewissen Entfernung von der freien Oberfläche in der Zone sp angesammelt. III: Atmungsfigur der Anaeroben. Sämtliche Bakterien haben sich in den zentralen Teil (an) des Tropfens zurückgezogen, welcher der Einwirkung des Sauerstoffs am wenigsten ausgesetzt ist.

Bei der Kultur von Anaeroben sind unbedingt Vorkehrungen anzuwenden, welche es verhindern, daß Sauerstoff in die Nährmedien gerät. Zu diesem Zwecke goß Pasteur eine Ölschicht auf die Oberfläche der Nährflüssigkeit. Man kann auch die Luft aus den Gefäßen auspumpen. Bei den Kulturen in dicht verschlossenen Gefäßen läßt man den Sauerstoff durch eine Lösung von Pyrogallussäure mit Ätzkali aufnehmen. Ein Reagenzgläschen mit Anaeroben-Kultur wird in ein anderes, größeres Reagenzgläschen gesetzt, auf dessen Boden Pyrogallat p gegossen wurde. Das große Gläschen wird sodann mit einem Kautschukstöpsel fest verschlossen (Fig. 112). Der in dem Gläschen enthaltene Sauerstoff wird

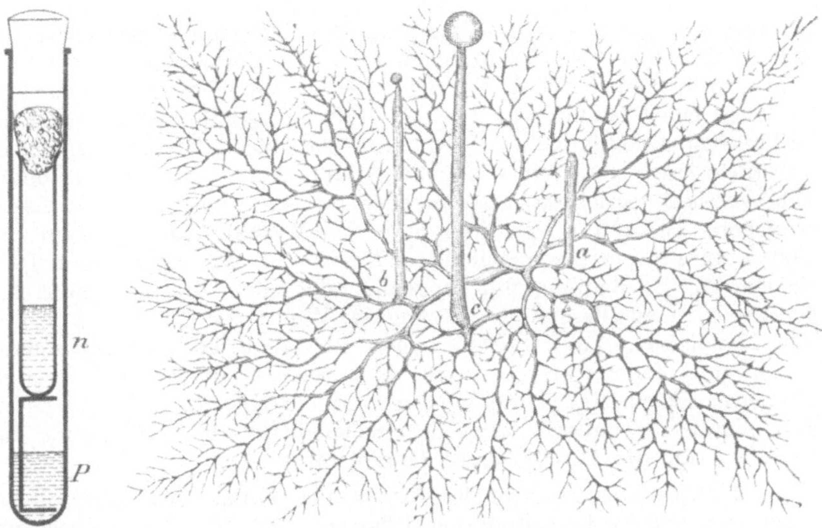

Fig. 112.
Kultur von Anaeroben.

Fig. 113.
Mucor Mucedo.

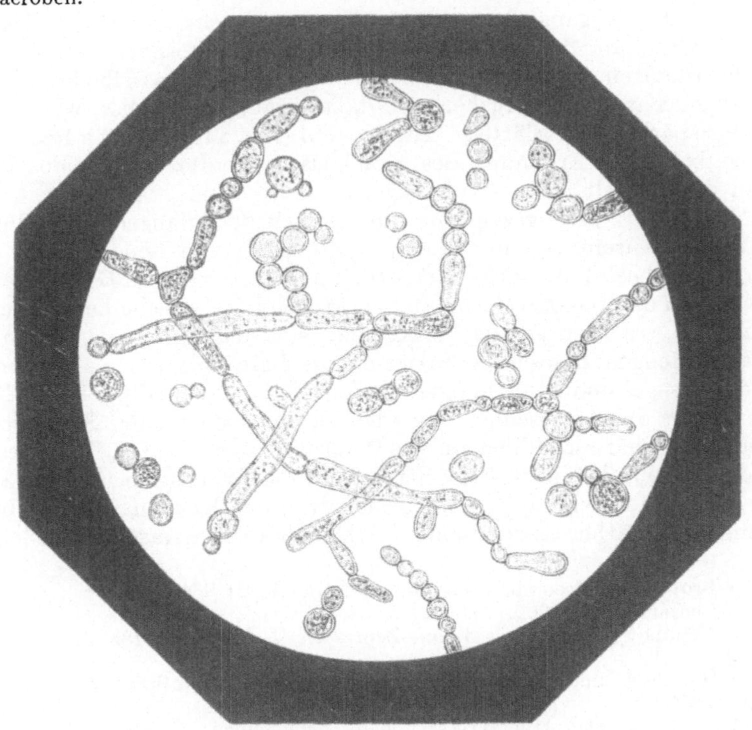

Fig. 114.
Bildung von Mucor-Hefe in sauerstofffreiem Medium

von dem Pyrogallat aufgenommen, und die Entwicklung der Anaeroben verläuft in einer Stickstoffatmosphäre. Das Vorhandensein oder das Fehlen von Sauerstoff in der die Pflanzen umgebenden Atmosphäre hat auch einen Einfluß auf deren Gestalt. So stellt Mucor, einer der verbreitetsten Schimmelpilze, bei Anwesenheit von Sauerstoff ein im Substrate stark verästeltes Myzelium dar. Auf dem Myzelium bilden sich vertikal gerichtete Sporenträger, welche bis zu 10 cm Länge erreichen (Fig. 113). Verbringt man das Myzelium dagegen auf den Boden eines mit Bierwürze gefüllten Gefäßes, so ruft der Schimmelpilz, welcher in ein Medium mit ungenügender Quantität von Sauerstoff geraten ist, eine alkoholische Gärung der Würze hervor. Dabei beginnt sein Myzel sich durch Scheidewände zu teilen und zerfällt sodann in einzelne Zellen, welche durch ihr Aussehen an gewöhnliche Hefe erinnern. Es entsteht die sogenannte Mucor-Hefe (Fig. 114). Dieser Fall bietet ein äußerst typisches Beispiel für die Einwirkung des Mediums auf die Gestalt eines Organismus.

§ 3. Einwirkung der in der Atmosphäre enthaltenen Gase auf das Wachstum und die Gestaltung der Pflanzen. Die Pflanzen wachsen nur dann richtig, wenn die Zusammensetzung der Atmosphäre eine normale ist. Der Kohlensäuregehalt der Atmosphäre beträgt 0,03—0,04 %. Die Untersuchungen von Brown und Escomb [1]) sowie diejenigen von Chapin [2]) haben ganz unerwarteterweise den Nachweis dafür geliefert, daß eine Erhöhung des Kohlensäuregehaltes der Atmosphäre das Wachstum der Pflanzen nicht nur nicht begünstigt, sondern dasselbe im Gegenteil verschlechtert. Es ergeben sich dabei kranke Gewächse, welche oft nur sehr spärlich mit Blättern bedeckt sind (Fig. 115). Solche Resultate werden bei einer Erhöhung des Kohlensäuregehaltes der Atmosphäre bis zu 2 % erzielt.

Neljubow [3]) hat gezeigt, daß die Gestalt der Pflanzen schon durch das Vorhandensein von minimalen Quantitäten von Leuchtgas in der Atmosphäre beeinflußt wird, namentlich aber durch dessen Bestandteile: das Äthylen und das Azetylen. In der Atmosphäre, welche kein Leucht gas enthält, wachsen gerade Sprößlinge; sind dagegen auch nur unbedeutende Mengen dieses Gases in der Atmosphäre enthalten, so krümmen sich die Stengel und nehmen eine horizontale Lage ein (Fig. 116). Überhaupt wirkt die Anwesenheit der allerverschiedenartigsten Substanzen in der Atmosphäre schädlich auf das Wachstum der Pflanzen [4]). Dagegen wirken einige Substanzen stimulierend auf das Wachstum. So verläuft nach den Untersuchungen von Johansen [5]) das Keimen von Zwiebeln in einer Äthyläther enthaltenden Atmosphäre viel rascher als ohne

[1]) Brown und Escomb, Proceedings of the Royal Society 1902.

[2]) Chapin, Flora 1902.

[3]) Neljubow, Beihefte z. Botan. Zentralbl. X, 1901, S. 128. Ber. d. bot. Ges. 1911, S. 97.

[4]) Haselhoff und Lindau, Beschädigung der Vegetation durch Rauch. Leipzig 1903.

[5]) Johansen, Das Ätherverfahren beim Frühtreiben. 2. Aufl., Jena 1906.

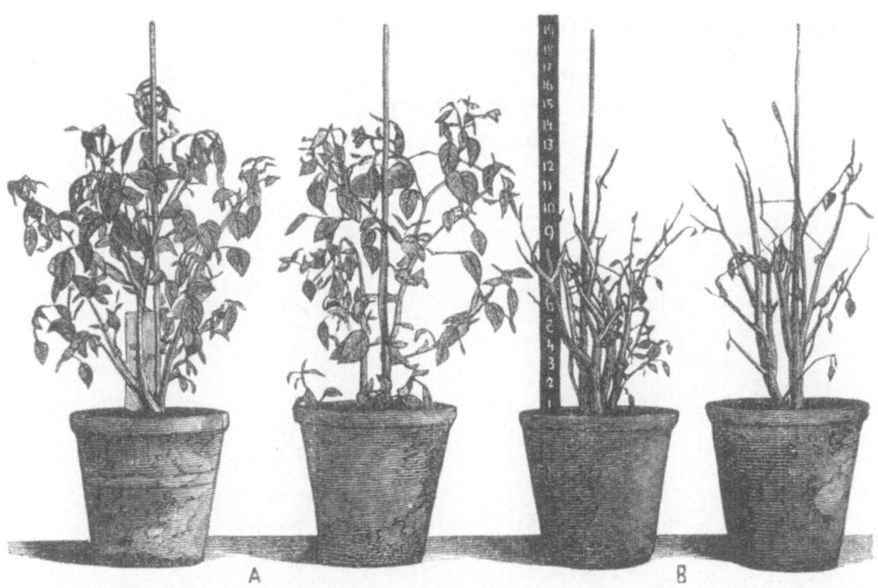

Fig. 115.
Impatiens platypetala. A in normaler Atmosphäre, B in kohlensäurereicher Atmosphäre.

Fig. 116.
Keimen der Erbse. I u. III in Leuchtgas enthaltender Laboratoriumsluft. II Das Leuchtgas ist entfernt worden, indem die Luft durch glühende Röhren mit Kupferoxyd geleitet wird. (Nach Neljubow.)

Anwesenheit von Äther. Johansen empfiehlt diese Methode den Gärtnern, um Pflanzen rasch zum Treiben zu bringen. In der Fig. 117 ist ein Fliederzweig A abgebildet, 8 Tage nach der Bearbeitung mit Ätherdämpfen im November. Der eine Trieb links (mit dem weißen Strich) wurde vor der Einwirkung der Ätherdämpfe bewahrt. In derselben Figur ist in B der gleiche Zweig drei Wochen nach der Einwirkung von Äther, bereits in voller Blüte, abgebildet. Nur der Trieb (hier rechts stehend), auf welchen die Ätherdämpfe nicht eingewirkt hatten, ist kahl geblieben.

A

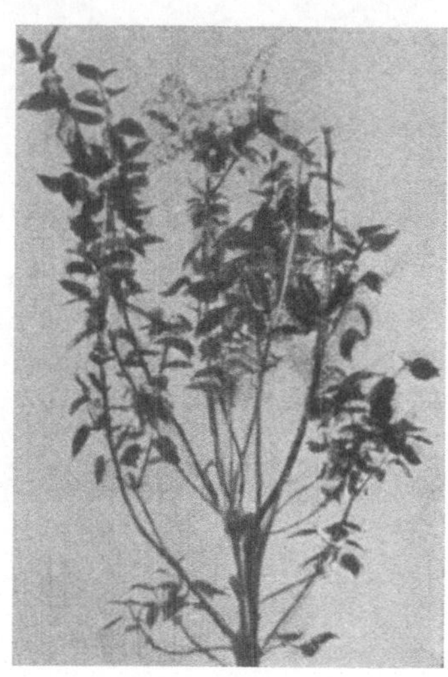

B

Fig. 117.
Wirkung des Äthers auf das Blühen des Flieders.

§ 4. Der Einfluß der Feuchtigkeit auf das Wachstum und die Gestaltung der Pflanzen. Von der Feuchtigkeit des Bodens und der Luft hängt sowohl die Menge des aufgenommenen Wassers als auch die Schnelligkeit seiner Fortbewegung ab. In dampfgesättigter Atmosphäre sinkt die Transpiration der Blätter ganz erheblich und hemmt infolgedessen bis zu einem gewissen Grade die Aufnahme neuer Wassermengen; trockene Luft begünstigt dagegen sowohl die Transpiration als auch die Wasseraufnahme der Pflanzen.

Die Pflanzen gedeihen üppig nur bei genügender Wasserversorgung. Besonders mächtig ist die Vegetation der Tropen, wo genügende Feuchtigkeit mit günstiger Temperatur zusammen wirkt. Die tropischen Urwälder verdichten sich oft zu einem undurchdringlichen Gewirr von Pflanzen, welche nicht nur am Boden, sondern auf ihresgleichen (epiphytisch) wachsen. Anders in wasserarmen Gegenden: die Pflanzenwelt fristet hier nur ein kümmerliches Dasein. Mit der Zahl vermindert sich in trockenen Gegenden auch die Form der Pflanzen. Die in feuchten Gegenden wachsenden Pflanzen haben gut entwickelte, öfters sehr große, saftige Blätter. Die Pflanzen der trockenen Gegenden dagegen verkleinern ihre Blattflächen, um der Trockenheit zu widerstehen. So haben die Blätter des Rubus squarrosus (Fig. 118), einer mit unserer Himbeere (Rubus Idaeus) nahe verwandten Art, ihre Lamina bis auf einen kleinen Rest eingebüßt. Viele Xerophyten haben überhaupt keine Blätter, wie z. B. die Kakteen. In diesem Fall wird die Funktion des Blattes vom Stengel übernommen. Die Pflanzen sind mit allerlei Vorrichtungen

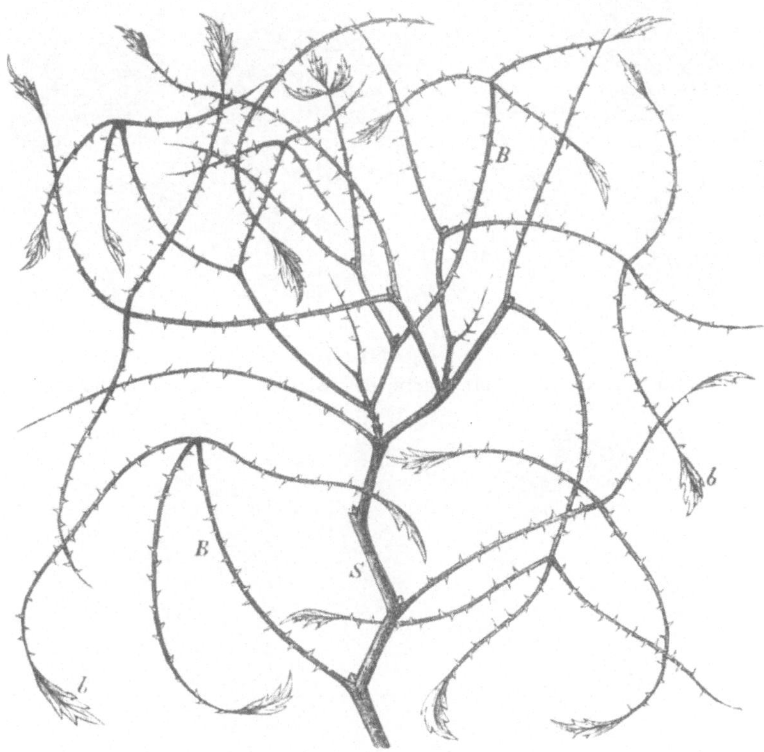

Fig. 118.
Ein Sproß von Rubus squarrosus in nat. Größe. (Nach Wiesner.)

ausgerüstet, um das ihnen zugängliche Wasser festzuhalten. Das Hautgewebe ist sehr derb und vielfach mit Haaren, Wachs und anderen Überzügen versehen. So ist die im Kapgebiet heimische Rochea falcata mit einem Kieselpanzer ausgerüstet. Ein Querschnitt durch das Blatt zeigt, daß die kleinen Epidermiszellen von einer festen Schicht großer blasenförmiger Zellen bedeckt sind. (Fig. 119). Ihre Wände sind sehr stark mit Kieselsäure imprägniert. Im Innern dieser Zellen ist Wasser enthalten. Nur bei alten Blättern sind diese Blasen mit Luft gefüllt. Solange die Blasen mit Wasser gefüllt sind, dienen sie den tiefer liegenden

Blattzellen als Wasserbehälter, aus welchen sie ihr Wasserbedürfnis befriedigen.

Ein Beispiel für die eigentümlichen Schutzeinrichtungen gegen übermäßige Transpiration liefern die Blätter von Stipa capillata

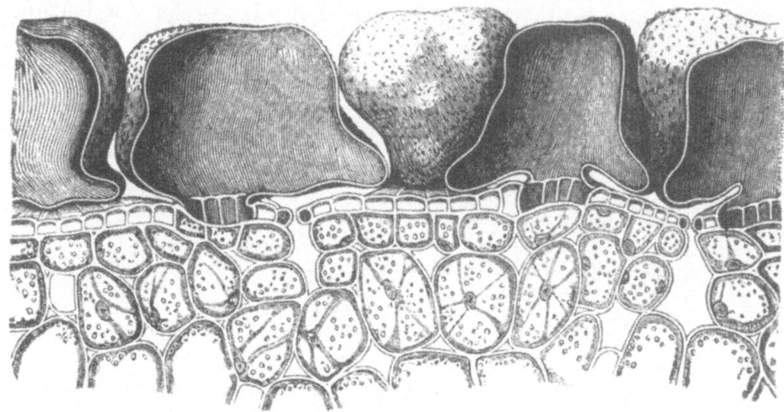

Fig. 119.
Querschnitt durch die obere Partie des Blattes von Rochea falcata.

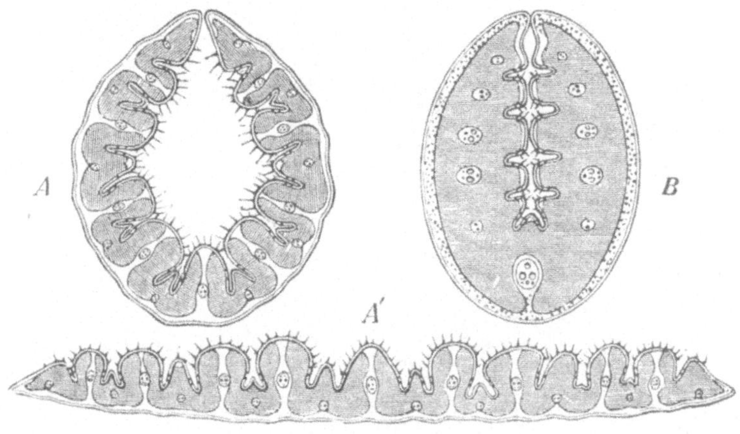

Fig. 120.
Querschnitte durch Blätter von Stipa capillata (A, A') und Festuca (B).

(Fig. 120). A' stellt eine Querschnitt des Blattes unter normalen Verhältnissen vor. Beim Eintritt der Trockenheit begnügt sich das Blatt nicht damit, daß es seine Spaltöffnungen schließt; es rollt sich außerdem röhrenförmig zusammen (A), so daß nur die Hälfte, und zwar die mit einer dicken Kutikula versehene, von Spaltöffnungen freie Hälfte seiner Oberfläche der Außenluft ausgesetzt bleibt. Alle Spaltöffnungen befinden sich an der Innenfläche des Blatte. In B ist ein Querschnitt durch das zusammengerollte Blatt von Festuca alpestris abgebildet.

Von anderen Einrichtungen mag die bei Dischidia Rafflesiana vorkommende erwähnt werden. Diese Kletterpflanze hat zweierlei Blätter.

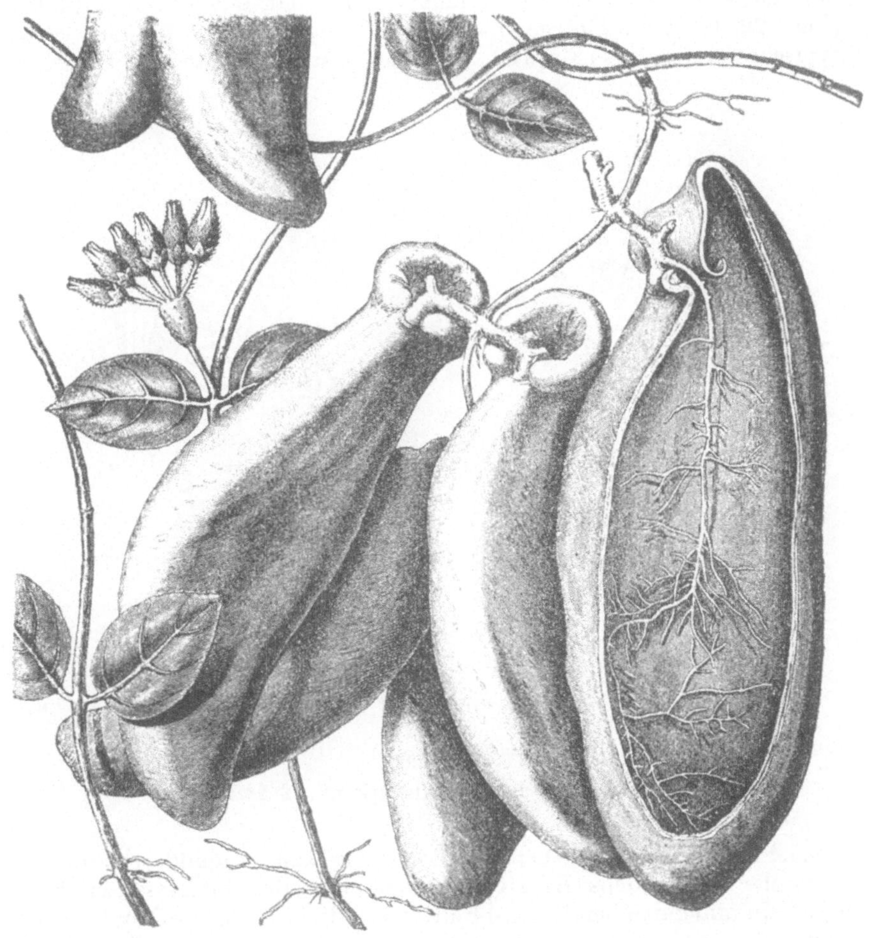

Fig. 121.
Dischidia Rafflesiana.

Die einen sind Blätter von gewöhnlicher Art, die anderen aber stellen sackartige, oben mit einer Öffnung versehene Gebilde vor. Von der Ansatzstelle des Sacks entspringt vom Stengel eine starke Luftwurzel, welche ins Innere des Sacks hineinwächst. In den Säcken sammelt sich Regenwasser an, welches von der Wurzel der Pflanze zugeführt wird (Fig. 121).

Die Wasserpflanzen sind ebenfalls durch eigentümliche Merkmale ausgezeichnet. Ihre Stengel sind weich und von zahlreichen Luftgängen durchzogen. Die Wasserblätter haben meistenteils stark geschlitzte, fadenförmige Lamina. Gelangt aber die Wasserpflanze auf festen Boden, so erleidet die Blattform eine auffällige Veränderung. Ranunculus fluitans z. B. ist eine Wasserpflanze und hat fadenförmige Blätter (Fig. 122, 1). Beim Übergang aufs Land bildet er breite, für Luftblätter typische Lamina aus (Fig. 122, 2). Manchmal findet man auf demselben

Fig. 122.
Ranunculus fluitans. 1 Wasserform. 2 Landform.

Stengel Blätter verschiedener Art. Das in Fig. 123 abgebildete blühende Exemplar von Bidens Beckii veranschaulicht den interessanten Fall, wo an ein und derselben Pflanze Blätter von dreierlei Art vorhanden sind. Der untere, submers wachsende Teil des Stengels trägt die für Wasserpflanzen typische stark geschlitzte Blattform. Der obere Teil des Stengels dagegen, welcher sich über dem Wasserspiegel erhebt, hat ganzrandige Blätter. An der Grenze zwischen Wasser- und Luftblättern sind noch zwei Übergangsblätter zu sehen. Das gewöhnliche Pfeilkraut (Sagittaria sagittaefolia), welches in stehenden und langsam fließenden Gewässern wächst, hat pfeilförmige Blätter mit langen Blattstielen. Unter Wasser kultiviert, entwickelt die Pflanze nur lange bandförmige Blätter. Wenn aber die Wasserschicht nicht sehr hoch ist (Fig. 124), so bleiben nur die ganz untergetauchten Blätter bandförmig (e). Die aus dem Wasser ragenden nehmen dagegen die gewöhnliche Pfeilform an (f). Zwischen diesen zwei Extremen sind noch zahlreiche Übergänge vorhanden.

Diese Beobachtungen lassen es vermuten, daß die Form der Pflanzen durch die Menge des verfügbaren Wassers in hervorragendem Maße beeinflußt wird. Diese Vermutung wird durch direkte Versuche bestätigt.

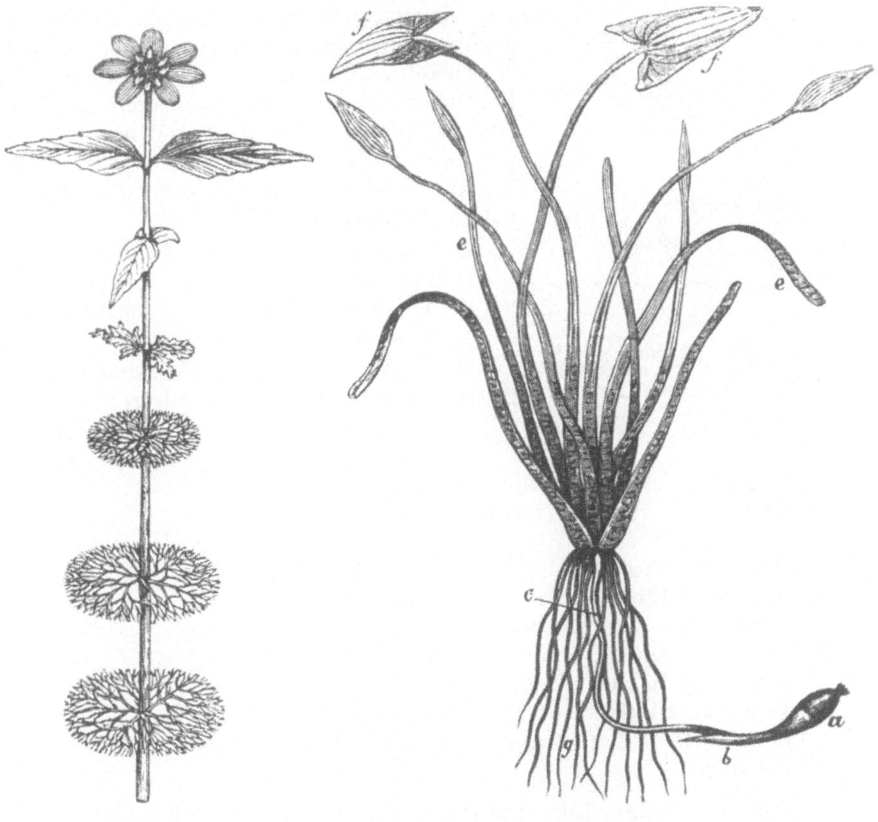

Fig. 123. Bidens Beckii.

Fig. 124. Sagittaria sagittaefolia. f Luftblätter, e Wasserblätter.

Wenn man eine einjährige krautige Pflanze einerseits in ziemlich trockenem Boden und trockener Atmosphäre, andererseits in sehr feuchtem Boden und einer dampfgesättigten Atmosphäre kultiviert, so erhält man Pflanzen von sehr verschiedener Gestaltung.

Der Versuch in trockener Atmosphäre wird so ausgeführt, daß die Pflanze unter einer Glasglocke gezüchtet wird, worunter auch ein Gefäß mit starker Schwefelsäure oder Kalziumchlorid steht. Zur Herstellung einer dampfgesättigten Atmosphäre wird unter die Glasglocke ein wasserdurchtränkter Schwamm gelegt und die Glockenwände ebenfalls mit Wasser benetzt. In feuchter Luft entwickelt die Pflanze lange Internodien und große Blattspreiten, in trockener kurze Internodien und viel kleinere Blattspreiten. In anatomischer Beziehung weichen die Pflanzen ebenfalls bedeutend voneinander ab. Die auf trockenem Boden und in trockener Luft aufgewachsenen Pflanzen haben eine dicke Kutikula, gut entwickeltes Kollenchym, Bast- und Holzelemente. Die feucht gehaltenen Pflanzen haben umgekehrt eine dünne Kutikula und schwach entwickelte Holzteile; Kollenchym und Bastfasern werden oft gar nicht gebildet. Als Beispiel können die Versuche mit Tropaeolum majus [1]) angeführt werden. Die Pflanzen werden unter folgenden Bedingungen kultiviert:

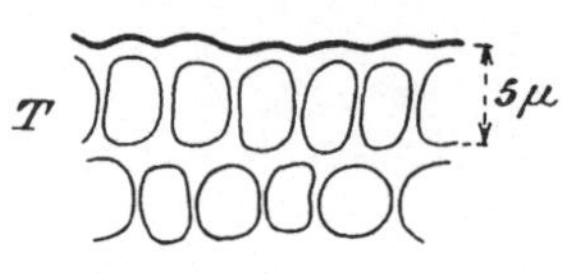

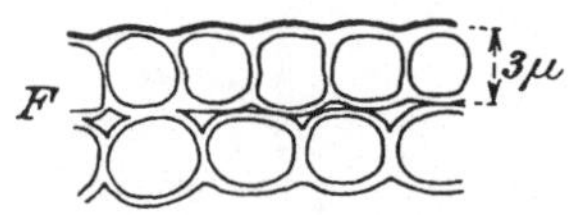

Fig. 125.
Blattepidermis von Lupinus mutabilis. T aus trockener, F aus feuchter Luft.

1. Feuchter Boden und feuchte Luft.
2. Feuchter Boden und trockene Luft.
3. Trockener Boden und feuchte Luft.
4. Trockener Boden und trockene Luft.

Die mikroskopische Untersuchung der Blätter ergab folgende Resultate:

		Größenverhältnis der Blattspreiten
1.	Dünne Kutikula, die Epidermiszellen in tangentialer Richtung verlängert, mit sehr dünnen Außenwänden. Kollenchym fehlt	5
2.	Dicke Kutikula, radial verlängerte Epidermiszellen mit verdickten Außenwänden und zwei Reihen anliegender ausgesproche nkollenchymatischer Zellen	4
3.	Dünne Kutikula, Epidermiszellen fast würfelförmig. Kollenchym kaum entwickelt	3
4.	Dicke Kutikula, sehr stark radial verlängerte Epidermiszellen. Kollenchym vorhanden, aber schwächer als in 2	1

Die in feuchter Luft und auf feuchtem Boden entwickelten Tropaeolumblätter waren also fünfmal so groß wie die Blätter der Trockenkulturen. In Fig. 125 sind Querschnitte durch die Blattepidermis von Lupinus mutabilis abgebildet. T in trockener, F in feuchter Luft kultiviert. Der Unterschied in der Dicke der Zellwände und der Kutikula ist ein sehr großer. In Fig. 126 sehen wir Blätter von Taraxacum officinale, A in dampfgesättigter Atmosphäre, B und B′ in normalen Verhältnissen entwickelt. (Stark verkleinert. A ist in der Wirklichkeit ca. 60, B und B′ 15 und 12 cm lang.)

[1]) Kohl, Die Transpiration der Pflanzen und ihre Einwirkung auf die Ausbildung pflanzlicher Gewebe. Braunschweig 1886. S. 94.

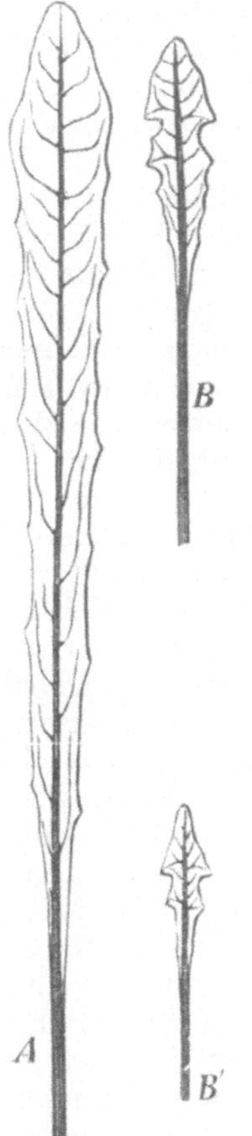

Fig. 126.
Blätter von Taraxacum.

Die Pflanzen der trockenen Gegenden sind oft mit Stacheln versehen. Werden dergleichen Pflanzen in dampfgesättigter Atmosphäre kultiviert, so entstehen statt der kurzen stacheligen gewöhnliche beblätterte Triebe. In Fig. 127 sind zwei Ginsterzweige (Genista anglica) abgebildet, von denen der eine (C) in normalen Bedingungen, der andere (B) in feuchter

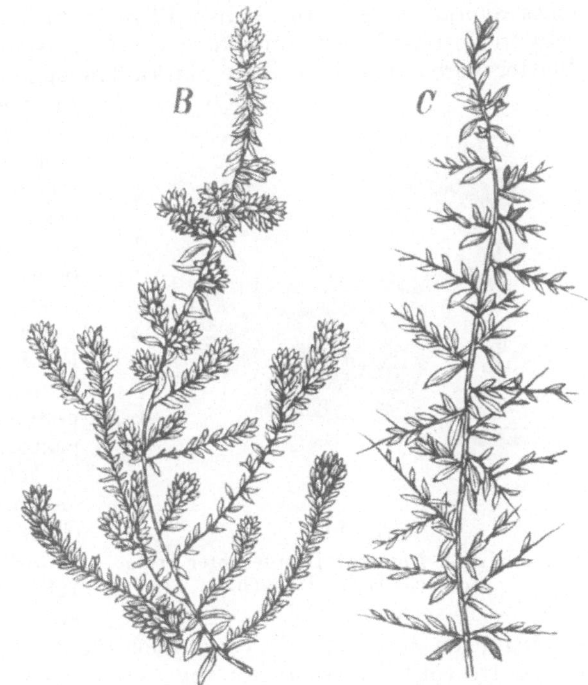

Fig. 127.
Zwei Zweige von Genista anglica. C in trockener, B in feuchter Atmosphäre entwickelt.

Luft aufgewachsen ist. Der Unterschied ist so groß, daß man zwei zu verschiedenen Arten gehörende Pflanzen vor sich zu haben glaubt.

Wiesner[1]) hat nachgewiesen, daß außer dem aufsteigenden auch absteigende Wasserströme existieren. Ihr Vorhandensein ist auf folgende Weise leicht zu demonstrieren. Ein Weinrebenzweig oder ein anderer beblätterter Sproß wird abgeschnitten und mit

[1]) Wiesner, Der absteigende Wasserstrom und dessen physiologische Bedeutung. Bot. Ztg. 1899, S. 1.

der wachsenden Stengelspitze ins Wasser getaucht, so daß die Blätter über Wasser bleiben. Nach einiger Zeit wird der unter Wasser gesetzte Sproßgipfel welk. Das erklärt sich dadurch, daß die stark transpirierenden Blätter dem Sproßgipfel mehr Wasser entziehen, als letzterer aufsaugen kann.

Viele Formeneigentümlichkeiten der Pflanzen erklären sich aus der Wirkung des absteigenden Wasserstromes. Bei vielen Pflanzen beobachtet man z. B. ein Absterben der Terminalknospe und die Bildung eines Sympodiums. An solchen Pflanzen entwickeln sich die Blätter sehr früh, so daß hart unter dem Vegetationspunkte schon erwachsene Blätter vorhanden sind. Ihre starke Transpiration entzieht der Endknospe das notwendige Wasser und bringt sie zum Absterben. Wenn man dergleichen Pflanzen in dampfgesättigter Luft kultiviert, so wird die Endknospe vor dem Absterben bewahrt, und es entsteht eine monopodiale Verzweigung. Verschiedene Pflanzen mit verkürzten Internodien, wie z. B. Bellis perennis, Capsella Bursa pastoris, Sempervivum, entwickeln unter Glasglocken im dampfgesättigten Raume einen Stengel mit spiraliger Anordnung der Blätter (Fig. 128). In diesen Fällen ist also die unter normalen Bedingungen stattfindende Verkümmerung des Hauptstengels ebenfalls eine Folge von Wassermangel: die sich rasch entfaltende Blattrosette transpiriert sehr stark und entzieht dem Sproßgipfel das Wasser.

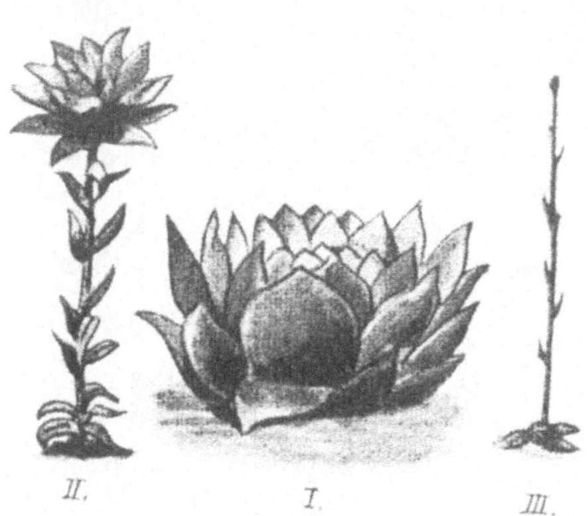

Fig. 128.
Sempervivum. I normal, II in feuchter Atmosphäre, III im Dunkeln.

Alle diese Versuche und Beobachtungen beweisen, daß Pflanzen von ein und derselben Art durch verschiedene Feuchtigkeit des Bodens und der Luft sowohl in ihrer äußeren Form als auch in ihrem inneren anatomischen Bau sehr stark beeinflußt werden. Die hierbei stattfindenden Veränderungen sind sehr zweckmäßig. Es entsteht die Frage: weshalb hat die Menge des von den Pflanzen aufgenommenen Wassers eine so starke Wirkung auf ihre Gestaltung?

Der Turgor ist, wie bekannt, eine von den notwendigen Wachstumsbedingungen. Je mehr Wasser die Pflanze erhält, desto stärker können sich ihre Zellen natürlich ausdehnen. Wird der Wasserzutritt ins Zellinnere gehemmt, so hört das Wachstum auf. So fand Wortmann bei seinen Versuchen mit Lepidium sativum, daß die Wurzelhaare in Wasser sehr lang und dünnwandig wurden; in Zuckerlösung dagegen blieben sie kurz und bildeten stark verdickte Zellwände. Die Zellulosemasse, welche im ersten Falle zum Flächenwachstum der Zellhaut aufgebraucht wird, wurde im zweiten Falle zur Verdickung verwandt. Dasselbe findet auch beim Wachstum der Pflanzen bei ungenügender Wasserversorgung statt. Es entstehen ebenfalls kleine Zellen mit dicken Zellhäuten.

Die im Wasser gelösten Stoffe beeinflussen die Wasseraufnahme durch die Zelle nicht nur vermöge ihrer osmotischen Eigenschaften. Sie verändern auch die Eigenschaften der Plasmahaut, wie aus den Untersuchungen Ritters[1]) folgt. Letzterer fand, daß organische und anorganische Säuren bei einigen niederen Pilzen, besonders Mukorazeen, ganz auffallende Formveränderungen der gewöhnlichen Pilzhyphen hervorrufen. Es entstehen Riesenzellen, deren Durchmesser denjenigen der normalen Pilzfäden um das 30—40fache übertrifft. Besonders typisch sind die Riesenzellen von Mucor spinosus; sie entstehen, wenn man die Sporen dieses Pilzes in eine Nährlösung mit Zusatz von Zitronen-, Wein- oder Äpfelsäure aussät (Fig. 129).

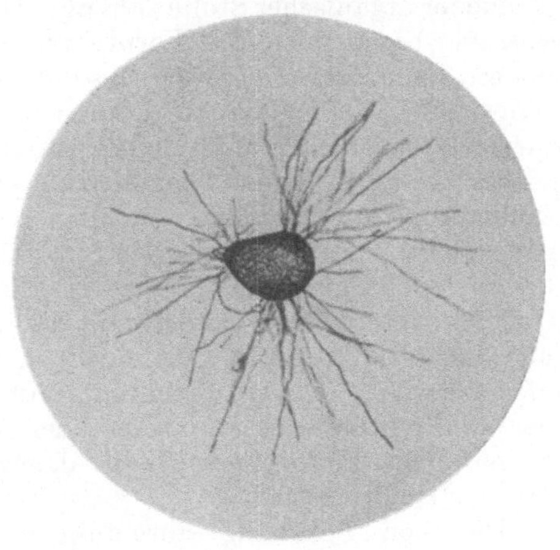

Fig. 129.
Riesenzelle von Mucor spinosus in Zucker-Ammonnitratlösung mit ½ % Zitronensäure entstanden. Nach Übertragen in säurefreie Nährlösung treibt die Zelle an ihrer ganzen Oberfläche normale Hyphen aus. (Nach Ritter.)

Diese Erscheinung ist jedenfalls durch eine Veränderung der osmotischen Eigenschaften der Plasmahaut unter dem Einfluß der Säuren hervorgerufen. Diese Ansicht wird durch die neueren Arbeiten Czapeks[2]) gestützt, welcher den direkten Nachweis geführt hat, daß verschiedene Säuren die Permeabilität der Plasmahaut stark erhöhen und eine Exosmose der im Zellsaft gelösten Stoffe herbeiführen.

Weitere Beispiele für die Beeinflussung der Plasmapermeabilität durch gelöste Stoffe finden wir bei Demoore und Szücs. J. Demoore[3]) fand, daß Zusatz von Pepton zu einer sehr schwachen Kochsalzlösung, welche für sich gar keine schädliche Wirkung auf die Zellen ausübt, die Permeabilität der Plasmahaut sehr stark erhöht. Natriumzitrat hebt die Wirkung des Peptons auf. Szücs[4]) zeigte, daß der Zu-

[1]) G. Ritter, Berichte deutsch. bot. Gesellsch. 1907, S. 255.
[2]) Czapek, Ber. deutsch. bot. Gesellsch. 1910, S. 159.
[3]) J. Demoore, Botanisches Zentralblatt CXVI, 1911, S. 166.
[4]) J. Szücs, Sitzungsber. Wiener Akad. Math.-Naturw. Klasse CXIX, Abt. I, 1910, S. 737.

satz einiger Elektrolyte die Aufnahme von basischen Anilinfarben in die Zelle verlangsamt. Die Veränderungen des Zellenturgors unter dem Einfluß des Wassergehalts des Außenmediums und auch der Qualität und Quantität der im Wasser gelösten Stoffe gehören also zu den Ursachen, welche die Veränderungen der Pflanzenform hervorrufen. Der Wasserdampfgehalt der Luft wirkt auf die Transpirationsenergie der Pflanzen. Je mehr Wasser durch Transpiration verloren geht, desto mehr Wasser wird auch aus dem Boden aufgenommen. Aber mit dem Wasser nimmt die Pflanze auch die notwendigen Aschenelemente auf, von deren Menge wiederum die Bildung und Wanderung verschiedener organischer Stoffe abhängt. Daß die Menge des aufgenommenen Wassers nicht nur die Form und den inneren Bau der Pflanze sondern auch ihre chemische Zusammensetzung beeinflußt, das ist aus Schlösings [1]) Versuchen zu erkennen. Er kultivierte Tabakpflanzen einerseits unter normalen Bedingungen, andererseits unter einer Glasglocke, d. h. in einer beinahe dampfgesättigten Atmosphäre. Die Hauptresultate seiner Untersuchungen waren folgende: Die in feuchter Atmosphäre entwickelten Blätter bildeten mehr Trockensubstanz. Die im feuchten Raum kultivierte Pflanze bildete nach einem Monat 40 g Trockensubstanz, wogegen die unter normalen Bedingungen aufgewachsene Pflanze nach 6 Wochen nur 29,4 g Trockensubstanz aufspeicherten. Die im feuchten Raum gebildete Trockensubstanz ist aber an Aschenelementen ärmer: der Aschengehalt betrug nur 13 %. In normale Pflanzen enthält dagegen die Trockensubstanz der Blätter 21,8 % Asche.

Die von Schlösing ausgeführten Analysen zeigten außerdem, daß die Blätter seiner Versuchspflanzen auch in anderen Beziehungen von den normalen abwichen. Die modifizierten Transpirationsverhältnisse beeinflussen auch die Bildung der verschiedenen organischen Verbindungen.

	Feuchte Luft	Normale Bedingungen
Nikotin	1,32 Proz.	2,14 Proz.
Oxalsäure	0,24	6,66
Zitronensäure.	1,91	2,79
Äpfelsäure	4,68	9,48
Pektinsäure	1,70	4,36
Harze	4,00	5,02
Zellulose	5,36	8,67
Stärke	19,30	1,00
Stickstoffverbindungen.	17,40	18,00

Besonders auffällig ist die Überfüllung der im feuchten Raum entwickelten Blätter mit Stärke. Diese übermäßige Stärkeansammlung hat eine Verminderung aller übrigen organischen Stoffe zur Folge. Man nimmt jetzt an, daß die in den Blättern gebildete Stärke in andere Pflanzenteile in Verbindung mit Metallen übergeht. In diesem Falle

[1]) Schlösing, Comptes rendus 69, 1869, S. 353.

ist der Mangel an Metallen die Ursache, welche das Zurückbleiben der Stärke in den Blättern nach sich zieht. Diese Stärkeaufspeicherung ist wahrscheinlich einer von den Gründen, die zur starken Vergrößerung der im feuchten Raum wachsenden Blätter beitragen. Daraus folgt, daß die Differenzen des Aschengehalts die zweite Ursache der durch den Wassergehalt des Außenmediums hervorgebrachten Veränderungen der Pflanzengestaltung sind.

Durch Wasserkulturen in Lösungen von verschiedener Konzentration hat man schon längst die Tatsache festgestellt, daß die Quantität der Mineralsalze auf das Wachstum und die Gestaltung der Pflanze eine ganz bestimmte Wirkung ausübt. Die in schwachen Lösungen kultivierten Pflanzen gleichen den in feuchten Gegenden aufgewachsenen; die in sehr starken Lösungen kultivierten haben dagegen das allgemeine Aussehen von Xerophyten[1]). Es ist also gleichgültig, ob der Pflanze ein Übermaß von Aschenelementen durch Kultur in starken Lösungen oder durch starke Transpiration zugeführt wird: das Resultat ist in beiden Fällen die Entstehung von kurzen Internodien, starke Gewebedifferenzierung, dicke Zellwände usw.

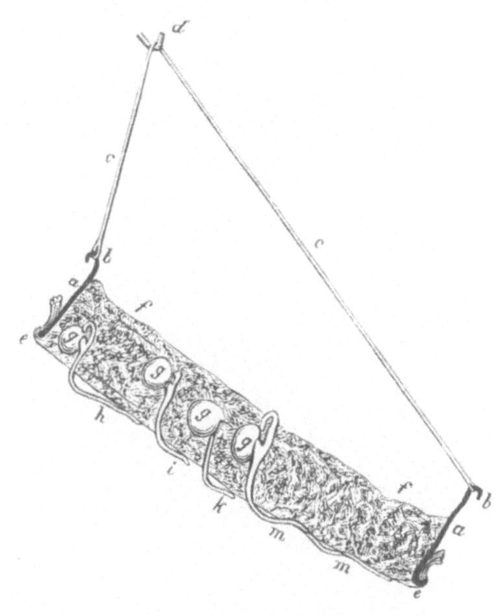

Fig. 130.
Hydrotropismus der Wurzeln.

Viele Strandpflanzen weisen trotz sehr großer Boden- und Luftfeuchtigkeit alle Eigentümlichkeiten der Pflanzen trockener Gegenden (Xerophyten) auf. Diese Tatsache wurde von Schimper[2]) bemerkt und folgendermaßen telologisch erklärt. Die Standorte dieser Pflanzen sind dem Wechsel von Flut und Ebbe ausgesetzt. Der Boden ist infolgedessen mit einer konzentrierten Salzlösung durchtränkt. Um einer Übersättigung mit Mineralsalzen vorzubeugen, entwickeln die Pflanzen eine Reihe von Anpassungsvorrichtungen, welche die Transpiration herabzusetzen vermögen.

---

[1]) Nohbe und Siegert, Landw. Versuchsstationen VI, 1864, S. 19.

[2]) Schimper, Über Schutzmittel des Laubes gegen Transpiration, besonders in der Flora Javas (Sitzungsber. Berliner Akad. 1890, S. 1045).

Die Pflanzen des hohen Nordens sind ebenfalls öfters ausgesprochen xerophil gestaltet, trotzdem sie auf sumpfigem Boden wachsen. Sie können aber in der Tat an Wassermangel leiden[1]). Die Wasseraufnahme durch die Wurzeln ist an bestimmte Temperaturbedingungen gebunden. Sind die Wurzeln mit sehr kaltem Wasser umgeben, so nehmen sie so wenig davon auf, daß die Blätter bei starker Transpiration leicht verwelken könnten. wenn sie nicht mit einer dicken Kutikula versehen wären.

Die verschiedene Verteilung der Feuchtigkeit an zwei entgegengesetzten Seiten eines Pflanzenorgans beeinflußt ebenfalls sein Wachs-

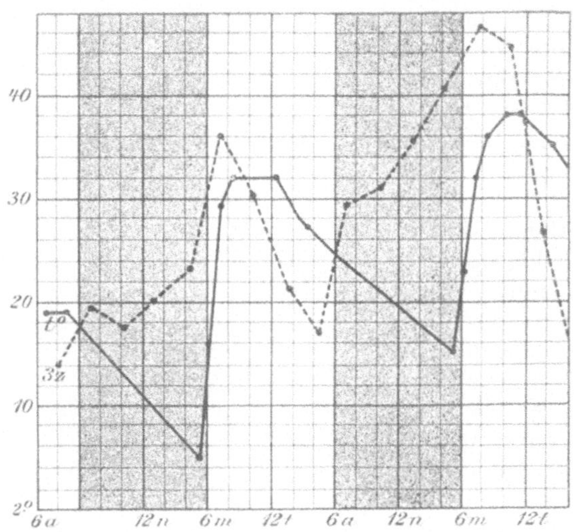

Fig. 131.
Tägliche Periodizität des Wachstums. Nach Sachs.

tum. Läßt man Samen in einem unter 45° schief aufgehängten, mit Sägespänen gefüllten Sieb keimen, so dringen die Keimwurzeln bald durch den Tüllboden, wachsen aber nicht weiter nach unten, sondern krümmen sich dem feuchten Tüll entgegen (Fig. 130) und wachsen weiter, indem sie sich dem Gefäßboden anschmiegen. Diese Erscheinung bezeichnet man als Hydrotropismus.

§ 5. Die Abhängigkeit des Wachstums und der Gestaltung der Pflanzen vom Licht[2]). Das Licht übt einen starken Einfluß sowohl auf die Schnelligkeit des Pflanzenwachstums als auch auf die Ausbildung der einzelnen Organe aus. Die gewöhnlichste Erscheinung

---

[1]) Kihmann, Pflanzenbiologische Studien aus Russisch-Lappland. Helsingfors 1890.

[2]) Wiesner, Der Lichtgenuß der Pflanzen. Leipzig 1907. Verhandlungen Gesellsch. Deutsch. Naturforscher und Ärzte 1909.

auf diesem Gebiet ist die Tagesperiode des Wachstums. Die Pflanze wächst am Tage langsamer als in der Nacht. Das Licht hemmt gewissermaßen das Pflanzenwachstum[1]). Das Maximum der Zuwachsbewegung fällt auf die frühen Morgenstunden, das Minimum auf die Abendstunden.

In der Fig. 131 gibt die Kurve 3 z den Verlauf der täglichen Wachstumsperiode wieder. Ungefähr von 6 Uhr abends bis 6 Uhr morgens (dunkler Teil der Zeichnung) wächst die Schnelligkeit des Wachstums allmählich an. Darauf folgt eine ebensolche vom Morgen bis zum Abend andauernde Verlangsamung des Wachstums. Die Beschleunigung des Wachstums erfolgt in der Nacht, trotzdem die Temperatur allmählich fällt, wie aus der Kurve t^0 zu ersehen ist. Diese

Fig. 132.
Blättermosaik von Epheu im Waldesdickicht.

Periodizität ist vom Licht bedingt. Trotzdem dauert sie, wenn auch mit geringerer Regelmäßigkeit, auch bei Lichtabschluß fort. Das erklärt sich durch die Vererbungsgesetze: die Vorfahren der Pflanze waren in zahllosen Generationen dem Wechsel von Tag und Nacht ausgesetzt, und die induzierte Periodizität ist gewissermaßen zur Gewohnheit der ganzen Spezies geworden.

Einseitige Beleuchtung erzeugt bei wachsenden Pflanzenorganen die als Heliotropismus [2]) bezeichnete Erscheinung. Man unterscheidet zwischen positivem Heliotropismus, wenn sich die Pflanzen dem Licht zuwenden, und negativem Heliotropismus, bei dem sie sich vom Licht

---

[1]) Baranetzky, Tägliche Periodizität im Längenwachstum (Mémoires de l'Acad. d. St. Petersbourg, VII. série, 28. t., Nr. 2, 1879); Godlewski, Studyja nad wzrostem roslin. Krakau 1891.

[2]) Wiesner, Die heliotropischen Erscheinungen im Pflanzenreich (Denkschriften d. K. Akad. d. Wiss. zu Wien Bd. 39 und 43 (1878—1889); Idem, Das Bewegungsvermögen der Pflanzen. Wien 1881. S. 37—84.

abwenden. Der positive Heliotropismus ist eine weitverbreitete Erscheinung im Pflanzenreich. Fast an allen Stengeln kann man heliotropische Krümmungen bei einseitiger Beleuchtung beobachten.

Als eine der empfindlichsten Pflanzen in bezug auf Beleuchtungsdifferenzen kann Vicia sativa angeführt werden. Etiolierte Keimlinge von V. sativa reagieren auf so kleine Helligkeitsdifferenzen zweier ent-

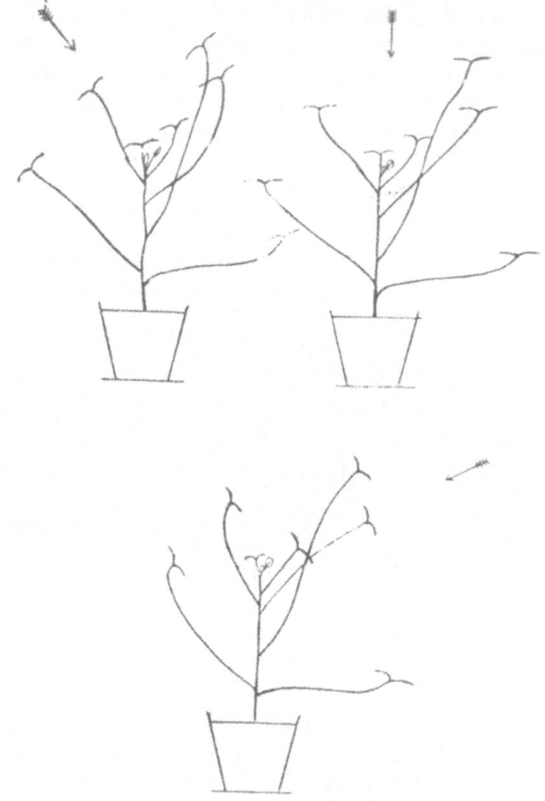

Fig. 133.
Heliotropismus der Blätter. Die Pfeile geben die Richtung der Sonnenstrahlen an.

gegengesetzter Lichtquellen, welche auf photometrischem Wege nicht mehr nachgewiesen werden können. Zwischen zwei Lichtquellen gesetzt, krümmen sie sich immer der stärkeren zu. An den freiwachsenden Pflanzen sonniger Standorte ist es manchmal sehr schwer, die heliotropischen Krümmungen zu beobachten. So bei Cichorium Intybus, Verbena officinalis, Sisymbrium strictissimum, Achillea Millefolium. Werden sie aber bei schwächerer Beleuchtung aufgezogen, so kann man auch bei ihnen heliotropische Krümmungen hervorrufen. Die Stengel von Dipsacus und Equisetum nehmen eine Mittelstellung zwischen heliotropischen und anheliotropischen Pflanzen ein. Die Stengel von Verbascum Thapsus und V. phlomoides sind vollständig anheliotropisch.

Die heliotropischen Erscheinungen sind auch an Blättern sehr verbreitet. Die Blattstellung bringt es mit sich, daß die Blätter einander nicht beschatten. Betrachtet man die Blätter von oben, so erscheinen sie mosaikartig angeordnet. Eine solche „Blattmosaik" sehen wir z. B. am Epheulaub, welches den Waldboden bedeckt (Fig. 132). Die Aus-

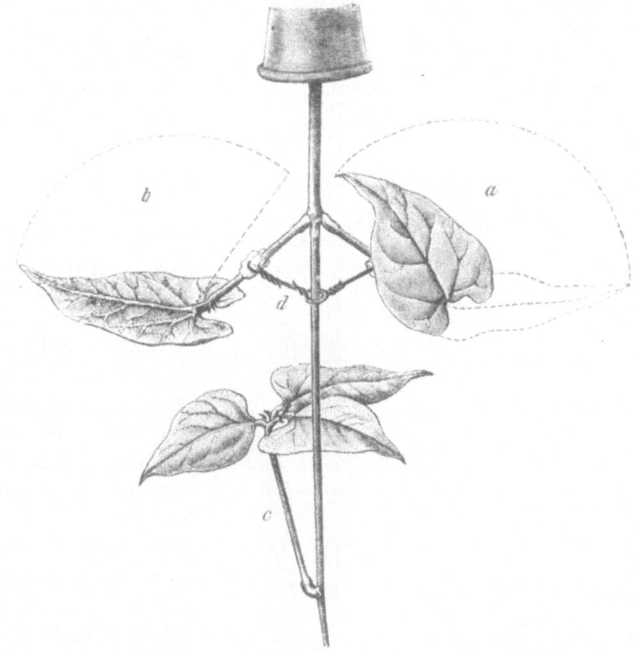

Fig. 134.
Phaseolus-Pflanze in umgekehrter Stellung. Zwei Blattstiele sind mit Draht fixiert, damit sie unbeweglich bleiben. Blatt b in seiner Anfangsstellung; Blatt a hat sich umgewandt, Blatt c hat die normale Lage infolge einer Torsion des Blattstiels angenommen. (Nach Pfeffer.)

schnitte des einen Blattes werden durch die Lappen des anderen ausgefüllt, und es entsteht eine dicht zusammengefügte Blättermasse. Viele Blätter wenden sich auch direkt in der Richtung des stärksten auffallenden Lichts (Fig. 133). Nach Sonnenaufgang neigen sich die Blätter nach Osten zu, mittags nehmen sie eine nahezu horizontale Lage ein, und abends wenden sie sich westwärts.

In allen Fällen stellt sich die Blattfläche so, daß sie mit den auffallenden Strahlen einen rechten Winkel bildet. Sogar absichtlich in unnormale Lage gebrachte Pflanzen wenden die Oberseite ihrer Blätter dem auffallenden Lichte zu[1]). Dieses Ziel wird entweder durch

[1]) Vöchting, Bot. Ztg. 1888, S. 501.

Krümmungen oder durch Torsionen der Blattstiele, manchmal auch durch beides zugleich erreicht (Fig. 134). Befestigt man die Pflanze in umgekehrter Lage an einem Stativ und beleuchtet sie nur von unten, so drehen auch in diesem Falle die Blätter ihre Oberseiten dem von unten einfallenden Lichte zu.

Fig. 135.
Kompaßpflanze Sylphium laciniatum. 1 Ansicht von Osten. 2 Ansicht von Süden. (Nach Stahl.)

Alles oben Gesagte gilt für die Mehrzahl der Blätter. Nur wenige Pflanzen machen eine Ausnahme von dieser Regel. In heißen Ländern vertragen viele Pflanzen die Wirkung der direkten Sonnenstrahlen nicht und stellen deshalb ihre Blattspreiten nicht rechtwinklig, sondern spitzwinklig zum auffallenden Licht. Endlich gibt es noch originelle, sogenannte Kompaßpflanzen[1]). Sie stellen die Blätter so, daß ihre Fläche in der Meridionalebene liegt, die Blattspitzen aber abwechselnd nach Norden und nach Süden gerichtet sind (Fig. 135). Diese Stellung bringt es mit sich, daß zur Mittagszeit die Blätter in sog. Profilstellung zu stehen kommen, wobei die Blattfläche den Sonnenstrahlen parallel bleibt und nicht durch die übermäßge Erwärmung zu leiden hat. Derartige Anpassungen finden sich in mehr oder weniger

[1]) Stahl, Über sogenannte Kompaßpflanzen. 1881.

ausgesprochener Form auch bei anderen Pflanzen. Hierher gehört z. B. von den einheimischen Pflanzen Lactuca scariola.

Viele Blüten sind ebenfalls heliotropisch. Verschiedene Trapogonarten bilden ein gutes Beispiel von Blumen, welche sich der Sonne zuwenden. Vor Sonnenaufgang drehen sich die noch geschlossenen Blütenköpfchen nach Osten und öffnen sich, sobald die Sonne aufgeht. Geht man des Morgens über eine Wiese mit blühendem Tragopogon, so erscheint, von Osten gesehen, die ganze Wiese bunt von den offenstehenden Blüten dieser Pflanzen; kehrt man dagegen um und geht von Westen nach Osten, so verändert sich das Bild. Die Wiese erscheint einförmig grün, weil die Blütenköpfe dem Zuschauer ihre grünen Hüllblätter zukehren. Die Blumen folgen im Laufe des Tages der Sonne; am Abend sind sie sämtlich nach Westen gewandt und geschlossen (Fig. 136).

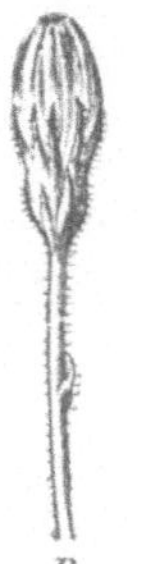

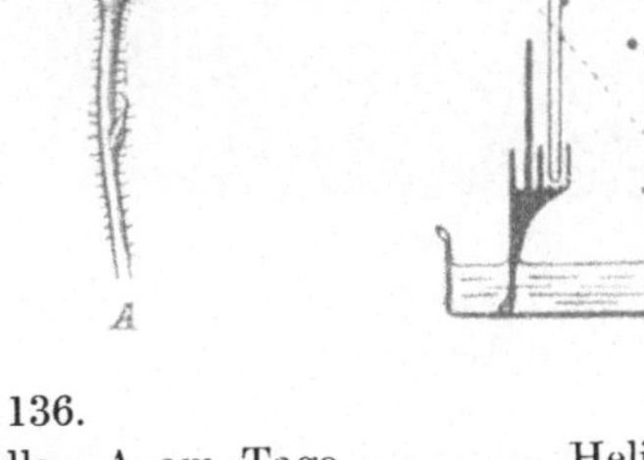

Fig. 136.
Hieracium pilosella. A am Tage. B in der Nacht.

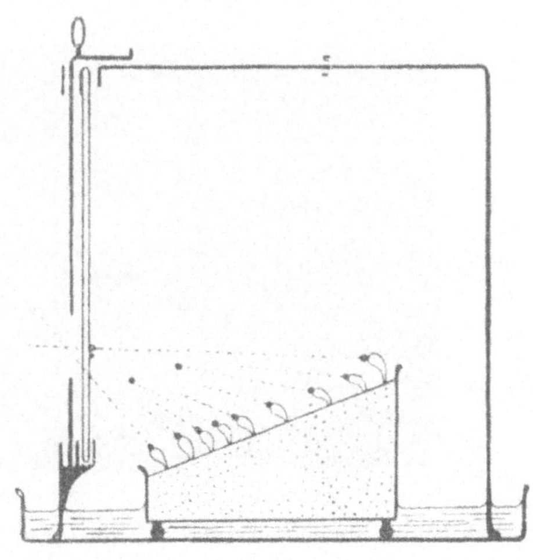

Fig. 137.
Heliotropismus des Pilobolus.

Nach Sonnenuntergang richten sich die Blütenstiele auf und stehen die Nacht über gerade; am nächsten Morgen beginnt die Bewegung von neuem. Sehr starkes Licht kann sie zum Stillstand bringen.

Heliotropische Krümmungen kommen auch bei nichtgrünen Pflanzen, z. B. bei Pilzen, vor. Stellt man in einen mit einem runden Glasfenster versehenen Dunkelkasten ein Gefäß mit frischem Pferdemist, so wächst darauf bald ein Rasen von Pilobolus, dessen Sporangienträger stark heliotropisch sind. Die reifen Sporen werden von ihm mit großer Kraft aus den Sporangien in das Glasfenster geschleudert, so daß es schließlich mit schwarzen Punkten verklebt erscheint (Fig. 137).

Der negative Heliotropismus ist bedeutend weniger verbreitet. Er findet sich bei vielen Ranken und Luftwurzeln. Wiesner untersuchte 61 Pflanzen mit Luftwurzeln und fand bei 27 Arten einen starken, bei 24 einen klar ausgesprochenen und bei 6 schwachen negativen

Heliotropismus. Nur bei 4 Arten konnte weder positiver noch negativer Heliotropismus konstatiert werden. Bei gewöhnlichen Wurzeln ist negativer Heliotropismus eine seltene Erscheinung. An Keimlingen von Sinapis alba, wenn man sie in Wasser kultiviert, kann man gleichzeitig den negativen Heliotropismus der Wurzeln und den positiven Heliotropismus der Stengel beobachten.

Die heliotropischen Erscheinungen beruhen auf ungleichmäßigem Wachstum; die Krümmungen finden nur in der Wachstumszone statt. Die Intensität der Krümmung hängt von derjenigen des Lichts ab; die größte Wirkung wird durch nicht zu starkes Licht hervorgebracht. Bei allmählicher Verstärkung des Lichts wird seine heliotropische Wirkung zuerst größer, erreicht ein Maximum und sinkt dann allmählich wieder.

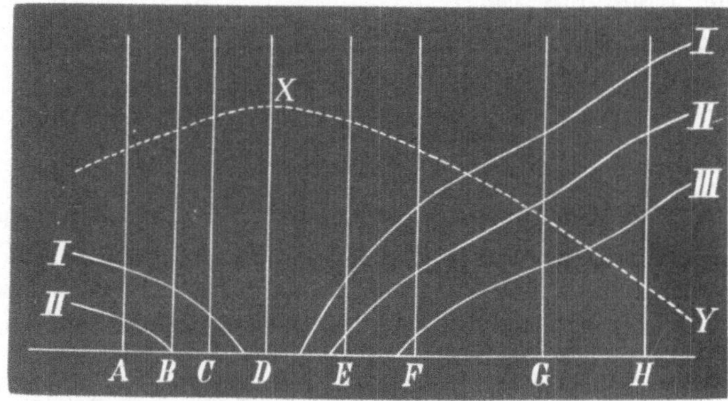

Fig. 138.
Wachstumsschnelligkeit und Heliotropismus in verschiedenen Spektralfarben. (Nach Wiesner.)

Das ist auch verständlich: die heliotropischen Erscheinungen sind das Resultat einer ungleichmäßigen Beleuchtung zweier Flanken eines Pflanzenorgans. Diese Differenz wird natürlich bei mäßiger Lichtstärke am größten ausfallen. Bei sehr starker Beleuchtung werden die Pflanzen vom Licht sozusagen durchdrungen, und beide Flanken werden beinahe gleich stark beleuchtet. Deshalb ist an offenen sonnigen Standorten kein Heliotropismus zu bemerken. Deshalb hemmt sehr starkes Licht auch die Bewegungen der Tragopogonblüten.

Die verschiedenen Strahlen des Sonnenspektrums besitzen nicht dieselbe heliotropische Wirksamkeit, wie aus Fig. 138 zu ersehen ist. A, B, C .... sind die Fraunhoferschen Linien. Die Kurven, welche die heliotropische Wirkung der verschiedenen Strahlen ausdrücken, sind: I für Wicken-, II für Kressekeimlinge, III für etiolierte Weidensprosse. Die Kurve X Y stellt die Wachstumsschnelligkeit der Helianthuskeimlinge in verschiedenen Spektralbezirken dar. Die Ordinaten der letzten Kurve ergeben den Zuwachs in entsprechenden Strahlen. Das Wachstum ist also bei Y am langsamsten und bei X am schnellsten.

In gelben Strahlen ist kein Heliotropismus bemerkbar; sowohl nach dem ultravioletten als auch nach dem infraroten Teil des Spektrums zu findet eine Zunahme der heliotropischen Wirksamkeit der Strahlen statt. Die Strahlen der rechten Spektrumhälfte sind wirksamer als diejenigen der linken Hälfte. Etiolierte Weidensprosse krümmen sich z. B. in den roten Strahlen gar nicht. Von den sichtbaren Spektralfarben üben also die violetten die größte heliotropische Wirkung aus.

Das Licht hemmt das Wachstum der Pflanzen, wie aus den Beobachtungen der Tagesperiodizität zu sehen ist. Diese hemmende Wirkung wird nicht von allen Strahlen ausgeübt. Die stärkste Hemmung, wie die Kurve X Y der Fig. 138 zeigt, bringen die violetten Strahlen hervor. Diese hemmende Wirkung wird zur Mitte des Spektrums geringer. In den gelben Strahlen ist sie minimal; beim Übergang in die

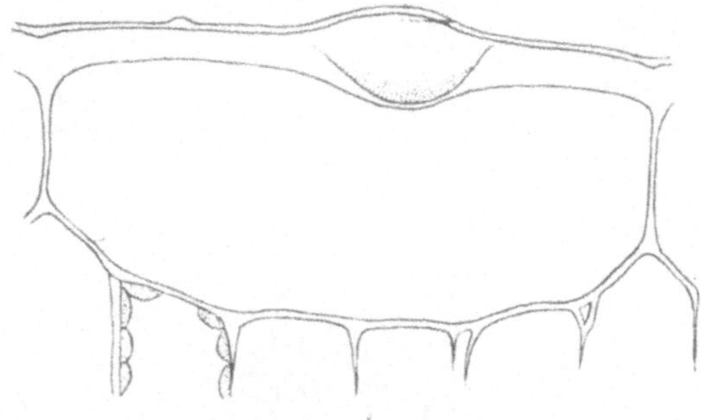

Fig. 139.
Zelle aus der Oberhaut eines Blatts von Campanula persicifolia. (Nach Haberlandt.)

roten Strahlen steigt sie wieder ein wenig. Diese Tatsachen erklären die verschiedene heliotropische Wirkung der Spektralstrahlen: je größer die wachstumhemmende Kraft einer bestimmten Strahlenart, desto stärker ist ihre heliotropische Wirkung. Die Intensität der heliotropischen Krümmungen wird durch die Richtung der Lichtstrahlen bestimmt. Am stärksten wirkt vertikal auffallendes Licht.

Die heliotropischen Erscheinungen haben eine große biologische Bedeutung. Der positive Heliotropismus bringt die Pflanze in die günstigsten Beleuchtungsverhältnisse. Dank dem negativen Heliotropismus werden die Ranken und Luftwurzeln von der Sonne zu solchen Stellen abgelenkt, wo sie sich anheften können: an Zäune, Wände, Baumstämme usw.

Bei vielen Pflanzen hat man in letzterer Zeit besondere Organe[1]) gefunden, welche den Lichtreiz perzipieren sollen. Im Fig. 139 ist eine Oberhautzelle des Blatts von Campanula persicifolia abgebildet

[1]) Haberlandt, Die Lichtsinnesorgane der Laubblätter. 1905.

Sie hat in der oberen Zellwand eine mit Kieselsäure imprägnierte Sammellinse, welche an die Linse eines Tierauges erinnert.

Wenn zeitweiser Lichtmangel (in der Nacht) oder ungleichmäßige Beleuchtung der Pflanzen (Heliotropismus) die Wachstumsschnelligkeit und die äußere Gestalt der Pflanzen beeinflußt, so müssen dergleichen Wirkungen noch viel intensiver auftreten, wenn man die Pflanzen unter vollkommenem Lichtabschluß kultiviert. In der Tat weichen die im Dunkeln gewachsenen Pflanzen — man nennt sie etiolierte — von den normalen stark ab[1]). Sie haben gelbe Blätter und ganz weiße Stengel.

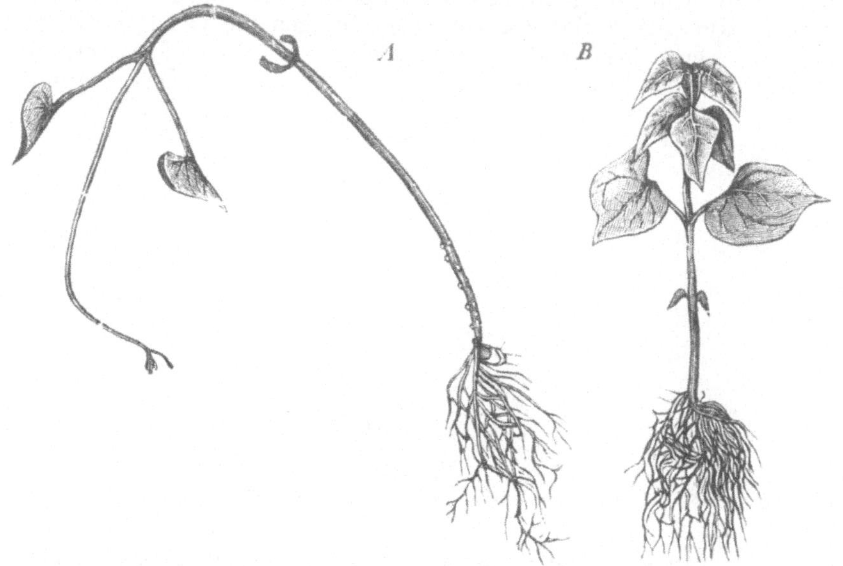

Fig. 140.
Keimung der Schminkbohne. A im Dunkeln, B am Licht.

Die Form der etiolierten Pflanzen ist sehr verschieden. Pflanzen, welche im Dunkeln keine Stengel treiben, bilden viel längere, aber schmälere Blätter als die Lichtpflanzen aus. Die Blattoberfläche ist in diesem Fall im allgemeinen bei etiolierten Pflanzen größer als bei normalen. Als Beispiel kann der Weizen angeführt werden. Wenn die Pflanzen im Dunkeln Stengel ausbilden, so werden die Internodien fast immer viel länger als am Licht. Die Blätter blieben dagegen im Dunkeln ganz rudimentär. Erbse (Pisum sativum), Bohne (Vicia Faba) und Hirse (Panicum miliaceum) sind Beispiele von Pflanzen, welche im etiolierten Zustande sehr lange Stengel und ganz kleine Blätter entwickeln. In der beiliegenden Figur 140 ist der große Unterschied

[1]) Sachs, Bot. Ztg. 1863, Beilage. Batalin, Über die Wirkung des Lichts auf die Formbildung der Pflanze. St. Petersburg 1872.

zwischen der am Lichte (B) und im Dunkeln (A) aufgewachsenen Schminkbohne zu sehen.

Noch größer ist der Unterschied zwischen normalen und etiolierten Kartoffeltrieben, wie aus der Fig. 141 zu ersehen ist. An etiolierten Pflanzen ist nicht nur die Blattbildung, sondern auch überhaupt die Entwicklung der Seitenachsen unterdrückt. Die etiolierten Pflanzen entwickeln gewöhnlich keine Zweige. Eine seltene Ausnahme bietet die Kartoffel, welche auch im Dunkeln kleine Seitenzweige treibt.

Viele unter normalen Bedingungen stengellose, mit einer Blattrosette versehene Pflanzen, wie z. B. Bellis perennis, entwickeln im Dunkeln einen Stengel mit spiralig angeordneten Blättern (Fig. 128).

Wie schon erwähnt, entstehen im Dunkeln nicht immer längere Internodien als am Licht. Bei allen Pflanzen, welche ihre Blätter spät entwickeln, trägt der obere, oft sehr lange Stengelteil unter normalen Belichtungsverhältnissen sehr kleine noch zusammengerollte Blätter. Nur die bedeutend tiefer liegenden, schon ausgewachsenen Stengelteile tragen Blätter von normaler Größe. Solche Pflanzen, zu denen z. B. Humulus Lupulus und Polygonum dumetorum gehört, entwickeln im Dunkeln ebenso lange Internodien wie am Licht. Pflanzen, denen normale Blätter fehlen, zeigen im Dunkeln ebenfalls eine sehr augenfällige Veränderung ihrer Gestalt. So streckt sich Phyllocactus, welcher unter normalen Verhältnissen flache blattartige Sprosse entwickelt, im Dunkeln zu einem dünnen, vollkommen runden Stengel aus[1]).

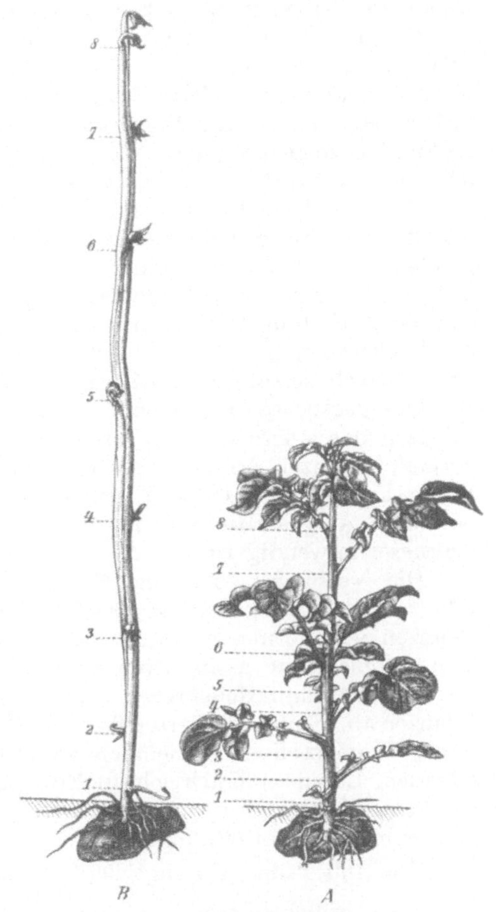

Fig. 141.
Keimung von Kartoffelknollen. A am Licht, B im Dunkeln. (Nach Pfeffer.)

[1]) Vöchting, Pringsheims Jahrb. XXVI, 1894, S. 438.

Etiolierte Pflanzen unterscheiden sich von den grünen auch in anatomischer Beziehung. Sie zeigen eine starke Entwicklung von dünnwandigem Parenchymgewebe. Die Kutikula ist schwach ausgebildet; die Größe und Zahl der Gefäßbündel ist vermindert; die mechanischen Elemente bleiben in ihrer Entwicklung zurück.

Versuche mit farbigen Lichtschirmen haben ergeben, daß die Pflanzen nur dann normal wachsen und eine normale Form annehmen, wenn sie blaue und violette Strahlen erhalten; in den anderen Spektralfarben behalten sie die Eigentümlichkeiten der etiolierten Pflanzen[1]). In Fig. 138 zeigt die Kurve XY, wie stark das Wachstum durch blaue und violette Strahlen gehemmt wird.

Was die Ursachen der Formveränderung der etiolierten Pflanzen betrifft, so wurde früher das Ausbleiben der CO_2-Assimilation im Dunkeln als solche angeführt. Doch die obenerwähnten Versuche mit verschiedenen Spektralfarben zeigen, daß dieser Vorgang beinahe gar keinen Einfluß auf die Form der Pflanzen hat. In der zweiten Hälfte des Spektrums, in denjenigen Strahlen also, welche die Kohlensäure nur schwach zersetzen, erhält man normale Pflanzen; in der ersten Hälfte dagegen, wo die Kohlensäure energisch assimiliert wird, haben die Pflanzen das Aussehen von etiolierten. Außerdem hat Godlewski[2]) normale Pflanzen erhalten, als er sie am Licht im kohlensäurefreien Raum kultivierte. Diese Versuche beweisen also ebenfalls, daß zur normalen Ausgestaltung Licht und nicht die Möglichkeit der Photosynthese notwendig ist.

Die Versuche von Vines[3]) beweisen dasselbe. Er kultivierte Pflanzen am Licht in einem eisenfreien Boden und erhielt chlorotische Pflanzen von normaler Form, obgleich sie infolge Chlorophyllmangels keine Kohlensäure assimilieren konnten.

Vom Assimilationsprozeß hängt die Blattform nur bei einigen Pflanzen ab. Einige etiolierte Pflanzen (Weizen) enthalten in ihren Blättern wenig Eiweißstoffe und ziemlich viel Kohlehydrate. Andere dagegen (Bohnen, Lupinen) sind reich an Eiweißstoffen, enthalten aber beinahe gar keine Kohlehydrate (abgesehen von einer unbedeutenden Stärkemenge in den Spaltöffnungszellen).

Von 100 Teilen Frischgewicht entfallen auf die Eiweißstoffe

in grünen Weizenblättern	1,99	Teile
,, etiolierten Weizenblättern	1,28	,,
,, grünen Bohnenblättern	4,95	,,
,, etiolierten Bohnenblättern	8,38	,,

Etiolierte Bohnenblätter enthalten also mehr Eiweiß als grüne. Dessenungeachtet bleiben sie klein und unausgebildet. Früher (S. 207)

[1]) Wiesner, Photometrische Untersuchungen (Sitzungsber. d. Wien. Akad., CII, Abt. I, 1893, S. 291).

[2]) Godlewski, Bot. Ztg. 1879, S. 81.

[3]) Vines, Arbeiten des bot. Instituts in Würzburg, 2. Bd., Heft 1, 1878, S. 114.

haben wir schon gesehen, daß die Atmungsenergie dieser Blätter unbedeutend ist, daß aber die künstliche Zufuhr von Zucker diesen Prozeß bedeutend verstärkt. Für die etiolierten Blätter der Bohne (und ähnlich gebauter Pflanzen) sind die Kohlehydrate notwendig, indem sie die für ihr Wachstum nötige Energie liefern. Unter normalen Bedingungen können sie diese Kohlehydrate nur durch den Assimilationsprozeß, d. h. nur am Licht erhalten. Etiolierte Blätter der zweiten Pflanzengruppe (Weizen) sind dagegen dank ihrem Gehalt an Kohlehydraten vom Assimilationsprozeß unabhängig. Die Notwendigkeit der Kohlehydrate für die normale Blattentwicklung beweisen auch die Versuche von Jost[1]). Er erhielt im dunklen Raum etiolierte Blätter von nahezu normaler Größe, wenn für die Zustellung genügenden Nährmaterials gesorgt wurde. Unter solchen Bedingungen leben die etiolierten Blätter sehr lange trotz vollständigem Lichtmangel. Versetzt man dagegen grüne Blätter ins Dunkle, so leiden sie davon sehr stark auch bei guter Ernährung. Jost vermutet, daß wahrscheinlich das Chlorophyll (oder, richtiger, der ganze Assimilationsapparat) in untätigem Zustand zerstört wird, und daß die dabei entstehenden Zersetzungsprodukte die Zelle schädlich beeinflussen.

Wenn wir berücksichtigen, daß die etiolierten Pflanzen im Dunkeln bedeutend weniger Wasser verdunsten als die grünen am Licht, und zweitens, daß die Verminderung der Transpiration (durch Kultur im dampfgesättigten Raum) auch bei Lichtzutritt einen starken Einfluß auf die Form und den inneren Bau der Pflanzen ausübt, so muß man mit Palladin auch der Transpiration eine gewisse Rolle bei der Formveränderung der etiolierten Pflanzen zuschreiben[2]).

Alle Eigentümlichkeiten der Gestaltung etiolierter Pflanzen lassen sich durch die veränderten Transpirationsverhältnisse dieser Pflanzen und die daraus entspringenden korrelativen Einflüsse der einzelnen Organe erklären. So entwickelt Bellis perennis im Dunkeln einen Stengel mit spiralig angeordneten Blättern. Ebensolche Stengel entstehen auch im Lichte in einem dampfgesättigten Raum.

Pflanzen, bei denen die Blätter sich spät entwickeln (Hopfen), bilden im Dunkeln beinahe ebenso lange Internodien wie am Licht aus. Der Stengel dieser Pflanzen wird weder am Licht noch im Dunkeln von den Blättern beeinflußt und kann sich in beiden Fällen frei entwickeln; deshalb werden auch die Internodien am Licht beinahe ebenso lang wie im Dunkeln.

Außerdem sind für das normale Wachstum der Pflanzen diejenigen Strahlen notwendig, von denen hauptsächlich die Transpiration beeinflußt wird, d. h. die blauen und violetten. Die anatomischen Veränderungen der etiolierten Pflanzen sind denjenigen der im dampfgesättigten Raum am Licht kultivierten Pflanzen ganz gleich.

---

[1]) Jost, Jahrb. f. wissensch. Botanik XXVII, 1895, S. 403.

[2]) Palladin, Berichte der deutsch. botan. Gesellsch. 1890, 1891, 1892. Revue générale de botanique V, 1893.

Endlich wissen wir aus Webers[1]) Untersuchungen, daß die etiolierten Pflanzen aschenärmer als grüne sind. Besonders arm sind sie an Kalzium.

In 1000 Teilen der pflanzlichen Trockensubstanz (Erbsen) waren enthalten:

	Gesamtasche	K_2O	Na_2O	CaO	MgO	Fe_2O_3	P_2O_5	SO_3
Grüne . . .	127,7	48,5	1,1	32,1	10,2	0,9	16,7	16,4
Etiolierte . .	101,1	44,9	1,4	12,4	6,7	2,1	20,5	13,1

In 1000 Teilen trockener Bohnenblätter fand Palladin:

	Gesamtasche	K_2O	CaO	MgO	Fe_2O_3	P_2O_5	SO_3	SiO_2
Grüne . . .	103,0	44,9	13,3	6,6	1,1	21,9	8,3	5,6
Etiolierte . .	75,4	34,2	2,6	4,0	0,3	32,5	1,2	0,6

Dieselben Verhältnisse findet man nach Schlösing in Pflanzen, welche am Licht, aber in dampfgesättigter Atmosphäre aufgewachsen sind.

Viele Formeigentümlichkeiten der etiolierten Pflanzen lassen sich also durch die verminderte Transpiration und die damit verbundene Verteilung des Wassers und der Mineralstoffe und zum Teil auch durch das Ausbleiben der Photosynthese erklären. Das Licht übt außerdem noch eine eigentümliche Wirkung aus. Unter dem Einfluß der blauvioletten Strahlen laufen einige für das Wachstum notwendige chemische Reaktionen.

Die Arbeiten der Chemiker haben in den letzten Jahren gezeigt, daß das Licht die mannigfaltigsten Reaktionen hervorruft: Oxydationen, Reduktionen, Polymerisationen, Spaltungen und auch Synthesen in Gegenwart von Blausäure, welche in den Pflanzen sehr verbreitet ist[2]). Wenn anorganische Substanzen zugegen sind, so verlaufen diese Reaktionen sehr rasch[3]). Solche Reaktionen sind in der Pflanze ohne Mitwirkung des Chlorophylls noch nicht untersucht worden. Zweifellos müssen sie aber eine große Rolle in der Pflanze spielen. Neuberg sagt mit Recht: „Diese schnell verlaufenden Lichtwirkungen sind imstande, ein Verständnis der beim Heliotropismus und beim Phototropismus sich abspielenden chemischen Vorgänge anzubahnen und vielleicht einen Einblick in den Chemismus der allgemeinen Wirkung des Sonnenlichts auf den pflanzlichen und tierischen Organismus zu verschaffen" [4]).

Es ist z. B. bekannt, daß die Samen gewisser Pflanzen nur im Dunkeln keimen[5]). Andere Samen sowie Sporen bedürfen dazu im Gegenteil des Lichts. Das Licht wirkt in diesem Fall und überhaupt bei Wachstumserscheinungen nicht nur wie ein einen Sperrhaken beseitigender Auslösungsreiz, sondern als notwendige Energie, welche bei den betreffenden

---

[1]) Weber, Landw. Versuchsstationen 18, 1875, S. 40.

[2]) Ciamician, La chimica organica negli organismi. Bulletin de la Soc. chim. de France, 4. série, 3—4, Nr. 15.

[3]) Neuberg, Biochem. Zeitschr., Bd. 13, 1908, S. 305.

[4]) Neuberg, l. c., S. 315.

[5]) W. Kinzel, Ber. d. bot. Ges. 1907, S. 269; 1908, S. 105, 631, 654.

Reaktionen verbraucht wird. Das erhellt unter anderem aus dem Umstand, daß das Lichtbedürfnis vieler Samen unter anderem von ihrem Reifezustand abhängt: ungenügend ausgereifte Samen sind besonders lichtbedürftig. Viele Sporen, welche im Dunkeln ein geringes Keimungsprozent aufweisen, keimen sehr gut in Gegenwart von einigen organischen Eisensalzen[1]). Endlich haben Wiesners Beobachtungen über den Lichtgenuß verschiedener Pflanzen ergeben, daß das Lichtbedürfnis mit dem Sinken der Außentemperatur steigt. Die verschiedenen Formen der etiolierten Pflanzen sind also das Resultat von Korrelationen zwischen den einzelnen Pflanzenorganen, welche zum Teil durch den Mangel an organischen Assimilationsprodukten, durch den Stillstand der vom Chlorophyll unabhängigen photochemischen Reaktionen und durch die infolge abgeschwächter Transpiration veränderte Verteilung des Wassers und der darin gelösten Mineralstoffe bedingt sind. Endlich müssen alle obenerwähnten Umstände die Zusammensetzung des Zellsafts beeinflussen, was wiederum den Turgor und die Eigenschaften der Hautschicht verändert.

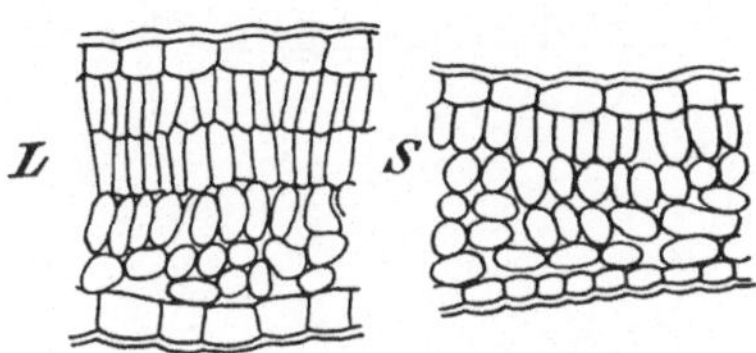

Fig. 142.
Querschnitt durch ein Blatt von Fragaria vesca. L am direkten Sonnenlicht. S im Schatten gewachsen. (Nach Dufour.)

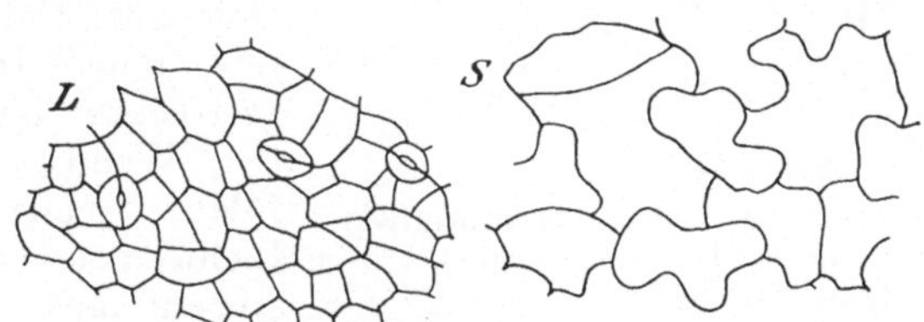

Fig. 143.
Oberhaut der Blattoberseite von Tussilago farfara. L von einem Sonnenblatt, S von einem Schattenblatt. (Nach Dufour.)

Nicht nur vollkommener Lichtmangel, sondern auch ungenügende Beleuchtung beeinflußt die Form der Pflanzen. Kultiviert man Pflanzen ein und derselben Art, die einen am hellen Sonnenlicht, die andern ausschließlich am zerstreuten Licht, so erhält man ganz verschieden gebaute Pflanzen. Besonders scharf ist der Unterschied im Bau der Blätter ausgeprägt[2]). Die Schattenblätter, d. h. die am zerstreuten Licht gewachsenen, sind immer dünner. Ihr Querschnitt zeigt, daß das Palisadenparenchym schwach entwickelt ist oder vollständig fehlt,

[1]) A. Laage, Beihefte z. bot. Zentralbl. XXI, 1. Abt., 1907, S. 97.

[2]) Dufour, Influence de la lumière sur la forme et la structure de feuilles. Paris 1887.

wogegen in den Sonnenblättern dieses Gewebe stark entwickelt ist (Fig. 142).

Am hellen Sonnenlicht werden die Oberhautzellen kleiner und erhalten gerade Querwände, im Schatten wachsen sie dagegen viel stärker aus und haben gewundene Querwände. In Fig. 143 sehen wir Oberhautzellen von Tussilago farfara. Der Unterschied zwischen den Oberhautzellen der Sonnen- und Schattenblätter ist so groß, daß man sie als verschiedenartigen Pflanzen zugehörig betrachten könnte.

Fig. 144.
Campanula rotundifolia mit nierenförmigen Blättern am oberen Teil des Stengels. (Nach Goebel.)

Durch Veränderung der Lichtintensität kann man auch die Form der Pflanze verändern. Betrachten wir z. B. Campanula rotundifolia (Figur 144). Diese Pflanze hat zweierlei Blätter. Die Niederblätter haben rundliche, nierenförmige, an langen Blattstielen sitzende Blattspreiten. Diese Blätter bilden sich im Frühjahr, und zwar im Schatten der umgebenden Vegetation aus. Sie sind also an schwaches Licht angepaßt. Der gut beleuchtete Stengel trägt dagegen gestreckte, längliche Blätter. Wenn man aber die Pflanze ganz schwachem Licht aussetzt, so entstehen aus den Seitenknospen wieder nierenförmige Blätter, welche unter normalen Verhältnissen nur an derStengelbasis vorhanden sind.

Obgleich das Licht für die Entwicklung normal gebauter grüner Pflanzen notwendig ist, so ist es andererseits unerläßlich, daß auf eine Lichtperiode eine Periode der Nachtruhe folgt. Bei ununterbrochener Beleuchtung erhält man keine normalen Pflanzen. Eine solche Beleuchtung wurde mit elektrischem Licht[1]) erreicht. Die Pflanzen wurden während ihrer ganzen Entwicklungsperiode (6—7 Monate) ausschließlich mit elektrischem Licht beleuchtet. Dabei wurde ein Teil der Pflanzen ohne Unterbrechung Tag und Nacht beleuchtet, der andere Teil dagegen mit undurchsichtigen Lichtschirmen von 6 Uhr abends bis 6 Uhr morgens bedeckt. Der schädliche Einfluß der ultravioletten Strahlen, an welchen das elektrische Licht reicher als das Sonnenlicht

[1]) Bonnier, Revue générale de botanique 1896, S. 241.

ist, wurde dadurch beseitigt, daß vor den Lampen durchsichtige Glasplatten aufgestellt wurden. Glas absorbiert bekanntlich die ultravioletten Strahlen. Aus diesen Versuchen konnte der Schluß gezogen werden, daß die zur Nacht verdunkelten Pflanzen eine normale Gestalt und normal differenzierte Gewebe hatten. Die Pflanzen dagegen, welche ununterbrochen dem Licht ausgesetzt waren, hatten trotz intensiver Chlorophyllbildung einen einfacheren anatomischen Bau und eine gewisse Ähnlichkeit mit verdunkelten Pflanzen. So zeigt z. B. der Querschnitt durch ein Blatt von Helleborus niger (Fig. 145), welches intermittierend beleuchtet wurde, ein ganz normales Bild. Das Blattgewebe besteht aus Palisadenzellen und Schwammparenchym. Im

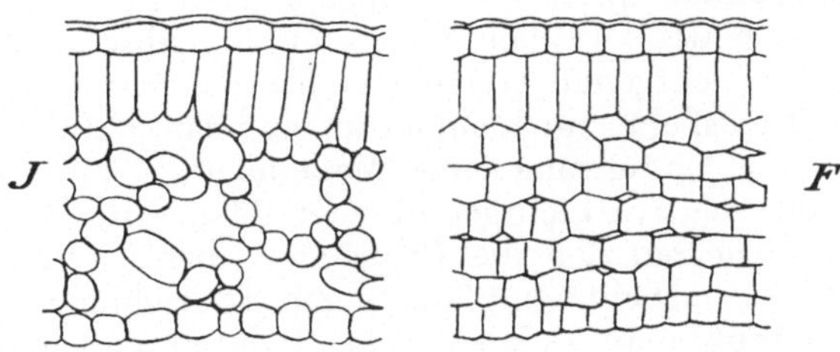

Fig. 145.
Querschnitte durch Blätter von Helleborus niger. F bei fortwährender elektrischer Beleuchtung, J bei intermittierender elektrischer Beleuchtung (von 6 Uhr abends bis 6 Uhr morgens verdunkelt) gewachsen. (Nach Bonnier.)

letzteren sehen wir zahlreiche Luftgänge. Anders das ununterbrochen beleuchtete Blatt: die Chlorophyllkörner sind hier viel zahlreicher und erfüllen das ganze Blattgewebe beinahe gleichmäßig, wogegen die normalen Blätter die Chlorophyllkörner hauptsächlich im Palisadenparenchym enthalten. An Stelle des Schwammparenchyms sehen wir ein dichtes Gewebe, in welchem Intrazellularen beinahe vollkommen fehlen.

Alle diese Versuche zeigen, wie stark das Licht Wachstum und Gestaltung der Pflanzen beeinflußt. Während der Assimilationsprozeß von den weniger brechbaren Strahlen gefördert wird, ist das normale Wachstum und die Formbildung an die zweite Hälfte des Spektrums gebunden. (Fig. 138, Kurve X Y). Diese Strahlen werden von den Pflanzen sehr energisch absorbiert. So ist z. B. an einem sonnigen Frühlingstage die Intensität der blauvioletten Strahlen = 0,666; im Schatten einer Edeltanne beträgt sie aber nur 0,021. Viele Formeneigentümlichkeiten der Pflanzen hängen von der Menge der ihnen zugänglichen blauvioletten Strahlen ab. Bei immergrünen Pflanzen z. B. entwickeln sich nur die peripherischen Blattknospen, weil die innenstehenden nicht genügend beleuchtet werden. Bei sommergrünen Bäumen dagegen entwickeln sich auch die in den tieferen Kronenpartien liegenden Knospen, weil während der Entfaltung dieser Knospen die Bäume noch kahl sind[1]).

[1]) Wiesner, Sitzungsber. d. Wien. Akad. C II, Abt. 1, 1893, S. 291.

Das Lichtbedürfnis der Pflanzen ist individuell verschieden. Im Kapitel über die Assimilation der Kohlensäure wurde schon erwähnt, daß man licht- und schattenliebende Pflanzen unterscheidet. Wiesner hat in seinen umfangreichen Studien den Begriff des „Lichtgenusses“ der Pflanzen festgestellt. Wiesner versteht darunter das Verhältnis des gesamten Tageslichts zu jenem Anteil, den die Pflanze auf ihrem natürlichen Standort empfängt, ausgedrückt durch die Intensität des Lichts. Es ist klar, daß der Lichtgenuß einer Pflanze keine unveränderliche Größe sein kann, aber die Veränderlichkeit liegt innerhalb bestimmter Grenzen. Ihr liegt eine bestimmte Gesetzmäßigkeit zugrunde; der Lichtgenuß ist, um es biologisch zu fassen, ein zahlenmäßiger Ausdruck der spezifischen Anpassung der Pflanze an das Licht. Wiesner unterscheidet zwischen relativem und absolutem Lichtgenuß. Unter relativem Lichtgenuß versteht er das Verhältnis der Lichtstärke des gesamten Tageslichts zur Lichtstärke an dem natürlichen Standort der Pflanze ohne Einführung einer Maßeinheit. Wenn wir beispielsweise sagen, der relative Lichtgenuß einer Pflanze ist $\frac{1}{4}$, so wollen wir damit nur ausdrücken, daß die Pflanze nur den vierten Teil des ihr dargebotenen Gesamtlichts empfängt. Zur Bezeichnung des absoluten Lichtgenusses muß man sich einer bestimmten Maßeinheit bedienen. Wiesner wählt dazu die Bunsen - Roscoe - Einheit[1]).

Relativer Lichtgenuß für Wien:

Buxus sempervirens	$1—{}^{1}/_{100}$
Fagus silvatica	$1—{}^{1}/_{80}$
Betula verrucosa	$1—{}^{1}/_{9}$
Larix decidua	$1—{}^{1}/_{5}$

Mit der Zunahme der geographischen Breite steigt das Minimum des Lichtgenusses. Acer platanoides hat z. B. in Wien ein Minimum $= {}^{1}/_{55}$. Aber in Hamar (Norwegen) fand Wiesner dasselbe $= {}^{1}/_{28}$ und in Tromsoe $= {}^{1}/_{5}$. Je kälter die Medien sind, in welchen die Pflanzen ihre Organe ausbreiten, desto höher ist vor allem ihr Lichtgenußminimum gelegen. Es existiert auch eine Beziehung zwischen Lichtgenuß und der Mykorhiza. Letztere ist nur bei schattenliebenden Pflanzen vorhanden. Die Chlorophyllmenge und Blattfarbe hängt ebenfalls vom Lichtgenuß ab. In einer seiner letzten Arbeiten kommt Wiesner[2]) zu folgenden zwei Schlüssen. Erstens: Die Anpassung der Pflanze an das diffuse Tageslicht spricht sich in der Art aus, daß ihre auf das Licht angewiesenen Organe, also namentlich die Blätter, das diffuse Licht stets in reichlichem Maße aufnehmen, ja daß ihre grünen Organe durch ihre Lage sogar in vielen Fällen befähigt sind, das ihnen zugängliche Maximum von diffusem Licht sich anzueignen. Zweitens: Die Anpassung der Pflanzen an das direkte Sonnenlicht spricht sich in der Art aus, daß ihre grünen Vegetationsorgane, also namentlich die Blätter,

1) Wiesner, Verhandl. Gesellsch. deutsch. Naturf. und Ärzte 1909.

2) Wiesner, Annales du Jardin bot. de Buitenzorg, 3. supplément, 1. partie, 1910, S. 48.

alle direkte Sonnenlicht von größerer Intensität abwehren und nur direktes Licht von geringer Intensität aufnehmen.

Viele Pflanzen entfalten ihre Blüten im Dunkeln in ganz normaler Weise, aber nur dann, wenn die anderen Pflanzenteile dem Licht ausgesetzt sind. In einigen Fällen hängt die Form der Blüten vom Licht ab. So fand Vöchting[1]), daß die Bildung kleistogamer Blüten von äußeren Bedingungen und hauptsächlich vom Licht beeinflußt wird. Die kleistogamen Blüten bleiben zeitlebens geschlossen. Die Befruchtung dieser Blüten geschieht durch Selbstbestäubung ohne Mithilfe der Insekten oder des Windes. Die Versuche über den Einfluß des Lichts auf die Blütenbildung wurden auf folgende einfache Weise ausgeführt. Die untersuchten Pflanzen wurden auf ein Nordostfenster oder in einer gewissen Entfernung von ihm aufgestellt. Je weiter die Pflanze vom Fenster entfernt war, desto weniger Licht erhielt sie natürlich. Bei einigen Pflanzen hat diese allmähliche Lichtentziehung nur eine Verminderung der Zahl und Größe der Blüten zur Folge, die Blüten bleiben aber geöffnet. Bei den zur Kleistogamie neigenden Pflanzen beobachtet man dagegen eine Zunahme der kleistogamen Blüten. Indem man solche Pflanzen auf das Fenster oder in einer gewissen Entfernung davon aufstellt, kann man nach Belieben geöffnete oder geschlossene Blüten erhalten.

Viele Blumen haben die Fähigkeit, sich am Tage zu öffnen und zur Nacht zu schließen[2]) (Fig. 136); einige Blumen sind umgekehrt am Tage geschlossen und öffnen sich zur Nacht. Diese periodischen Bewegungen der Blumenblätter werden durch den Beleuchtungswechsel hervorgerufen.

Die an solchen Blumenblättern ausgeführten Messungen zeigten, daß die Bewegung durch ungleichmäßiges Wachstum hervorgerufen wird. Beschleunigtes Wachstum der Unterseite (Außenseite) der Blumenblätter zieht das Schließen, beschleunigtes Wachstum der Oberseite (Innenseite) das Öffnen der Blumen nach sich. Die periodischen Bewegungen der Blumenblätter sind also Wachstumserscheinungen. Diese Bewegungen werden nicht nur durch Licht, sondern auch durch Temperaturwechsel ausgelöst. Viele Blumen sind in dieser Beziehung besonders empfindlich: so genügt schon ein Temperaturwechsel von 5° C, um Krokusblüten in 5 Minuten zum vollständigen Schließen oder Öffnen zu veranlassen.

Nicht nur höhere Pflanzen, sondern auch niedere, z. B. Pilze, verändern ihre Gestalt unter dem Einfluß des Lichts[3]). Pilobolus bildet im Dunkeln sehr lange Sporangienträger mit unentwickelten Sporen aus. Auf die farblosen Bakterien wirkt das Licht schädlich ein. Diffuses Licht hemmt ihre Entwicklung, direktes Sonnenlicht tötet sie ganz. H. Buchner stellte folgenden Versuch an: Er goß in eine Petrischale

---

[1]) Vöchting, Pringsheims Jahrb. XXV, 1893.

[2]) Pfeffer, Physiologische Untersuchungen. 1873.

[3]) Brefeld, Bot. Ztg. 1877, S. 386.

Nähragar, in welchem eine große Menge von Typhusbakterien aufgeschwemmt war. Nachdem die Agarmasse erstarrt war, wurde auf die Unterseite der Schale die Inschrift „Typhus" mit schwarzen Buchstaben aufgeklebt, die Schale während 1½ Stunden dem direkten Sonnenlicht ausgesetzt und dann ins Dunkle gestellt. Nach 24 Stunden wurden die Buchstaben entfernt, und es erwies sich, daß die weißlichen Kolonien sich nur an den vor Licht geschützten Stellen entwickelt hatten

Fig. 146.
Die schädliche Wirkung des Lichts auf Bakterien. (Nach Hans Buchner.)

(Fig. 146). Die an den beschatteten Stellen gewachsenen Bakterien haben den Namen der Krankheit abgedruckt. Die vom direkten Sonnenlicht getroffenen Stellen sind dagegen ganz frei von Bakterienkolonien geblieben.

Folgender Versuch zeigt, daß die zerstörende Wirkung des Lichts am stärksten schon in den ersten Minuten seiner Einwirkung zutage tritt. Es wurden 12 Plattenkulturen von Milzbrandbakterien angelegt. Die dunkelgehaltene Kultur ergab 2520 Kolonien, die dem Sonnenlicht ausgesetzten aber eine viel geringere Zahl.

Belichtungszeit	Zahl der Kolonien
10 Minuten	360
20 „	130
30 „	4
40 „	3
50 „	4
60 „	5
1 Stunde 10 Minuten	0

Das Licht besitzt also eine sehr große desinfizierende Kraft[1]). Mit Recht sagt das italienische Sprichwort: „Wo die Sonne nicht hinkommt, kommt der Arzt hin". Das Licht ist ein wichtiger Faktor bei der Selbstreinigung der Flüsse. Die Flüsse sind nach ihrem Austritt aus den Städten durch verschiedene Bakterien stark verunreinigt, aber schon in geringer Entfernung von der Stadt wird das Wasser dank dem Sonnenlicht wieder rein. Wasser, welches in 1 ccm ca. 100 000 Bacterium Coli commune enthielt, war nach einstündlicher Beleuchtung ganz frei von lebenden Bakterien. Besonders schädlich für Bakterien sind ultraviolette Strahlen ((Rayons abiotiques nach Dastre)[2]). Anders verhalten sich die farbigen Bakterien zum Licht. Die von Engelmann untersuchten Purpurbakterien suchen z. B. direkt beleuchtete Stellen auf.

§ 6. Die Abhängigkeit des Wachstums und der Gestaltung der Pflanzen von der Schwerkraft[3]). Die Tatsache, daß der Stengel nach oben und die Wurzel nach unten wächst, ist so allbekannt, daß sie sehr lange unbeachtet blieb, obgleich diese Erscheinung keineswegs selbstverständlich ist. Der erste Forscher, welcher ihr seine Aufmerksamkeit zuwandte, war Dodart (1770). Seitdem sind sehr viele Arbeiten über diesen Gegenstand erschienen, eine tiefere Einsicht in das Wesen dieser Erscheinungen ist aber bis jetzt noch nicht gewonnen.

Wenn man eine wachsende Pflanze aus der vertikalen Stellung in die horizontale bringt, so krümmt sich das Wurzelende nach einiger Zeit nach unten, und das Stengelende nach oben. Knight zeigte (1806), daß diese Ablenkung der wachsenden Pflanzenorgane durch die Wirkung der Schwerkraft hervorgerufen wird. Er ließ Samen auf einer rotierenden Zentrifugenscheibe keimen. Die Keimlinge streckten ihre Achsen in der Richtung der Scheibenradien, und zwar wandten sich alle Haupt-

---

[1]) E. W. Schmidt (Zeitschr. physiol. Chemie, Bd. 67, 1910, S. 314) versuchte die von v. Tappeiner und Jodlbauer (Die sensibilisierende Wirkung fluoreszierender Substanzen, 1907) eruierten Tatsachen über die sensibilisierende Wirkung fluoreszierender Substanzen auf Mikroorganismen, Enzyme usw. für die Frage der Sterilisation nutzbar zu machen.

[2]) Cernovodeanu et V. Henri, Comptes rendus CL, S. 52, 549, 1910. Urbain, Scal et Feige, ebenda, S. 548.

[3]) Wiesner, Das Bewegungsvermögen der Pflanzen, 1881, S. 85—130; Sitzungsberichte d. Wien. Akad., 89. Bd., 1. Abt., 1884, S. 275. H. Fitting, Jahrb. f. wiss. Bot., Bd. 41, 1904, S. 221, 331. H. Bach, l. c., Bd. 44, 1907, S. 57. Nordhausen, l. c., S. 557.

wurzeln, der Richtung der Zentrifugalkraft folgend, nach außen; sämtliche Stengel dagegen nahmen die entgegengesetzte Richtung an. In diesen Versuchen war die Schwerkraft beseitigt und durch die Fliehkraft ersetzt. Die Wurzeln, welche unter normalen Bedingungen in der Richtung der Schwerkraft wachsen, wuchsen in der Richtung der Fliehkraft. Die Stengel, welche sich unter normalen Verhältnissen vom Zentrum der Erde abwenden, fingen an, der Fliehkraft entgegen zu wachsen.

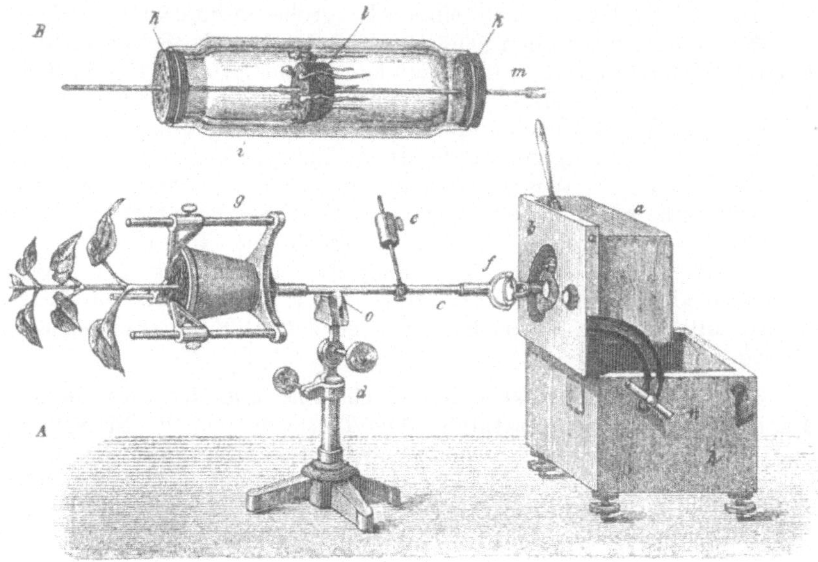

Fig. 147.
Pfeffers Klinostat.

Die durch die Schwerkraft verursachten Wachstumserscheinungen werden als Geotropismus bezeichnet. Man unterscheidet positiven Geotropismus, wenn die Krümmung dem Erdzentrum zugewandt ist, und negativen Geotropismus, wenn die Krümmung sich vom Erdzentrum abwendet. Die Hauptstengel sind negativ, die Hauptwurzeln positiv geotropisch.

Der Geotropismus der Seitenzweige und Seitenwurzeln ist viel schwächer ausgeprägt. Diese Organe wachsen nicht vertikal nach oben oder nach unten, sondern nehmen eine geneigte, sich mehr oder weniger der horizontalen nähernde Lage ein.

Zur Beseitigung der Schwerkraftwirkung werden außer der Zentrifuge noch verschiedene Klinostaten angewandt (Fig. 147).

Der Klinostat besteht aus einer langen Metallachse (c), welche durch ein Uhrwerk (a) gedreht wird. Die Achse kann vertikal, horizontal oder in eine beliebig geneigte Lage durch die Schraube n gestellt werden.

Befestigt man an der langsam rotierenden Achse eine Korkscheibe (l) und fixiert an ihr keimende Samen, so wachsen die Keimlinge in der Richtung weiter, in welcher sie sich gerade befanden. In diesem Falle wird die Wirkung der Schwerkraft auf die Pflanzen eigentlich nicht aufgehoben; sie ist aber in gleichen Zeiträumen auf die entgegengesetzten Flanken der Pflanzenteile gerichtet. Wenn z. B. ein gewisser Teil der horizontal liegenden Pflanze sich eine Zeitlang unten befand, so kommt nach einer halben Umdrehung derselbe Teil für einen gleichen Zeitraum nach oben zu liegen, und die Schwerkraft wird auf den betreffenden Pflanzenteil in entgegengesetzter Richtung wirken.

Die geotropischen Erscheinungen sind Wachstumserscheinungen. Geotropische Krümmungen kann man nur in den wachsenden Zonen der horizontal gestellten Stengel und Wurzeln beobachten. In ausgewachsenen Pflanzenteilen kommen geotropische Krümmungen nie vor. Je schneller ein Organ wächst, desto schneller entsteht auch die geotropische Krümmung. Alle Bedingungen, welche das Wachstum hemmen, hemmen auch die geotropische Reaktion.

Fig. 148.
Coleus. A in vertikaler Lage, B am Klinostat. (Nach Pfeffer.)

Die Wirkung der Schwerkraft auf die Pflanzen ist eine auslösende. Die Schwerkraft wirkt als Reiz und veranlaßt eine Reihe von chemischen Reaktionen, welche nach einiger Zeit zu einer Krümmung des wachsenden Organs führen. Die vom Anfang der Reizwirkung bis zum Eintritt der geotropischen Krümmung verstrichene Zeit wird die „Reaktionszeit“ genannt. Die Reaktionszeit ist für verschiedene Organe verschieden; sie dauert von 40 Minuten bis zu einigen Stunden. Es ist aber nicht notwendig, die Pflanzen die ganze Zeit bis zum Eintritt der Krümmung zu reizen. Man kann sie eine bestimmte Zeit dem geotropischen Reiz aussetzen, dann auf den Klinostaten bringen und nach einiger Zeit den Eintritt der geotropischen Krümmung beobachten. Die minimale dazu notwendige Reizdauer wird die „Präsentationszeit" des geotropischen Reizes genannt. Gewöhnlich beträgt sie nur 2—4 Minuten, selten mehr. Die Kürze dieses Zeitraums ist ein guter Beweis dafür, daß die geotropischen Erscheinungen die Folge eines Auslösungsprozesses sind. Durch intermittierende Reizung an einem besonders dazu gebauten intermittierenden Klinostaten[1]) läßt sich die Präsentationszeit noch mehr abkürzen.

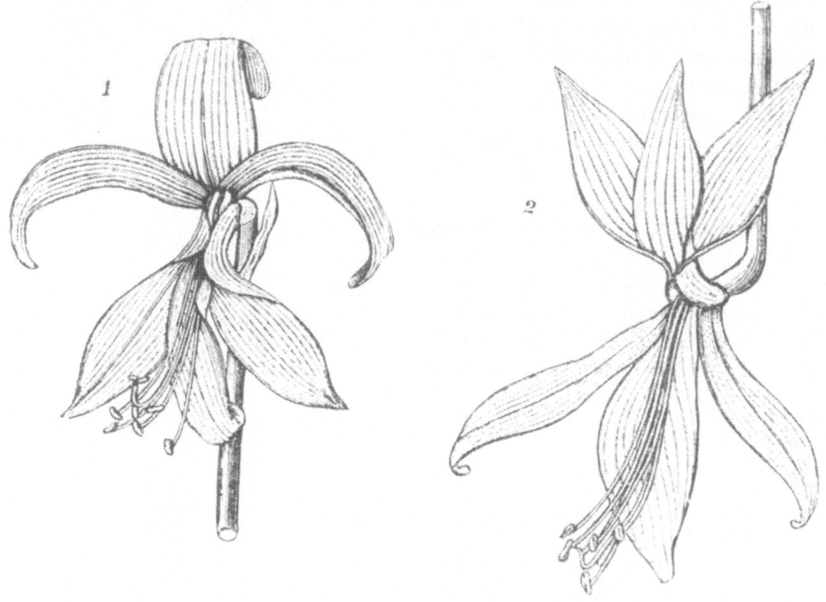

Fig. 149.
Blüten von Amaryllis formosissima. 1 in normaler, 2 in umgekehrter Stellung aufgeblüht. (Nach Vöchting.)

Die Lage der Blätter am Stengel hängt nicht nur vom Licht, sondern auch von der Schwerkraft ab. In Fig. 148 sehen wir eine Coleus-Pflanze, deren Blätter nach 24 stündigem Rotieren am Klinostaten sich dem Stengel angepreßt haben (B). Unter normalen Verhältnissen sind sie dagegen horizontal gestellt (A).

Die Schwerkraft beeinflußt öfters auch die Lage der Blütenteile[2]). In Fig. 149, 1 ist eine Blüte von Amaryllis formosissima abgebildet. Von den sechs Blumenblättern sind drei nach oben und drei nach unten gerichtet. Alle Staubfäden und der Griffel sind nach unten gekehrt.

---

[1]) H. Fitting, Jahrb. f. wissensch. Bot., Bd. 41, 1904, S. 221.
[2]) H. Vöchting, Jahrb. f. wissensch. Bot., Bd. 17, 1886, S. 297.

Wenn man aber einen sehr jungen Blütenstiel mit noch geschlossenen Blüten umkehrt, so nehmen die sich in dieser Stellung entfaltenden Blumen die in Fig. 149,2 angegebene Gestalt an. Alle Staubfäden und der Griffel wenden sich der Erde zu. Die Richtung dieser Blütenteile ist also bei Amaryllis nicht fixiert, sondern hängt von der Schwerkraft ab.

Es gelingt auch, einige zygomorphe Blumen in actinomophe zu verwandeln, wenn man die Blüten in entsprechender Stellung an der horizontalen Klinostatenachse rotieren läßt. Zygomorphe Blüten lassen sich nur durch eine Fläche in zwei gleiche Hälften teilen. So sind z. B. die Blüten von Epilobium angustifolium gebaut. Befestigt man einen Blütenstand dieser Pflanze mit noch geschlossenen Blumenknospen an der langsam rotierenden Klinostatenachse, so werden die nach einiger Zeit sich öffnenden Blumen nicht zygomorph, sondern regelmäßig gebaut sein. In Fig. 150 sehen wir links die normale

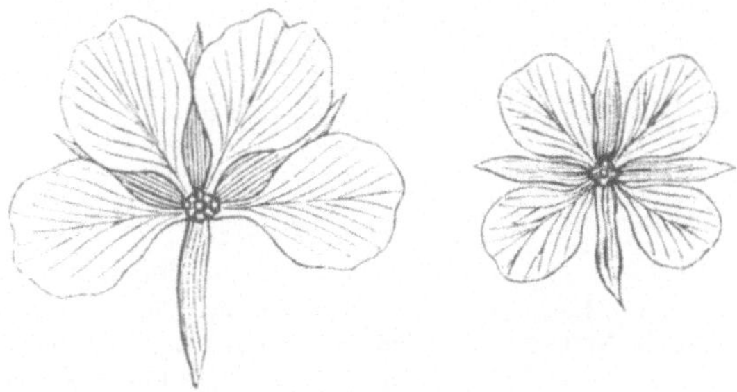

Fig. 150.
Blüten von Epilobium angustifolium. Links normale, rechts am Klinostaten entwickelte. (Nach Vöchting.)

zygomorphe, rechts die auf dem Klinostaten aufgeblühte Blume von Epilobium angustifolium. Kelch und Krone sind bei der letzteren ganz regelmäßig gebaut.

Den Grund der verschiedenartigen Wirkung der Schwerkraft auf Wurzel und Stengel, welche im ersten Falle zu positiv, im zweiten zu negativ geotropischen Krümmungen führt, muß man darin suchen, daß Wurzel und Stengel verschieden gebaut sind und ihre Gewebe in spezifischer Weise zusammenwirken. In ähnlicher Weise ist die verschiedene Ausbildung der Blätter im Dunkeln nicht vom Licht, sondern von den spezifischen Korrelationen zwischen Stengel und Blättern bedingt.

Eine tiefere Einsicht in das Wesen der geotropischen Erscheinungen ist trotz zahlreicher Versuche noch nicht gewonnen. Die von einigen Zoologen geäußerte Meinung, daß die Otozysten der niederen Tiere nicht Gehörorgane, sondern Apparate zur Erhaltung des Gleichgewichts sind, hat einige Botaniker dazu veranlaßt [1]), ähnliche Körper in den

[1]) Haberland, Ber. d. bot. Ges. 1900, S. 261.

Pflanzenzellen namhaft zu machen. Nemec [1]) hat die Stärkekörner als solche „Statolyten" erklärt. Der Schwerkraftreiz wird also vom Protoplasma als mechanischer Druck der schweren Stärkekörner perzipiert. (Fig. 151). Die physikalischen Erklärungsversuchen hat Czapek [2]) einen chemischen gegenübergestellt. Er konnte sowohl bei geotropischen als auch bei heliotropischen Krümmungen gewisse chemische Umwandlungen in den reagierenden Pflanzenteilen nachweisen. Von diesem Standpunkt aus sind sehr interessant die Untersuchungen von O. Richter[3]), der gezeigt hat, daß die Laboratoriumsluft (S. 232) den negativen Geotropismus aufhebt.

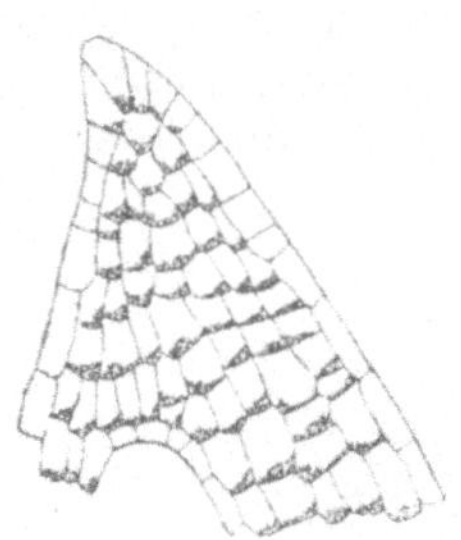

Fig. 151.
Kotyledonenspitze von Panicum miliaceum. (Nach Nemec.)

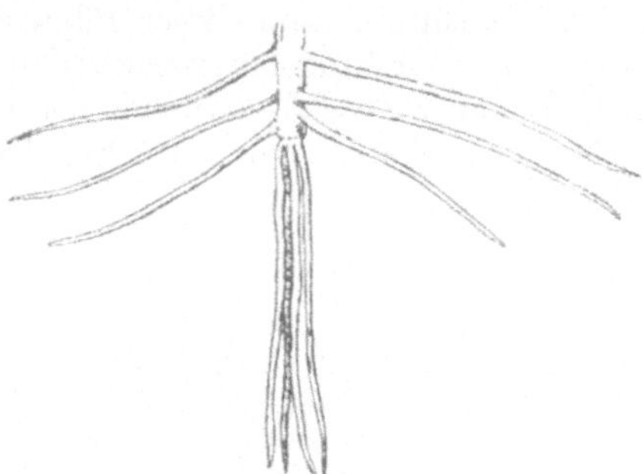

Fig. 152.
Die Entfernung der Wurzelspitze hat die Nebenwurzeln positiv geotropisch gemacht. (Nach Bruck.)

Nur die Erforschung der Wachstumserscheinungen vom chemischen Standpunkt macht eine Erklärung der geotropischen und heliotropischen Erscheinungen möglich. Wir sagen, daß unter dem Einfluß der Schwerkraft der Stengel aufwärts, die Wurzel aber abwärts wächst.

Folgende Versuche zeigen, daß die Schwerkraft nur als Auslösungsreiz wirkt, der Grund der Erscheinungen aber in der Pflanze selbst liegt. Es ist bekannt, daß die Seitenwurzeln nicht vertikal abwärts wachsen, sondern einen kleinen Winkel mit der horizontalen bilden. Wenn man aber, wie Bruck [4]) gezeigt hat, die Spitze der Hauptwurzel (2 mm) abschneidet, und dadurch ihr weiteres Längenwachstum hemmt, so fangen die der Wunde am nächsten gelegenen Seitenwurzeln vertikal abwärts zu wachsen an (Fig. 152). Dasselbe beobachtet man auch an Stengeln. In Fig. 153 ist ein Exemplar von Abies pectinata mit abgebrochener Spitze abgebildet. Wir sehen, daß einer von den Zweigen

[1]) Nemec, Ber. d. bot. Ges. 1902, S. 369.

[2]) Czapek, Ber. d. bot. Ges. 1902, S. 464. Pringsheims Jahrbücher XLIII. V. Grafe und Linsbauer, Sitzungsber. d. Wien. Akad. Math.-Naturw. Klasse, Abt. I, 1910.

[3]) O. Richter, Sitzungsber. d. Wien. Akad. Math. Naturw. Klasse, CXIX, Abt. I, 1910.

[4]) W. F. Bruck, Zeitschr. f. allg. Physiologie III, 1904, S. 486.

seine horizontale Lage verlassen hat, um die verlorene Spitze des Hauptstamms zu ersetzen.

Errera [1]) erklärt derartige Erscheinungen durch „innere Sekretion", d. h. durch die Bildung besonderer wachstumsregulierender Hormone. In diesen Fällen, wo Seitenwurzeln oder Seitenzweige die Stelle der Hauptwurzeln oder Hauptstämme einnehmen, imponiert uns die Zweckmäßigkeit dieser Erscheinungen in solchem Grade, daß wir nicht so leicht an eine chemische Erklärung dieser Tatsachen denken möchten. Es gibt aber Fälle, wo ganz ähnliche Erscheinungen ohne jegliche Zweckmäßigkeit vorkommen.

Fig. 153.
Die Entfernung der Stammspitze zieht eine negativ geotropische Krümmung des Seitenzweigs nach sich. (Nach Errera.)

So zeigte Bößler [2]), daß an Pflanzen, welche keine Seitensprosse tragen, das Dekapitieren des Hauptstengels nach 24 Stunden ein Emporrichten der oberen Blätter zur Folge hat. Der vom Blatt und Stengel gebildete Winkel verändert sich dabei bei verschiedenen Pflanzen um 5—30° und mehr[3]). Die Reaktion verläuft um so besser, je näher die Blätter zur Wunde gelegen sind. Die Verwundung des Sproßgipfels durch einen Längsschnitt hat auf die Lage der Blätter gar keinen Einfluß.

Die Pflanzen können eine sehr schnelle Rotation an der Zentrifuge vertragen. An den zentrifugierten Pflanzen läßt sich ein Verschieben

---

[1]) L. Errera, Bulletin de la société royale de botanique de Belgique XLII, I. partie, 1904—1905, S. 27.

[2]) F. Bäßler, Bot. Ztg., 1. Abt., 1909, S. 67.

[3]) Vöchting beobachtete noch eklatantere Fälle von Blattbewegungen. Das obere Blatt von Brassica Rapa var oleifera nahm nach Entfernung des Blütenstiels eine vollkommen vertikale Stellung an (Vöchting, Untersuchungen zur experimentellen Anatomie und Physiologie des Pflanzenkörpers, 1908, Taf. 18, Fig. 2; Taf. 19, Fig. 9).

der Aleuronkörner, Stärkekörner und Kerne in der Richtung der Fliehkraft nachweisen; die Kernkörper werden aus den Kernen herausgeschleudert, die Raphiden durchbohren die Zellwände[1]).

§ 7. Der Einfluß der Ernährung auf Wachstum und Gestaltung der Pflanzen. Wenn man eine grüne Pflanze nicht im Erdboden, sondern in einer Mineralsalzlösung kultiviert, so kann man durch Veränderung

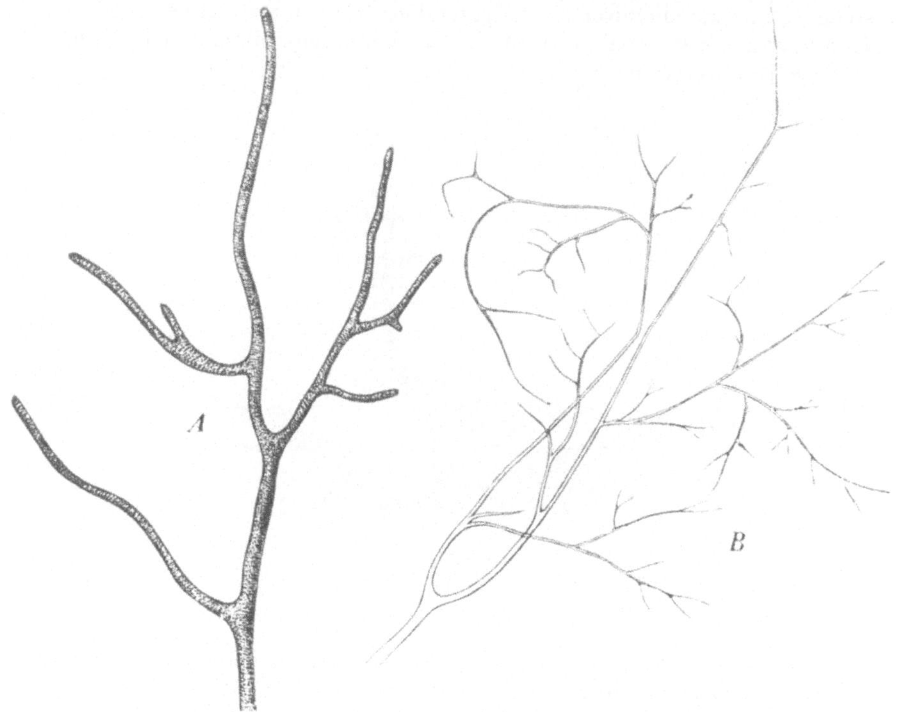

Fig, 154.
Mucor racemosus. A Zuckermyzel, B Peptonmyzel. (Nach Klebs.)

der Konzentration nicht nur die Wachstumsgeschwindigkeit, sondern auch die Form und den inneren Bau der Pflanzen modifizieren. Noch klarer äußert sich aber der Einfluß der Ernährung bei niederen Pflanzen, welche durch organische Stoffe ernährt werden. So bildet Mucor racemosus auf Zuckerlösungen dicke Hyphen mit stumpfen Verzweigungen (Fig. 154, A). In Peptonlösung entstehen dagegen dünne Hyphen mit spitzendigen Seitenzweigen (Fig. 154, B)[2]).

Der Heubazillus (Bacillus subtilis) verändert seine Form unter

---

[1]) Andrews, Jahrb. f. wissensch. Bot. 38, 1902, S. 1.

[2]) G. Klebs, Die Bedingungen der Fortpflanzung bei Algen und Pilzen, 1896.

dem Einfluß des Nährsubstrats in folgender Weise[1]): In einer 5 proz. schwach alkalischen Fleischextraktlösung erhält man Stäbchen von 6—10 μ Länge und 0,5 μ Breite, wie aus Fig. 155, 1a zu ersehen ist.

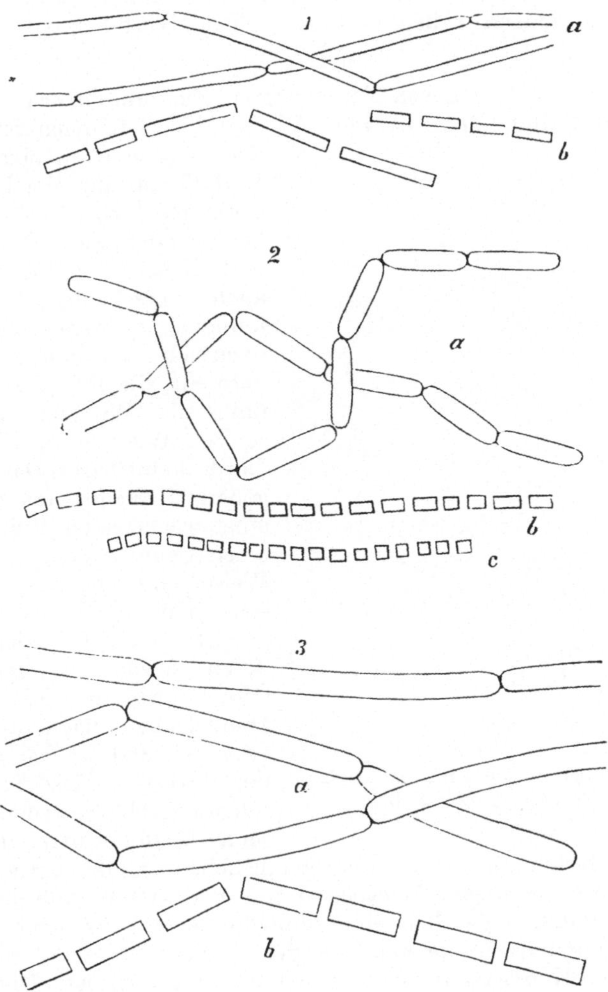

Fig. 155.
Bacillus subtilis. Einfluß der Ernährung auf die Form. (Nach H. Buchner.)

(Die Abbildung ist schematisiert.) In neutraler Lösung von 5% Zucker und 0,1 % Fleischextrakt entstehen kürzere (4—6 μ), aber bedeutend dickere (0,8 μ) Stäbchen (2 a). Besonders große Stäbchen entwickeln sich auf Heuinfus. Sie werden hier 12 μ lang und 1,0 μ breit (3 a)

[1]) H. Buchner, Nägelis Untersuchungen usw., S. 205.

In allen diesen Substraten vermehren sich die Bazillen sehr rasch. Die neu entstehenden Scheidewände sind zuerst so dünn und schwach lichtbrechend, daß sie in ungefärbten Präparaten gar nicht sichtbar sind. Es genügt aber, einen Tropfen Jodlösung zuzusetzen, um die anscheinend langen Zellen in kurze Glieder zerfallen zu sehen (1 b; 2 b; 3 b)[1]).

*§ 8. **Die Wirkung von Verletzungen, Zug und Druck auf Wachstum und Gestaltung der Pflanzen.** Allerhand Verletzungen der wachsenden Organe üben einen starken Einfluß auf ihr Wachstum aus. Letzteres wird entweder gehemmt oder ganz sistiert. Manchmal ziehen die Verwundungen auch verschiedenartige Krümmungen der wachsenden Organe nach sich. Besondere Beachtung verdient die Darwinsche Krümmung der Wurzeln. Sie wurde so von Wiesner zu Ehren ihres Entdeckers Charles Darwin (1880) genannt. Wenn man die Spitze einer wachsenden Wurzel durch einen Schnitt oder auf andere Weise einseitig verwundet, so sieht man die Wurzel nach einiger Zeit sich von der verwundeten Stelle hinwegkrümmen. Öfters krümmt sich dabei die Wurzelspitze nach oben, bildet eine Öse und wächst dann wieder abwärts. Diese Erscheinung scheint sehr zweckmäßig zu sein, da die Wurzel durch eine derartige Krümmung von der gefährlichen Stelle entfernt wird. Spätere Untersuchungen Wiesners[2]) haben erwiesen, daß die Darwinsche Krümmung eigentlich eine doppelte ist. Kurz nach der Verwundung entsteht im oberen Teil der wachsenden Zone eine Krümmung, deren Konvexseite der Wunde entgegengesetzt ist. Diese Krümmung ist sehr schwach und läßt sich nur bei genauer Beobachtung feststellen. Dann entsteht eine zweite Krümmung im unteren Teil der wachsenden Zone. Diese Krümmung hat eine der ersten entgegengesetzte Richtung und führt die Wurzelspitze von der Verwundungsstelle weg. Die obere Krümmung entsteht 25—45 Minuten, die untere dagegen

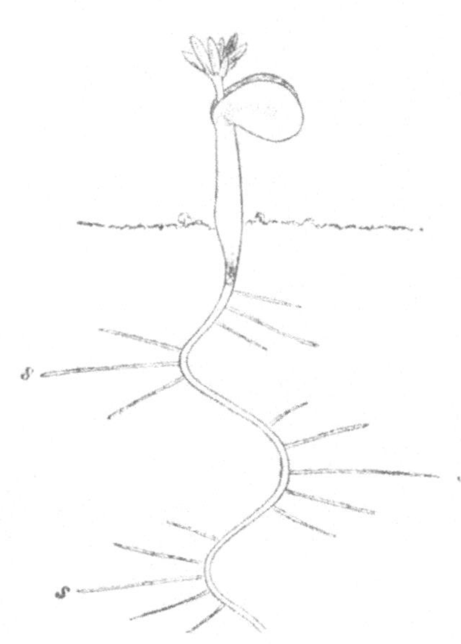

Fig. 156.
Junge Lupinenpflanze mit gebogener Hauptwurzel. (Nach Noll.)

[1]) Vgl. auch die obenerwähnten (S. 243) Versuche von Ritter.

[2]) Wiesner, Sitzungsber. d. Wien. Akad., 89. Bd., 1. Abt., 1884, S. 223.

45—135 Minuten nach der Verwundung. Die Mechanik dieser Krümmung ist noch nicht aufgeklärt.

Die Seitenwurzeln bilden sich unter normalen Verhältnissen gleichmäßig an der ganzen Oberfläche der Hauptwurzel. Wenn aber die Hauptwurzel gebogen wird, so entstehen die Nebenwurzeln ausschließlich an den Konvexseiten (Fig. 156)[1]). Oft werden sehr auffällige Formveränderungen der Pflanzen durch parasitische Pilze hervorgebracht. So sind z. B. die in Rosettenform zusammengelegten Blätter

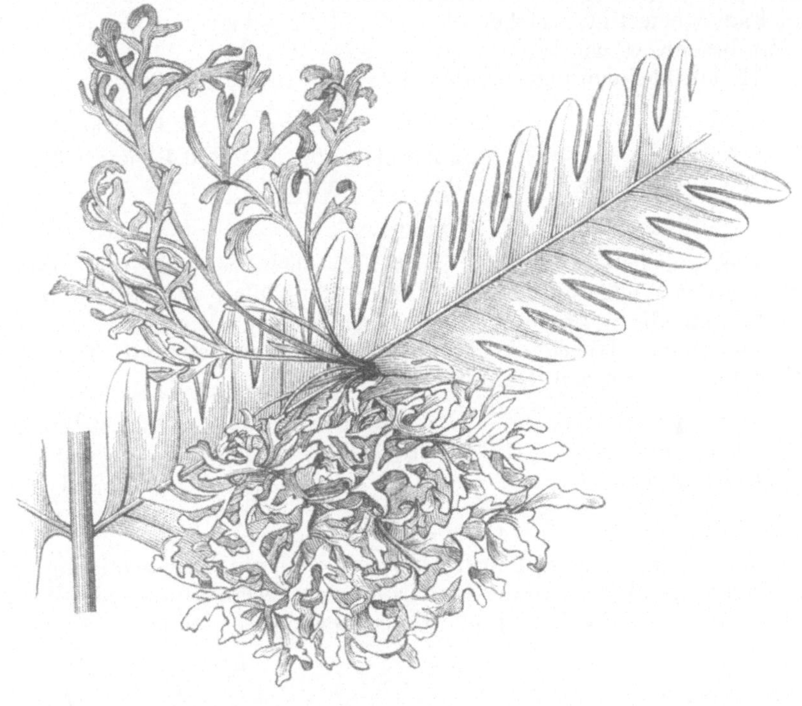

Fig. 157.
Hexenbesen auf dem Blatt von Pteris quadriaurita, vom Pilz Taphrina Laurencia erzeugt. (Nach Goebel.)

von Sempervivum hirtum umgekehrt eiförmig und beinahe zweimal so lang als breit. Wird aber diese Pflanze von Endophyllum Sempervivi befallen, so bilden sich Blätter, deren Länge ihre Breite ums Siebenfache übertrifft. An verschiedenen Bäumen und Sträuchern trifft man eigenartige, „Hexenbesen" genannte Bildungen. Diese auffallenden Veränderungen ganzer Zweigsysteme sind ebenfalls durch parasitische Pilze hervorgerufen. In Fig. 157 ist ein durch den Pilz Taphrina Laurencia

[1]) Noll, Landw. Jahrbücher, Bd. 29, 1900, S. 361.

auf dem Farnkraut Pteris quadriaurita erzeugter Hexenbesen abgebildet. Diese Hexenbesen entspringen hier immer von der Blattoberseite; sie richten sich empor und machen den Eindruck, als ob auf dem Farnkraut eine andere Pflanze aufgewachsen wäre.

Früher (S. 222) wurde erwähnt, daß in jeder Pflanze ein Teil der Gewebe sich in Druck-, der andere in Zugspannung befindet. Zur Entscheidung der Frage, welche Wirkung der Zug auf das Pflanzenwachstum ausübt, muß man sie einem künstlichen Zug aussetzen. Solche Versuche sind von Hegler[1]) unternommen worden. Am Sproßgipfel wurde ein Faden befestigt, welcher über eine Rolle gelegt und mit einem Gewicht beschwert wurde.

Helianthuskeimlinge ergaben folgende Zuwachsgrößen:

	am 1. Tag	am 2. Tag	am 3. Tag	am 4. Tag
Ohne Gewicht	15,2 mm	10,7	6,4	3,5
Mit Gewicht von 50 g . .	8,2 ,,	11,2	6,9	4,2
	— 46,0 %	+ 4,7 %	+ 7,8 %	+ 20 %

Das angehängte Gewicht ruft also zuerst eine starke Verlangsamung der Wachstums hervor. Dann fängt die gezogene Pflanze allmählich an, die normale in ihrem Wachstum zu überholen.

Manchmal dauert die Wachstumshemmung mehrere Tage, wie folgender Versuch mit Hanf zeigt:

	1. Tag	2. Tag	3. Tag
Ohne Gewicht	10,2 mm	7,9	5,6
Mit Gewicht von 20 g . . .	4,0 ,,	3,9	6,1
	— 60,7 %	— 50,6 %	+ 8,9 %

Wenn man nach eingetretener Wachstumsbeschleunigung das Gewicht vergrößert, so findet wiederum eine Verlangsamung des Wachstums statt. So ergaben junge Georginensprosse folgenden Zuwachs:

	1. Tag	2. Tag
Ohne Gewicht	21,1 mm	15,5
Mit Gewicht von 50 g	16,2 ,,	17,1
	— 23,2 %	+ 10 %

Dann wurde das Gewicht auf 100 g erhöht:

	3. Tag	4. Tag
Ohne Gewicht	9,3 mm	5,7
Mit Gewicht von 100 g	7,9 ,,	6,8
	— 15 %	+ 19,3 %

Der Zug wirkt nicht nur auf die Wachstumsgeschwindigkeit, sondern auch auf den anatomischen Bau der Pflanzen ein.

[1]) Hegler, Cohns Beiträge zur Biologie der Pflanzen, VI, 1893.

Durch Pfeffers [1]) Arbeiten ist auch die Wirkung des Drucks auf das Pflanzenwachstum unserem Verständnis näher gerückt worden. Pfeffer schloß seine Versuchsobjekte in Gips oder auch in Gelatine ein. Je nachdem, welche Frage gelöst werden sollte, wurden die Pflanzen entweder ganz oder nur in der wachsenden Zone eingegipst. Der festgewordene Gips gestattete sowohl der Luft als auch dem Wasser freien Zutritt zu den eingegipsten Pflanzenteilen. Die Druckwirkungen der wachsenden Organe sind so stark, daß sie zum Zersprengen ziemlich dicker Gipsstücke führen. So muß man die Hauptwurzel eines Bohnenkeimlings in einen Gipszylinder von 1—1,5 cm Durchmesser einschließen, um einem Zersprengen vorzubeugen.

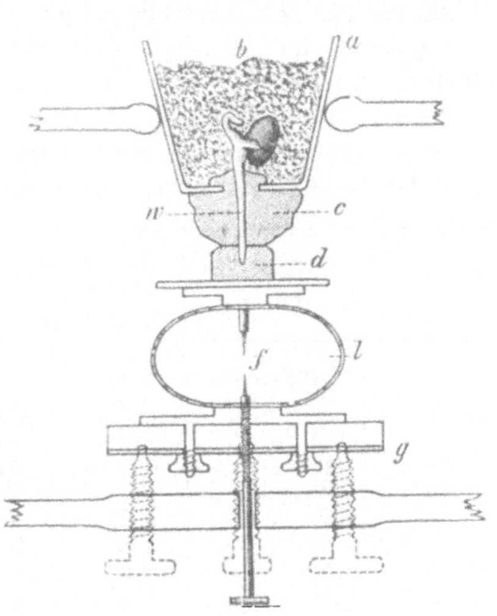

Fig. 158.
Pfeffers Apparat zur Messung des durch wachsende Wurzeln erzeugten Drucks.

Die Wachstumshemmung des eingegipsten Organs zieht eine beschleunigte Ausbildung der inneren Gewebe nach sich. So findet man in Bohnenwurzeln, welche 15—27 Tage in Gips verweilt haben, bedeutende Abweichungen vom normalen anatomischen Bau. In solchen Wurzeln sind vollkommen ausgebildete Spiral- und Porengefäße in einem Abstand von 1,6 mm von der Wurzelspitze vor handen. In normalen Wurzeln dagegen sind solche Gefäße erst in 25—35 mm von der Wurzelspitze zu finden. Im allgemeinen ergibt ein unweit der Wurzelspitze geführter Querschnitt durch eine eingegipste Wurzel dasselbe Bild wie der Querschnitt einer normalen Wurzel in 30—50 mm von der Wurzelspitze.

Wenn man das Wachstum der Wurzel nicht ganz aufhebt, sondern nur stark hemmt, so macht sich eine der Wachstumshemmung parallel verlaufende Verkürzung der Wachstumszone bemerkbar. Die normale Wurzel hat eine ca. 10 mm lange Wachstumszone. Die wachsende Zone der künstlich in ihrem Wachstum gehemmten Wurzel beträgt dagegen nur 5—6, manchmal auch nur 3 mm.

Da die obenerwähnten Versuche zeigen, daß wachsende Pflanzenorgane eine bedeutende Kraft zur Überwindung des Widerstands entwickeln können, so stellte Pfeffer eine Reihe von Versuchen an, um diese Kraft zu messen. Aus plastischem Ton wurden Würfel gemacht und mit kleinen Öffnungen versehen, in welche die Wurzelspitzen hinein-

[1]) Pfeffer, Druck- und Arbeitsleistung durch wachsende Pflanzen. Leipzig 1893.

gesteckt wurden. Die Wurzeln fuhren trotz des vom Ton verursachten Widerstands zu wachsen fort und drangen in den Ton ein. Dann würden Eisenstäbe vom gleichen Durchmesser wie die Wurzeln angefertigt und das Gewicht bestimmt, welches zum Einbohren dieser Stäbe in den Ton notwendig war. Aus zahlreichen Versuchen konnte der Schluß gezogen werden, daß dazu ein Gewicht von 100—140 g notwendig war. Die Wurzel muß also auch ungefähr dieselbe Druckwirkung ausüben. Genauere Bestimmungen wurden mit einem Stahlfederdynamometer ausgeführt (Fig. 158). Um ein Ausbiegen der Wurzel zu verhüten, wurde ihr Oberteil eingegipst, der wachsende Teil aber in einen beweglichen Gipsblock eingeschlossen. Bei fortschreitendem Wachstum der Wurzel übte dieser Gipsblock einen Druck auf die Stahlfeder aus.

Die untenstehende Tabelle zeigt uns, daß die Bohnenwurzeln beim Überwinden des durch die Stahlfeder erzeugten Widerstandes eine Druckleistung von 226—352 g entwickeln können.

Versuchs Nr.	Versuchs-dauer	Wurzel-durch-messer	Querschnitts-fläche	Gesamt-druck	Druck auf 1 qmm	Druck in Atmosph.
1	70 Stund.	2,1 mm	3,4 qmm	257,5 g	72,8 g	7,04
2	72 „	2,2 „	3,7 „	294,3 „	79,5 „	7,70
3	36 „	2,0 „	3,2 „	352,7 „	110,2 „	10,67
4	192 „	1,8 „	2,6 „	260,6 „	100,2 „	9,70
5	120 „	2,0 „	3,1 „	272,0 „	87,7 „	8,49
6	94 „	1,2 „	1,13 „	226,0 „	200,0 „	19,36
7	94 „	1,6 „	2,01 „	226,0 „	107,9 „	10,44
8	58 „	2,4 „	3,46 „	250,0 „	72,2 „	6,98
9	58 „	3,0 „	4,71 „	250,0 „	53,1 „	5,16

Der auf 1 qmm ausgeübte Druck wird durch Teilung des Gesamtdrucks durch die Querschnittsfläche berechnet. Dividiert man diese Größe durch 10,33 (d. h. das Gewicht einer Quecksilbersäule von 760 mm Höhe und 1 qmm im Querschnitt), so erhält man die Druckhöhe in Atmosphären. Die erhaltenen Zahlen zeigen, daß die anscheinend schwachen Bohnenwurzeln imstande sind, eine Druckleistung von 5—19 Atmosphären hervorzubringen.

Viertes Kapitel.

Rankenkletterer und Schlingpflanzen.

§ 1. Schlingpflanzen[1]). Sehr viele Pflanzen besitzen so lange und dünne Stengel, daß sie nicht imstande sind, sich in vertikaler Lage zu erhalten. Diejenigen unter solchen Pflanzen, welche nicht mit besonderen Vorrichtungen zu diesem Zwecke ausgerüstet sind, müssen ihr ganzes Leben hindurch am Boden dahinkriechen. Windende und kletternde Pflanzen dagegen können sich dank ihrer Fähigkeit, andere Pflanzen zu umschlingen oder sich an ihnen zu befestigen, nach oben erheben und versetzen sich hierdurch in bezug auf Belichtung in die allergünstigsten Bedingungen.

Schlingpflanzen nennt man Pflanzen mit sehr langen und dünnen Stengeln, deren wachsende Gipfel sich um andere Pflanzen oder sonstige zufällig angetroffene Stützen winden. Als ein Beispiel für solche Pflanzen können der Hopfen (Humulus lupulus), die Bohne (Phaseolus multiflorus), verschiedene Windenarten (Convolvulus) sowie einige Polygonum-Arten. wie z. B. P. dumetorum und P. Convolvulus, angeführt werden. In der Figur 159 ist der Gipfelteil eines windenden Stieles von Akebia quinata abgebildet. Der Gipfel des wachsenden Stengelteiles der Schlingpflanzen beschreibt während des ganzen Wachstums kreisende Bewegungen. Bei den einen Pflanzen erfolgt diese Bewegung im Sinne des Uhrzeigers, bei anderen Pflanzen im entgegengesetzten Sinne (Fig. 160). Der sich bewegende Gipfel des Stengels besteht bei den meisten Schlingpflanzen aus den 2—3 letzten Internodien. Die Geschwindigkeit, mit welcher eine volle Windung von 360^0 ausgeführt wird, ist bei verschiedenen Pflanzen eine verschiedene:

bei Scyphanthus elegans	in	1 Stunde	17	Minuten
,, Convolvulus sepium .	,,	1 ,,	42	,,
,, Phaseolus vulgaris . .	,,	1 ,,	57	,,
,, Lonicera brachypoda	,,	9 Stunden	45	,,

Die kreisförmige Bewegung des Stengelgipfels dauert so lange an, bis derselbe auf seinem Wege auf irgend ein Hindernis stößt. Das Resultat einer solchen Berührung ist ein unregelmäßigen Wachstum. Diejenige

[1]) Darwin, Kletternde Pflanzen, 1876; Baranetzky, Mémoires de l'Académie Imp. de St. Petersbourg, VII. sér., t. XXXI, Nr. 8, 1883; Pfeffffer, Untersuchungen aus d. bot. Institut zu Tübingen, 1. Bd., 1885, S. 483; Voß, Bot. Ztg. 1902, S. 231.

Seite, welche der Berührung ausgesetzt war, beginnt langsamer zu wachsen als die entgegengesetzte Seite, und der Stengel beginnt sich um das angetroffene Hindernis zu winden, mag dies nun eine Pflanze sein oder ein anderer Körper.

Die Windungen der Spirale legen sich anfangs nicht dicht an, besonders wenn das angetroffene Hindernis sehr dünn ist; allein später

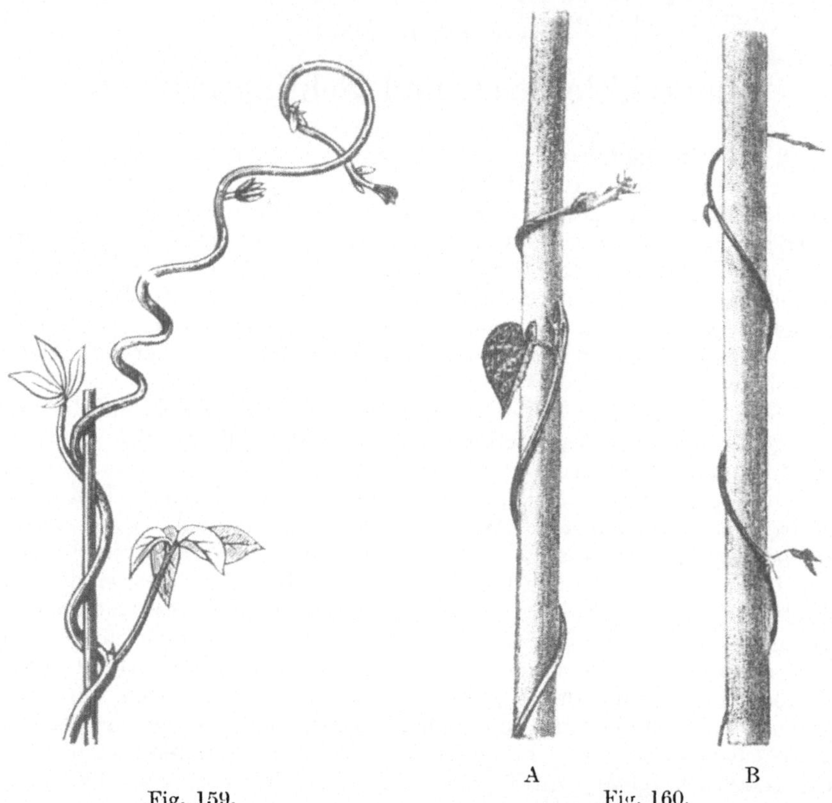

Fig. 159.
Windender Stengel von Akebia quinata.

Fig. 160.
A Linkswindender Sproß von Pharbitis, B Rechtswindender Sproß von Myrsiphyllum asparagoides. (Aus Bonniers Lehrbuch).

zieht sich die von dem Stengel gebildete Spirale infolge des unter dem Einflusse des negativen Geotropismus erfolgenden Wachstums in die Länge, wobei sie die Stütze fest umschlingt. Eine innigere Berührung wird noch durch die steifen Härchen befördert, mit welchen die Stengel der Schlingpflanzen gewöhnlich besetzt sind.

Die Schlingpflanzen vermögen es, sich um sehr dünne Gegenstände zu winden; die Stützen dürfen aber eine gewisse maximale Dicke nicht übersteigen, da sonst ein Winden der Stengel um dieselben nicht mehr möglich ist. Diese maximale Dicke ist für verschiedene Pflanzen eine verschiedene; so kann sich Phaseolusmultiflorus um Stützen winden, welche 3—4 Zoll Dicke besitzen, windet sich aber nicht mehr um Stützen von 9 Zoll im Durchmesser. Tropische Schlingpflanzen winden sich um dicke Stämme.

Dreht man eine Schlingpflanze langsam um ihre eigene Achse in horizontaler Lage auf dem Klinostat, so hört sie auf sich zu winden und beginnt parallel zur Stütze zu wachsen; die jungen, soeben erst gebildeten Windungen wickeln sich wieder auf. Durch solche Versuche wird der Nachweis dafür geliefert, daß der Geotropismus eine der für die Erscheinung des Windens der Stengel notwendigen Bedingungen darstellt.

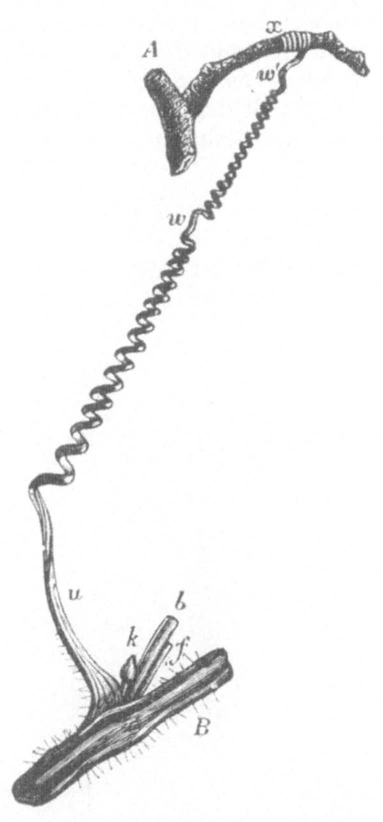

Fig. 161.
Ranke von Bryonia dioica.

§ 2. Kletternde Pflanzen[1]). Die langen Stengel der kletternden Pflanzen besitzen nicht die Fähigkeit zu umwinden. Sie erheben sich nach oben mit Hilfe besonderer Vorrichtungen, wie mit Härchen, Dornen, Luftwurzeln, Ranken u. dgl. m. Am meisten verbreitet von diesen Organen sind die Ranken. Die Ranken haben bei den verschiedenen Pflanzen einen verschiedenen morphologischenUrsprung: bei den einen Pflanzen (Vitis, Ampelopsis, Cucurbitaceae) stellen die Ranken differenzierte Zweige dar, bei anderen Pflanzen dagegen differenzierte Blätter; so verwandelt sich z. B. bei Pisum nur der obere Teil des Blattes in eine Ranke, während in dem unteren Teile die fiederartig angeordneten Blättchen erhalten bleiben.

Junge, im Wachstum begriffene Ranken besitzen die Fähigkeit, kreisförmig zu nutieren, wobei die Nutation so lange andauert, bis die Ranken auf ihrem Wege irgend eine Stütze antreffen, um welche sie sich

[1]) Darwin, Kletternde Pflanzen. 1876; De Vries, Arbeiten des bot. Instituts in Würzburg, Bd. 1, S. 302; Schenk, Beiträge zur Biologie und Anatomie der Lianen. Jena. I, 1892; II, 1893.

dann zu winden beginnen. Das Umwinden der Stütze ist das Ergebnis des ungleichmäßigen Wachstums zweier entgegengesetzter Seiten der Ranke, hervorgerufen durch den bei der Berührung ausgeübten Reiz. Der freie Teil der Ranke, welcher zwischen deren Basis und der Befestigungsstelle an der Stütze gelegen ist, bleibt nicht gerade, sondern windet sich spiralförmig auf, so daß der Stengel an die Stütze herangezogen wird und die Pflanze nicht an einem geraden Stiel suspendiert ist, welcher leicht zerreißen kann, sondern an einer Feder, welche sich bei den durch den Wind verursachten Bewegungen des Stengels etwas ausdehnt und dadurch vor dem Zerreißen bewahrt wird. Eine Befestigung

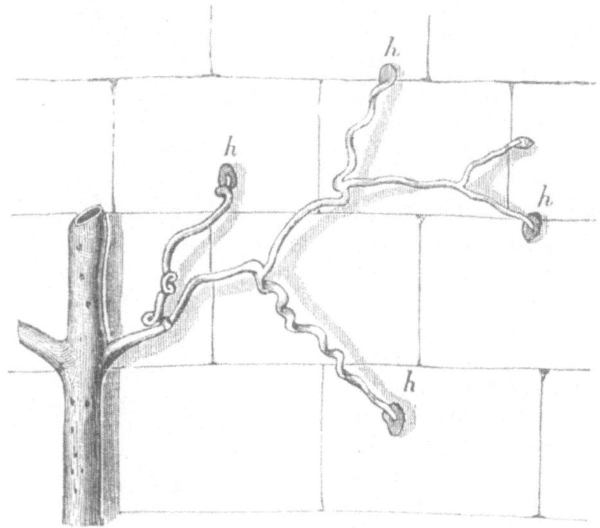

Fig. 162.
Ranke von Ampelopsis.

der Ranke an der Stütze kann nur während des Wachstums der Ranke vor sich gehen. Ranken, welche während ihres Wachstums keine Stütze angetroffen haben, vertrocknen meistens und fallen ab. In Fig 161 ist der Teil eines Stengels von Bryonia dioica mit einer von ihm abgehenden Ranke abgebildet, welche den Zweig A erfaßt hat. Der mittlere Teil der Ranke ist zu einer Spirale gekrümmt, welche die Ranke vor dem Zerreißen bewahrt.

Eine originelle Eigentümlichkeit weisen die Ranken von **Ampelopsis** auf, wenn es ihnen nicht gelingt, einen Gegenstand anzutreffen, um den sie sich winden könnten, wie zum Beispiel während ihres Wachstums längs einer Wand. In solchen Fällen geraten die durch negativen Heliotropismus an die Wand gepreßten Ranken während ihrer Nutationsbewegungen in zufällig in der Wand befindliche Öffnungen; hierauf beginnt an ihren Enden die Bildung von Verdickungen, welche die Öffnung dicht ausfüllen und auf diese Weise die Pflanze stützen (Fig. 162).

Anatomische Untersuchungen haben gezeigt, daß in den Ranken spezielle Vorrichtungen vorhanden sind, um die Reize besser aufzunehmen. In der Fig. 163 sind die Außenwände von Epidermiszellen einer Kürbisranke abgebildet. Die dicken Wände enthalten sehr dünne Stellen (Tasttüpfel), welche mit Protoplasma angefüllt sind. Die in diesen Tüpfeln enthaltenen kleinen Kristalle von oxalsaurem Kalk tragen höchstwahrscheinlich dazu bei, daß der durch Berührung mit solchen Tüpfeln hervorgerufene Reiz in verstärktem Maße übertragen wird.

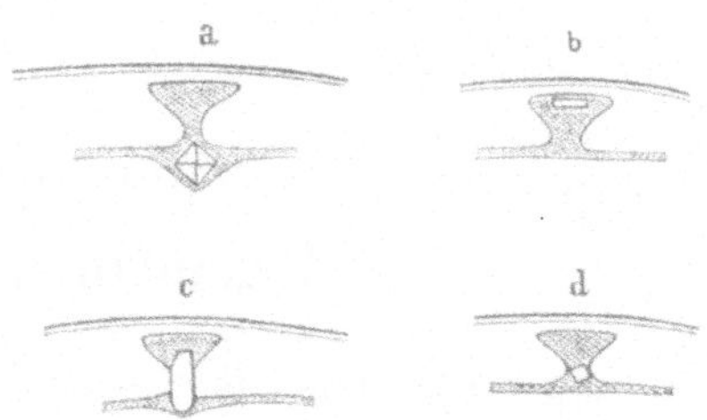

Fig. 163.
Sensible Poren einer Ranke von Cucurbita Pepo. (Nach Haberlandt.)

§ 3. Zirkumnutation[1]). Darwin wies nach, daß alle im Wachstum begriffenen Organe der Pflanzen, welche in einer geraden Linie zu wachsen scheinen, in Wirklichkeit verschiedene kreisförmige Bewegungen ausführen; allein diese Bewegungen sind so geringfügig, daß sie ohne Zuhilfenahme besonderer Vorrichtungen nicht zu bemerken sind. Nach Darwin stellt diese Art von Bewegung, von ihm als Zirkumnutation bezeichnet, die Grundbewegung, sozusagen die primäre Bewegung dar, aus welcher sich unter günstigen Bedingungen die verschiedenartigen, bei den Pflanzen vorkommenden Bewegungen herausbilden können. Allein Wiesner hat nachgewiesen, daß diese Auffassung nicht richtig ist: er fand, daß eine Zirkumnutation in vielen im Wachstum befindlichen Organen nicht nachzuweisen ist; wo sie aber vorhanden ist, bildet sie nur das Ergebnis einiger Unregelmäßigkeiten des Wachstums.

---

[1]) Darwin, Bewegungsvermögen der Pflanzen. Wiesner, Bewegungsvermögen der Pflanzen. 1881.

Fünftes Kapitel.

Variationsbewegungen.

§ 1. Übersicht der verschiedenen, bei Pflanzen vorkommenden Bewegungen. Alle den Pflanzen eigentümlichen Bewegungen zerfallen in zwei Gruppen: Zu der ersten Gruppe gehören die Bewegungen der wachsenden Organe oder die Nutationsbewegungen; zu der zweiten Gruppe gehören die Bewegungen der bereits völlig ausgewachsenen Organe oder die Variationsbewegungen. Alle Bewegungen der Pflanzen, welche wir oben bereits besprochen haben, gehören zu der ersten der beiden Gruppen, da sie noch während des Wachsens des Organes ausgeführt werden und mit dem Aufhören des Wachstums auch eingestellt werden. Alle Nutationsbewegungen werden ihrerseits in zwei Gruppen eingeteilt. Zu der ersten Gruppe, den paratonischen oder rezeptiven Nutationsbewegungen, gehören die durch äußere Ursachen hervorgerufenen Bewegungen, so der Heliotropismus, der Geotropismus usw. Zur zweiten Gruppe, der spontanen Nutationsbewegungen, gehören die Bewegungen der wachsenden Organe, welche ausschließlich von der inneren Organisation der Pflanzen abhängen; hierher gehören die kreisförmige Nutation der Schlingpflanzen, die Zirkumnutation, die Epinastie, die Hyponastie u. a. m. Als Epinastie bezeichnet man die Erscheinung des verstärkten Wachstums an der Oberseite eines Organes, mag dieses einen Stengel oder ein Blatt darstellen; infolge eines derartigen Wachstums biegen sich die Organe nach unten. Als Hyponastie bezeichnet man umgekehrt ein verstärktes Wachstum an der Unterseite eines Organes. Beide genannten Wachstumserscheinungen hängen nur von der inneren Organisation der betreffenden Organe ab.

Alle Variationsbewegungen werden ebenfalls in paratonische und spontane Bewegungen eingeteilt.

§ 2. Spontane Variationsbewegungen. Es sind gegenwärtig mehrere Fälle derartiger Bewegungen bekannt. Als bestes Beispiel für dieselben können die Seitenblättchen von Desmodium gyrans [1]) dienen, die elliptische Bahnen beschreiben. Die Geschwindigkeit der Bewegung hängt von der Temperatur ab; bei hoher sommerlicher Temperatur benötigt eine volle Umdrehung einen Zeitraum von etwa drei Minuten.

---

[1]) Hofmeister, Pflanzenzelle. 1867.

Ebensolche Bewegungen, nur viel langsamer, werden auch bei anderen Pflanzen beobachtet; so vollzieht das Endblättchen der Klees eine Hin- und Herbewegung im Verlaufe von 1–4 Stunden.

§ 3. Paratonische Variationsbewegungen[1]). Die Blätter von Mimosa pudica welche die Fähigkeit besitzen, sich bei der geringsten Berührung herabzusenken, stellen das beste Beispiel für die paratonische Variationsbewegung dar. Ein jedes Blatt besteht aus einem langen Blattstiel, an welchem vier gefiederte Blättchen sitzen; ein jedes der gefiederten Blättchen besteht wiederum aus einem Blattstielchen zweiter Ordnung, welches mit einer großen Anzahl kleiner Blättchen dritter Ordnung besetzt ist (Fig. 164 A). Der primäre Stiel trägt an seinem Grunde einen wohlentwickelten Gelenkpolster; ebensolche

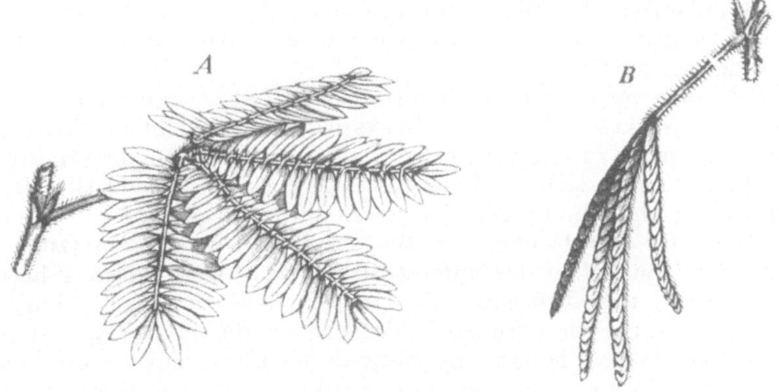

Fig. 164.
Blätter von Mimosa pudica. A normale Stellung, B nach erfolgter Reizung.

Gelenke befinden sich auch an dem Grunde der Blattstielchen zweiter und dritter Ordnung. Es genügt die schwächste Berührung des größten Gelenkpolsters, um ein Herabsinken des primären Blattstieles zu veranlassen; die Blättchen dritter Ordnung dagegen erheben sich und legen sich mit ihren Oberseiten aneinander (Fig. 164 B). Ist der Reiz kräftig genug gewesen, so wird er durch den Stengel auch auf die übrigen Blätter der Pflanze übertragen, welche sich ebenfalls senken und zusammenlegen. Nach einiger Zeit beginnen die Blätter sich allmählich wieder auszubreiten und nehmen ihre frühere Stellung ein. Das soeben beschriebene Phänomen geht in bereits völlig ausgewachsenen Blättern vor sich und stellt daher eine von dem Wachstum völlig unabhängige Art der Bewegung dar.

[1]) Brücke, Müllers Archiv für Anatomie und Physiologie 1848, S. 434; Pfeffer, Physiologische Untersuchungen. 1873; Haberlandt, Reizleitendes Gewebesystem der Sinnpflanze 1890.

Die über den eigentlichen Vorgang des Senkens der Blätter angestellten Beobachtungen zeigen, daß derselbe durch Veränderungen in der Gestalt des Gelenkspolsters hervorgerufen wird.

Die Hauptmasse des Gelenkpolsters [1]) besteht aus Parenchymgewebe mit einer großen Anzahl von Interzellulargängen. Die Zellmembranen sind in der unteren Hälfte des Wulstes bedeutend dünner als die Membranen in dessen oberer Hälfte. In dem Zentrum des Gelenk verläuft ein Gefäßbündel. In den Gelenken ist eine sehr starke Gewebsspannung zu bemerken. Die äußeren Teile befinden sich unter starkem Drucke, während der innere, zentrale Teil sich in Zugspannung befindet. Diese Erscheinung läßt sich leicht konstatieren, indem man das Gelenk oder einzelne Teile desselben herausschneidet und in Wasser legt: die äußeren Teile strecken sich dann, während die inneren sich zusammenziehen. Aus diesen Tatsachen läßt sich der direkte Schluß ziehen, daß das Herabsinken der Blätter infolge eines Reizes das Resultat einer Veränderung im Turgor der Zellen der oberen oder der unteren Hälfte des Gelenkes darstellt.

Schneidet man die untere Hälfte eines Blattgelenkpolsters bis zum Holze heraus, so senkt sich der Blattstiel und verbleibt in dieser Lage ohne sich wieder zu erheben; entfernt man dagegen die obere Hälfte des Gelenkes, so senkt sich der Blattstiel zwar ebenfalls, erhebt sich darauf aber wieder und nimmt eine höhere Stellung an als zuvor. Hieraus folgt, daß das Herabsinken der Blätter durch eine Herabsetzung des Turgors in den Zellen der unteren Hälfte des Gelenkspolsters hervorgerufen wird, das Aufrichten der Blätter dagegen ein Ergebnis der Wiederherstellung des früheren Turgors in diesen Zellen darstellt. Das Annehmen einer höheren Lage seitens der Blätter mit ausgeschnittener oberer Hälfte des Gelenkes wird dadurch verursacht, daß sich die Zellen der unteren Hälfte in diesem Falle bedeutend stärker ausdehnen können, indem sie auf der entgegengesetzten Seite keinem Widerstande begegnen. Dreht man eine Mimose zuerst herum und ruft dann einen Reiz hervor, so senken sich die Blätter in diesem Falle nicht, sondern beginnen im Gegenteil sich zu erheben. Auch dieses Erheben ist ein Ergebnis der Entfernung des Widerstandes von der entgegengesetzten Seite.

Die Abschwächung des Turgors in den Zellen der unteren Hälfte des Gelenkes ist von einer Verminderung ihres Umfanges begleitet. Ein Teil des in ihnen enthalten gewesenen Wassers muß daher irgend wohin übergehen. Nach außen tritt das Wasser niemals aus; die Oberfläche des Gelenkes bleibt auch nach erfolgtem Reize trocken. Gleichzeitig kann man bemerken, daß der Gelenkpolster nach dem Senken der Blätter eine dunklere Färbung annimmt, gleichsam wie mit Wasser injiziert erscheint. Brücke schließt hieraus, daß das aus den Zellen austretende Wasser in die Interzellularkanäle eintritt, indem es die

[1]) Für die Untersuchung eignen sich am besten die Gelenke des primären Blattstieles. Alle weiter unten beschriebenen Versuche wurden mit diesen angestellt.

in ihnen enthaltene Luft verdrängt; sobald der Reiz aufhört, tritt das ausgeschiedene Wasser von neuem in die Zellen ein, die Interzellulargänge füllen sich mit Luft, und infolgedessen wird die Färbung des Gelenkswulstes wieder heller.

Die Ursache der zeitweiligen Wasserausscheidung durch die Zellen der unteren Hälfte des Gelenkspolsters liegt natürlich darin, daß die Eigenschaften der Hautschicht des Protoplasmas dieser Zellen durch den Reiz einer Abänderung erfahren. Welcher Natur diese Veränderungen aber sind, ist bis jetzt noch unbekannt geblieben. Das Herabsinken der Mimosenblätter kann als eine der Offenbarungen des Lebens dieser Pflanze nur unter solchen Bedingungen stattfinden, welche für die Lebensfunktionen überhaupt günstig sind; es sind dies: eine genügende Menge von Licht, Wärme, Feuchtigkeit sowie das Vorhandensein von Sauerstoff in der umgebenden Atmosphäre. Das Chloroformieren bewirkt eine Anästhesie der Mimose, welche eine gewisse Zeit hindurch die Fähigkeit verliert, auf Reize zu reagieren.

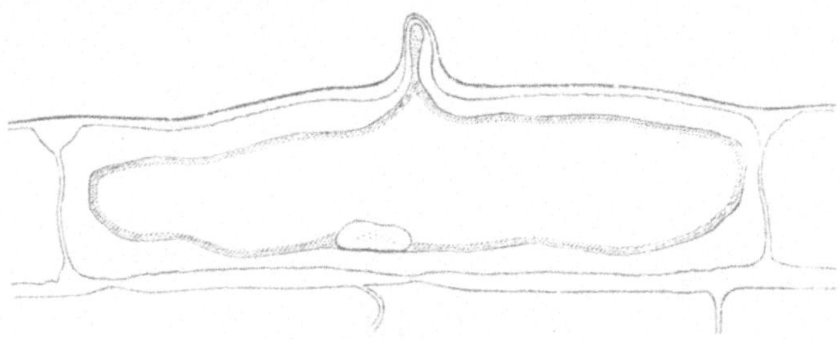

Fig. 165.
Epidermiszellen der Staubfäden von Opuntia vulgaris. (Nach Haberlandt.)

Viele andere Leguminosen, wie auch einige Oxalis-Arten besitzen ebenfalls Blätter, welche für Reize empfindlich sind, doch ist deren Empfindlichkeit viel geringer.

Auch die Staubfäden der Cynareae gehören zu den durch Berührung reizbaren Organen: sie verkürzen sich durch schwachen Druck Die Verringerung ihres Umfanges ist wie bei den Blättern von Mimosa von einem Übertreten von Wasser in die Interzellulargänge begleitet, Die Epidermiszellen solcher Staubfäden besitzen besondere sensible Fortsätze mit sehr dünner Membran, in welche das Protoplasma übertritt (Fig. 165). Diese Fortsätze repräsentieren Organe, welche Reize aufnehmen.

Die vollständig ausgewachsenen Blätter vieler Pflanzen nehmen mit Eintritt der Nacht eine andere Stellung ein als am Tage: ihre Blättchen legen sich übereinander, während die Blattstiele sich häufig senken. Diese Erscheinung bezeichnet man als den Schlaf der Blätter Das Herabhängen der Blätter von Mimosa infolge eines ausgeübten Reizes ruft eine Herabsetzung des Turgors in der unteren Hälfte des

Gelenkswulstes hervor, während der Schlaf der Blätter von Mimosa und anderer Pflanzen das Ergebnis einer Erhöhung des Turgors einer Hälfte des Gelenkswulstes ist. Eine künstliche Beschattung ruft ebenfalls den Schlaf der Blätter hervor. In der Fig. 166 sind zwei Triebe

Fig. 166.
Zwei Triebe von Desmodium gyrans. A in Tagstellung; B in Nachtstellung. (Nach Darwin.)

von Desmodium gyrans abgebildet, und zwar in A während des Tages und in B mit schlafenden Blättern. Mit Eintritt der Nacht haben die Blätter sich gesenkt und übereinandergelegt. Das Resultat einer solchen Stellung der Blätter ist die Verringerung ihrer Oberfläche, wodurch die Pflanze vor starker Abkühlung in der Nacht bewahrt wird

Sechstes Kapitel.

Gestaltung und Vermehrung der Pflanzen.

§ 1. Abhängigkeit der Gestaltung der Pflanzen von äußeren und inneren Bedingungen. Die Gestaltung der Pflanzen ist außerordentlich abhängig von äußeren Bedingungen. Indem die Pflanzen sich an das sie umgebende Medium anpassen, verändern sie sowohl ihre äußere Gestalt wie auch ihren inneren anatomischen Bau. Viele Eigentümlichkeiten in der Gestalt der einzelnen Pflanzen, welche als rein morphologischer Natur angesehen wurden, erweisen sich als das Resultat äußerer

Fig. 167.
Achyrophorus quitensis in ⅔ der natürl. Größe.

Bedingungen. Wir haben bereits oben gesehen, daß ein jeder Faktor für sich genommen, das Licht, die Wärme, der Druck der Atmosphäre, die Feuchtigkelt, die Ernährungsbedingungen, endlich die Anziehungskraft der Erde, sowohl auf die äußere Gestalt wie auch auf den inneren Bau der Pflanzen eine starke Wirkung ausübt. Natürlich werden sich diese Veränderungen noch beträchtlicher gestalten, wenn mehrere der erwähnten Faktoren gleichzeitig in verschiedenem Maße auf die Pflanze einwirken, wie dies auch unter natürlichen Bedingungen in der Natur der Fall ist. So ist z. B. eine ganze Reihe von meteorologischen Bedingungen auf hohen Bergen eine ganz andere als in Niederungen. Die Flora der hohen Berge (die sogenannte Alpenflora) unterscheidet sich ebenfalls stark von der Flora der Ebenen, sowohl in bezug auf ihr Aussehen wie auch in ihrem anatomischen

Fig. 168.
Betonica officinalis. P in der Ebene aufgewachsen, M in den Bergen aufgewachsen. (Nach Bonnier.)

Bau[1]). Auf hohen Bergen überwiegen Pflanzen mit mehr oder weniger stark reduzierten Stengel, mit festem, im Vergleich mit den Dimen-

[1]) Wagner, Sitzungsber. d. Wien. Akad. CI, Abt. 1, 1892, S. 487.

sionen der ganzen Pflanze sehr großen Blättern und großen, lebhaft gefärbten Blüten. In der Fig. 167 ist eine Pflanze, Achyrophorus quintensis, abgebildet, welche von Neu-Granada bis Peru in einer Höhe von 3—4000 m verbreitet ist, und bei der alle Eigentümlichkeiten der alpinen Flora sehr stark ausgeprägt erscheinen.

Die Versuche von Bonnier [1]) haben gezeigt, daß die verschiedenen Eigentümlichkeiten der Alpenpflanzen ein Resultat der Einwirkung des umgebenden Mediums sind. Bonnier zog Pflanzen aus Samen derselben Herkunft in der Umgebung von Paris, in den Alpen und den Pyrenäen. Die in der Umgebung von Paris aufgewachsenen Pflanzen hatten das übliche Aussehen der Pflanzen der Ebene, d. h. dasselbe

Fig. 169.
Helianthus tuberosus. P in der Ebene aufgewachsen, M in den Bergen; M' dieselbe Pflanze vergrößert. (Nach Bonnier.)

Aussehen wie die Pflanzen, von denen die zur Aussaat genommenen Samen herstammten. Die in den Alpen und den Pyrenäen aufgewachsenen Pflanzen dagegen nahmen eine mehr oder weniger deutlich ausgesprochene Gestalt der Alpenpflanzen an. So unterschieden sich z. B. die auf hohen Bergen aufgewachsenen Betonica officinalis (Fig. 168) stark von den in der Ebene wachsenden Pflanzen. Das ganze Gewächs war kleiner, die Blätter mehr an der Basis des Stengels zusammengedrängt. Ein besonders auffallender Unterschied ergab sich bei der Erdbirne (Helianthus tuberosus) (Fig. 169). In der Ebene wächst sie in Gestalt einer hohen Pflanze mit langem Stengel, welcher mit spiralig angeordneten Blättern besetzt ist. Die ganze Pflanze erinnert sehr an die Sonnenblume (Helianthus annuus), Eine Pflanze dagegen, welche in einer Höhe von 2300 m aufgewachsen war, erhielt ein durchaus

[1]) Bonnier, Revue générale de botanique 1890, S. 513. Weinzierl, Landw. Versuchsstationen XLIII, 1893, S. 27.

abweichendes Aussehen. Der Stiel war fast vollständig verschwunden, und alle Blätter saßen in Gestalt einer Rosette an der Erdoberfläche. Helianthus tuberosus unterliegt demnach schon in der ersten Generation den Einwirkungen der auf hohen Bergen herrschenden meteorologischen Bedingungen in so starkem Maße, daß er die typische Gestalt einer Alpenpflanze annimmt.

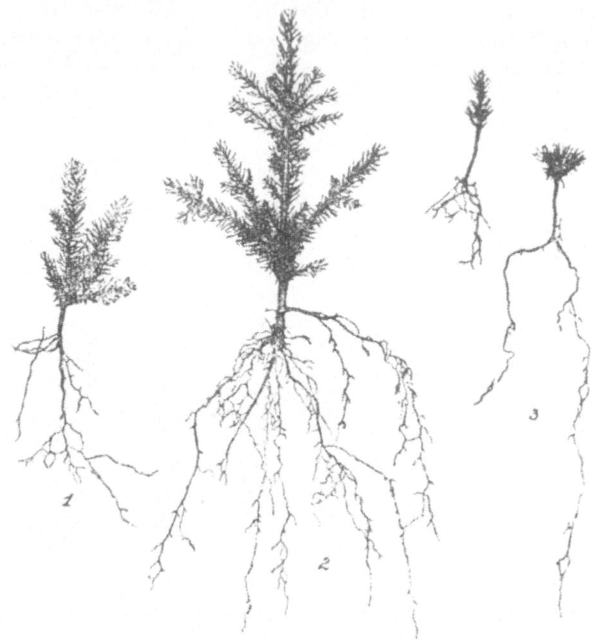

Fig. 170.
Dreijährige, unter gleichen Bedingungen aus Samen verschiedener Herkunft aufgewachsene Fichten: 1 Samen aus Achental von 1600 m Höhe; 2 Samen aus Achental von 800 m Höhe; 3 Samen aus Finnland.

Alle hier angeführten Beispiele zeigen auf das deutlichste, mit welcher Leichtigkeit viele Pflanzen ihre äußere Gestalt schon in der ersten Generation in Abhängigkeit von den sie umgebenden Bedingungen verändern. Wirken dagegen die umgebenden äußeren Bedingungen sehr lange Zeit hindurch auf die Pflanze ein, so können die durch diese Umgebung hervorgerufenen Veränderungen auch erblich werden. In diesem Falle werden sie von einer ganzen Reihe von Generationen beibehalten, trotz der Veränderung der umgebenden äußeren Bedingungen[1]). So zeigt z. B. die Fig. 170 junge dreijährige Fichten, welche

[1]) J. Demoor, La mémoire organique. Bull. Société R. Sc. médic. de Bruxelles 1907.

gleichzeitig unter durchaus gleichen Bedingungen, aber aus Samen verschiedener Herkunft aufgewachsen sind. Wir sehen hier, daß die Samen von Bäumen, welche unter günstigen Begingungen in verhältnismäßig geringer Höhe über dem Meere aufgewachsen sind, sehr große Pflanzen ergeben (Fig. 170,2). Aus Samen der gleichen Gegend, aber von hohen Bergen (1600 m über der Meeresoberfläche) ergaben sich Pflanzen von beträchtlich geringerer Größe (Fig. 170.1). Aus Finnland stammende Samen endlich ergaben Pflanzen, welche durch ihre unbedeutende Größe auffielen. Das Gesetz der Vererbung hat eine nicht nur in theoretischer, sondern auch in praktischer Hinsicht sehr wichtige Bedeutung: um eine gute Ernte zu erzielen, hat man sich nicht nur um eine gute Bearbeitung und Düngung des Bodens zu bekümmern, sondern vor allem um den Bezug von guten Samensorten.

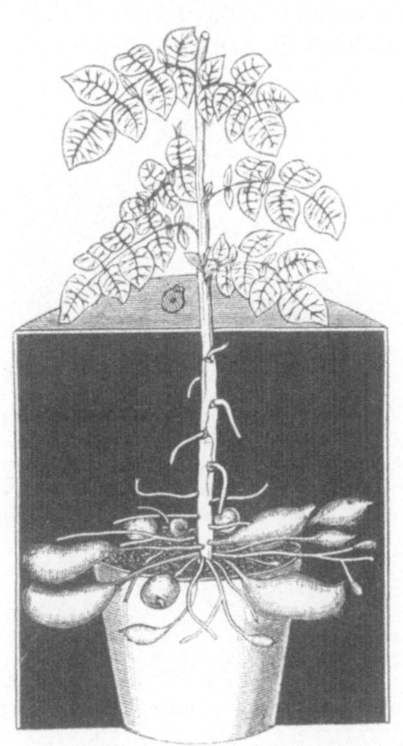

Fig. 171.
Bildung oberirdischer Kartoffelknollen am beschatteten Teile des Stengels. (Nach Vöchting.)

Die Gelehrten haben sich nicht damit begnügt, die Einwirkung der äußeren Bedingungen auf die Veränderung der äußeren Gestalt und den Bau der Pflanze kennen zu lernen, sondern sie haben sich auch mit der Frage über den genetischen Zusammenhang der Organe der Pflanzen beschäftigt. Derartige Fragen wurden bis in die jüngste Zeit hinein ausschließlich durch Beobachtungen gelöst. Auf Grund verschiedenartiger Beobachtungen haben die Morphologen drei Hauptorgane der Pflanzen festgestellt: die Wurzel, den Stengel und das Blatt. Alle übrigen Organe werden als Verwandlungen eines der drei Hauptorgane angesehen. So sind die Teile der Blüte nichts anderes als veränderte Blätter. Die Kartoffelknollen werden, da sie sich nicht an den Wurzeln sondern an besonderen unterirdischen Trieben bilden, als stark allseitig gewachsene Knospen dieser Triebe, d. h. als fleischige, verkürzte, unterirdische Stengel aufgefaßt. Daß sie wirklich Stengel sind, wird noch dadurch bewiesen, daß auf ihnen Knospen mit Blattanlagen sitzen (die sogenannten Augen). Gegenwärtig besitzen wir dank den

Untersuchungen von Vöchting [1]) experimentelle Beweise für die Richtigkeit dieser Auffassung. Erstens kann man sehr leicht Kartoffelknollen nicht nur in der Erde, sondern auch an deren Oberfläche erhalten. Zu diesem Zwecke beschattet man den unteren Teil des Stengels (Fig. 171). Der beschattete Teil des Stengels beginnt sodann Triebe zu bilden, welche Knollen tragen.

Die Abwesenheit des Lichtes ist demnach eine der Bedingungen, welche die Bildung von Knollen begünstigen. Allein die Dunkelheit gehört nicht etwa zu den unentbehrlichen Faktoren, indem man eine

Fig. 172.
Verwandlung gewöhnlicher Knospen in Luftkartoffelknollen. (Nach Vöchting.)

oberirdische Knollenbildung auch am Lichte erzielen kann. Es wird dies auf folgende Weise bewerkstelligt. Schneidet man einen Kartoffelzweig mit Blättern ab und pflanzt denselben so in die Erde, daß sein in der Erde befindlicher Teil keine Knospen trägt (was durch sorgfältiges Ausschneiden derselben erzielt wird), so wird der Zweig Wurzeln treiben, und wir erhalten eine neue Pflanze. Diese Pflanze kann keine unterirdischen Triebe geben, weil an ihrem in der Erde befindlichen Teile keine Knospen sitzen, und kann aus diesem Grunde auch keine unterirdischen Knollen ansetzen; die in den Blättern gebildete Stärke beginnt sich daher in den gewöhnlichen Luftknospen abzulagern, welche sich in echte Knollen verwandeln (Fig. 172). Diese Knollen unterscheiden sich von den unterirdischen nur durch ihre intensivere

[1]) Vöchting, Bibliotheca botanica, I, 1887.

kirschrote Färbung und die größeren Augen mit grünen Blättern. Unter solchen Bedingungen kann man stets beobachten, daß die Bildung der Knollen an den unteren Zweigen oder am unteren Teile des Stengels vor sich geht. Um Kartoffelknollen am Gipfel des Stengels zu erhalten, muß man diesen Teil des Stengels in einem dunklen Kästchen unterbringen (Fig. 173). In diesem Falle wird die Bildung von Knollen an den unteren Teilen der Pflanze aufgehalten, und es erfolgt deren verstärktes Wachstum am Gipfel.

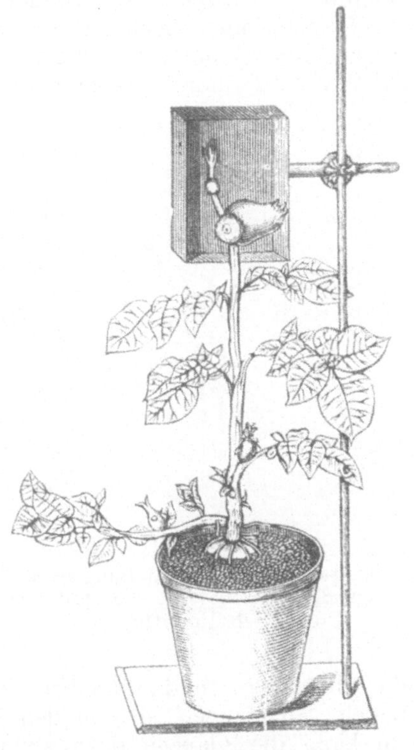

Fig. 173.
Verwandlung gewöhnlicher Knospen am oberen beschatteten Teile des Stengels in Luftkartoffelknollen. (Nach Vöchting.)

Bei dieser Ausführung des Versuches wird demnach die Richtung des gewohnten Stromes der von den Blättern produzierten organischen Substanzen umgekehrt: er geht nunmehr nach oben, statt nach unten zu gehen. Ähnliche Luftknollen kann man auch an anderen Pflanzen erhalten, welche unter normale Bedingungen unterirdische Knollen produzieren.

Vöchting[1]) war es auch, der die Abhängigkeit der Bildung der Kartoffelknollen von einer ganzen Reihe äußerer Bedingungen feststellte.

Die bei vielen Pflanzen vorkommenden Rhizome werden wegen ihrer Lage in der Erde gewöhnlich für Wurzeln angesehen. Da dieselben aber mit Anlagen von Blättern versehen sind, aus deren Scheiden gewöhnliche oberirdische Triebe hervorkommen, so sind die Rhizome demnach in Wirklichkeit keine Wurzeln, sondern unterirdische Stengel. Die Richtigkeit dieser Auffassung ist ebenfalls von Vöchting[2]) durch direkte Versuche an zwei Pflanzen, Stachys tuberilera und Stachys palustris, nachgewiesen worden. Unter normalen Bedingungen bilden sich die Rhizome bei diesen Pflanzen nur in der Erde, an der Basis der Stengel. Erfüllt man jedoch diejenigen Bedingungen, welche zur Erzielung von Luftkartoffelknollen angewendet werden, so gelingt es auch bei diesen Pflanzen, Luftrhizome zu erhalten. Man pflanzt

[1]) Vöchting, Bot. Ztg. 1902, S. 87.
[2]) Vöchting, Bot. Ztg. 1889.

Zweige so in die Erde, daß ihre in der Erde befindlichen Teile keine Knospen enthalten. Derartige Zweige treiben bald Wurzeln; da sie aber wegen der Abwesenheit von unterirdischen Knospen der Möglichkeit beraubt sind, Rhizome in der Erde zu bilden, so beginnen sie solche aus den Achsenknospen an den oberen Teilen des Stengels statt der gewöhnlichen seitlichen Zweige hervorzubringen (Fig. 174). Bei den erwähnten Pflanzen, insbesondere bei Stachys palustris, kann man Rhizome auch noch auf andere Weise hervorbringen. Zu diesem Zwecke werden normale Pflanzen mit unterirdischen Rhizomen im Herbst in das Zimmer verbracht, wenn sie völlig ausgewachsen sind und die ersten Anzeichen des Absterbens sich bemerkbar machen. Nachdem die Pflanzen einige Zeit hindurch im Zimmer verweilt haben, beginnen die blättertragenden Triebe von neuem zu wachsen und geben Luftrhizome. Die hier beschriebenen Versuche haben demnach den genauen Beweis für die These der Morphologen geliefert, wonach die Knollen und Rhizome nichts anderes darstellen als Stengel.

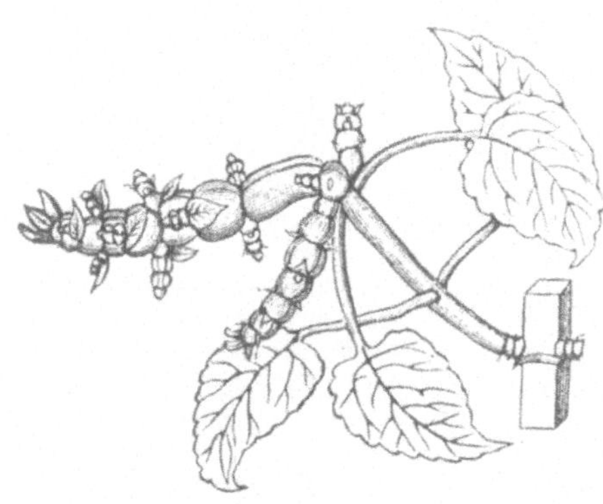

Fig. 174.
Stachys tuberifera. Verwandlung eines blättertragenden Triebes in ein Luftrhizom. (Nach Vöchting.)

In allen mitgeteilten Versuchen über die Bildung von Luftknollen und Luftrhizomen haben die Nährstoffe, welche der Möglichkeit beraubt waren, sich in unterirdischen Stengeln abzulagern und dieselben in Knollen und Rhizome zu verwandeln, angefangen, sich in den Luftstengeln abzulagern. Allein man kann die Pflanzen dazu zwingen, sich ein neues Organ für die Ablagerung der Nährstoffe zu wählen. So werden z. B. bei Boussingaultia baselloides die Reservestoffe in Knollen abgelegt. Man kann aber die Pflanze zwingen, dieselben in den Wurzeln abzulegen. Zu diesem Zwecke schneidet man ein Blatt ab und steckt dasselbe mit seinem Stiele in Erde. Bald werden an dem Ende des Stieles Wurzeln auftreten. Man erhält auf diesem Wege eine sehr eigenartige Pflanze, welche aus einem Blatt und Wurzeln besteht und gar keinen Stengel besitzt. Die Reservestoffe werden aus diesem Grunde in einer der Wurzeln abgelegt, welche beträchtlich an Dicke zunimmt und die Gestalt einer Knolle annimmt (Fig. 175).

Bei physiologischen Untersuchungen über die Gestalt der Pflanzen darf man sich nicht mit dem Studium der äußeren Bedingungen allein begnügen. Man wird unbedingt auch die inneren Bedingungen welche für die Organisation der betreffenden Pflanze in Betracht kommen, berücksichtigen müssen. So wurde z. B. das Vorhandensein einer Polarität in den Stengeln von Vöchting [1]) auf folgende Weise nach gewiesen. Schneidet man aus einem Weidenzweig mehrere Stücke heraus, und hängt sie in einer feuchten Atmosphäre auf, die einen in der normalen, andere in der umgekehrten Lage, so erhält man folgende Resultate. Die abgeschnittenen Stücke, welche in der normalen Lage aufgehängt worden waren, er-

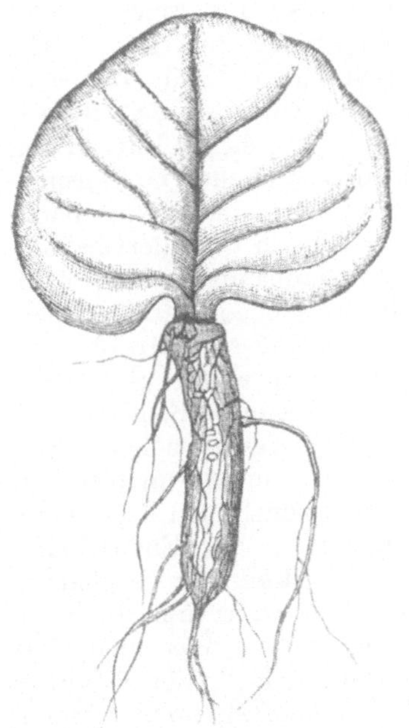

Fig. 175.
Boussingaultia baselloides. Blatt mit einer am Ende des Stieles getriebenen Wurzel, welche zu einer Knolle geworden ist. (Nach Vöchting.)

Fig. 176.
Zwei Stücke eines Weidenzweiges. A in normaler, B in umgekehrter Lage. s Stengelpole, w Wurzelpole. (Nach Vöchting.)

gaben oben Triebe, unten dagegen Wurzeln. Diejenigen Stücke hingegen, welche in umgekehrter Lage gehangen hatten, bildeten trotzdem hartnäckig oben Wurzeln, wo dieselben ganz unnütz sind, unten aber Stengel (Fig. 176). In jedem Teilstück des Stengels sind dem-

[1]) Vöchting, Organbildung im Pflanzenreich. 1879.

nach zwei Pole vorhanden, ein Wurzelpol und ein Stengelpol. Ganz ungeachtet der Veränderungen in den äußeren Bedingungen bringen beide Pole stets nur die ihnen eigentümlichen Organe hervor.

Die gegenseitige Einwirkung der einzelnen Organe, ihre zweckmäßige Funktion, mit einem Worte alles das, was als Consensus partium bezeichnet wurde, war lange Zeit hindurch ein Rätsel geblieben. Bei den tierischen Organismen wurde die Rolle der regulierenden Tätigkeit bis in die neueste Zeit hinein ausschließlich dem Nervensystem zugeschrieben. Gegenwärtig sind bei den Tieren besondere Stoffe entdeckt worden, welche die regelmäßige Arbeit ganzer Organe regulieren und sogar die Entwicklung neuer Organe hervorrufen. Diese Stoffe gelangen in einem Teile des Organismus zur Ausbildung und werden sodann nach einem anderen Teile desselben ausgesendet, welcher nicht selten in einer recht weiten Entfernung liegt, wo sie eine ganze Reihe entsprechender chemischer Reaktionen hervorrufen. Für derartige Stoffe, welche als typische chemische Boten erscheinen, hat Starling [1]) die Bezeichnung Hormone eingeführt. Die gegenseitige Einwirkung des einen Organes auf ein anderes wurde in den tierischen Organismen von Brown-Séquard entdeckt. Dieser Gelehrte hat, wie bekannt, nachgewiesen, daß die Testikel Stoffe enthalten, welche in der allerverschiedensten Weise nicht nur auf den Zustand des Organismus, sondern auch auf dessen geistige Tätigkeit einwirken. „Je crois encore qu'il est parfaitement possible de réparer des ans les outrages réparables" [2]). „Les testicules donnent à l'homme ses plus nobles et ses plus utiles attributs" [3]). Die Testikel führen durch innere Sekretion Stoffe in den männlichen Organismus ein, welche dessen scharf ausgesprochenen Unterschied von dem weiblichen Organismus bedingen. Ich will mich darauf beschränken, von den zahlreichen anderen derartigen Fällen im Gebiete der Physiologie der Tiere auf die Abhängigkeit in der Entwicklung der Milchdrüsen von der Schwangerschaft hinzuweisen. So verpflanzte z. B. Ribbert [4]) an einem Meerschweinchen die Milchdrüse in die Nähe des Ohres. Die hierauf eingetretene Trächtigkeit war von einer Vergrößerung der verpflanzten Drüse begleitet. Gegen Ende der Trächtigkeitsperiode konnte sogar Milch aus der Drüse herausgepreßt werden. Daß wir es im gegebenen Falle mit einem besonderen Hormon zu tun haben, welches von dem sich entwickelnden Embryo ausgesandt wird, wird durch die von Starling und Miß Lane Claypon [5]) angestellten Versuche nachgewiesen. Diesen beiden Autoren ist es gelungen, bei

---

[1]) E. Starling, Croonian Lectures. R. College of Physicians. London 1905. Lancet, Aug. 1905. Zitiert nach: Ergebnisse der Physiologie, 5. Jahrg., I. und II. Abt. 1906, S. 668.

[2]) Brown-Séquard, Archives de physiologie normale et pathologique, 5. sér., t. 1, 1889, S. 651.

[3]) l. c., S. 652.

[4]) H. Ribbert, Über Transplantation von Ovarium, Hoden und Mamma. Archiv für Entwicklungsmechanik VII, 1898, 688.

[5]) L. Claypon und Starling. Proceedings of the Royal Soc. London, Serie B, Bd. 77, 1906, S. 505.

Kaninchenweibchen in jungfräulichem Zustande Anfangsstadien in der Entwicklung der Milchdrüsen zu erhalten, nachdem den Versuchstieren Extrakte aus dem Fötus trächtiger Weibchen injiziert worden waren. In der Fig. 177 ist die Milchdrüse eines noch nicht befruchteten Kaninchenweibchens in natürlicher Größe dargestellt. Die Fig. 178 zeigt die Milchdrüse eines ebensolchen Weibchens, welche aber infolge 5 Wochen andauernder Injektionen von Fötusextrakten stark angewachsen ist, und zwar wiederum in natürlicher Größe. Dieselbe hatte das Aussehen einer Milchdrüse am 9.—10. Tage der Trächtigkeit.

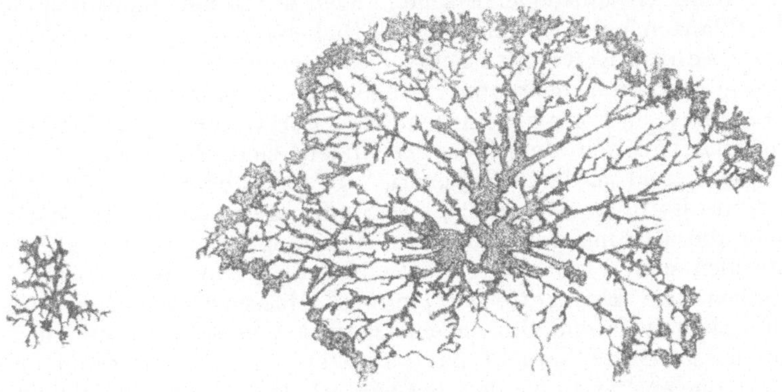

Fig. 177.
Milchdrüse eines jungfräulichen Kaninchenweibchens.

Fig. 178.
Wucherung der Milchdrüse nach erfolgter Injektion von Fötusextrakt.

„Heute sehen wir[1]), daß die Lehre von der inneren Sekretion in nahezu allen Gebieten der Physiologie und Pathologie einen wichtigen Platz einnimmt, daß sie zur Lösung großer Probleme der allgemeinen Biologie herangezogen wird. Nichts ist charakteristischer für den Wandel der Anschauungen als die Hypothese von Schiefferdecker über die Rolle der spezifischen inneren Ausscheidung in den Funktionen des Nervensystems, derzufolge die Einwirkung, welche die von der Nervenzelle ausgeschiedenen Stoffwechselprodukte während der einfachen Ernährungstätigkeit auf die andere Nervenzelle oder auf die Zelle des Endorganes ausüben, als trophische, die Einwirkung, welche die während der spezifischen Tätigkeit ausgeschiedenen Stoffwechselprodukte ausüben, als Erregung oder Reiz zu betrachten wären. Wenn auch diese Vorstellung von dem Zustandekommen der Nerventätigkeit kaum einen Anspruch auf allgemeine Anerkennung erheben dürfte, so zeigt doch schon die Aufstellung dieser Hypothese den scharfen Gegensatz zwischen Einst und Jetzt. Früher galt jede Organkorrelation für nervös, heute werden sogar die nervösen Beziehungen als chemisch vermittelte betrachtet."

[1]) A. Biedl, Innere Sekretion. Ihre physiologischen Grundlagen und ihre Bedeutung für die Pathologie, 1910, S. 23.

Hormone müssen zweifelsohne auch in den Pflanzen vorhanden sein. Ihre Existenz wird durch das Fehlen eines Nervensystems bei den Pflanzen bewiesen. Ohne Nervensystem ist eine rasche Übertragung verschiedener Impulse bei den Pflanzen nur unter der Bedingung möglich, daß besondere chemische Boten vorhanden sind[1]). Schon bei Duhamel finden wir dunkle Hinweise darauf, daß verschiedene Erscheinungen des Wachstumes und der Form der Pflanzen nicht durch äußere Faktoren allein, wie z. B. durch die Anziehungskraft der Erde, erklärt werden können. Eine Entwicklung des Gedankens, daß wir die Erklärung verschiedener Erscheinungen des Wachstumes und der Form der Pflanzen in der Pflanze selbst zu suchen haben, geben uns die Arbeiten von Sachs. Er veröffentlichte dieselben unter dem Titel: „Stoff und Form der Pflanzenorgane", wobei er in bestimmter Form aussagt, daß „mit den Formverschiedenheiten der Organe materielle Substanzverschiedenheiten derselben verbunden sind" [2]). Schon vor Brown-Séquard und anderen Forschern auf dem Gebiete der Tierphysiologie hat Sachs über „Organbildende Stoffe" gesprochen. In seiner Arbeit über die Bildung der Blüten in Abhängigkeit von den ultravioletten Strahlen schreibt Sachs: „Diese blütenbildenden Stoffe können, ähnlich wie Fermente, auf größere Massen plastischer Substanzen einwirken, während ihre eigene Quantität verschwindend klein ist" [3]). In diesem Satze braucht nur das Wort „Fermente" durch das Wort Hormone ersetzt zu werden und wir erhalten dann eine durchaus moderne Auffassung. Die Aufgabe zukünftiger Forscher wird darin bestehen müssen, die inneren Sekretionen bei den Pflanzen zu erforschen. Die verschiedenen Erscheinungen des Wachstumes und der Form der Pflanzen werden sich zweifellos als abhängig von verschiedenen Hormonen erweisen.

In den letzten Jahren hat die Physiologie immer wieder neue Beweise für die Einheit der lebenden Organismen und ihren gegenseitigen genetischen Zusammenhang geliefert. Verwandte Organismen haben auch eine übereinstimmende chemische Zusammensetzung. So haben unter anderem Versuche an Tieren nachstehende bemerkenswerte Resultate ergeben. In Kaninchen entwickelt sich nach wiederholten Injektionen irgendwelchen fremden Blutes ein besonderes Präzipitin, welches dieses Blut zum Gerinnen bringt[4]). Das aus einem derart behandelten Kaninchen erhaltene Serum ruft nur in dem Blute desjenigen Tieres einen Niederschlag hervor, dessen Blut dem Kaninchen injiziert worden war, oder aber in dem Blute nahe verwandter Arten. In dem Blute entfernter stehender Arten verursacht ein solches Serum dagegen

---

[1]) J. Massart, Essai de classification des réflexes non nerveux. Annales de l'Institut Pasteur XV, 1901, S. 635.

[2]) Sachs, Arbeiten des botan. Instituts in Würzburg II, 1882, S. 452.

[3]) Sachs, l. c. III, 1887, S. 372. Gesammelte Abhandl I, ungen 1892, S. 307.

[4]) M. Seber, Moderne Blutforschung und Abstammungslehre. Frankfurt a. M., 1909. J. Ballner, Sitzungsber. d. Wien. Akad., Math.-Naturw. Klasse, CXIX Abt. III, 1910, S. 61.

keinen Niederschlag. So ruft das mit Hilfe von Menschenblut gewonnene Antiserum im Blute des Menschen und der ihm verwandten anthropoiden Affen (Gibbon, Orang-Utan, Schimpanse und Gorilla) einen Niederschlag hervor, im Blute der Affen der Neuen Welt dagegen nicht. Das mit Hilfe des Blutes eines Vertreters der Gattung Canis gewonnene Antiserum bringt das Blut auch der anderen Vertreter dieser Gattung zum Gerinnen, nicht aber dasjenige entfernter verwandter Raubtiere. Die gleichen Resultate hat man auch für die Pflanzen erhalten. So rief z. B. das Serum eines Kaninchens, dem man Saft aus Hefen injiziert hatte, einen Niederschlag sowohl im Safte von Hefen wie auch im Safte der Trüffeln hervor, nicht aber im Safte von Champignons. Hieraus geht hervor, daß die Hefen und die Trüffeln Vertreter ein und derselben Gruppe von Pilzen (der Ascomyceten) sind. Ähnliche Versuche sind auch an Samenpflanzen ausgeführt worden. Die Versuche an höheren Pflanzen ergaben, daß verschiedene Teile ein und derselben Pflanze die Bildung eines durchaus gleichartigen Antiserums hervorrufen.

§ 2. Vermehrung der Pflanzen. Die Physiologie der Vermehrung der Pflanzen ist äußerst ungenügend erforscht worden. Doch ist es gelungen, auch für diesen Prozeß eine Abhängigkeit von verschiedenen äußeren und inneren Bedingungen nachzuweisen. Betrachten wir z. B. die Alge Vaucheria. Dieselbe stellt einen langen, einzelligen, grünen Faden dar. Die Vermehrung erfolgt auf zweierlei Weise, auf ungeschlechtlichem und auf geschlechtlichem Wege. Bei der ungeschlechtlichen Fortpflanzung wird das Ende des Fadens durch eine Scheidewand abgegrenzt; die auf diese Weise abgegrenzte Zelle stellt das Zoosporangium dar. Der Inhalt der Zoospore tritt in Gestalt einer beweglichen, mit Wimpern bedeckten Zelle nach außen. Nachdem die Zoospore eine Zeitlang umhergeschwommen ist, wächst sie zu einem neuen grünen Faden aus, d. h. sie gibt einem neuen Individuum seinen Ursprung. Dieser Prozeß der Zoosporenbildung steht in engem Zusammenhange mit äußeren Bedingungen, wie dies von Klebs [1]) nachgewiesen worden ist. Man kann nach Wunsch Vaucherien unbestimmte Zeit hindurch ohne die Bildung von Zoosporen kultivieren. Endlich können wir bei ihnen jederzeit die Bildung von Zoosporen hervorrufen. Bei der Kultur in feuchter Luft gelangen Zoosporen niemals zur Ausbildung. Man braucht aber nur die Alge in Wasser überzuführen, um die Bildung von Zoosporen hervorzurufen. Nach einiger Zeit hört deren Bildung indessen auch im Wasser auf. Verbringt man jedoch die Wasserkultur vom Lichte in die Dunkelheit, so beginnt neuerdings eine intensive Bildung von Zoosporen. Indem man sie vom Lichte ins Dunkle und umgekehrt überführt, kann man in ein und derselben Wasserkultur die Bildung von Zoosporen nach Wunsch hervorrufen oder einstellen. Kultiviert man dagegen eine Vaucheria lange Zeit hindurch am Lichte bei gleichzeitigem Fehlen der notwendigen minera-

---

[1]) Klebs, Bedingungen der Fortpflanzung bei einigen Algen und Pilzen. Jena 1896.

lischen Substanzen, so wird dieselbe ihre Fähigkeit, Zoosporen zu bilden, einbüßen: eine solche Kultur bringt, ins Dunkle verbracht, gar keine Zoosporen mehr hervor. Die Zuführung der notwendigen Nährstoffe befähigt die Vaucheria - Kultur von neuem zur Hervorbringung von Zoosporen.

Die geschlechtliche Fortpflanzung der Vaucherien erfolgt in der Weise, daß sich seitlich am Faden meist zwei Auswüchse bilden. Der eine derselben verwandelt sich in ein Antheridium, der andere in ein Oogonium. Die aus dem Antheridium hervorgehenden Spermatozoiden befruchten die Eizelle des Oogoniums. Auch die geschlechtliche Fortpflanzung befindet sich in Abhängigkeit von äußeren Bedingungen. Um eine geschlechtliche Fortpflanzung zu erhalten, ist eine gute Belichtung unbedingt notwendig. Ebenso notwendig ist es, daß die Pflanzen die atmosphärische Kohlensäure assimilieren, d. h. sich regelrecht ernähren können. Bei der Kultur am Lichte, aber in einer kohlensäurefreien Atmosphäre, werden keine Geschlechtsorgane gebildet. Durch Zucker kann man wohl die Kohlensäure, nicht aber das Licht ersetzen: bei Kulturen auf Zuckerlösungen in einer kohlensäurefreien Atmosphäre bilden sich Antheridien und Oogonien nur dann, wenn die Kulturen belichtet worden sind; in der Dunkelheit gelangen beide trotz der Anwesenheit von Zucker nicht zur Bildung. Man kann eine Vaucheria auch soweit bringen, daß sie unfähig wird, sich sogar am Lichte geschlechtlich fortzupflanzen. Zu diesem Zwecke kultiviert man die Vaucheria sehr lange auf einer Zuckerlösung an schwachem Lichte oder im Dunkeln. Dann überfüllen sich die Zellen mit Öl und verlieren die Fähigkeit, sich fortzupflanzen. Endlich kann man auch das quantitative Verhältnis der Antheridien zu den Oogonien abändern. Bei Vaucheria repens zum Beispiel wird meist je ein Oogonium neben je einem Antheridium gebildet, seltener befindet sich je ein Antheridium zwischen zwei Oogonien. Kultiviert man jedoch eine Vaucheria bei erhöhter Temperatur oder unter stark herabgesetztem Luftdruck, so wird die Bildung der Oogonien aufgehalten, während eine intensive Bildung der Antheridien vor sich geht. In gewissen Fällen werden bis zu fünf Antheridien bei vollständigem Fehlen von Oogonien gebildet.

Bei dem Studium der geschlechtlichen Fortpflanzung der Pflanzen drängt sich die Frage auf, durch welche Ursache die Spermatozoiden veranlaßt werden, in die Archegonien oder Oogonien einzudringen. Um diese Frage zu beantworten, wurden in das die Spermatozoide enthaltende Wasser Kapillarröhrchen gelegt, welche mit verschiedenen Lösungen angefüllt waren. Dabei stellte es sich heraus, daß je nach der Natur der Spermatozoiden entweder die aus den Kapillarröhrchen diffendierenden Lösungen keinerlei ausreichende Wirkung auf die Spermatozoiden ausübten, oder aber daß die Spermatozoiden begannen, in großer Anzahl in das Röhrchen einzudringen. Für eine jede Art von Spermatozoiden gibt es eine besondere Substanz, welche dieselben heftig anzieht. So werden die Spermatozoiden der Farne durch Apfelsäure und noch stärker durch deren lösliche Salze angezogen. Die

Spermatozoide der Laubmoose werden durch Saccharose angezogen. Es unterliegt keinem Zweifel, daß die sich öffnenden Archegonien mit dem Schleime zusammen irgendeinen spezifischen Stoff ausscheiden, welchem die Aufgabe zufällt, deren Spermatozoide anzulocken. Derselbe Stoff übt auf die Spermatozoide anderer Pflanzen keinerlei Wirkung aus.

Fig. 179.
Achimenes Haageana. (Nach Goebel.)

Die Fortpflanzung der Pilze steht ebenfalls in Abhängigkeit von einer ganzen Reihe äußerer Bedingungen[1]). Im allgemeinen wird man in bezug auf die niederen Pflanzen (Algen und Pilze) sagen können, daß die Fortpflanzung bei ihnen nicht eintritt, solange Bedingungen herrschen, welche für ihr Wachstum günstig sind. Bedingungen dagegen, welche für die Fortpflanzung günstig sind, erweisen sich stets als mehr oder weniger ungünstig für das Wachstum[2]).

Auch die Parthenogenese hängt von äußeren Bedingungen ab.

[1]) Klebs, Pringsheims Jahrbücher, Bd. 35, 1900, S. 80.

[2]) Vgl. auch Jickeli, Unvollkommenheit des Stoffwechsels 1902.

So konnte Nathanson [1]) bei verschiedenen Arten der Gattung Marsilia eine parthenogenetische Fortpflanzungsweise erzielen, indem er die Sporen bei erhöhter Temperatur kultivierte.

Außer den erwähnten Fortpflanzungsarten können die Pflanzen sich nicht nur vermittels Knollen, Zwiebeln usw. vermehren, sondern es kann auch ein von der Pflanze abgeschnittenes Organ oder sogar nur ein Teil eines solchen eine ganze Pflanze regenerieren [2]). Schneidet man z. B. ein Blatt einer Begonie ab und legt dasselbe auf feuchten Sand, so wird dasselbe bald Adventivwurzeln treiben, sodann einen blatttragenden Trieb bilden, auf welche Weise eine neue Pflanze ge bildet wird. Nimmt man dagegen ein Blatt von einer im Aufblühen begriffenen Pflanze, so wird dasselbe ebenfalls Wurzeln ergeben, aber statt des blättertragenden Triebes Blüten bilden. In der Fig. 179 ist ein Blatt von Achimenes Haageana abgebildet, welches von einer zum Aufblühen bereiten Pflanze genommen wurde, und daher statt eines blattertragenden Triebes Blüten ergeben hat [3]). Je nachdem wir das eine oder das andere Entwickelungsstadium einer Pflanze für unsere Versuche verwenden, können wir demnach je nach Wunsch auf deren abgeschnittenen Blättern entweder blatttragende Triebe oder Blüten erzielen. Die Blätter von Pflanzen, welche im Aufblühen begriffen sind, besitzen eine andere chemische Zusammensetzung als Blätter von Pflanzen, welche noch nicht blühreif sind [4]).

Schon den alten Griechen war es bekannt, daß eine von der Mutterpflanze abgelöste und auf eine andere Pflanze der gleichen Art übergeführte Knospe mit dieser letzteren verwächst und einen Trieb ergibt, welcher die besonderen Eigenschaften der Mutterpflanze beibehält. Die den Gärtnern schon seit so langer Zeit bekannte Methode des Impfens vermittels eines Pfropfreises kann in der Hand des Physiologen ein wertvolles Material für das Studium der Prozesse des Wachstumes und der Stoffumwandlungen in den Pflanzen abgeben. Die in der Literatur zerstreuten Mitteilungen bezüglich dieser Frage sind von Vöchting [5]) zusammengestellt worden. Für die Bezeichnung aller Arten des Zusammenwachsens abgeschnittener Teile einer Pflanze mit einer anderen Pflanze oder mit Teilen einer solchen verwendet Vöchting das von den Chirurgen entlehnte Wort Transplantation.

Durch diese Versuche ist nachgewiesen worden, daß man die verschiedenartigsten Teile von Pflanzen miteinander verbinden kann. Man kann sogar ein Zusammenwachsen von Wurzel und Blatt erreichen, was bei der Runkelrübe besonders leicht auszuführen ist. Zu diesem Zwecke schneidet man von der Wurzel einer Runkelrübe deren ganzen

---

[1]) Nathanson, Ber. d. bot. Ges. 1900, S. 99.

[2]) Goebel, Über Regeneration im Pflanzenreich. Biologisches Zentralbl. 1902, S. 385.

[3]) Goebel, Organographie der Pflanzen, I. Teil, 1898, S. 41.

[4]) Klebs, Sitzungsberichte Heidelberger Akademie d. Wissenschaften 1909, 5. Abhandlung.

[5]) Vöchting, Über Transplantation am Pflanzenkörper. Tübingen 1892.

oberen Teil ab, welcher den Stengel mit den Blättern trägt, und steckt sodann in einen an dem unteren Teil der Wurzel angebrachten Einschnitt ein Blatt. Bald erfolgt das Zusammenwachsen, und das Blatt fährt fort zu wachsen[1]). Man kann sogar das Zusammenwachsen verschiedener Varietäten von Fruchtsorten bewirken. An die Frucht eines Kürbis der Varietät à fruits jaunes wurde eine Kürbisfrucht der Varietät poire verte geimpft, an welcher sodann der untere Teil abgeschnitten wurde; in die Schnittstelle wurde ein abgeschnittenes Stück der Frucht einer dritten Varietät, à fruits blancs, angelegt (Fig. 180). Nach dieser Operation setzten die zusammengewachsenen Früchte ihr Wachstum fort.

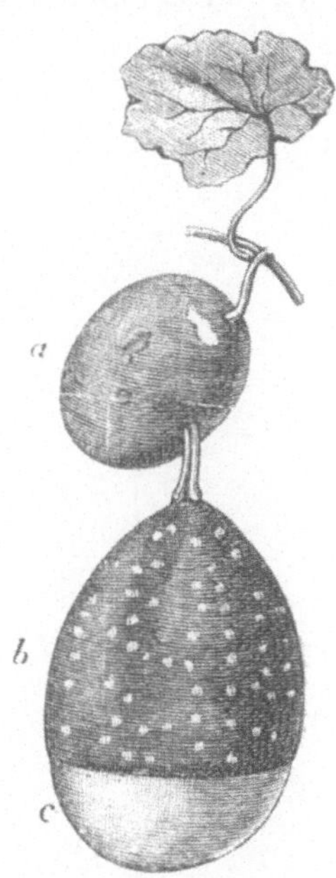

Fig. 180.
Impfung von Früchten dreier Varietäten des Kürbis aufeinander; a à fruits jaunes, b poire verte, c à fruits blancs.

Als ein Beispiel dafür, wie derartige Versuche dazu dienen können, die in den Pflanzen vor sich gehenden chemischen Prozesse kennen zu lernen, dient ein Experiment von Vöchting über das Zusammenwachsen von Helianthus tuberosus und Helianthus annuus[2]). Zu diesem Zwecke wurden von jungen Exemplaren der Sonnenblume in geringer Entfernung von der Erde die Stengel mit den Blättern abgeschnitten. Auf die übriggebliebenen Teile wurden Triebe der Erdbirne (H. tuberosus) geimpft. Das Verwachsen trat in Bälde ein, und die so entstandenen Pflanzen fuhren fort zu wachsen. Die Untersuchung ihres Saftes ergab, daß die Stengel der oberen Teile (welche der Erdbirne angehörten) bis zu der Verwachsungsstelle mit Inulin überfüllt waren. Die unteren Teile hingegen, welche der Sonnenblume angehörten und die für ihr Wachstum notwendigen organischen Substanzen aus den Blättern der Erdbirne bezogen, enthielten nur Stärke und gar kein Inulin. Der umgekehrte Versuch, wobei die oberen Teile der Sonnenblume, die unteren dagegen der Erdbirne angehörten, führte zu denselben Ergebnissen: in den oberen Teilen war kein Inulin enthalten, während die unteren Teile, welche die organischen Substanzen von den Blättern der Sonnenblume bezogen, viel Inulin enthielten und sogar Knollen bildeten. Diese Versuche zeigen auf das deutlichste, daß das

[1]) Interessante Angaben über diesen Gegenstand finden sich in den Untersuchungen von Daniel (Revue générale de botanique 1899, S. 5, 356; 1897, S. 213; 1900, S. 355) und in denjenigen von Dorofejeff (Ber. d. bot. Ges. 1904, S. 53).

[2]) Vöchting, Sitzungsber. d. Berliner Akademie XXXIV, 1894, S. 705.

Inulin nur als Reservekohlehydrat dient. In beiden Versuchsserien wurden die Produkte der Assimilation des Kohlehydrats in die Stengel und Wurzeln in Gestalt von Glykose übergeführt, welche sich dann an Ort und Stelle bei der Erdbirne in Inulin, bei der Sonnenblume dagegen in Stärke verwandeln.

Impfungen und alle Arten von Verwachsungen sind nur bei nahe miteinander verwandten Arten möglich. Dies ist auch ganz verständlich auf Grund der auf S. 300 dargelegten Versuche.

Sachregister.